KB131235

다윈이 사랑한 식물

일러두기

- 본문에 나오는 식물의 한글 이름은 국립수목원의 국가표준식물목록과 국가표준재배식물목록을 참조했다.
- 한글 이름이 없거나 있어도 혼동의 여지가 있는 식물의 라틴어 학명은 고전 라틴어 표기법에 따라 한글 발음으로 표기했으며 일부는 널리 통용되는 발음으로 표기했다.
- 인명 등 외래어 표기는 외래어 표기법을 참조했으며, 일부는 널리 통용되는 발음으로 표기했다.
- 본문의 괄호 안 글 중 옮긴이가 독자들의 이해를 위해 덧붙인 부분은 '-옮긴이'로 표시했다. 이 표시가 없는 부분은 원저자의 글이다.
- 책 제목은 『』, 시 제목은 「」, 잡지나 신문 이름은 《》, 논문과 그림 등의 제목은 〈〉 안에 표기했다.

DARWIN AND THE ART OF BOTANY
: Observations on the Curious World of Plants

Darwin and the Art of Botany

다윈이 사랑한 식물

정원에서 발견한 진화론의 비밀

제임스 코스타 · 바비 앙겔 지음

이경 옮김 · 최재천 감수

Observations on the Curious World of Plants

다산북스

도판 출처

- 식물화: 오크 스프링 가든 재단 제공
- 다윈의 원본 목판화: 뉴욕식물원 머츠 도서관 제공

전 세계 곳곳에서 식물 연구에 전념하고 있는 식물학자와
아름답고 정교한 식물화를 남기고 있는 예술가들에게
이 책을 바칩니다.

감수의 글

최재천

이화여대 에코과학부 석좌교수
생명다양성재단 이사장

다윈은 식물학자였다. 지질학도로 비글호에 승선했던 그는 세계를 일주하는 5년 동안 각 지역에서 만나는 신기한 동물들에 매료되었고 결국 동물학자로 변신한 채 배에서 내렸다. 그러나 런던 한복판에 살며 자연사박물관을 중심으로 모여 있던 당대 최고의 과학자들과 호흡을 같이하고 싶었던 그의 꿈은 담당 의사의 명령으로 산산조각 났다. 천식이 심했던 그에게 산업혁명으로 대기질이 악화일로에 있었던 런던에 머무는 것은 수명을 단축하는 일이었다. 하는 수 없이 런던 교외의 작은 도시로 이사한 후로는 먼 지역으로 장기간 연구 여행을 떠나는 일은 더 이상 꿈도 꿀 수 없게 되었다. 자연스레 그는 정원과 온실에서 식물을 기르며 관찰과 실험을 진행하게 되었다.

다윈의 식물 연구는 한 연구자가 했다고 믿기 어려울 만큼 실로 방대하다. 덩굴식물 125종을 비롯해 열대종까지 포함하면 난초 70여종과 식충식물 20종을 심층적으로 연구했다. 꽃가루를 옮겨주는 매개자들의 행동과 수분 과정, 덩굴손이 지지대를 휘감으며 자라는 모습, 식충식물인 '끈끈이주걱'이 촉수를 움직이며 먹이를 포획하는 과정 등을 탐구하는 실험에 동원된 식물이 무려 200여 종에 달한다. 다윈이 이런 엄청난 규모의 식물 연구를 할 수 있었던 배경에는 그의 평생 절친이었던 식물학자 조지프 후커의 지원이 절대적이었다. 영국 큐 왕립식물원(큐 가든)의 부원장과 원장을 지냈던 후커는 다윈이 전 세계에서 가져온 온갖 다양한 식물들을 마음껏 연구에 활용할 수 있도록 도와주었다. 또한 다윈은 요즘 말로 하면 그야말로 크라우드소싱의 귀재였다. 그는 편지로 전 세계 곳곳의 자연학자들과 교류했다. 식물학에 관하여 그와 가장 많은 서신을 주고받은 학자인 미국 하버드대학교 에이사 그레이 교수가 가교 역할을 톡톡히 했다. 케임브리지대학교의 다윈 서신 프로젝트Darwin Correspondence Project는 다윈이 주고받은 편지 1만 5000통을 디지털화하여 보관하고 있다. 하지만 이게 그가 쓴 편지의 전부는 아닐 것이다.

다윈이 한창 연구에 몰두하던 19세기 중후반은 실험과학이 고도로 전문화되던 시대였다. 2009년 내가 직접 방문하여 둘러본 다운하우스의 온실은 규모나 시설 면에서 제법 수준급이었으나 정밀한 실험 장치를 갖춘 것은 아니었다. 자신의 발톱을 깎아 끈끈이주걱에게 먹이로 주는 등 다윈의 지극히 소박한 아마추어 '시골집' 실험은 일부 과학자에게 조롱거리가 되었지만, 훗날 식물생리학·생태학·진화생물학 연구의 토대가 되는 데 부족함이 없었다. 실험 현장에서 동료들과 수시로 교류하지 못하고 주로 혼자 연구하던 다윈은 때로 외딴길로 빠져들기도 했다. 『식물의 운동 능력』에서 어린뿌리의 끝은 하등동물의 뇌와 같은 역할을 한다며 그가 제안한 '뿌리-뇌 가설'은 20세기에는 대체로 무시되었다가 최근 다시 일부 식물생리학자들의 주목을 받고 있다. 언젠가 식물에도 동물의 신경계에 준하는 시스템이 존재한다는 증거가 나타나면 다른 많은 분야에서 그러하듯 다윈은 또 한번 화려하게 부활할 것이다. 다윈의 식물 연구는 1862년 『난초가 곤충에 의해 수정되는 데 관여하는 다양한 장치들』을 시작으로 6권의 책과 75편의 논문으로 정리되었다.

이 책을 감수하고 해제를 쓰는 일은 내게 참으로 남다른 감흥을 선사했다. 저자 제임스 코스타는 나와 마찬가지로 곤충의 사회성을 연구한 동료 학자다. 그가 『또 다른 곤충의 세계The Other Insect Societies』의 집필을 구상할 때 우리는 한동안 공저 가능성을 논의하기도 했다. 그런가 하면 이 책에 '소개의 글'도 쓰고 이 프로젝트를 후원한 오크 스프링 가든 재단의 대표 피터 크레인 경은 2009~2010년 그의 연구년을 이화여대에 있는 내 연구실에서 보낼 정도로 가까운 절친이다. 크레인 경과 나는 다윈의 식물학 연구에 대해 많은 토론을 했고 그 일부는 내 책 『다윈의 사도들』에 실려 있다.

이 책은 최고 수준의 식물화를 바탕으로 다윈 식물 연구의 정수를 보여준다. 여기 소개된 식물의 상당수는 우리 주변에서 흔히 볼 수 있는 화초와 들꽃이거나 과일과 채소들이어서 직접 키우며 다윈처럼 관찰해 보고 싶다는 생각이 들 정도다. 특히 타가수정과 자가수정, 암술의 길이가 다양한 다화주성 식물, 덩굴식물이 지지대를 감고 오르는 속성 등은 아파트 베란다에서도 도전해 볼 만한 흥미진진한 관찰거리다. 시대를 초월해서 다윈과 우리 독자들을 이어준 저자 제임스 코스타와 바비 앙겔에게 경의를 표한다. 지식과 아름다움을 동시에 선사하는 귀한 책이다.

소개의 글

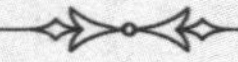

피터 크레인 경

오크 스프링 가든 재단 대표
영국 왕립학회 회원

바비 앙겔은 이 책에 대한 아이디어를 가지고 오크 스프링 가든 재단을 찾아왔다. 그때 우리는 이 프로젝트가 과학과 예술 사이에 다리를 놓는 흥미로운 작업이자 오크 스프링 가든이 지닌 도서관의 보물 중 일부를 대중에 공유하는 하나의 방법이 되리라는 사실을 즉시 알 수 있었다. 그렇게 해서 탄생한 놀라운 결과물은 찰스 다윈의 빛나는 통찰력과 섬세하게 다듬고 시각 자료를 추가함으로써 초기의 열정을 뛰어넘는 성과를 거뒀다.

우리의 후원자인 레이철 램버트 '버니' 멜런은 이렇게 쓴 적이 있다.

"도서관이 가장 중요하다."

그녀는 도전에 임했다.

"인간에게 만족감과 영감을 주는 한편, 책과 자연이 하나로 어우러지는 방식으로 이 도서관의 아름다움과 지식을 공유하려면 어떻게 해야 할까?"

제임스 코스타와 바비 앙겔의 재능을 결합해 만든 이 책은 멜런 여사의 평생의 화두에 새롭고 창의적인 답을 제시한다.

식물의 세계에 매혹된 버니 멜런은 다윈의 연구가 미치는 영향력과 그 중요성을 잘 알고 있었다. 그녀는 오크 스프링 가든 재단의 도서관을 만들 때 다윈이 썼던 모든 책의 사본을 입수했다. 다윈의 뿌리 깊은 식물학적 혈통을 알았던 그녀는 다윈의 친할아버지인 이래즈머스 다윈이 쓴 『식물학: 혹은 농업과 정원 가꾸기의 철학Phytologia: Or the Philosophy of Agriculture and Gardening』을 읽었고 이래즈머스의 길고 종잡을 수 없는 시집 『식물원The Botanic Garden』의 미국판 초판본을 구입하기도 했다. 특히 「식물의 사랑The Loves of the Plants」이라는 장에서 이래즈머스는 꽃의 여러 부분과 그 기능을 인체에 비유한 언어로 묘사함으로써 칼 폰 린네(스웨덴의 생물학자로, 속명과 종명을 함께 쓰는 '이명법'을 창안해 식물분류법의 기초를 마련했다–옮긴이)의 연구에 대한 열렬한 애정을 드러냈다. 그로부터 두 세대가 지난 후, 그의 손자 찰스 다윈이 식물의 형태와 기능에 관한 현대적 연구를 뒷받침하는 핵심 개념을 개발했다. 난초, 타가수정과 자가수정, 같은 종에서 일어나는 꽃의 변이에 대한 찰스의 책들은 꽃의 다양성이 식물 번식의 생물학과 어떻게 연관돼 있는지 알려주면서 꽃의 다양성이 갖는 의미를 밝혀냈다. 이 책의 다채로운 삽화들은 이래즈머스와 찰스 다윈의 동시대 사람들을 포함해 역사상 가장 뛰어난 식물 화가들의 작품이며, 그러한 꽃의 다양성을 생생하게 보여준다.

찰스 다윈은 런던 근교에 마련한 자신의 집 '다운하우스Down House'에 거주하기 시작한 1842년부터 세상을 떠난 1882년까지 대부분의 시간을 식물 연구에 헌신했다. 1841년 《가드너스 크로니클Gardeners' Chronicle》에 기고한 글을 필두로 그는 식물에 대한 짧은 관찰기를 펴내기 시작했다. 그가 펴낸 식물학 분야 논문은 75편에 달했으며 그의 저서 열일곱 권 중 1862년과 1888년 사이에 나온 여섯 권은 모두 식물을 주제로 하고 있다. 다윈은 식물의 번식뿐 아니라 식충식물과 덩굴식물 그리고 식물의 움직임에 대해서도 깊은 관심을 가졌다. '자연 상태'와 관련된 변이를 다룬 그의 저서에는 식물이 주로 등장한다. 『종의 기원』의 후기 개정판에도 식물학 사례들이 현저히 늘어난 것이 눈에 띈다. 다윈의 체계적이고 실험적인 접근 방식이 독자 입장에서 항상 쉽게 읽히지는 않지만 그의 통찰력은 어두웠던 식물 생리학 분야에 빛을 비춰줬다.

다윈은 멘토였던 케임브리지대학 존 스티븐스 헨슬로 교수의 격려 속에 식물에 대한 흥미를 키웠다. 또 하버드대학의 식물학자 에이사 그레이와 편지를 주고받으며 식물에 대해 더욱 열정을 갖게 됐다. 하지만 다윈의 가장 가까운 과학적 동지였을 조지프 후커 경과의 우정이 특히 중요한 역할을 했다. 후커는 1865년부터 1885년까지 큐 왕립식물원의 원장이었다. 그는 다윈이 식물원의 모든 자원을 마음껏 연구할 수 있도록 조력했다. 마침 큐 가든에는 전 세계에서 새롭게 발견된 식물들이 속속 들어오고 있었다. 처음으로 재배된 식물들은 활발히 연구되었고 다양한 삽화가 그려졌다. 그 덕분에 다윈은 광범위한 식물 자료에 접근할 수 있었다. 그중 많은 것이 이 책에도 삽화와 함께 등장한다. 다윈은 편지로 왕래하던 동료들에게서 얻은 식물뿐 아니라 큐 가든에서 얻은 많은 식물을 다운하우스에서 키웠다. 섬세한 관찰과 실험을 하기에 식물은 완벽한 대상이었다. 다윈은 1857년 6월 후커에게 쓴 편지에서 이렇게 고백했다.

"어떤 명제든 동물학보다 식물학에서 더 쉽게 실험이 된다는 걸 알게 됐습니다."

가장 통찰력 있는 식물 관찰자이자 가장 위대한 자연에 대한 사상가 중 한 명인 다윈이 뛰어난 삽화가도 아니었고 특별히 시각 자료에 관심을 두지도 않았다는 사실은 흥미롭다. 다윈에게는 관찰, 실험 그리고 새로운 생각으로 이끌어주는 통합이 가장 중요했다. 그는 이렇게 말한 적이 있다.

"얼마나 이상한가! 모든 관찰이 어딘가에 도움이 되려면 어떤 관점에 찬성하거나 반대해야 함을 누구도 몰라야 한다니!"

하지만 관찰한 것을 삽화로 기록하는 일은 그의 주요 관심사가 아니었다.

『종의 기원』에 등장하는 그림은 지질학적 시간대에 따른 종의 다양성을 보여주는 간단한 도표가 유일하다. 식물이 주제인 책을 포함해 다윈의 다른 저서에서도 삽화는 거의 등장하지 않는다.

앙겔과 코스타는 다윈이 마음에 두고 있었던 것이나 인사이트를 얻는 데 도움을 받은 다양한 식물과 우리를 연결하는 일을 훌륭하게 해냈다. 그들이 오크 스프링 가든 도서관의 소장품에서 선별해 낸 삽화 모음집은 통합을 이끌어내는 다윈의 비범한 능력에 관해 독특한 관점을 제시한다. 동시에 이 삽화들은 다윈의 시대와 그 이전 시대에 존재했던 보태니컬 아트(식물에 대한 지식을 기반으로 식물의 모습을 아름답고 세밀하게 묘사하는 예술 장르–옮긴이)의 특성·범위·가치에 주목하도록 새로운 렌즈를 제공한다. 다윈의 식물 연구 기록과 보태니컬 아트의 만남은 독자의 흥미를 배가시켜 이 두 가지 모두에 대해 새로운 관심을 불러일으킨다.

이 흥미진진한 프로젝트에서 앙겔과 코스타를 도와 오크 스프링 가든 도서관의 보태니컬 아트 자료를 선별하고 공유한 일은 오크 스프링 가든 재단에게 큰 영광이었다. 나아가 오크 스프링 가든 도서관은 자신만의 독창적인 컬렉션을 만들어낸 멜런 여사의 섬세한 관심과 배려에 찬사를 보낸다.

서문

이 책은 우연한 만남 그리고 위대한 두 기관에 빚지고 있다. 뉴욕식물원의 루에스터 T. 머츠 도서관과 오크 스프링 가든 재단의 협업에 의해 탄생할 수 있었으며 저자들은 이 기관들에 깊이 감사한다. 이 모든 것은 어느 날 바비 앙겔이 아이디어를 떠올리면서 시작됐다. 40년간 식물학자들을 위한 식물화를 그려온 바비는 그동안 역사 속의 식물화를 감상하며 깊은 영향을 받았다. 그리고 뉴욕식물원과 다른 기관들의 희귀한 책과 예술 작품들을 동경해 왔다.

몇 년 전 그녀는 오크 스프링 가든 재단을 방문해 새롭고도 놀라운 환대를 받았다. 사서 토니 윌리스는 바비에게 도서관 소장품인 아름다운 필사본을 아낌없이 꺼내 보여줬다. 저명한 예술가와 무명 예술가의 작품까지 전부 살펴보면서 그녀는 그림에 대한 신선한 시각을 갖게 됐다. 역사 속의 텍스트와 유서 깊은 그림을 섬세하게 조화시켜 보면 어떨까 하는 아이디어도 떠올렸다. 찰스 다윈이 『덩굴식물의 운동과 습성』에서 다룬 100종 이상의 덩굴식물들을 오크 스프링 가든 재단의 훌륭한 식물화 소장품을 통해 눈앞에 펼쳐내야겠다는 생각은 그렇게 떠올린 것이었다. 그녀는 다윈의 공들인 연구와 통찰력이 담긴 이 책이 동시대의 아름다운 그림을 곁들여 보여줄 만한 가치가 있다고 생각했다.

오크 스프링 가든 재단 대표인 크레인 경과 수석 사서 윌리스는 제안을 받자마자 열의를 보였다. 바비는 오크 스프링 가든 재단의 책들과 필사본들을 정밀하게 조사해 다윈이 연구한 식물들에 맞는 그림을 찾아낼 생각에 짜릿한 흥분을 느꼈다. 바비의 아이디어는 뉴욕식물원의 코스타와 만날 수 있는 기회로 이어졌다. 코스타는 멜런 방문학자로 머츠 도서관에서 뉴욕식물원의 공동설립자 찰스 피니 콕스Charles Finney Cox가 찰스 다윈과 관련된 자료를 모은 컬렉션에 몰입해 연구하는 행운을 누린 경험이 있었다. 두 사람이 만난 어느 날, 바비는 덩굴식물에 대한 다윈의 매혹적인 연구에 아름답고 역사적으로도 의미 있는 식물화를 곁들인 책을 만들자는 아이디어를 제시했다. 코스타는 그녀의 아이디어가 참신하고 흥미진진할 뿐 아니라 '자칭 다윈'이라 고백하는 동료들과 식물에 빠진 괴짜들이라면 누구나 환영할 만하다고 생각했다. 덩굴식물에 대한 다윈의 매혹적이고 창의적인 실험 작업을 예술가의 눈을 통해 묘사함으로써 과학적 실험을 식물들의 다채로움, 아름다움과 조화시켜 바라보는 것은 정말 근사한 일이었다.

우리는 이 아이디어를 팀버프레스 출판사의 톰 피셔에게 전달했다. 그는 책의 주제를 덩굴식물로만 한정하지 말고 다윈의 식물학 저서 여섯 권 모두로 확장시키자며 의욕적으로 나섰다. 흥미롭지만 두렵기도 한 제안이었다. 바비는 곧 다윈이 연구한 식물들과 버니 멜런의 훌륭한 보태니컬 아트 컬렉션을 샅샅이 조사한 후, 공통된 목록을 찾아내는 엄청난 작업에 착수했다. 그 결과 다윈이 탐구한 식물의 범위를 대표하는 45종의 식물과 함께 다윈의 저작 중 그의 연구 방식과 통찰력이 농축된 글귀들을 선별해 냈다. 코스타는 각 식물을 전반적으로 소개하고 다윈의 원문을 해설하는 글을 맡았다. 그의 글은 역사 속 숨은 이야기를 찾아내어 잘 알려지지 않았던 다윈의 관심사와 연구 방법을 조명했다. 또 식물의 자연사와 생태학, 진화 등 좀 더 일반적인 측면들도 다뤘다.

우리 두 사람은 모두 식물 애호가로서 이 프로젝트를 시작했다. 하지만 그 사실이 무색하게 다윈은 식물에 관해 우리의 상상보다 훨씬 더 많은 것을 가르쳐줬다. 우리는 기계적 구조와 기능, 생리학부터 진화적 맥락에서의 적응과 변이까지 식물의 모든 것을 깊이 이해할 영감을 얻었다. 다윈의 작업 방식을 탐구하는 과정에서도 깨닫는 것이 있었다.

우리는 독자들이 이 책에서 선보이는 예술과 과학의 결합을 통해 부디 식물을 바라보는 새로운 눈을 갖기를 기원한다. 지금까지 식물은 단순한 배경으로 존재하거나 꽃과 잎사귀의 아름다움에 대한 찬탄을 불러일으키는 역할에만 한정될 때가 많았다. 하지만 식물은 단지 아름다운 것을 넘어서는 존재다. 풍부한 진화의 역사 속에서 정교하게 적응한 유기체이기도 하다. 우리는 이 책이 아름다운 식물 그림과 정교한 과학, 두 가지 안에 내재된 창조적인 눈과 영혼을 새롭게 이해할 영감을 주기를 기대한다.

차례

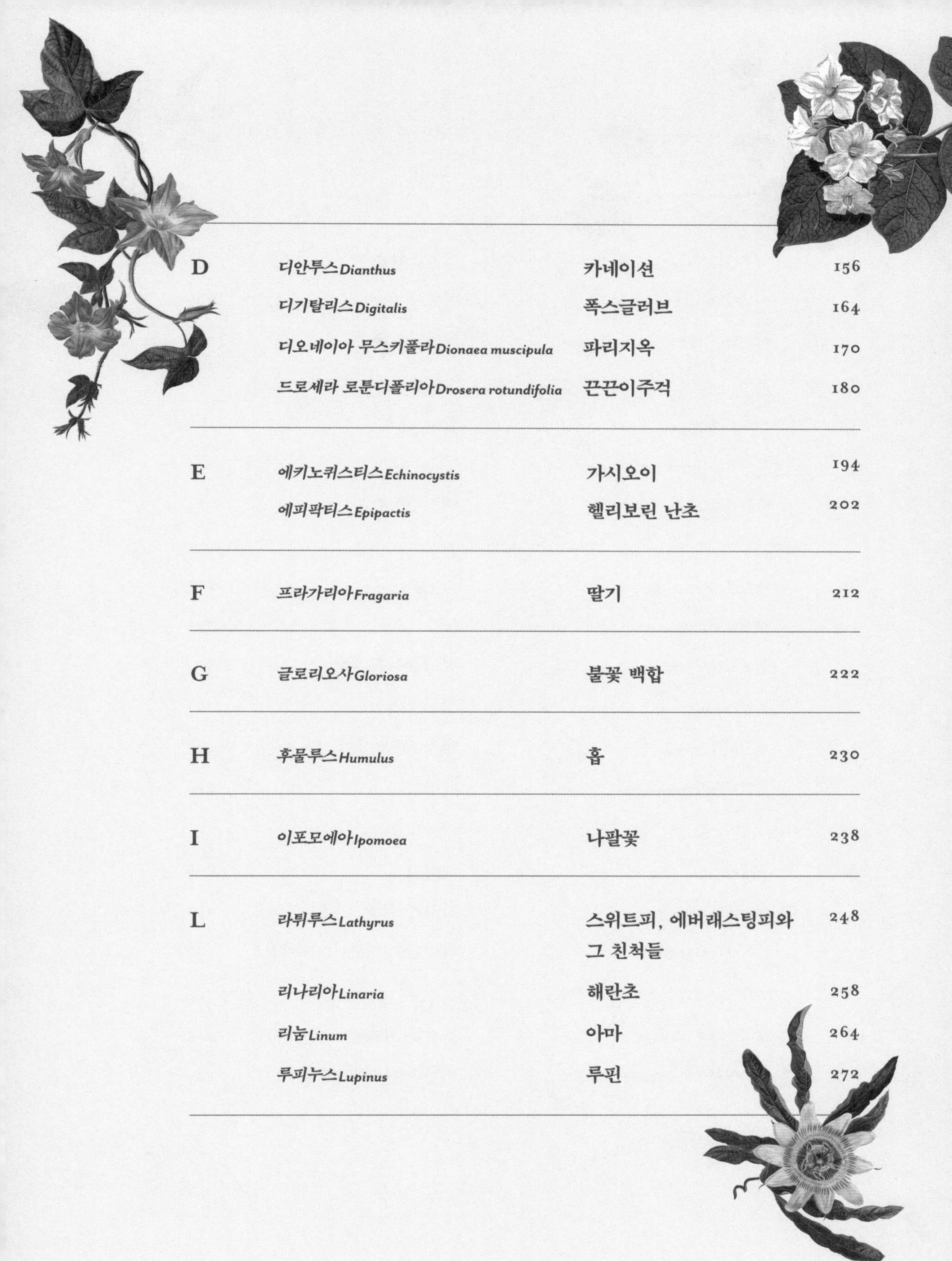

용어 사전

공진화 계통적으로는 관계가 없는 복수의 생물체가 서로 영향을 주면서 동시에 진화하는 일.

과피 열매의 씨앗을 감싸고 있는 외부의 껍질.

관상화관 대롱 혹은 원통 모양인 꽃부리.

굴광성 빛의 자극에 따라 일어나는 식물의 굴성운동.

굴지성 식물이 중력에 반응해 줄기는 광합성을 위해 위로, 뿌리는 영양분 흡수를 위해 아래로 자라는 현상.

기판 콩과 식물에서 나비 모양 꽃부리를 구성하는 꽃잎의 일종.

꽃밥 수술의 끝에 붙은 화분.

꽃술대 난초꽃의 수술과 암술이 합체한 기둥 모양의 기관.

꿀주머니 꽃받침의 일부가 길고 가늘게 뒤쪽으로 뻗어난 돌출부로서, 속이 비어 있거나 꿀샘이 들어 있다.

다화주성 하나의 종에서 꽃의 암술 또는 수술의 길이나 모양이 다르게 나타나는 현상.

단주화 암술이 수술보다 짧은 꽃.

두상꽃차례 꽃이삭을 중심으로 여러 꽃이 꽃대 끝에 머리 모양으로 모여 한 송이처럼 보이는 형태.

모상체 식물체 표면에 있는 돌기 모양의 구조. 대표적인 예로 끈끈이주걱의 엽면에 돋아난 일종의 촉모觸毛, 쐐기풀의 자모刺毛, 장미와 청미래덩굴의 가시 등이 있다.

밀선(꿀샘) 꽃꿀을 생산하는 조직.

배광성	식물체가 빛이 없는 방향으로 자라는 성질.
복엽	잎자루에 작은 잎이 여러 장 붙어 하나를 이루는 잎.

삭과	열매 속이 여러 칸으로 나뉘어져 있어 각 칸 속에 많은 종자가 들어 있는 구조.
상동성	공통 조상으로부터 기원한 생물종들의 형태적·생리적·발생적·유전적 형질의 유사성.
산형꽃차례	꽃대의 끝에 여러 개의 꽃이 방사형으로 둥글게 배열된 것.
삽목	식물의 영양기관인 가지나 잎을 잘라낸 후 다시 심어서 식물을 얻어내는 재배 방식.
상배축	묘목의 떡잎 위쪽에 있는 줄기 부분.
상순	순판의 윗부분.
상편생장	잎의 윗면보다 아랫면의 성장이 증가해 아래쪽으로 구부러지는 현상.
소취	난초과 식물 꽃의 암술대 전면에 돌출된 부분.
수상꽃차례 (수상화서)	가늘고 긴 꽃대에 꽃자루 없는 꽃들이 이삭 모양으로 촘촘히 달려 있는 형태.
수술대	수술에서 꽃밥을 달고 있는 실 같은 자루.
순판	난초과 식물의 입술 모양 꽃잎.

암수한그루 (자웅동체)	성이 분화된 생물에서 암 생식기관과 수 생식기관이 한 몸에 발달하는 경우.
암수딴그루 (자웅이체)	성이 분화된 생물에서 암 생식기관과 수 생식기관이 다른 개체의 몸으로 분리되어 발달하는 경우.

암술머리 암술의 꼭대기에서 화분을 받는 부분이다. 곤충·바람·물 등에 의해서 운반된 화분이 여기에 붙어서 발아하면 화분관이 되고, 자라서 씨방 속으로 들어간 다음 다시 밑씨 속에 도달하여 수정이 일어나게 된다.

야간굴성 잎 등이 밤에 움직이는 성질.

약대 두 개의 꽃가루주머니를 연결하는 조직.

약상 난초과 식물에서 꽃술대 끝에 있는 움푹한 곳.

엽침 잎이 붙은 곳 또는 밑부분의 불룩한 부분.

용골판 아래꽃잎, 콩과 식물의 꽃에서 제일 아래쪽에 있는 두 장의 꽃잎.

우편 깃 모양 겹잎의 각 조각을 말하며, 주로 고사리류처럼 잎이 깃털 모양으로 깊게 갈라진 경우를 가리킨다.

웅예선숙 자웅동체에서 수술이 암술보다 먼저 성숙하는 현상을 말한다. 자가수정을 막는 효과가 있다.

이중 골돌 여러 개의 씨방 안에 여러 개의 종자가 들어 있는 열매.

이형성 동일 식물에 두 가지 형태의 꽃, 잎 따위가 생기는 일.

잎몸 잎사귀를 이루는 잎의 납작하고 넓은 부분.

자가수정 한 꽃의 꽃밥에서 나온 꽃가루가 같은 꽃의 암술머리에 착상하여 수정되는 현상. 꽃 암술 부분에 꽃가루 알갱이를 손쉽게 부착시킬 수 있는 구조가 만들어진다. 때로는 꽃이 열리기 전에 꽃가루받이가 일어날 수 있도록 꽃의 구조가 변화하는 경우가 있다.

장주화 암술이 수술보다 긴 꽃.

절간 식물 줄기의 마디와 마디 사이.

초본식물 줄기에 목재를 형성하지 않는 식물.

타가수정 생물의 수정 중 다른 계통과의 수정으로 자가수정에 대응하는 말. 동물의 경우에는 다른 개체 사이에서의 수정, 식물의 경우에는 같은 그루 안의 다른 꽃 사이에서의 수정을 가리킨다. 동물에서 타가수정은 일반적이다. 식물에 한해서는 타화수정이라고도 한다.

포복지 땅 위를 기어 번식하는 줄기.

포엽 꽃 또는 꽃차례를 안고 있는 작은 잎.

하배축 발아하는 어린식물에서 뿌리와 떡잎 사이에 있는 부분.

하순 순판의 아랫부분.

하편생장 잎과 줄기의 생장이 위쪽보다 아래쪽이 더 빨라 낮은 표면을 따라 성장하는 현상.

향일성 식물의 줄기나 잎 등이 태양 빛을 향하여 자라는 성질.

화분괴병 암술머리와 꽃가루덩이 사이에 있는 자루로, 꽃가루덩이를 지탱하는 역할을 한다.

들어가며

식물학자 다윈을 만나다

찰스 다윈은 꽤 대단한 예술가였다. 우리가 흔히 알고 있는 그런 예술가를 말하는 건 아니다. 그는 시각예술의 애호가였지만 캔버스는커녕 스케치북에 쓱쓱 그리는 솜씨조차 형편없었다. 그림에 대한 그의 재능은 그의 어떤 다른 능력과 비교해 봐도 꼴찌에서 두 번째 정도일 것이다(참고로 그의 필체는 판독이 어렵기로 악명이 높았으니 손글씨 쓰기는 다윈의 능력 순위에서 두말할 것도 없이 꼴찌를 차지한다). 하지만 그는 과학 분야에서만큼은 분명히 예술가였다. 예리한 질문을 던지는 질문가인 동시에 관찰과 실험이라는 두 가지 방면에서 기막힌 연구를 해내는 장인이었다. 결국 과학 안에도 예술이 존재했던 것이다. 이론에는 아름다움이 있고, 실험 설계에는 우아함이 있으며, 이론을 뒷받침하는 자료가 하나로 일치하는 순간에 울리는 흡족한 화음이 있다.

물론 다윈이 자신의 연구 작업을 '아름답다'거나 '우아하다'고 묘

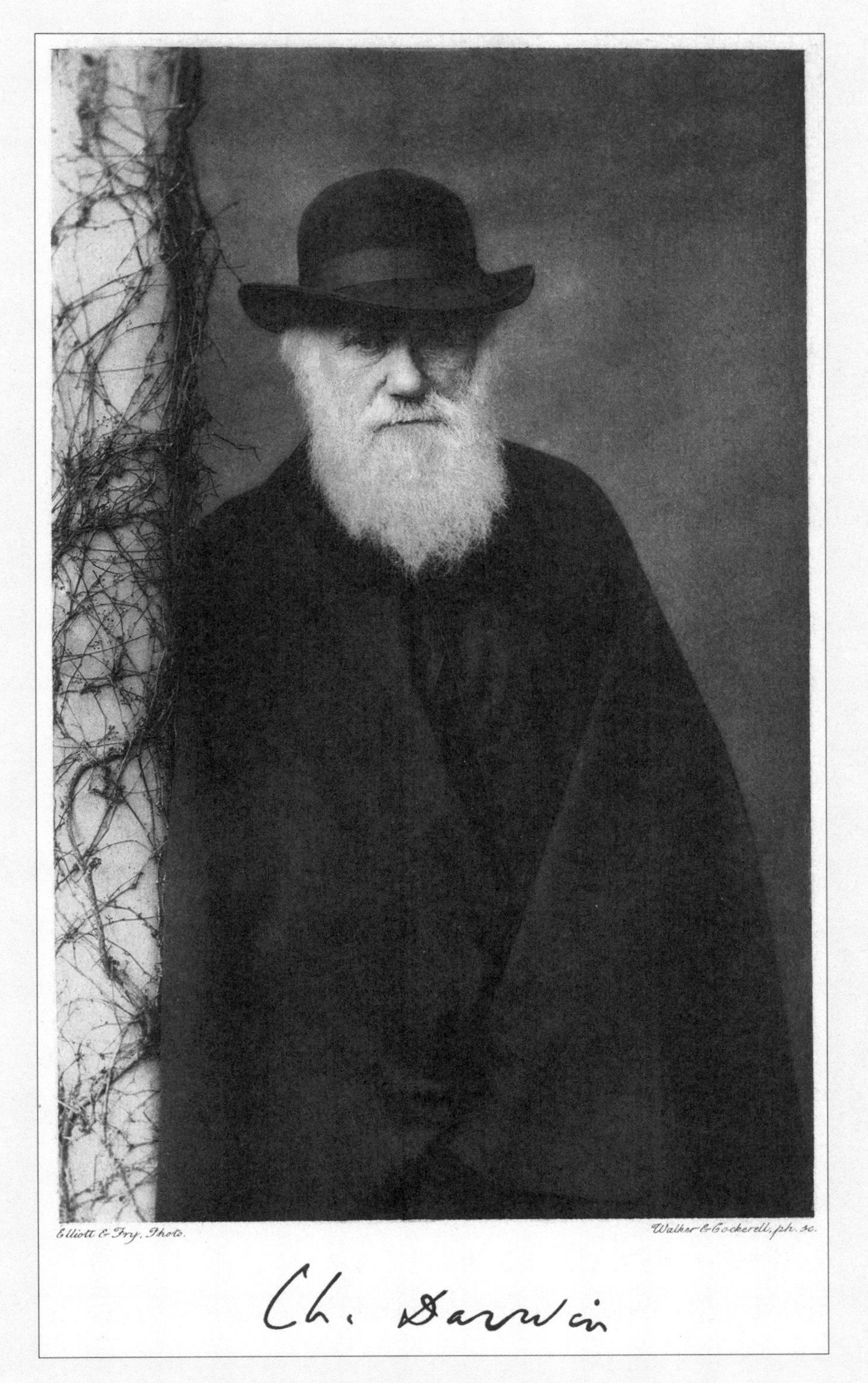

다운하우스 베란다에 서 있는 일흔두 살 찰스 다윈의 사진.

다윈 옆으로 기둥을 타고 올라가는 담쟁이덩굴이 보인다. '엘리엇 앤드 프라이' 스튜디오의 작품으로 1881년 촬영됐고 『찰스 다윈의 삶과 편지The Life and Letters of Charles Darwin』(1887)에 수록됐다.

사하지는 않았다. 실상은 정반대였다.

"저는 바보들의 실험을 사랑합니다. 항상 그런 실험을 하고 있죠."[1)]

그는 연구실에 온 방문객에게 농담처럼 말한 적이 있다. 다윈은 이렇게 스스로를 두고 농담하는 걸 좋아했지만 자칭 '실험가'라는 그가 '바보들의 실험'을 장인의 솜씨로 구성하고 능숙하게 해냈다는 데에는 의심의 여지가 없다. 그가 40년을 보낸 런던 남부의 집 다운하우스 주변에는 정원과 온실에서부터 초원과 삼림지대까지 그의 호기심을 자극하는 실험 프로젝트들이 무수히 펼쳐져 있었다. 그 집은 대표 과학자인 다윈을 필두로 그의 아내와 아이들, 일가친척, 하인들과 친구들이 성심껏 조수로 일하는 연구소나 다름없었다. 후원자를 찾는다는 다윈의 편지를 보고 멀리서 찾아와 그의 연구를 도와주는 사람도 많았다.

다윈은 1859년 출간된 걸출한 저서 『종의 기원』으로 가장 많이 알려져 있다. 그가 스스로 '하나의 긴 논쟁'이라고 묘사한 책이다. 행동·화석·지리적 분포·비교해부학 등 다양한 주제를 다루는 이 책의 후반부에는 '논쟁'이라는 말의 의미가 뚜렷하게 드러나 있다. 다윈의 주장에 따르면 '자연선택에 의한 진화'라는 그의 이론으로 일괄적으로 통합하고 설명할 수 있는 일련의 증거들이 등장한다.

『종의 기원』의 명성이 너무 대단했던 나머지 그 뒤로도 다윈이 다수의 책을 출간했다는 사실은 많이 알려져 있지 않다. 『종의 기원』 이후 1862년에 발표된 저서 『난초의 수정Fertilisation of Orchids』은 난초의 수분 메커니즘에 대한 독특한 책이었다. 『종의 기원』처럼 포괄적인 주제에서 어떻게 이런 좁은 범위의 주제로 넘어갈 수 있는지 의아하게 여기는 사람들도 있었다. 하지만 이상해 보이는 행동에도 이

유가 있는 법이다.

다윈의 난초 책은 향후 20년간 그의 연구가 나아갈 방향을 보여줬다. 바로 자신의 이론이 설명하는 힘을 확장하고 강화하기 위해 『종의 기원』이 다룬 거대하고 수없이 많은 주제를 집대성하는 것이었다. 그의 난초 책은 전체적으로 하나의 더 긴 논쟁이었다. 또한 이 책은 그가 새롭게 푹 빠진 '식물'이라는 연구 주제의 시작을 알렸다. 『종의 기원』 이후 나온 다윈의 책 절반은 식물을 다루고 있다. 난초 다음으로 덩굴식물, 식충식물, 꽃의 형태, 수분 등 그의 관심은 일관되게 이어진다.

다윈은 자신을 식물학자로서 적합하다고 여기지 않았지만 친구들은 그의 진가를 더 잘 알고 있었다. 하버드대학교의 그레이는 다윈의 식물 연구에 박수를 보내고 격려했다. 그는 편지에 이렇게 적었다.

"당신의 연구는 분명히 결실을 맺을 것입니다."[2)]

결과적으로 이 비유는 그레이의 기대를 뛰어넘을 만큼 적절했다. 다윈의 식물 연구는 성장하고 꽃을 피웠고 놀랍고 새로운 발견으로 풍성한 열매를 맺었다. 그리고 오늘날까지 계속 열매를 맺으며 완전히 새로운 학문의 길을 열었다. 다윈은 식물학에 대해 스스로 아마추어라고 말했지만, 정원과 아이디어를 키워내는 데 탁월한 재능을 갖고 있었음이 분명하다.

혹자는 다윈이 부모로부터 재능을 물려받았다고 말할지도 모른다. 찰스 다윈은 1809년 2월 12일, 의사였던 로버트 다윈과 수재나 웨지우드 사이에서 둘째 아들로 태어났다. 다윈의 친가와 외가는 모두 교양 있는 집안이었다. 아버지 로버트는 저명한 의사이자 시인이었던 이래즈머스 다윈의 아들이었다. 이래즈머스 다윈은 영국 계몽

주의 지식인 집단에 속해 있었다. 베스트셀러였던 그의 시는 과학적 주제에 대한 찬사를 담고 있었다. 그중 하나인 「식물의 사랑」이라는 시는 린네가 연구한 식물의 성적 체계를 중간중간 자극적으로 노출한다.

수재나의 아버지 조사이아 웨지우드는 유명 도자기 회사의 설립자이며 이래즈머스가 자주 찾던 지식인 집단의 중요한 일원이었다. 이래즈머스와 조사이아는 친구 사이기도 했다. 그들이 만든 '루나 소사이어티'라는 굉장한 모임에는 전구를 개발한 제임스 와트, 실업가인 매슈 볼턴, 산소라는 원소를 발견한 선구적인 화학자 조지프 프리스틀리, 통신회원이자 미국의 유명 정치가이며 발명가인 벤저민 프랭클린 등이 속해 있었다.

꽃과 정원에 대한 애정은 다윈의 양가 부모 집안에 흐르는 강력한 전통이었다. 찰스 다윈이 어린 시절을 보낸 집 '더 마운트'는 떠들썩한 시장 마을인 슈루즈베리에 있었고 풍성한 산비탈 정원이 특징이었다. 인근의 '메어Maer'는 웨지우드 집안의 영지로, 이곳의 정원과 유원지는 원래 능력자 브라운(영국의 조경가로 영국 전역에 걸쳐 170개가 넘는 공원과 정원을 조성했다. 랜슬롯 브라운이라는 이름보다 '능력자 브라운Capability Brown'이라는 별명이 더 유명하다-옮긴이)이 설계한 것이었다. 다윈의 사촌이자 미래의 아내인 에마 웨지우드가 이 정원에서 뛰놀며 자랐다. 다윈은 에마가 메어에서 자라던 꽃들만 좋아한다고 말하곤 했다.[3]

하지만 성장기의 찰스 다윈에게 꽃과 정원은 그 자체로 흥미의 대상이었다기보다는 생활 배경이자 뛰노는 아이들의 극장에 가까웠다고 말하는 편이 옳다. 사교적이었던 10대 시절의 다윈은 개들과 함께하는 사냥과 승마에 열중했다(형 이래즈머스와 함께 마구간 안에 냄새나는 화학 연구실을 차린 적이 있긴 했다). 소년 다윈의 미래 직업에 대해서는 질문의 여지가 없었다. 집안 전통에 따라 그는 의사가 될 것이었다. 열여섯 살이 된 다윈은 예정했던 대로 짐을 챙겨 형 이래즈머스가 공부하고 있던 에든버러의 의과대학으로 떠났다. 하지만 계획은 잘 풀리지 않았다. 어린아이의 수술을 포함한 몇 번의 끔찍한 수술을 목격한 뒤 다윈은 피와 비명을 도저히 견딜 수 없음을 금방 깨달았다. 2년 뒤 에든버러를 떠나 케임브리지로 간 다윈은 주변의 기대대로 교회에서 일하기 위한 준비를 시작했다(교구목사는 다윈과 같은 사회적 위치에 속한 사람에게 어울리고 누구라도 존경할 만한 완벽한 직업이었다).

사실 에든버러에서 보낸 시간이 완전히 엉망인 것은 아니었다. 다윈은 그곳에서 로버트 에드먼드 그랜트 교수와 함께 동물학을 공부했다. 그는 다윈이 첫 번째 연구 프로젝트로 삼게 된 해양 무척추동물의 매혹적인 세계뿐 아니라 다소 평판이 좋지 않았던 비정통 이론의 세계를 소개해 줬다. 그랜트는 파리에서 공부했고 종의 변화, 즉 '변이'에 대한 정교한 이론을 개발한 프랑스의 석학 장 바티스트 드 라마르크의 열렬한 신봉자였다. 프랑스에서 실시된 공포정치의 쓰라린 여파 이후 프랑스에서 변이라는 말은 혁명, 심지어 선동과 동의어로 여겨졌다. 마찬가지로 비정통적 사상은 성경에 반하는 이단으로 간주돼 영국에서만 용인되는 실정이었다. 젊은 찰스 다윈은 과격한 혁명가가 아니었다. 그는 악평에 시달리는 사상에는 관심이 없었으며 자신의 교수가 변이 이론을 연구하는 것을 애써 무시했다. 하지만 그때 이미 씨앗은 뿌려졌다.

케임브리지대로 간 그는 교회에서 일하기 위한 훈련을 시작했다. 하지만 딱정벌레와 식물학 때문에 뜻대로 계획을 실행하지 못했다. 다윈은 딱정벌레 채집에 몰두했고 이는 곧 학부생들 사이에서 대유행했다(오늘날의 독자들에게는 이해 못 할 상황이겠지만!). 자연사에 대한 관심은 교구목사의 삶과 배치되는 것이 아니었다. 오히려 그 반대였다. 영국에는 재능 있고 뛰어난 목사이자 자연학자이기도 한 이들의 위대한 전통이 있었다. 다윈은 그중 한 명인 친절한 식물학 교수 헨슬로의 영향을 받았다. 케임브리지대의 모든 교수들과 마찬가지로 성직자였던 헨슬로는 매주 일요일 교회를 마치고 전설적인 식물학 산책을 이끌었다. 이 행사에 자주 참석했던 다윈은 점점 더 헨슬로와 그의 연구 주제에 매력을 느끼게 되면서 '헨슬로와 함께 걷는 남자'로 알려졌다.

그는 지구의 오랜 역사에 대해 놀랍고도 새로운 통찰력을 제공하는 최신 과학 분야인 지질학에도 흥미를 느꼈다. 그는 지질학 교수였던 애덤 세지윅 목사가 '시간의 은행에 거대한 수표를 그리는 뛰어난 손'이라는 것을 알게 됐다.[4] 점점 더 자연사에 관심을 키워가던 다윈의 운명은 위대한 알렉산더 폰 훔볼트의 저서를 읽을 때 이미 정해졌을지도 모른다. 박식한 독일인이었던 훔볼트는 멕시코와 남아메리카 북부를 탐험하며 일지를 기록했다. 그와 그의 기록은 한 세대의 자연학자들에게 여행과 관찰을 통해 자연을 전체론적으로 연구하도록 영감을 줬다. 다윈은 훔볼트처럼 카나리아제도로 연구 여행을 떠나자고 친구들을 설득하기로 마음먹었다. 비록 그 계획은 실패로 끝났지만, 헨슬로에게서 더 흥미로운 제안을 받자 다윈의 실망감은 눈 녹듯 사라졌다. 헨슬로의 제안이란 영국 해군 측량선인 비글호에 탑승해 로버트 피츠로이 선장의 신사적인 동반자이자 자연학자로서 전 세계를 여행하는 것이었다.

유일한 문제는 다윈의 아버지였다. 아버지는 이 '야만적 계획'을 별로 달가워하지 않았다. 아들이 신성한 명령을 따라 정착하기를 바랐던 그는 단호한 태도로 반대했다. 또한 그 항해가 시간 낭비이며 향후 교회에서 일하게 될 다윈의 평판에도 나쁜 영향을 주리라고 여겼다. 하지만 만약 훌륭한 상식을 지닌 존경할 만한 사람이 그 여행이 필요하다고 말한다면 재고해 볼 수도 있다고 했다. 아버지의 반응에 낙담한 다윈은 말에 안장을 얹고 메어로 달려가 외삼촌 조사이아 웨지우드 2세에게 도움을 청했다. 외삼촌은 다윈의 딱한 사정에 귀를 기울여 줬다. 확실히 그는 다윈에게 필요했던 존경할 만하고 분별 있는 사람이었기에 다윈의 아버지를 설득할 수 있었다.[5] 이 작전은 효과가 있었고 다윈은 향후 5년 동안 인생에 남을 여행을 떠나게 됐다. 세지윅 교수의 현장 지질학 단기 특강을 이수한 다윈은 항해 내내 광범위한 지질학적 관찰을 했고 화석과 동물학 표본 그리고 무수히 많은 식물을 채집했다.

다윈이 여행에서 마주친 동물들은 큰 이목을 끌었다. 매혹적인 핀치새, 갈라파고스의 거대한 거북이들처럼 카리스마 넘치는 거대 동물, 그리고 커다란 아르마딜로 같은 글립토돈과 코끼리만 한 유제류인 톡소돈 등 남아메리카 본토의 거대한 멸종 동물들이 주를 이뤘다. 하지만 다윈은 동물뿐 아니라 식물에도 마음을 빼앗겼다. 다윈은 갈라파고스의 새들을 생각하면서 일기에 다른 지역 동물과 그들의 유사성에 대해 이렇게 적었다.

"나는 분명히 남아메리카만의 특성을 발견할 수 있다."

하지만 동시에 이런 궁금증을 가졌다.

"식물학자들도 그걸 느낄까?"[6)]

이후에 그는 갈라파고스 종들의 의미를 다시 생각하면서 다음과 같이 선언했다.

"이 집단의 식물학은 동물학만큼 흥미롭다."[7)]

여행에서 돌아온 다윈은 그의 오랜 스승 헨슬로가 자신이 수집한 남아메리카의 식물들을 분석해 주기를 바랐다. 하지만 헨슬로는 일이 너무 바빠 시간이 없었기 때문에 큐 왕립식물원의 젊고 전도유망한 식물학자 후커에게 그 일을 넘겼다. 그즈음 다윈은 갈라파고스의 새들과 남아메리카에서 수집한 놀라운 화석들을 보고 무언가 깨달았다. 그는 에든버러 시절의 그랜트 교수가 설파했던 '변이'라는 이단적 개념에 동의하는 쪽으로 돌아서 있었다. 그곳의 화석들이 종들의 시공간 관계에 대한 명백한 패턴을 보여줬던 것이다. 다윈은 그때 알게 되었다. 그 관계를 설명할 수 있는 유일한 방법은, 화석으로 남은 종들이 시간의 흐름 속에서 새로운 종들을 탄생시키며 변화할 수 있는 가능성뿐이었다.

자신이 수집해 온 식물들이 새들과 같은 패턴을 보여줄지 너무나 궁금했던 다윈은 후커에게 이런 편지를 썼다.

"갈라파고스의 식물들이 당신이 예상한 것보다 더 흥미롭기를 바랍니다. 그리고 각 식물이 갈라파고스 제도의 어떤 섬에서 왔다고 표시가 돼 있는지, 부디 각별히 유의해서 관찰해줬으면 합니다. 그 이유는 제 일지를 보면 알 수 있을 겁니다."

후커는 실제로 이 식물들이 유사한 사례를 보여준다는 것을 확인했고 "각각의 섬들에서 온 식물들 사이에 놀라운 차이점이 있습니다. 가장 이상한 사실입니다"라며 감탄했다.[8] 다윈은 이유를 알고 있었지만 아직은 때가 아니라 생각해 변이에 대한 자신의 생각을 후커에게 말하지 않았다. 하지만 두 사람은 절친한 친구가 됐고 결국 다윈은 이 식물학자를 자신이 믿는 쪽으로 이끌었다.

그랜트 교수나 자신의 할아버지와는 달리 다윈은 라마르크의 열성적 추종자는 아니었다. 하지만 변이에 대해 은밀한 믿음이 생기고 약 1년 반이 지난 1838년 10월, 자연선택의 법칙을 확신하게 된 유레카의 순간을 맞았다. 그는 진화적 변화가 종의 선형으로 연속하는 형태보다는 나무가 가지를 뻗어나가는 형태에 가깝다는 것을 깨달았다. 그의 머릿속에서 식물학이 차지하는 중요성을 생각할 때 이는 적절한 비유였다. 다윈이 데이터베이스를 점점 키우는 과정에서 식물학은 처음부터 중요한 부분을 차지했다. 또한 그가 '수정을 동반한 유래'라고 표현한 비밀스러운 미공개 이론을 뒷받침하는 일련의 증거들도 제공했다.

1839년 다윈은 에마 웨지우드와 결혼했고 2년 후 런던을 떠나 교외로 이사했다. 다윈 부부는 '다운Downe'이라는 마을에서 마음에 꼭 드는 집을 찾았다. 다운하우스라고 불리는 근사한 집은 늘어가는 가족과 점점 확장되는 정원을 위한 넉넉한 공간을 갖고 있었다. 또 들판과 목초지, 삼림지대로 둘러싸여 있어 식물분포학, 생태학, 교배와 수분 등 다양한 주제를 넘나드는 다윈의 식물 연구 현장이 되기에 충분했다. 다윈은 아이들의 가정교사였던 캐서린 솔리의 도움을 받아 식물들을 확인하는 식물학 현장 연구에까지 뛰어들었다. 1855년 후커에게 보낸 편지에서 그는 자신의 성공을 자축했다.

"첫 번째 풀을 발견했어요! 만세!"

켄트주에 있는 다윈의 집 '다운하우스'.
J. R. 브라운의 목판화. 웰컴 컬렉션 제공.

그리고 이렇게 인정하기도 했다.

"내 평생 새로운 풀을 발견하게 될 줄은 정말 몰랐습니다."[9)]

1850년대에 다윈은 처음으로 '바보들의 실험'에 돌입했다. 그 결과물이 바로 『종의 기원』이다. 그의 연구 방식은 호기심이 가득했고 종종 기발해서 평범한 관찰자에게는 정신 나간 자연학자가 제멋대로 열정을 발산하는 것처럼 보일 수도 있었다. 한 예로 다윈은 벌들이 가짜 꽃에도 관심을 보이는지 알고 싶어 아내 에마의 보닛(여자들이 쓰던 모자로 끈을 턱 밑에서 묶게 돼 있다–옮긴이)에서 조화를 뽑아 정원에 심었다. 또 작은 식물이 실제로 오리의 등에 붙는지 확인하기 위해 오리들을 수생식물이 가득 차 있는 탱크에 빠뜨리기도 했다. 그물로 감싸 벌의 접근을 막은 토끼풀의 씨앗과 벌이 찾아와 수분을 도와준 토끼풀의 씨앗을 비교하거나 꽃가루매개자가 일하는 꽃 안의 통로를 자세히 묘사하기도 했다. 또한 그는 바다 위에 씨앗이 떠 있는 상태를 시뮬레이션하기 위해 소금물이 담긴 병 속에 주기적으로 씨앗을 넣었다. 씨앗이 얼마나 오래 생존할 수 있는지 알아내고, 해류에 떠내려 간 씨앗들이 얼마나 먼 섬까지 도달해 그곳에서 자랄 수 있는지를 실험한 것이다. 자신의 발톱을 깎아 끈끈이주걱에게 먹이로 준 인상적인 사건도 있었다. 다윈의 실험은 이상하고 재미있는 동시에 매우 유익한 활동이기도 했다.*

당시 다윈은 후커에게 자신이 믿는 바를 납득시켰고 두 명의 친구를 추가로 설득하는 데에도 성공했다. 그들은 영국의 지질학자 찰스 라이엘과 미국의 식물학자 에이사 그레이였다. 다윈은 자신이 '자연선택'이라고 부르는 큰 책에 모든 것을 끌어들이기 시작했다. 그는 그 이론을 뒷받침하는 증거를 모으는 데 많은 시간을 들였다. 만약 영국의 동료 자연학자 앨프리드 러셀 월리스가 그 이론을 먼저 들고 나올 뻔한 사건이 없었다면 그의 연구는 끝도 없이 이어질 수도 있었다.

다윈보다 열세 살 젊은 월리스는 당시 말레이 제도(주로 오늘날의 인도네시아)를 탐험하고 관련 증거를 수집하며 종의 기원에 대한 수수께끼를 풀기 위해 노력하고 있었다. 그는 아시아 대륙에 도착하고 2년 후인 1858년 2월에 자연선택의 법칙을 발견하는 유레카적 순간을 체험했다. 운명의 장난인지 마침 그는 다윈과 가벼운 서신을 주고받는 중이었다. 두 사람은 상대방이 일반적 방식으로 종과 변종의 본질에 관심이 있다는 것을 알고 있었다.

월리스는 자신이 새롭게 발견한 이론을 제일 먼저 다윈에게 편지로 적어 보냈다. 편지를 받은 다윈이 충격에 빠지고 좌절하자 친구들이 도움의 손길을 내밀었다. 후커와 라이엘은 이 주제에 대한 다윈의 미출간 원고 일부를 월리스의 논문과 함께 발표하도록 재빨리 주선했다. 다윈은 월리스에게 편지를 써 자신이 그 주제에 대해 거의 20년 동안 연구를 해왔다고 설명했다. 이제 그는 어서 자기 책을 발표해 자신의 우선권을 증명해야 한다는 압박에 시달렸다. 다윈이 준비하던 큰 책은 단기간에 마무리하기에는 너무나 방대했다. 결국 다윈은 원래 쓰려던 책을 거의 500페이지(!)에 이르는 요약본으로 압축했고 『종의 기원』이라는 이름으로 자신의 '하나의 긴 논쟁'을 출간했다. 월리스는 이 책에 매료됐고 깊은 감명을 받았다. 연구의 우선권과 관련한 해결 방식에 대해서도 대단히 관대했다.**

출간 후 다윈은 자신이 책에 제시한 원칙을 한층 더 조명하는 주제로 연구를 이어갔다. 그는 세 가지 이유로 난초부터 시작하기로 결정했다.[10] 첫째, 그는 이미 난초를 연구 중이었는데 수분 작용을 위한 난초의 복잡하고 구조적인 적응 방식이 '동물의 세계에서 본 어떤 아름다운 적응 사례만큼이나 다양하고 거의 완벽하다'는 것을 발견하고서 감탄했기 때문이다. 난초에 대한 광적인 집착에 빠진 다윈은 후커에게 다음과 같은 편지를 썼다.

"저를 불쌍히 여겨 난초에 대해 다시 쓰게 해주길 바랍니다. 가장 단순한 발명품에 대한 선망으로 저는 황홀경에 빠져 있기 때문이지요. 당신도 이 기분을 느껴보면 좋겠습니다. 제가 식물학자였으면 얼마나 좋을까요?"[11]

둘째, 다윈은 난초의 절묘한 적응방식이 타가수분을 보장하며 놀랍도록 정확하게 기능한다고 보았기 때문이다. 이런 견해는 다윈이 『종의 기원』에서 제시한 이론, 즉 이따금 일어나는 이종교배가 사실상 보편적 자연법칙임을 다시 한번 강조하는 것이었다.

마지막으로, 일부 사람들이 『종의 기원』을 비판하면서 그렇게 놀라운 이론이라면 마땅히 뒷받침하는 증거가 많아야 하는데 그렇지 못하다고 말했기 때문이다. 다윈은 이 책이 요약본이라는 점을 강조했지만 비판은 수그러들지 않았다. 이에 그는 자신이 더 많은 증거를 가지고 있음을 증명하고자 했다. 다윈은 이렇게 말했다.

"세부적인 조사 없이는 말한 적 없다는 것을 보여주고 싶다."

다윈의 난초 연구에는 비판의 목소리를 잠재우는 것 이상의 힘이 있었다. 그는 난초 연구 중에 곤충 운반자들을 시켜 여러 개의 꽃가루가 뭉쳐 있는 '화분괴花粉塊'라는 꽃가루 덩어리를 부착하게 함으로써 이종교배를 일으키는 과정을 여러 번 반복했다. 하지만 난초의 적응 방식은 미묘해서 모두 똑같지 않았다. 각기 다른 난초 집단은 다른 방식으로 수분을 이뤄냈고 '창조자'가 만들어냈을 하나의 '완벽한' 적응이란 것은 존재하지 않았다. 오히려 난초들은 수분의 다양한 변주를 보여줬다. 그 과정은 신의 설계보다는 진화적 변화의 변덕스러움에 더 가까웠다. 다윈에게 힘을 실어준 그레이는 그의 목표를 이해하기 시작했다. 다윈은 감탄하면서 그에게 편지를 썼다.

"정곡을 찌르는 모든 사람들 중에 당신이 최고입니다. 난초 책에서 제가 주된 관심사로 삼은 것이 '적에 대한 측면공격'이었다는 것을 알아차린 사람은 아무도 없었습니다. 제 관심은 디자인, 그 끝없는 질문과 관련이 있습니다."[12]

실제로 다윈의 모든 식물 연구는 '측면공격'이었다. 모든 것은 하나의 목적을 향한 과정이었다. 다윈이 자신의 이론을 시연하고 적용하고 확장하는 모든 과정은 자연선택에 의한 진화라는 그의 주장

다운하우스에 있는 다윈의 서재. 실험용 식물들이 보인다.
A. 헤이그의 목판화. 웰컴 컬렉션 제공.

을 뒷받침하고 강화하기 위해 설계됐다. 그 결과로 그는 식물생리학을 이해하는 데 몇 가지 이상의 기여를 했다. 예를 들면 그는 식충식물의 소화생리를 보여줬고 다화주성heterostyly(多花柱性, 하나의 종에서 암술 또는 수술의 길이나 모양이 다르게 나타나는 현상)의 기능을 설명했으며 '회선운동circumnutation'(다윈이 만든 용어로, 어린 줄기나 덩굴손이 반복적으로 원을 그리며 자라는 것)을 발견했다. 또한 난초와 다른 꽃들의 복잡한 수분 메커니즘 지도를 그렸다. 그의 공헌은 이 밖에도 많다.

다윈이 현대 과학의 관점에서 항상 옳았다는 것은 아니다. 과학적 연구의 본질이 그렇듯 다윈은 종종 헛다리를 짚었다. 한 예로 그는 식충식물의 특성 중 동물과 비슷한 부분을 강조한 나머지 이 식물들이 일종의 신경계를 갖고 있다고 믿었다. 비슷한 예로 그는 식물생리학자들이 한참 후대에 와서야 밝혀낸 식물호르몬을 알지 못했기에 식물의 운동에 대한 그의 선구적 연구는 어쩔 수 없는 한계가 있었다. 실험과학이 고도로 전문화되는 시대가 오자 일부 과학자들은 적절한 통제 조건과 정밀한 실험 도구가 부족했던 다윈의 아마추어 같은 '시골집' 실험을 조롱했다. 물론 그의 실험에는 부족한 점이 분명 있었다. 하지만 다윈의 소박한 가정 실험이 식물생리학·생태학·진화에 관한 현대 연구의 토대가 됐다는 사실은 부인할 수 없다.

그의 성과는 혼자 이뤄낸 것이 아니었다. 다윈 스스로도 그 점을 인정했다. 일단 그는 자신이 식물학 거인들의 어깨 위에 올라가 있었다는 것을 알았다. 대표적으로 알렉산더 폰 훔볼트, 오귀스탱 드 캉돌, 칼 린네, 콘라트 슈프렝겔, 칼 프리드리히 폰 가르트너, 로버트 숌부르크 경, 로버트 브라운, 존 스티븐스 헨슬로 등이다. 게다가 다윈은 자신이 받은 모든 방면의 도움, 즉 그의 정원을 실제로 그리고 지적으로 가꿔준 조력자들과 다운하우스 정원과 식물학적 아름다움을 지닌 온실 그리고 아이디어의 원천이 된 그의 푸른 정원에 감사했다.

그의 조수 역할을 한 것은 가족, 친구 그리고 멀리 살면서도 기꺼이 표본을 수집하고 관찰하고 자신의 전문성을 빌려준 곳곳의 특파원들이었다. 집에서는 그의 아내 에마와 일곱 아이들이 성인이 될 때까지 항상 준비된 조수 역할을 했다. 다윈의 아들 레너드는 아이들의 조사 활동을 이렇게 회상했다.

“게임 같은 놀이이자 과학 연구였습니다. 그리고 그 놀이를 할 때만큼은 아버지도 똑같은 한 명의 아이였어요.”[13]

다윈의 처제 세라 웨지우드도 식물 수집을 도와줬고, 웨지우드 가족의 조카딸들 역시 휴가 중에 열심히 식물 관찰을 한 후 다윈에게 이런 편지를 썼다.

“찰스 삼촌께, 오늘 아침에 우리가 각각 다른 식물에서 모은 부처꽃 표본 256개 중에서 긴 암술이 있는 94개, 중간 길이의 암술이 있는 95개 그리고 가장 짧은 암술이 있는 69개를 발견했어요.”

다윈은 항상 야단스럽게 감사를 표현했다. 그는 신속하게 답장을 보내며 이렇게 썼다.

“내 사랑하는 천사들! 다른 말로는 너희를 부를 수가 없구나. 너희들이 모은 것들은 정말 귀중하게 쓰일 거야.”[14]

다윈의 연구는 친구들과 끈끈한 관계를 유지하는 데에도 도움이 됐다. 식물학자 후커는 처음에는 왕립식물원 큐 가든의 부원장으로서, 그다음에는 원장으로서 다윈이 전 세계에서 들여온 이국적 식물들을 마음껏 연구에 활용할 수 있도록 조력했다. 그 외에도 큐 식물 표본실의 책임자였던 대니얼 올리버, 첼시의 왕립 이국식물 사육장을 경영하던 제임스 베이치, 뛰어난 난초학자 제임스 베이트먼, 와이트섬의 식물학자 알렉산더 G. 모어 등이 표본이나 관찰 혹은 두 분야 모두에서 다윈을 도왔다.

인기 잡지 《가드너스 크로니클》의 편집자 존 린들리는 언제나 다윈의 기사를 환영하며 펴냈을 뿐만 아니라 종종 독자들에게 관찰과

온실 안에 있는 다윈.
《일러스트레이티드 런던 뉴스》(1887)

실험을 도와달라고 요청하는 다윈의 편지도 실어줬다. 다윈은 크라우드소싱의 원조 격이었다. 멀리서도 다윈을 돕는 사람들이 있었다. 미국의 식물학자 그레이도 그중 하나였다. 그레이는 다윈과 자주 편지로 소식을 주고받는 친구로 미국의 유능한 관찰자들과 다윈을 연결시켜 줬다. 그 결과 사업가이자 식물학자였던 델라웨어주 윌밍턴의 윌리엄 매리어트 캔비와 재능 있는 작가이자 자연학자였던 뉴저지주 바인랜드의 메리 트리트가 식충식물에 대한 다윈의 책에서 널리 인용됐다. 세계의 또 다른 지역에서는 이탈리아의 식물학자 페데리코 델피노, 남아프리카공화국의 롤런드 트리멘, 브라질의 독일 망명자 프리츠 뮐러, 트리니다드 토바고의 헤르만 크뤼거 등이 다윈에게 도움의 손길을 내밀었다. 이렇듯 다윈의 연구 방식을 보면 과학은 협력이 필요한 사업이라는 사실을 이해할 수 있다.

다윈의 주요 연구 프로젝트

다윈의 식물 연구는 식물만을 주제로 한 여섯 권의 책과 75편의 논문으로 결실을 맺었다. 그의 식물 책으로는 『난초가 곤충에 의해 수정되는 데 관여하는 다양한 장치들(일명 『난초의 수정』)The Various Contrivances by Which Orchids are Fertilised by Insects』(1862·1877), 『덩굴식물의 운동과 습성On the Movements and Habits of Climbing Plants』(1865·1875), 『식충식물Insectivorous Plants』(1875·1888), 『식물계에서 타가수정과 자가수정의 효과(이하 『타가수정과 자가수정』)The Effects of Cross and Self-Fertilisation in the Vegetable Kingdom』(1876·1877), 『같은 종에 속하는 꽃들의 서로 다

른 형태들(이하 『꽃의 형태들』)The Different Forms of Flowers on Plants of the Same Species』(1877), 『식물의 운동 능력The Power of Movement in Plants』(1880) 등이 있다. 또한 그는 『종의 기원』(6판, 1859~1872)과 『사육에 따른 동식물의 변이The Variation of Animals and Plants Under Domestication』(1868·1875)에서도 식물을 다뤘다. 1841년부터 《가드너스 크로니클》지에 질문 또는 기사 형식으로 기고하기 시작해 36년 동안 이를 지속했으며 《런던 린네 학회 저널》, 《원예 학회 저널》, 《자연사 학회의 연보와 잡지》 등에도 식물이 주제인 글을 실었다.

다윈은 광범위한 연구에서 놀라울 정도로 다양한 식물을 다뤘다. 125종의 덩굴식물, 토착종과 열대종을 포함한 거의 70종의 난초, 20종의 식충식물, 수분 또는 운동과 관련된 실험 대상인 200종 이상의 식물 그리고 수십 가지 과일과 채소들이 그의 연구에 등장한다. 다윈의 책을 읽다 보면 그곳에 언급된 식물들을 키우고 관찰하고 싶다는 생각에 절로 빠져든다. 그중 많은 식물이 텃밭의 주요 품목이거나 장식용으로 인기가 많은 것들이라 실천하기도 쉽다.

꽃가루매개자들이 아마꽃 위에 착지하는 모습을 지켜보는 일, 디기탈리스꽃의 생애주기에 주목하는 일, 홉이나 시계초 등 흔하거나 특이한 덩굴식물을 키우면서 이들이 지지대 위에서 꼬이고 휘감으며 자라는 과정을 관찰하는 일, 시클라멘의 열매가 성장 과정에서 땅을 향해 몸을 비틀고 돌리면서 아래로 내려가는 것처럼 땅콩이 자라면서 스스로 땅속에 묻히는 과정을 알아채는 일, 서늘한 밤에 세잎클로버가 잎을 접는 광경을 보는 일, 천천히 움직이는 끈끈이주걱의 촉수를 관찰하는 일. 이렇게 우리는 산책하는 길에서나 정원에서, 길에서 혹은 실내 식물 사이에서 어디에서든 다윈이 했던

CATASETUM MACULATUM.

것과 같은 관찰을 할 수 있다.

다윈의 글은 상세하고 광범위하며 어떤 부분은 지나치게 세밀하기 때문에 이 책에는 중요한 부분만을 발췌했다. 이렇게 골라낸 글들조차 다소 밀도가 높다는 사실은 부인할 수 없다. 하지만 다윈의 글을 읽는 것은 도전할 만한 가치가 있다. 과학적 연구에 온갖 공을 들이는 그의 기술이 어떤 것인지를 느낄 수 있고 좋은 과학 연구에서 가장 중요하다고 할 만한 세심한 관찰과 실험의 세세한 면들을 알 수 있기 때문이다. 우리는 어떤 부분을 발췌할지 결정하는 데 다윈이 도움을 줬다고 믿는다. 그는 종종 자기비하적이었고 때때로 자신의 글이 지나치게 세밀하다는 것을 솔직히 인정했다. 한 예로 그는 그레이에게 『타가수정과 자가수정』의 일부 페이지를 검토용으로 보내면서, 글이 다소 지루할 것이라며 다음과 같은 내용의 경고를 첨부했다.

"처음 여섯 개 챕터는 쉽게 읽히지 않고 마지막 여섯 개 챕터는 따분하다는 것을 염두에 두시기 바랍니다."[15]

스스로를 강력히 지지하는 말은 아니지만 이렇게 덧붙인다.

"그래도 연구 결과는 가치가 있다고 믿습니다."

이 책에서 우리는 다윈의 광범위한 식물 연구를 대표하는 45종의 식물을 소개하려고 한다. 더불어 그가 일하는 방식과 놀라운 연구의 깊이를 이해할 수 있도록 세부 사항들을 충분히 발췌해 수록했다. 전반적으로 이 책에서 선정한 항목들은 다윈의 주요한 식물 연구 분야를 망라한다.

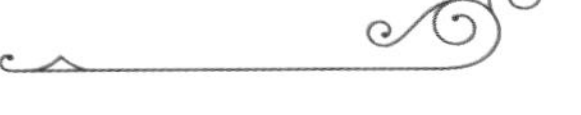

카타세툼 마쿨라툼.

세라 앤 드레이크의 석판화. 제임스 베이트먼의 『멕시코와 과테말라의 난초과』에 수록.

난초

1860년 봄, 거의 20년 전부터 토종 난초를 관찰해 왔던 다윈은 연필 끝으로 수분 매개 곤충의 방문을 흉내내는 실험을 하면서 처음으로 두 종의 난초를 조사하는 데 착수했다. 연필은 끈적한 끝부분으로 꽃가루 덩어리를 깔끔하게 추출해 내는 나방의 길고 뾰족한 주둥이 역할을 하기에 더없이 훌륭했다. 호기심을 느낀 그는 곧 큐 왕립식물원과 비치의 사육장에서 이국적인 난초들을 입수했고 트리니다드 공화국에서 식초에 담근 꽃들을 얻었다. 다윈은 수분 과정보는 난초 그 자체에 대해 더 깊은 관심을 보였다. 다른 난초 집단(다윈에게는 다른 가계)은 각기 다른 꽃 구조로 동일한 기능을 수행했기에 다윈은 이 주목할 만한 꽃들의 복잡한 구조와 이 꽃들이 수분 매개자와 맺는 친밀한 관계를 통해 자연선택을 통한 정교한 적응 사례를 연구할 수 있었다. 이 변이 패턴은 다윈에게 신의 설계보다 진화의 역사에 대해 더 많은 것을 말해줬다.[16)]

타가수정과 자가수정, 변이, 수분 그리고 꽃의 형태들

타가수정에 대한 다윈의 관심은 '진화적 변화'라고 알려진 '변이'에 대한 그의 초기 추측으로 거슬러 올라간다. 자연선택의 과정에서 유전적 변이가 핵심 요소라면, 그 변이는 어디에서 온 것일까? 그는 확실히 알 수 없었지만 어떤 이유에선지 교배 혹은 이종교배가 결정적인 것처럼 보였다. 다윈은 이 질문을 연구하기 위해 놀라운 다양성을 가진 유기체인 '꽃을 피우는 식물들'을 선택했다.

말 그대로 한곳에 뿌리를 내리고 있는 이 식물들은 어떻게 짝을 찾았을까? 그들은 직접 짝을 찾는 대신 곤충 중개자를 유혹해 중매를 서도록 했다. 오늘날 우리는 수분 과정을 이해할 때 곤충의 역할을 당연시하지만 다윈의 시대에는 그렇지 않았다. 당시의 전통적 관점에서는 수분과 열매 맺기는 곤충과 거의 관련이 없다고 봤다.

다윈은 독일의 자연학자 크리스티안 콘라트 슈프렝겔의 연구를 지지했다. 슈프렝겔은 1793년, 수분 과정에서 곤충의 중대한 역할을 역설하는 훌륭한 책 『꽃의 형태와 수정 과정에서 발견된 자연의 비밀Das entdeckte Geheimnis der Natur im Bau und in der Befruchtung der Blumen』을 발표한 적 있다. 다윈은 꽃을 연구하는 일에 열정을 갖고 몰입했다. 꽃을 해부하고 곤충이 꽃에 들어가고 나가는 과정을 자세히 묘사하고 곤충이 꽃가루를 어디에 어떻게 내려놓는지 관찰했다. 또한 그는 꽃가루 덩어리를 포탄처럼 발사할 수 있는 매발톱나무나 난초의 '자극에 민감한 수술'처럼 예민한 구조의 꽃을 발견하며 기뻐했다. 여러 꽃들의 적응 구조와 기능을 꼼꼼하게 기록하는 것에 몰두했고 이종교배와 자가수정 중 효과가 뛰어난 방식을 찾아 기록하기 위해 세심한 통제하에 여러 세대에 걸쳐 동일한 방식의 교배를 실험하며 자신의 연구를 보완했다.

다윈은 변이의 궁극적인 유전적 근거와 변이가 발생하는 방식을 알진 못했다. 하지만 그는 식물의 교배와 일반적 성 생식 모두 무수한 조합을 통해 자손의 개별 구성에 유익한 유전적 변이를 하나로 모으고 자연선택을 위한 원료를 제공한다는 가설을 세웠다.

꽃을 연구하는 과정에서 다윈은 우연히 한 가지 흥미로운 현상을 발견했다. '다화주성'이라고 불리는 앵초꽃의 짧거나 긴 꽃술 형태였다. 그의 케임브리지 멘토였던 헨슬로는 수년 전에 이 앵초꽃 형태를 발견했지만 연구를 이어나가지 않고 남겨둔 상태였다. 흥미를 느낀 다윈은 다른 형태들 사이에서 그리고 같은 형태들 안에서 교배를 광범위하게 실험해 그 기능을 알아내고자 했다. 자신이 선호하는 가설을 실험하고 퇴짜 놓기를 반복한 끝에 그는 궁극적인 결론에 도달했다. 다화주성은 이종교배를 촉진하기 위해 적응한 결과라는 것이었다. 이런 그의 결론은 훗날 옳은 것으로 판명됐다. 다윈은 손으로 직접 이형과 삼형 종의 교배를 수천 번 수행하면서 수십 종의 다화주성 식물을 연구했다. 실험 결과 다른 형태 간의 수분은 동일 형태 내의 수분보다 훨씬 풍부한 열매과 씨앗을 만들어냈다. 나중에 그는 자서전에서 이렇게 말했다.

"나의 어떤 발견도 다화주성 꽃들의 의미를 알아내는 것보다 큰 즐거움을 주지 못했다."[17)]

덩굴식물

다윈은 비글호를 타고 브라질을 여행하다가 덩굴식물을 최초로 발견하고 기록으로 남겼다. 그곳에서 그는 덩굴식물이 또 다른 덩굴식물을 휘감으며 풍성하게 자란 모습을 보고 깊은 인상을 받았다. 여러 해가 흐른 뒤인 1858년, 다윈은 하버드대학교의 그레이가 덩굴식물에 관해 쓴 논문을 읽고서 자신이 직접 관찰할 수 있도록 씨앗을 보내달라고 그에게 부탁했다. 그 당시 다윈은 몸 상태가 좋지 않아 비교적 연구하기 쉬운 주제가 필요했기에 덩굴식물이 제격이라고 여겼다. 그레이가 보내준 야생 오이 씨앗을 키운 그는 한 종에서 다음 종으로 연구를 이어나가며 큐 왕립식물원에 수많은 식물을 요청했다. 다윈은 후커에게 보낸 편지에 이렇게 썼다.

"덩굴손 덕분에 매우 즐거운 시간을 보내고 있습니다. 이것은 나에게 딱 맞는 사소한 작업의 일종입니다."

1863년이 되자 그는 그레이에게 과장된 어조로 편지를 썼다.

"그 어느 때보다 덩굴손에 미쳐 있습니다."

덩굴손의 다양성에 대해서는 "난초만큼이나 모든 변형 형태가 아름답습니다"라고 언급했다.[18] 1865년에 다윈은 기어오르는 잎과 덩굴손을 가진 20종의 분류군에 대해 관찰하고 실험한 결과를 장문의 논문으로 정리해 런던 린네 학회Linnean Society of London에 보고했다. 이것은 이후 『덩굴식물의 운동과 습성』(1875)이라는 책으로 확장됐다. 그는 덩굴식물에서 난초와 같은 패턴, 즉 진화의 역사를 밝혀주는 절묘한 적응 사례를 찾아냈다. 난초 연구에서 했던 대로 그는 덩굴식물에서 '주제에 따른 변이' 구조를 추적했다. 이는 어떤 집단에서 특정 기능을 하다가 다른 집단에서는 다른 기능을 하도록 적응된 구조를 말한다.

또한 다윈은 덩굴식물의 다섯 가지 종류를 알아냈다. 다윈은 그의 관심을 가장 덜 받았던 '고리와 뿌리덩굴'과 가장 원시적인 '덩굴', 잎의 여러 부분으로 인해 식물이 지지대를 앞다퉈 올라가게 되는 '잎덩굴' 그리고 '덩굴손'을 각기 분류하는 과정에서 지지대를 타고 올라가는 덩굴의 놀라운 능력을 자세히 묘사했다. 그는 덩굴과 덩굴손이 원을 그리며 나아가는 움직임을 기록하며 그것을 추적하는 시각적 표지를 사용함으로써 움직임의 타이밍에 주목했다. 연구 결과 다윈은 덩굴손과 성장하는 줄기의 타원형 움직임을 나타내는 '회선운동'이라는 용어를 만들어냈다. 이렇게 적응하는 구조와 기능을 넘어 다윈은 덩굴식물에 내재된 동물과 비슷한 특성을 발견하고 깜짝 놀랐다. 덩굴식물은 접촉에 민감하게 반응하고 빛과 그림자를 실제로 '보고' 이에 따라 움직이는 능력이 있었던 것이다. 덩굴식물의 감각적 인지 능력은 다윈에게 또 하나의 진화론적 교훈을 줬다. 그는 식물은 동물과 근본적으로 연결돼 있다고 확신하게 됐다.[19]

식충식물

다윈의 세 번째 식물 책은 그 당시 제대로 이해되지 못했던 식충식물을 다루고 있다. 다윈은 해안가에서 여름휴가를 보내던 중 우연히 끈끈이주걱을 발견했고, 그중 몇 개를 가족의 오두막 별장으로 가져와 자세히 관찰한 것을 계기로 연구에 착수했다. 곤충이 덫에 걸리듯 식충식물에 완전히 사로잡힌 그는 자신의 온실에서 끈끈이주걱을 키우기 시작했다. 그리고 끈끈한 액체가 묻어 있는 촉수 부분을 낙타털 붓으로 건드린다든가 잎 위에 수많은 티끌을 뿌려 이 식물이 어디에 반응하고 어디에 반응하지 않는지 알아보는 간단한 실험을 했다. 덩굴식물과 마찬가지로 식충식물도 명백히 동물과 비슷한 특징을 갖고 있었다. 다윈은 식충식물들의 '행동'을 광범위하게 연구하고 식이 선호를 실험하면서 해외의 관찰자들에게 도움을 받았다. 그중 뉴저지의 자연학자 메리 트리트는 끈끈이주걱과 파리

프리물라
아카울리스.

손으로 채색한 판화.
윌리엄 커티스의
『런던 식물상』에 수록.

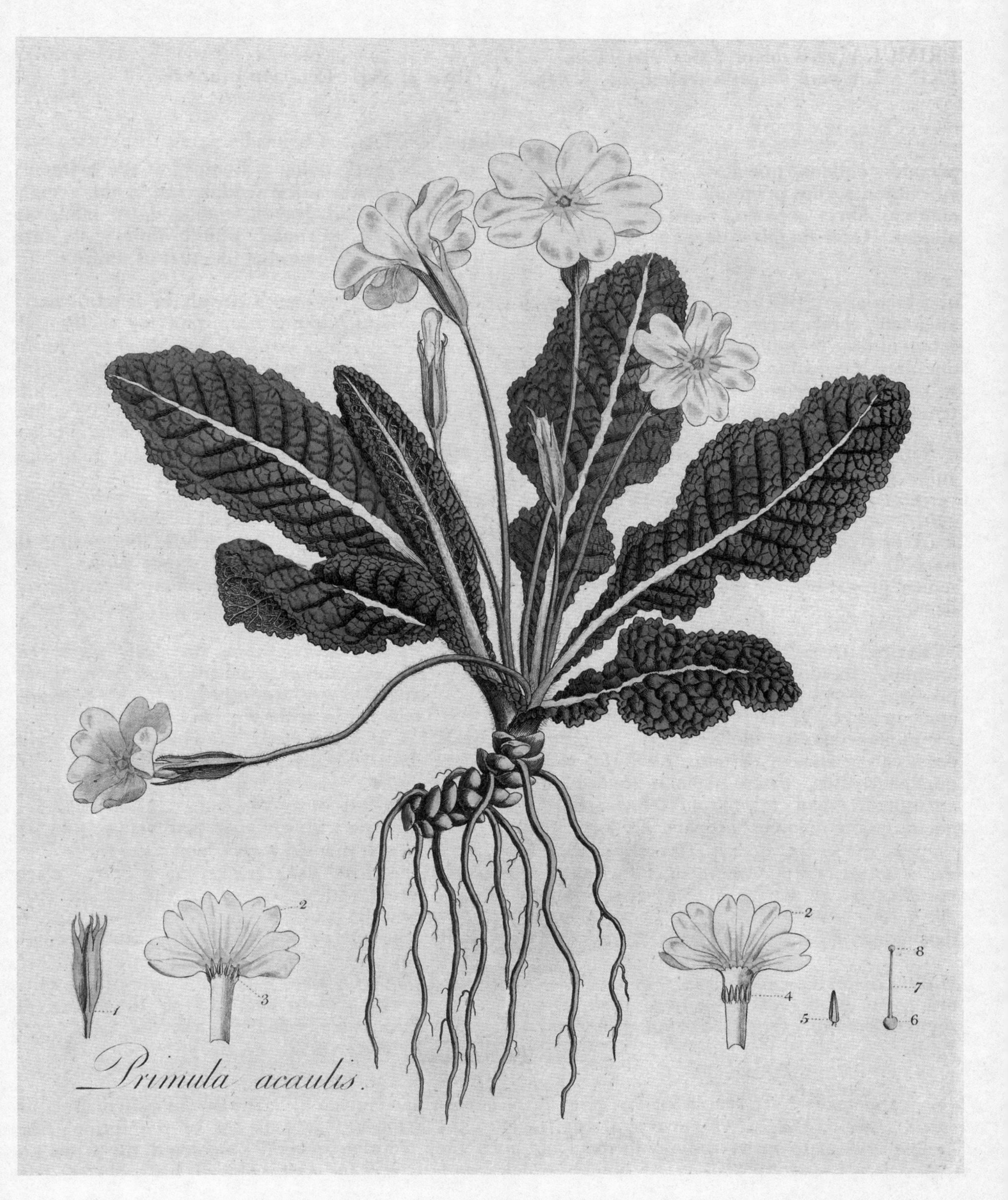

2
3
1
2
4
5
8
7
6
Primula acaulis.

지옥을 세밀하게 관찰한 내용을 보내줬다. 다윈은 식충식물의 특성들, 그중에서도 일명 '세상에서 가장 멋진 식물'[20]인 파리지옥이 먹이를 잡아먹는 재빠른 움직임에 매료됐다. 이후 생리학자 존 버든샌더슨과 협업해 이 놀라운 식물들이 일종의 신경계를 가지고 있는지 연구했다.

식물의 운동

다윈은 길고 긴 진화의 시간 속에서 식물과 동물이 같은 조상을 공유한다는 확신을 갖게 됐다. 이후 특정 식물의 동물과 같은 속성들에 더욱 흥미를 느꼈다. 덩굴식물에 대한 그의 관심은 식물의 운동 전반으로 확대됐고 아들 프랜시스와 함께 식물의 다양한 부분, 즉 새싹·줄기·잎·덩굴손 등의 운동 메커니즘에 대해 일련의 조사를 시작했다. 또한 같은 맥락에서 중력에 반응하는 운동(굴중성), 빛에 반응하는 운동(굴광성), 새싹과 잎의 야간 수면운동(취면운동) 등도 연구했다. 주제에 따라 분류한 진화적 변이를 다룬 또 다른 사례 연구도 있었다. 다윈은 식물에서 일어나는 모든 운동의 형태가 모든 새싹에서 발견되는 회선운동, 즉 천천히 원을 그리는 운동의 변형임을 깨달았다. 이 연구들은 수십 년 후 다윈 부자가 팀을 이루어 식물 성장 호르몬과 세포 신호의 발견을 기대하며 배아줄기(초엽草葉)와 뿌리(어린뿌리)의 감각 인지에 대한 선구적 실험을 하는 데 영감을 줬다.

이포모에아 닐.

얀 비투스가 모조피지에 구아슈물감으로 그림. <네덜란드 화초 모음집>에 수록.

식물의 운동에 대한 실험을 하며 다윈은 동물과 식물의 연결 고리에 대해 더 깊이 이해하게 됐다. 그는 "식물에서 어린뿌리의 끝부분보다 더 멋진 구조는 없다"라고 선언하면서 식물의 뿌리끝을 '하등동물 중 하나'의 뇌와 비교했다.[21] 다윈은 문자 그대로, 그리고 비유적으로 '식물의 경이로 가득한 정원'에서 평생 연구에 몰두했다. 그는 새로운 발견을 통해 흥분과 기쁨을 느꼈고 놀라움과 더 높은 경지에 대한 감탄을 금치 못했다. 다윈이 식물에 대해 수행한 주요 연구 중 마지막에 해당하는 주제가 '식물의 운동'이라는 게 가장 놀랍게 느껴지는 것도 당연하다.

다윈 시대의 보태니컬 아트

다윈이 살던 시대는 수많은 그림과 판화가 책을 장식하던 보태니컬 아트와 삽화의 황금기였다. 구독자와 부유한 후원자가 지원하는 한층 더 호사스러운 책도 있었다. 하지만 다윈은 당대의 유명 화가들이 그린 작품을 자신의 책에 넣지 않았다. 오히려 그는 조지 B. 소워비가 그의 난초 책을 위해 훌륭한 꽃 해부도를 그려주고 쿠퍼가 목판화로 조각해준 것을 계기로 자신의 식물 책에 목판화 그림을 넣는 것을 선호했다. 소워비는 이후 다윈의 아들 조지와 프랜시스에게 식물 그리는 법을 가르쳐주기도 했다. 다윈은 자신의 책이 좁은 범위에 초점을 둔 과학 학술서라고 여겨 책에 매력적인 삽화를 넣는 것에 관심이 없었다. 식물 전체나 꽃 전체를 묘사한 그림도 대개 사용하지 않았다.

그로 인한 약간의 결핍을 이 책에서 해결하고자 한다. 식물화는 예술적이고 과학적인 기량이 절묘한 시너지를 이루는 분야다. 식물을 매우 정확하게 묘사할 뿐만 아니라 고유의 아름다움을 포착하는 세련된 미감도 담고 있다. 전 세계의 문명에서 꽃과 식물은 항상 예술 작품의 소재가 됐다. 하지만 르네상스 시기 유럽에서는 고전적 지식의 부활과 함께 식물의 의약적 특성에 새롭게 초점을 맞췄다. 16세기 말과 17세기에 레오나르도 다빈치(1452~1519)나 알브레히트 뒤러(1471~1528) 같은 예술가들은 이전까지 초본서와 기도서에서 상징적으로 표현됐던 식물들을 살아 있는 듯 현실감 넘치고 우아한 모습으로 변화시켰다.

17세기에 원예에 대한 새로운 관심이 일어나고 식물이 색다르게 사용되기 시작하면서 식물화는 더욱 세련되게 발전했다. 탐험가들은 원예 시장에서 상업적 가치를 지닌 여러 가지 식물들을 발견했다. 선구안을 지닌 부유한 후원자들은 식물 사냥꾼을 전 세계로 파견해 이국적인 식물들을 들여와 자신의 정원과 인근 경치를 풍성하게 만들었다. 아프리카, 극동 지역 그리고 아메리카 대륙에서 유럽으로 온 이국적인 식물종들, 특히 스페인·네덜란드·프랑스에 도착한 식물들은 전에 없던 수요를 만들어냈다. 더 많은 사람이 참신한 발견과 아름다움이라는 가치를 시각적 재현을 통해 포착하고자 하는 욕구를 품었다. 새로운 식물의 도입은 18~19세기 영국이 식민지 영토를 확장하면서 더욱 탄력을 받았다.

여러 세기에 걸쳐 식물학적 탐험이 폭발적으로 증가하면서 화가들은 식물 화보집과 과학 서적에 새로운 식물의 형태와 아름다움을 포착해 담을 수 있는 기회를 얻었다. 뛰어난 화가 군단이 그린 삽화들은 여러 정기 간행물과 큰 판형의 책들에 수록됐다. 때마침 유능하고 전문적인 제판공과 인쇄업자들 덕분에 호화로운 컬러판 책을 제작할 수 있었다. 튤립·카네이션·난초 등 인기 있고 특이한 식물들이 종이와 모조피지(송아지, 어린 양 등의 가죽으로 글을 쓰거나 책 표지를 만드는 데 쓰임-옮긴이)에 그려지면서 후원 문화는 수많은 화가와 작가, 출판업자에게 큰 성공을 가져다줬다. 또한 화가들은 토착식물들도 삽화로 그려 지역 종의 화집과 도감을 만들었다.[22]

전 세계의 식물이 수집되고 연구되면서 식물에 대한 지식을 얻고자 하는 욕구가 생겨났다. 특히 약용 식물학은 식물의 다양성 자체에 초점을 맞춘 새로운 과학으로 변화됐고, 식물 형태에 대한 연구는 새로운 분류 체계의 기초를 제공하며 의미를 얻었다. 그중 린네가 개발한 '성적 체계'는 꽃의 각 부분에 대한 세심한 관찰이 뒷받침돼야 하는 연구였다. 그의 연구는 18세기 식물화가 중 가장 인상적이고 많은 작품을 남긴 게오르크 디오니시우스 에레트(1708~1770)의 삽화로 더욱 유명해졌다. 런던을 중심으로 활동한 에레트는 출판물을 위한 삽화를 많이 그렸고 동시에 다른 사람들을 가르치거나 영감을 주기도 했다. 파리에서는 피에르조제프 르두테(1759~1840)가 니콜라 로베르(1614~1685) 같은 저명한 선배의 전통을 이어갔다. 르두테는 장미, 백합 등 다양한 꽃을 프랑스 엘리트층에게 그려주는 일로 큰 성공을 거뒀다. 에레트와 르두테의 시대에는 이들 외에도 뛰어난 솜씨를 가진 화가들이 무수히 많았다. 책의 생산이 급증하고 특히 영국에서 그들의 그림에 대한 수요가 매우 많아졌다.

예술가, 정원사, 과학자들의 관심에서 비롯된 수요의 급증 그리고 음각 인쇄와 동판에 새기는 동판화의 발명 덕분에 1700년대 말과 1800년대 초반 책의 생산과 식물화의 보급은 혁명적인 변화를 맞았다. 인쇄된 결과물을 손으로 채색해 꾸미는 일이 많아지며 부유한 후원자들이 수집하는 책들은 더욱 아름다워졌다. 19세기 중반에는 석판 인쇄술이 주요한 출판 기술이 됐고 다색석판술이 그 뒤를 이었다. 아울러 과학 연구에서 예술에 대한 수요가 점점 늘어나면서 출판은 더 쉬워지고 저렴해졌다.

이 시대의 선구적 식물학자 대부분은 훌륭한 예술가이기도 했다. 큐 왕립식물원 초대 원장이었던 윌리엄 잭슨 후커와 그의 아들인 조지프 달튼 후커도 마찬가지였다. 하지만 그들은 뛰어난 차세대 삽화가들을 고용하기도 했다. 후커 부자 모두를 위해 일한 월터 후드 피치(1817~1892)가 대표적인 인물이다. 당시에 수많은 매혹적인 식물 초상화가 책과 잡지를 위해 특별히 제작됐지만, 아마추어와 전문가를 막론하고 많은 예술가는 자신만의 아름다운 작품을 스케치북에 남기거나 미출간 원고로 묶었다.

새로운 수요와 기술적 발전이 합쳐진 결과, 19세기에 보태니컬 아트는 정점에 도달했다. 같은 시기 찰스 다윈의 삶과 경험도 정점에 이르렀다. 에든버러와 케임브리지에서 했던 공부, 비글호와 함께한 여행 그리고 광범위한 네트워크 덕분에 다윈은 세계 각지의 식물과 관련해 광대한 지식을 얻었다. 그는 런던 가까이에 살면서 큐 왕립식물원과 긴밀한 관계를 유지한 덕분에 뛰어난 예술 작품들을 접할 수 있었다. 아마도 다윈은 자신의 흥미를 끄는 많은 식물을 정확히 묘사한 그림들을 살펴봤을 것이다. 하지만 자신의 책에는 그 그림을 거의 넣지 않았다. 다윈이 살던 시대에 어떤 식물 그림을 이용할 수 있었을지 그리고 그가 잠재적으로 접근할 수 있었던 식물의 범위는 어느 정도였을지 궁금증을 품은 채로 우리는 다윈을 대신해 역사상 가장 위대한 식물화 중 일부를 살펴보는 즐거운 작업을 수행했다. 특히 오크 스프링 가든 재단 도서관의 대단히 광범위한 소장품들을 대상으로 그 작업을 진행할 수 있었다.

우리는 다윈의 식물과학 기술을 많은 사람이 이해할 수 있도록 독려하는 목적으로 그의 연구 주제와 보태니컬 아트를 독자들이 잘 받아들일 수 있도록 마땅히 도와야 할 것이다. 이 책은 오크 스프링 가든 재단의 매혹적인 식물 그림과 인쇄물 컬렉션을 바탕으로 이 시대의 독자들에게 과학을 보완하는 예술 작품들을 모아 선보인다. 이를 통해 우리는 다윈이 가장 좋아하는 식물들의 아름다움뿐 아니라 열정적 '실험자'들의 손에서 나온 경탄해 마지않을 과학적 통찰력의 아름다움까지 전하고자 한다.

퀴클라멘 유로파에움(푸르푸라센스).

게오르크 디오니시우스 에레트가 수채물감과 구아슈물감으로 모조피지에 그린 그림. 『꽃, 나방, 나비 그리고 조개껍질』에 수록.

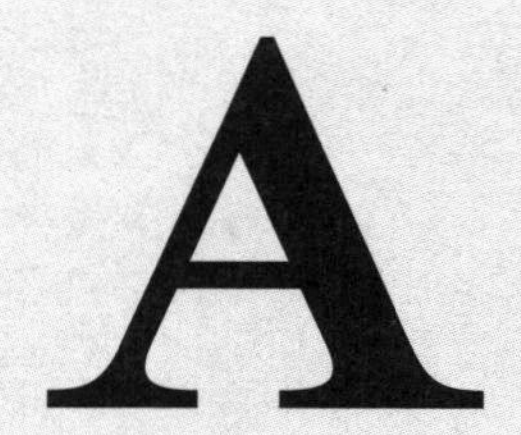

Darwin and the Art of Botany

안그라이쿰
Angraecum

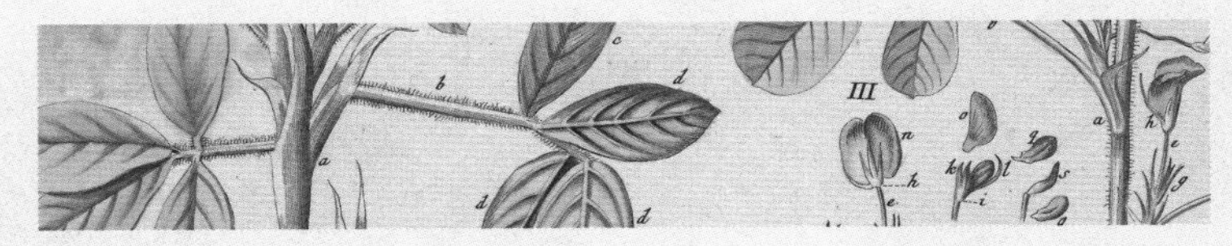

아라키스
Arachis

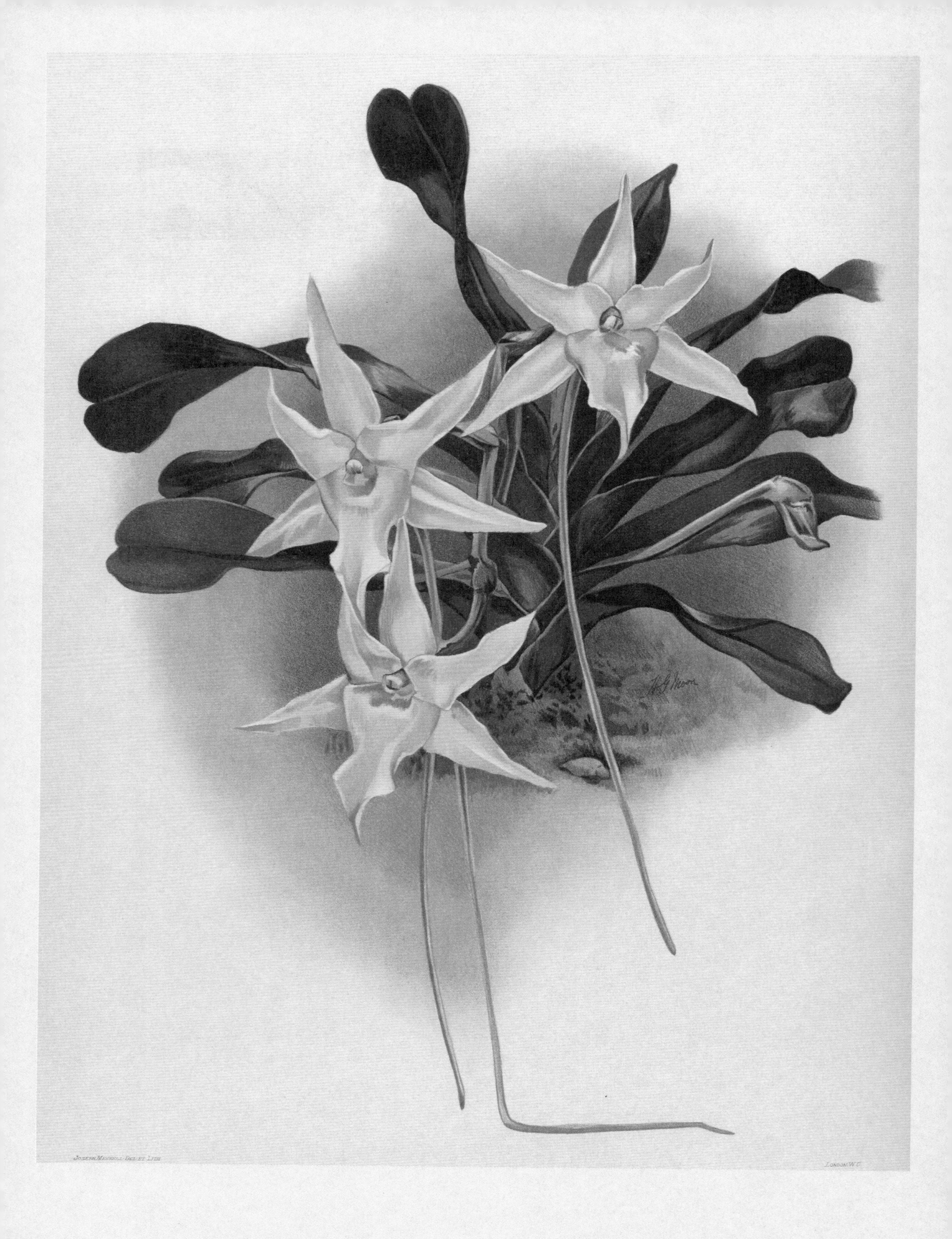
Joseph Mansell Del et Lith
London W.C.

난초, 꽃의 형태들, 수분

안그라이쿰 세스퀴페달레, 종종 '다윈의 혜성난초'라고도 불리는 이 식물은 마다가스카르에서 많이 발견된다. 220종의 안그라이쿰 중 하나로 긴 꿀샘nectary(밀선蜜腺)을 품은 별 모양의 꽃을 갖고 있으며 특정 종들을 수분시키도록 적응된 수분 매개자들과 함께 공진화(계통적으로 관계가 없는 복수의 생물체가 서로 관련되면서 동시에 진화하는 일-옮긴이)의 멋진 예로 꼽힌다. 다윈은 1862년 1월, 스태퍼드셔의 은행가이자 난초 애호가인 제임스 베이트먼으로부터 안그라이쿰 세스퀴페달레 표본을 받았다. 꿀샘의 길이에 놀란 다윈은 후커에게 이렇게 편지를 썼다.

안그라이쿰 세스퀴페달레.

프레더릭 샌더의 다색석판화. 『레이켄바키아(난초도감)』에 수록.

"방금 베이트먼 씨로부터 식물이 가득 찬 상자를 받았는데, 30센티미터에 달하는 꿀샘을 갖고 있는 놀라운 안그라이쿰 세스퀴페달레입니다. 대체 어떤 곤충이 이걸 빨아 먹을 수 있을까요?"

길고 가는 막대로 꽃가루를 제거하는 실험을 하고 난 다윈은 이 종들이 수분되려면 긴 꿀샘의 끝에 있는 꿀에 닿을 만큼 긴 주둥이를 가진 나방의 도움이 필요하다는 가설을 세웠다.

• 다윈의 노트 •

『난초가 곤충에 의해 수정되는 데 관여하는 다양한 장치들』
(2판, 1877)

난초과의 꿀(감로) 분비 기관은 여러 속genera(屬)에서 구조와 위치가 다양하지만 대부분 순판(脣瓣, 난초과 식물의 입술 모양 꽃잎-옮긴이)의 아래쪽을 향해 놓여 있다. 마다가스카르에 온 여행자들의 감탄을 불러일으켰던, 여섯 개의 꽃잎으로 이루어져 있고 눈처럼 하얀 밀랍으로 만든 별처럼 생긴 안그라이쿰 세스퀴페달레를 그냥 넘겨서는 안 된다. 놀라운 길이의 녹색 채찍 같은 꿀샘이 순판 아래에 매달려 있다. 베이트먼 씨가 보내준 꽃들 속에서 30센티미터 길이의 꿀샘을 발견했는데 아래쪽 끝의 4센티미터 정도에만 꿀이 차 있었다. 이렇게 불균형한 길이의 꿀샘이 무슨 소용이냐고 질문할 수 있다. 우리는 식물의 수정이 이 길이에 의존하고 있고 아래쪽의 가느다란 끝부분에만 꿀이 들어 있다는 것을 알게 될 것이다. 그럼에도 이 꿀에 도달할 수 있는 곤충이 존재한다는 사실은 놀랍다. 영국 박각시나방은 자기 몸만큼 긴 주둥이를 가지고 있다. 하지만 마다가스카르에는 길게 뻗으면 그 길이가 25~30센티미터에 달하는 주둥이를 가진 나방이 있는 것이 틀림없다! 이런 나의 믿음은 일부 곤충학자들의 비웃음을 샀다. 하지만 이제 우리는 프리츠 뮐러를 통해 브라질 남부에 거의 충분한 길이의 주둥이, 즉 건조한 상태일 때 25~30센티미터에 달하는 주둥이를 가진 박각시나방이 있다는 것을 안다. 뻗지 않았을 때 그 주둥이는 최소 20회 이상 감긴 소용돌이 형태를 하고 있다.

나는 한동안 이 난초의 꽃가루 덩어리가 어떻게 제거됐고 암술머리가 어떻게 수정됐는지 이해할 수 없었다. 나는 뻣뻣한 털과 바늘을 열린 꿀샘 입구에 깊이 집어넣어 소취(小嘴, 난초과 식물 꽃의 암술대 전면에 돌출된 부분–옮긴이)의 갈라진 틈을 통과하게 했지만 아무런 결과도 얻지 못했다. 그러다 문득, 이 꿀샘의 길이로 보아 이 꽃은 끝부분이 두꺼운 주둥이를 가진 큰 나방이 찾아와야 하며 꿀을 마지막 한 방울까지 빨아들이려면 가장 큰 나방이라도 주둥이를 최대한 밑바닥까지 내려야 하겠구나 싶었다. 꽃의 모양을 보건대 가장 가능성이 높아 보이는 방식대로 나방이 처음에 주둥이를 꿀샘의 열린 입구를 통해서 넣든지, 혹은 소취의 갈라진 틈으로 넣든지 여부와 상관없이 꿀을 빨아들이기 위해서는 결국 갈라진 틈 안으로 주둥이를 밀어넣어야 한다. 이것이 가장 빠른 직진 코스이기 때문이며 살짝 가해지는 이 압력으로 잎 모양의 소취 전체가 눌리기 때문이다. 이렇게 하면 꽃의 바깥쪽에서 꿀샘의 끝까지 도달하는 거리가 약 0.6센티미터 정도 단축될 수 있다. 그래서 나는 지름이 0.2센티미터인 원통형 막대를 소취 안의 갈라진 틈으로 집어넣었다. 이 틈의 가장자리는 쉽게 갈라져서 소취 전체와 함께 아래로 밀려 내려갔다. 그리고 천천히 막대를 빼내자 소취 자체의 탄력성으로 인해 솟아오르더니 갈라진 틈의 가장자리가 위로 올라가 막대를 움켜잡았다. 그리고 갈라진 소취의 각 아래쪽에 있는 끈끈한 막으로 된 길쭉한 조각들이 막대와 접촉해 견고하게 부착되어 꽃가루 덩어리들을 끄집어낼 수 있었다. 나는 이 방법으로 꽃가루 덩어리를 꺼내는 데 매번 성공했다. 나는 의심의 여지 없이 큰 나방이 이와 같은 역할을 한다고 생각한다. 나방은 소취의 갈라진 틈으로 주둥이를 밀어넣어 맨 아래에 있는 꿀샘의 끄트머리에 도달할 것이다. 그리고 주둥이의 끝부분에 붙은 꽃가루 덩어리를 안전하게 꺼낼 것이다.

나는 꽃가루 덩어리를 꺼내는 데는 성공했지만 이것을 암술머리 위에 내려놓는 데는 성공하지 못했다. 원통형 막대에 꽃가루 덩어리가 달라붙기 전에 갈라진 소취의 가장자리가 위를 향해야 한다. 그래서 꽃가루 덩어리는 꺼내는 동안 막대의 아래에서 조금 떨어진 곳에 부착된다. 두 꽃가루 덩어리가 항상 정확히 반대 위치에 부착되는 것은 아니다. 이제 주둥이 끝에 꽃가루 덩어리를 붙인 나방이 두 번째로 꿀샘에 주둥이를 삽입하여 소취 아래로 최대한 깊이 집어넣으면, 이 꽃가루 덩어리는 대개 소취 아래로 튀어나온 좁은 선반 같은 암술머리 위에 내려앉아서 달라붙게 된다. 원통형 물체가 꽃가루 덩어리를 부착한 채로 이런 활동을 하면 꽃가루 덩어리는 두 번 잘려 암술머리 표면에 달라붙는다.

만약 토착지 숲에 있는 안그라이쿰이 베이트먼 씨가 나에게 보낸 활력 넘치는 식물들보다 더 많은 꿀을 분비해 꿀샘이 가득 찬다면 작은 나방들은 자기 몫을 챙길 수는 있겠지만 식물에 도움을 주지는 못한다. 놀라울 정도로 긴 주둥이를 가진 거대한 나방이 와서 꿀을 마지막 한 방울까지 빨아들이려고 시도할 때까지 꽃가루 덩어리를 꺼낼 수 없을 것이다.

만약 마다가스카르에서 이런 거대한 나방이 멸종한다면 안그라이쿰도 멸종할 것이다. 반대로 꿀샘의 아랫부분에 있는 꿀만은 다른 곤충들의 약탈을 피해 보존되기 때문에 안그라이쿰의 멸종 역시 이 거대한 나방들에게 심각한 손실이 될 것이다. 따라서 우리는 연속적 변화에 의해 꿀샘이 놀랍도록 길어진 이유를 이해할 수 있다. 마다가스카르의 특정한 나방들은 애벌레 또는 성숙 단계에서 전반적인 삶의 조건과 관련된 자연선택을 통해 몸집이 커졌거나 혹은 안그라이쿰을 비롯해 깊은 관을 가진 꽃들로부터 꿀을 얻기 위해 주둥이만 길어졌다. 결과적으로 안그라이쿰 중 가장 긴 꿀샘을 가진 식물들(일부 난초에서 꿀샘의 길이는 매우 다양하다), 즉 나방이 밑바닥까지 주둥이를 넣도록 유도한 식물들이 가장 수정이 잘 이뤄지게 됐다. 이 식물들은 가장 많은 씨앗을 생산할 것이며 묘목들은 일반적으로 긴 꿀샘을 물려받을 것이다. 이렇게 식물과 나방 모두 대를 이어 유산을 물려주게 된다. 이 과정에서 안그라이쿰의 꿀샘과 특정 나방들의 주둥이 사이에는 길이의 경쟁이 있었던 것으로 보이는데 결국 안그라이쿰이 승리했다. 이 식물은 마다가스카르의 숲에서 번성해 풍부하게 자라고 있으며, 여전히 나방들이 꿀을 마지막 한 방울까지 빨아들이기 위해서 주둥이를 최대한 깊이 집어넣는 수고를 하게 만들기 때문이다.

비평가들은 그렇게 가까운 관계가 자연선택에 의해 진화할 수 있다는 다윈의 이론에 의심을 품었다. 그들의 반응을 보고 다윈의 친구이자 동료인 앨프리드 러셀 월리스는 이론상 적합한 꽃가루매개자를 찾아 나섰다. 손에 자를 들고서 대영박물관의 곤충 컬렉션을 샅샅이 뒤진 끝에 월리스는 아프리카와 남아메리카의 열대지역에서 온 마크로실라(현재 '크산토판'으로 지칭)속의 박각시나방이 23센티미터의 주둥이를 갖고 있는 것을 발견했다. 1876년에 쓴 글에서 그는 이렇게 예언했다.

"꿀샘의 길이가 25~35센티미터로 다양한 안그라이쿰 세스퀴페달레의 가장 큰 꽃 속에 있는 꿀에 닿을 수 있는 것은 주둥이가 꽃보다 5~7센티미터 더 긴 종들이다. 그런 나방이 마다가스카르에 존재한다는 것을 확실하게 예측할 수 있다. 그 섬을 방문하는 자연학자들이 해왕성을 찾는 천문학자들만큼 자신감을 가지고 나방을 찾아본다면 그들처럼 반드시 성공할 것이다(프랑스의 천문학자 위르뱅 르베리에가 궤도역학을 사용해 천왕성의 궤도에 섭동을 일으키는 다른 행성이 존재할 것이라고 예측한 바로 그 지점에서 해왕성이 발견됐다. 이처럼 아직 발견되지 않은 나방의 존재도 예측을 통해 찾아낼 수 있을 것이라는 의미다-옮긴이)!"[23]

1903년에 발견된 크산토판 박각시나방은 월리스가 언급했던 나방들 중 하나의 아종(亞種, 분류학상 종의 바로 아래 단계-옮긴이)이다. 다윈의 혜성난초가 월리스의 박각시나방에 의해 수분된다는 사실은 이치에 꼭 맞는다.

Angraecum

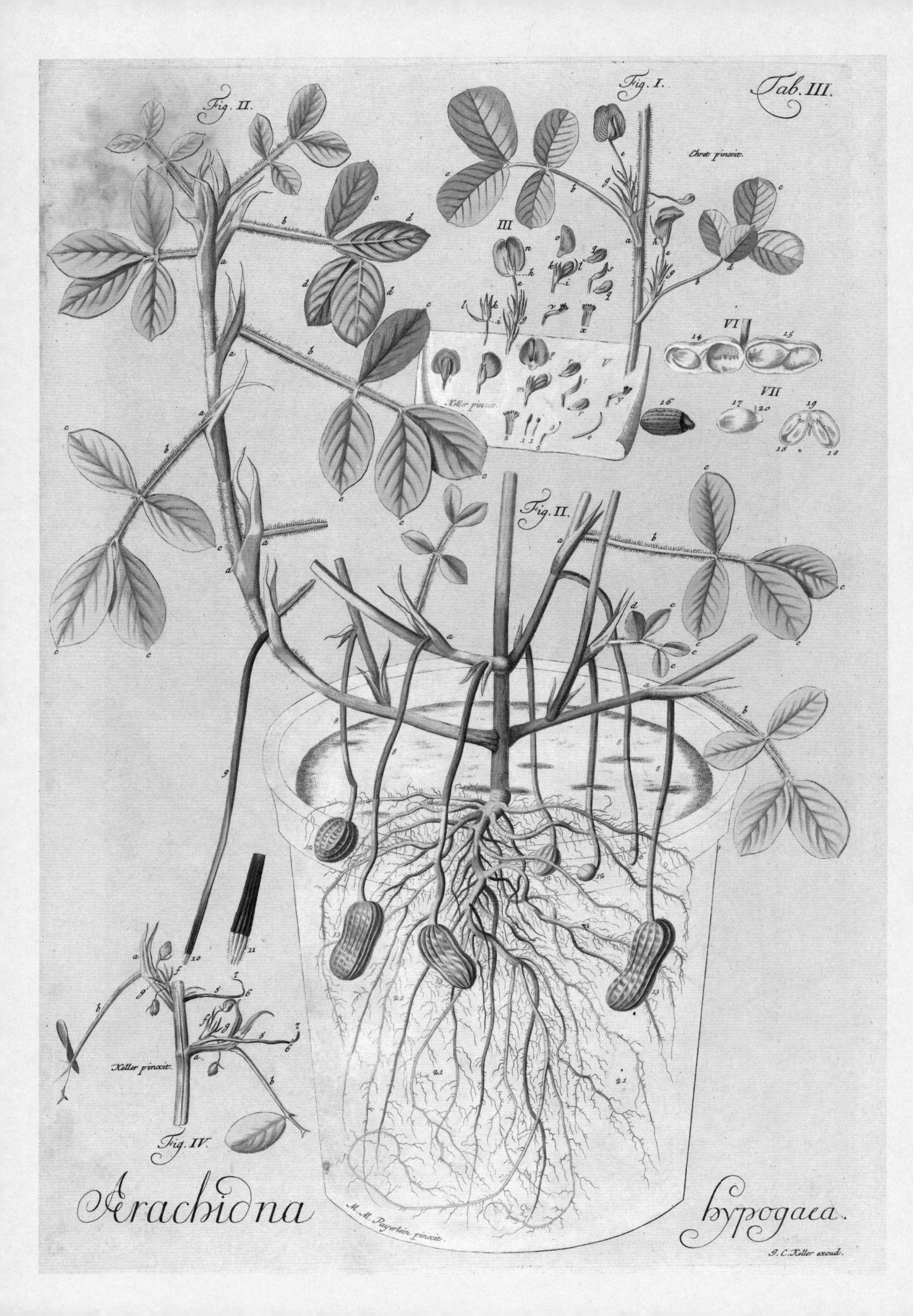
Tab. III.
Fig. I.
Fig. II.
Fig. II.
Fig. IV.
III
V
VI
VII
Ehret pinxit.
Keller pinxit.
Keller pinxit.
M. M. Payerlein pinxit.
J. C. Keller excud.
Arachidna hypogaea.

아라키스

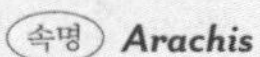
(속명) *Arachis*

피넛 또는 그라운드넛(땅콩)

PEANUT or GROUNDNUT

콩과

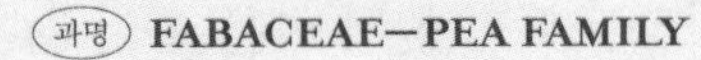
(과명) FABACEAE—PEA FAMILY

식물의 운동

아라키스Arachis는 남아메리카의 건조한 열대 및 아열대 초원에서 자라는 속이다. 거의 70여 종이 있으며 유일하게 농업으로 재배되는 단 하나의 종은 아라키스 히포가이아Arachis hypogaea다. 이 종은 흔히 볼 수 있는 땅콩으로 수천 년 전 안데스산맥에서 발생했다고 추정되는 잡종 기원의 종이다. 현재 땅콩은 전 세계의 따뜻한 온대 지역에서 상업적 목적으로 자라고 있다. 인간의 주요 식량 공급원이자 동물 사료나 퇴비 용도로도 쓰인다.

아라키스
히포가이아.

M. M. 페이에를라인이
손으로 채색하고
판화로 새김.
크리스토프 제이컵 트루의
〈가장 많이 생산되는
가장 희귀한 식물〉에 수록.

땅콩속은 살갈퀴vetch(콩과의 두해살이풀-옮긴이)를 뜻하는 그리스 단어 '아라코스arakos' 또는 협과 식물에서 유래됐다. 반면 별칭인 '히포가이아', 즉 '땅속'이라는 단어는 땅속에서 자라 열매를 맺는 신기한 습성이 있다는 의미를 담고 있다. 아마도 씨앗을 약탈로부터 보호하면서 동시에 생장하도록 재치 있게 적응한 결과일 것이다. 노란색 꽃들은 평범한 줄기나 꽃자루처럼 보이는 것을 품고 있다. 사실 이것은 꽃턱이 비대해져 통 모양으로 생긴 꽃받침통(화탁통)이며 그 끝에는 씨방이 있다. 많은 콩과 식물처럼 땅콩 꽃은 주로 자가수분을 하고 꽃가루관은 아랫부분의 씨방까지 내려가며 이어진다. 그리고 땅콩은 씨방 아래로부터 뻗어 나온 줄기 같은 구조물이자 가늘고 긴 '씨방자루'를 만들어낸다. 씨방자루의 땅속 부분에는 열매가 들어 있으며 이것이 자라 땅콩 꼬투리가 된다.

큐 왕립식물원 부원장이었던 윌리엄 티슬턴다이어의 도움을 받아 다윈은 연구용으로 화분에 심은 땅콩을 입수했다. 그가 굴지성과 배지성이라고 불렀던 것, 즉 중력에 반응해 식물이 각각 땅을 향하거나 그 반대를 향하는 특성을 조사하는 과정에서 다윈은 수직으로 고정된 유리판 위에서 그 식물의 움직임을 추적했다. 그리고 씨방자루들이 아래로 자라면서 천천히 타원형 경로로 회전하는 회선운동을 한다는 사실을 발견했다.

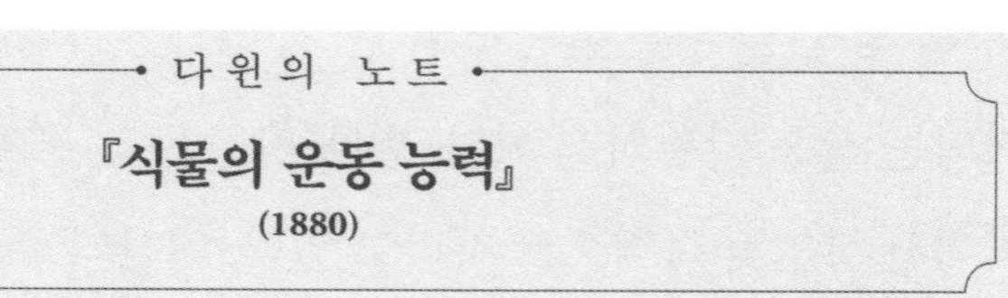

아라키스 히포가이아를 나타낸 두 가지 그림이 옆 페이지에 있다. 그림 A에서는 두 쌍의 어린잎의 모양을 보여주고 있다. 또한 그림 B에서는 알루미늄 빛의 도움을 받아 사진으로 추적한 잠든 잎의 모습을 볼 수 있다. 맨 끝에 달린 어린잎 두 장은 밤이 되면 잎이 수직으로 설 정도로 몸을 틀

아라키스 히포가이아.
A. 위쪽에서 내려다본 낮 동안의 잎. **B.** 측면에서 본 잠든 잎.
사진에서 복제한 그림이며 실제보다 훨씬 축소됐다.

어서 닿을 때까지 서로에게 다가간다. 동시에 약간 위로 그리고 뒤쪽으로 움직인다. 측면의 어린잎 두 장은 이와 같은 방식으로 만나지만 앞쪽으로 훨씬 더 많이 움직인다. 부분적으로 서로 포옹하는 맨 끝의 잎 두 장과는 정반대 방향이다. 이렇게 해서 어린잎 네 장이 모두 함께 하나의 꾸러미를 형성하는데, 가장자리는 정상을 향하고 아래쪽 면은 바깥을 향한다. 잎자루들은 낮 동안에는 위쪽으로 기울어지고 밤에는 가라앉으며 줄기와 대략 직각으로 서 있다. 가라앉는 정도는 한 번 측정한 결과 39도가 나왔다. 잎자루를 두 개의 말단 잎 아래에 있는 막대에 고정시킨 채 관찰하니 오전 6시 40분부터 저녁 10시 40분까지 이 어린잎들 중 하나가 회선운동하는 것이 추적됐다. 그때 식물은 위쪽에서 빛을 받았다. 16시간 동안 어린잎들은 위아래로 세 번씩 움직였다. 상승선과 하강선이 일치하지 않아 세 개의 타원이 형성됐다.

스스로를 땅속에 묻는 꽃들은 땅 위로 몇 센티미터 높이에 있는 뻣뻣한 가지에서 피어나 똑바로 선다. 이 꽃들이 떨어지고 나면 씨방을 지탱하는 씨방자루는 7~10센티미터까지 길게 자라서 아래를 향해 수직으로 휘어진다. 이것은 꽃자루와 비슷하게 생겼지만 매끄럽고 뾰족한 꼭대기 부분에 밑씨가 들어 있으며 처음에는 전혀 커지지 않는다. 꼭대기 부분이 바닥에 닿아 땅을 뚫고 들어간 후 관찰해 보니 한 번은 2.5센티미터, 또 한 번은 1.7센티미터 깊이로 들어가 있었다. 그 후에 이것들은 큰 꼬투리로 자란다. 씨방자루가 땅에 닿기에 너무 높은 곳에 있는 꽃들은 꼬투리를 전혀 생산하지 않는다고 한다.

길이가 2.5센티미터 미만이고 수직으로 늘어뜨려진 어린 씨방자루의 움직임을 46시간 동안 추적하는 실험을 했다. 꼭대기보다 조금 위쪽에 가로로 고정한 유리 필라멘트(조준경 포함)를 이용한 실험이었다. 씨방자루는 길이가 길어졌고 아래로 자라는 동안 명백히 회선운동을 했다. 그런 다음 거의 수평으로 뻗어나가도록 들어 올려졌다. 아래로 방향을 튼 말단부는 12시간 동안 거의 직선 코스로 움직이면서 그림(왼쪽)에서 보이는 것처럼 회선운동을 한 번 시도했다. (…) 24시간 후에는 거의 수직이 됐다. 아래쪽을 향하는 흥미로운 원인이 굴지성인지 배광성(식물체가 빛이 없는 방향으로 자라는 성질-옮긴이)인지 확인되지는 않았지만 아마도 배광성은 아닐 것이다. 온실의 빛이 위쪽뿐만 아니라 옆쪽에서도 들어오는 동안에도 씨방자루가 땅을 향해 똑바로 자랐기 때문이다. 또한 꼭대기가 거의 땅에 닿은, 좀 더 자란 또 다른 씨방자루를 앞서 언급한 짧은 것과 같은 방식으로 3일간 관찰한 결과, 항상 회선운동을 하고 있음이 드러났다. 처음 34시간 동안 그것은 네 개의 타원 모양을 만들었다. 마지막으로, 꼭대기가 땅속 약 1.3센티미터 깊이로 들어갔던 긴 씨방자루는 들어 올려지며 수평 방향으로 뻗어나갔다. 그리고 빠르게 아래로 방향을

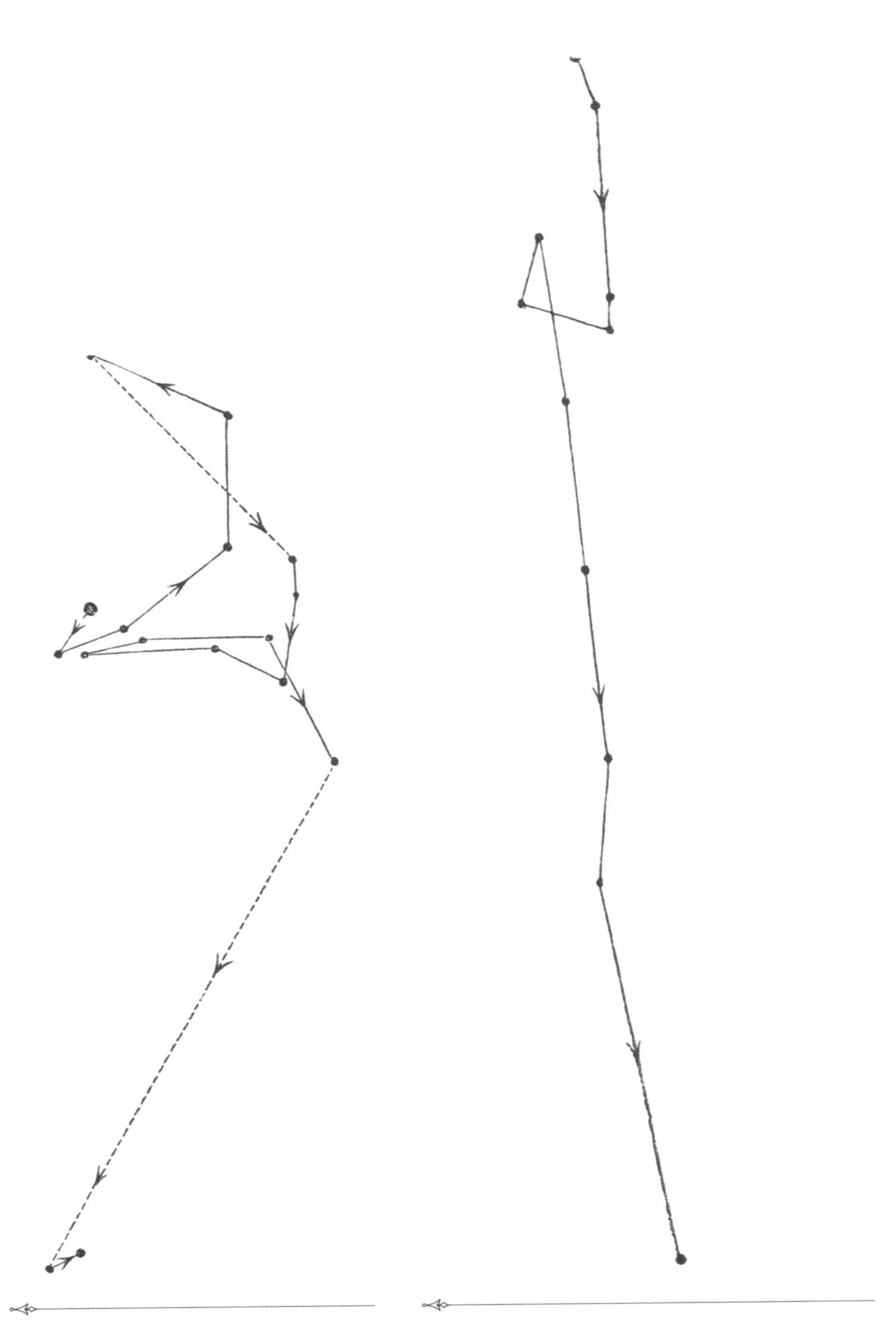

아라키스 히포가이아.

수직으로 늘어진 어린 씨방자루의 회선운동.
7월 31일 오전 10시부터 8월 2일 오전 8시까지
수직 유리판 위에서 추적함.

아라키스 히포가이아.

같은 어린 씨방자루가 수평으로 뻗은 후 아래를 향해 운동함.
8월 2일 오전 8시 30분부터 저녁 8시 30분까지
수직 유리판 위에서 추적함.

틀어 지그재그로 움직였다. 하지만 다음 날 말단의 탈색된 부분이 약간 시들었다. 씨방자루는 뻣뻣한 가지에서 발생하고 단단하며 말단부는 날카롭고 매끄럽기 때문에 성장의 힘만으로 땅을 관통하는 것이 가능하다. 하지만 다음 날 말단의 탈색된 부분이 약간 시들었다. 씨방자루는 뻣뻣한 가지에서 발생하고 단단하며 말단부는 날카롭고 매끄럽기 때문에 성장의 힘만으로 땅을 관통하는 것이 가능하다. 하지만 회선운동의 도움을 받아야 한다. 땅에 닿은 씨방자루의 꼭대기 근처에 있던 수분을 머금은 고운 모래에는 눌린 흔적이 있다. 몇 시간 후에 보면 그 주변에 좁은 균열이 생겨 있다. 3주 후 이 씨방자루를 관찰했을 때 꼭대기 부분은 1.3센티미터 이상 땅속으로 들어가서 작고 하얀 타원형의 꼬투리로 자라 있었다.

다윈은 땅콩 잎이 밤에 접히는 것을 보고 야행성 수면운동인 취면운동에도 관심을 가졌다. 그는 밤에 잎을 접는 행동이(잎 표면이 밤하늘에 직접적으로 노출되는 것을 피함으로써) 복사열 손실로 인한 서리 피해를 줄이기 위해 진화한 것이라는 가설을 시험하기로 했다. 그래서 추운 겨울밤에 아들 프랜시스와 함께 땅콩 화분을 집 뒤쪽의 잔디밭에 놓아뒀다. 일부는 여러 가지 방법으로 잎을 접는 것을 막았고 나머지는 자유롭게 움직이도록 그대로 뒀다. 전반적으로 볼 때 접지 못하게 한 모든 잎들은 서리에 죽거나 피해를 입었고 대조군의 잎들은 절반 정도만 같은 고통을 겪었다.

실험 결과를 본 다윈은 흥분감에 싸여 큐 왕립식물원의 후커에게 보고했다.

“나는 식물의 수면이 복사작용으로 인한 잎의 피해를 줄이기 위한 것임을 우리가 증명했다고 생각합니다. 린네의 시대부터 이것은 풀리지 않는 문제였기 때문에 나는 여기에 흥미를 가졌고 엄청난 노동력을 투입했습니다.”[24)]

여기서 다윈이 언급한 것은 린네의 감독하에 1755년 출판된 박사 논문 〈식물의 잠Somnus plantarum〉이었다. 린네는 식물이 단순히 잠을 잔다고 생각했지만 다윈과 그의 아들은 잎의 야행성 운동이 환경에 적응한 것이라고 설명할 수 있는 증거를 갖게 됐다. 하지만 다윈이 같은 편지에서 한탄했듯이 그들의 성공에는 대가가 따랐다.

“우리는 수많은 식물을 죽이거나 심하게 다치게 했습니다.”

다윈은 후커에게 가능한 한 빨리 더 많은 식물을 보내달라고 촉구했다.

“안타깝지만 앞으로 서리가 몇 번 더 내리지 않을 수도 있으니 시간이 매우 촉박합니다.”

B

Darwin and the Art of Botany

비그노니아

Bignonia

Clematis Americana siliquosa tetraphyllos.

Clematis d'Amerique a quatre feuïlles, portant des gousses.

비그노니아

속명 *Bignonia*

크로스바인, 미국능소화 그리고 그 친척들

CROSSVINE, TRUMPET CREEPER, and RELATIVES

능소화과

과명 BIGNONIACEAE–BIGNONIA FAMILY

덩굴식물

능소화과는 비교적 규모가 큰데 주로 열대의 나무, 관목, 덩굴식물로 이뤄져 있다. 다윈은 이 과family(科)에 속하는 덩굴식물에 큰 흥미를 가졌다. 그리고 덩굴의 종류를 구분할 때 '자극에 민감한 기관'(촉각에 민감한 변형된 잎, 가지 혹은 꽃자루)이라고 부르는 것에 특별히 깊은 인상을 받았다. 프랑스의 정치가이자 작가였던 아베 장 폴 비뇽Abbé Jean-Paul Bignon(1662~1743)을 기리는 이름을 가진 신대륙 유형 '비그노니아(능소화)'는 변이를 일으키는 '자극에 민감한' 절간(節間, 식물 줄기의 마디와 마디 사이-옮긴이)과 잎자루, 덩굴손 등 다윈의 관심을 끄는 모든 요소를 갖추고 있었다. 왕성하게 잘 자라는 나무덩굴 유형에 속하는 많은 식물이 트럼펫 모양의 꽃 덕분에 원예학적으로 중요한 가치를 지니고 있다. 다윈은 인맥을 통해 큐 가

비그노니아 카프레올라타.

니콜라 로베르가 새긴 동판화. 드니 도다르 『식물의 역사에 대한 회고록』에 수록.

든과 비치의 왕립 이국식물 사육장에서 얻을 수 있는 식물 10여 종을 가져와 연구했다.*

'크로스바인'으로 알려진 '비그노니아 카프레올라타'는 아메리카 중남부 지역이 원산지이며 다윈이 키운 놀라운 종들 중 하나다. 이 종은 아메리카 식민지에서 가장 먼저 수입된 식물 중 하나로 영국 원예계에 잘 알려져 있다. 다윈은 덩굴식물이 예상과는 달리 빛으로부터 멀어지는 쪽으로 자라려는 경향이 있다는 것을 알아챘다. 덩굴은 항상 태양을 향해야 하지 않나? 한 실험에서 그는 여섯 개의 덩굴손을 가진 크로스바인 화분을 한쪽이 열린 상자에 넣은 뒤 열린 쪽이 광원을 비스듬히 향하게 했다. 이틀 뒤에 식물을 확인해 보니 덩굴손은 모두 상자의 가장 어두운 구석 쪽으로 뻗어나가고 있었다. 다윈은 이렇게 선언했다.

"가지가 갈라진 이 덩굴손들이 상자로 흘러 들어 온 빛의 방향을 보여준 것은 여섯 개의 풍향계가 바람의 방향을 알려주는 것보다 정확했다."[25)]

이 덩굴의 배광성, 즉 그늘을 향하는 행동은 숲 바닥에 뿌리내린 어린 덩굴이 스스로 타고 올라갈 나무를 찾는 행위로 보였다. 땅바닥에서 빛에 반응하는 것보다 자신이 필요로 하는 빛을 더 확실하게 얻는 방법, 즉 위로 올라가는 길을 알려주는 것이다.

시행착오 끝에 다윈은 덩굴식물이 거친 모직 질감의 표면을 오르는 것을 선호한다는 사실도 발견했다. 말하자면 덩굴은 매끄러운 막대기를 거부했다. 그것을 이끼 또는 양모로 감싸자 더 잘 타고 올라갔다. 그는 덩굴식물의 독특한 선호 특성이 원산지의 환경과 관련이 있을 거라고 추측하고 미국 하버드대학교에 있는식물학자 친구 그레이에게 질문했다.

"혹시 남부 지역으로 여행을 한 적이 있는지요? 그곳에서 비그노니아 카프레올라타가 타고 올라가는 나무들이 이끼나 실 같은 지의류 혹은 파인애플과의 여러해살이풀인 틸란드시아(수염 틸란드시아는 나무에 붙어서 자란다-옮긴이)로 덮여 있는지 알려주실 수 있습니까? 이 식물의 덩굴손이 단순한 막대를 싫어하고 거친 나무껍질도 그다지 좋아하지 않는데 양모나 이끼는 좋아하는 것 같아서 이렇게 여쭙습니다."

다윈은 종종 그랬듯이 이 편지에서도 식물에서 동물과 같은 특성을 이끌어내어 의인화했다. 그레이는 이 덩굴들이 실제로 미국 남부의 축축하고 그늘진 숲에서 '지의류와 이끼로 잘 덮인' 나무를 기어오르고 있음을 확인해 줬다.[26] 다윈은 테코마Tecoma속과 에크레모카르푸스Eccremocarpus속의 몇몇 종들뿐 아니라 또 다른 몇 가지 비그노니아종들도 햇빛을 피해 벽이나 나무를 기어오르며 자란다는 것을 발견했다.

비그노니아 카프레올라타 관련 실험에 관한 다윈의 설명이 끝날 즈음, 그는 자신이 발견한 중요한 사실들을 되새기며 스스로 감탄했다. 덩굴손이 빛을 찾기 위해 적응하는 과정에서 고도로 변형된 잎이라는 점에서, 여기서는 빛에서부터 멀어지고 뿌리처럼 꽉 잡을 수 있는 후미지고 구석진 장소를 찾는 구조로 진화했다는 건 놀라운 일이다.

· 다윈의 노트 ·

『덩굴식물의 운동과 습성』
(2판, 1875)

비그노니아 운구이스unguis(고양이발톱덩굴). 비그노니아 운구이스는 줄기가 수직으로 세워진 막대를 듬성듬성 휘감아 올라가며 많은 반연식물(잎덩굴)과 같은 방식으로 중간에 방향을 틀기도 한다. 이 식물은 덩굴손을 가지고 있지만 반연식물처럼 특정한 범위 안에서만 타고 올라간다. 각 잎은 한 쌍의 어린잎이 있는 잎자루로 이뤄져 있고 끝에는 세 장의 어린잎이 변형돼 만들어진 덩굴손이 있다. 아래 그림과 매우 유사하다.

이 덩굴손은 흥미롭게도 뒷발가락이 잘린 작은 새의 다리와 발처럼 보인다. 곧게 뻗은 다리 또는 발목은 세 개의 발가락보다 긴데, 길이가 같은

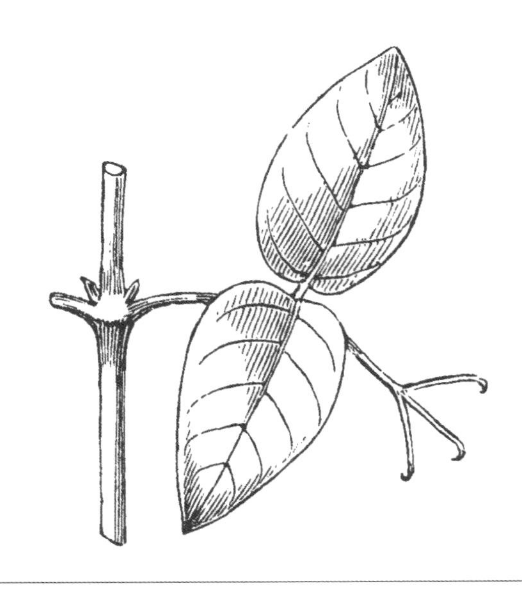

비그노니아 일종.
큐 가든에서 온 이름 없는 종.

이 발가락들은 갈라져서 같은 수평면에 놓여 있다. 발가락 끝은 새의 그것처럼 날카롭고 딱딱한 발톱이 아래로 휘어진 모양을 하고 있다. 잎의 잎자루는 접촉에 민감해 이틀 동안 작은 실 고리를 걸어두기만 해도 위쪽으로 구부러진다. 하지만 측면에 있는 두 어린잎의 하위 잎자루는 민감하지 않다. 덩굴손 전체, 말하자면 발목과 세 개의 발가락은 마찬가지로 접촉에 예민하며 아래쪽 면이 특히 더 예민하다. 가느다란 가지 중간에서 어린 줄기가 자랄 때 덩굴손은 절간의 회전운동으로 곧 끌어당겨져 이 줄기와 접촉하게 된다. 그다음에는 덩굴손의 발가락 하나 또는 그 이상, 대체로 세 개 전부가 구부러지며 몇 시간 후에는 마치 횃대에 앉은 새처럼 가지를 단단히 쥐게 된다. 덩굴손의 발목이 가지와 접촉하면 전체 발이 둥글게 말릴 때까지 천천히 구부러지고 발가락들이 발목의 양쪽을 지나 가지를 움켜잡는다. 이와 같은 방식으로 잎자루가 가지와 접촉하면 둥글게 구부러지면서 덩굴손을 움직여 자신의 잎자루 또는 반대편 잎의 잎자루를 잡게 한다. 잎자루는 자발적으로 움직인다. 어린 줄기가 수직으로 세워진 막대를 감아 올라가려고 시도하면, 시간이 조금 지난 후에 양쪽의 잎자루가 막대와 접촉한 뒤 자극을 받아 구부러진다. 결국 두 개의 잎자루는 막대를 양쪽에서 꽉 쥐고, 발과 같은 덩굴손은 서로를 잡거나 각자의 잎자루를 잡고서 줄기가 지지대에 놀랄 만큼 튼튼하게 고정되도록 만든다. 이 식물은 지금까지 관찰한 것 중 가장 효율적인 등반가 중 하나이며 심한 폭풍으로 인해 끊임없이 흔들리는 매끈한 줄기에도 기어오를 수 있을 것이다.

비그노니아 카프레올라타. 우리는 이제 다른 유형의 덩굴손을 가진 종, 절간으로는 첫 번째 종류로 넘어간다. 어린 줄기는 평균 2시간 23분의 속도로 태양을 따라 크게 3회 회전했다. 이 종의 줄기는 가늘고 유연하다. 나는 이 줄기가 규칙적인 나선형 회전을 네 번 하면서 똑바로 선 가느다란 막대를 타고 올라가는 것을 보았다. 올라가는 방향은 오른쪽에서 왼쪽으로, 앞서 설명한 종과는 반대였다. 그 후 덩굴손의 간섭으로 이 줄기는 막대를 똑바로 올라가거나 불규칙한 나선을 그리며 올라갔다. 덩굴손은 어떤 면에서는 매우 놀랍다. 어린 식물의 덩굴손은 길이가 약 6센티미터이고 여러 갈래로 갈라져 있었다. 그중 다섯 개의 주요 가지는 두 쌍의 어린잎과 하나의 말단부, 즉 뭉툭하지만 뚜렷하게 갈고리 모양을 한 끝부분을 가지고 있는 것 같았다.

덩굴손이 다소 규칙적으로 회전하는 동안 주목할 만한 또 다른 움직임이 일어나고 있었다. 즉, 빛이 있는 곳에서부터 공간의 가장 어두운 쪽으로 느리게 향하는 움직임이었다. 나는 끊임없이 식물의 위치를 바꿨는데 회전운동이 끝난 후 약간의 시간이 지나면 연달아 형성된 덩굴손은 항상 가장 어두운 쪽을 가리키고 있었다. 굵은 기둥을 각각 덩굴손 가까이에, 그리고 덩굴손과 빛 사이에 두자 덩굴손은 기둥 쪽을 가리켰다. 한 쌍의 잎이 있었는데 두 개의 덩굴손 중 하나는 빛을 향하고 또 하나는 그곳에서 가장 어두운 쪽을 향했다. 후자는 움직이지 않았지만 반대쪽(전자)은 처음엔 위를 향해 구부러졌다가 곧 다른 덩굴손을 넘어 올라갔다. 이렇게 해서 두 덩굴손은 위아래로 평행을 이룬 채 함께 어두운 쪽을 향하게 됐다. 그다음 나는 식물을 반 바퀴 돌렸다. 그러자 방향을 바꿨던 덩굴손은 원래의 위치로 돌아왔다. 그리고 움직이지 않았던 반대쪽 덩굴손은 이제 어두운 쪽으로 방향을 틀었다. 마지막으로 또 다른 식물에서는 세 개의 어린 줄기에서 세 쌍의 덩굴손이 나왔고 각각 다른 방향을 가리켰다. 나는 이 화분을 상자에 넣었는데 상자는 한 쪽만 열린 채 비스듬히 빛을 향해 있었다. 이틀이 지나자 여섯 개의 덩굴손이 모두 상자의 가장 어두운 구석을 분명하게 가리키고 있었다. 이를 위해 그 덩굴손들은 각기 다른 방식으로 구부러져야 했다. 가지가 갈라진 여섯 개의 덩굴손은 여섯 개의 풍향계가 바람의 방향을 알려주는 것보다 정확한 방식으로 상자에 빛이 흐르는 방향을 보여주었다.

덩굴손은 스스로 혹은 어린 줄기의 회전운동을 통해서 빛을 차단하는 어떤 물체를 향해 몸을 돌려 지지대를 잡지 못하는 경우, 아래를 향해 수직으로 구부러져 자신의 줄기를 향해 나아간다. 그곳에 만약 지지대가 있다면 그것과 줄기를 함께 잡는다. 따라서 줄기를 단단히 고정시키는 데 약간 도움을 준다. 덩굴손이 아무것도 잡지 못할 경우 나선형으로 수축하지 않고 얼마 후 시들어 떨어진다. 반면 덩굴손이 어떤 물체를 잡을 경우에는 모든 가지들이 나선형으로 수축한다.

나는 덩굴손이 막대와 접촉하면 30분 안에 막대를 휘감는다고 말한 바 있다. 하지만 비그노니아 스페키오사speciosa와 같은 종들의 경우처럼 덩굴손이 잡았던 막대를 놓는 것도 여러 번 관찰했다. 같은 막대를 쥐었다 놓았다를 서너 번 반복하는 것도 봤다. 덩굴손이 빛을 피한다는 것을 안 나는 검게 칠해진 유리관과 아연판을 이용한 실험을 했다. 덩굴손 가지는 유리관 주변을 휘감더니 갑자기 구부러져 아연판 가장자리를 휘감았다. 하지만 얼마 후 나로선 혐오감이라고밖에 말할 수 없는 반응을 보이며 감았던 것을 풀고 곧게 펴졌다. 또한 내가 겉면이 엄청나게 거칠거칠한 나무 기둥 한 쌍을 덩굴손 근처에 두었더니 한두 시간 동안 덩굴손은 기둥을 두 번 건드렸고 두 번 물러났다. 그러다 마침내 갈고리 모양의 말단부가 기둥에서 극도로 미세하게 돌출한 지점을 단단하게 휘감아 잡았고, 다른 가지들은 멀리 뻗어가며 기둥 표면의 모든 요철을 정확히 따라갔다. 그다음에 나는 식물 근처에 나무껍질이 없는 대신 갈라진 틈이 훨씬 많은 기둥을 가져다 뒀다. 그랬더니 덩굴손 끝부분은 이 모든 틈새로 아름답게 기어들어 갔다. 놀랍게도 가지가 아직 완전히 분리되지도 않은 미성숙한 덩굴손의 끝부분들도 이와 마찬가지로 뿌리처럼 아주 미세한 틈까지 기어들어 가는 것을 보았다. 이렇게 끝부분이 갈라진 틈으로 들어가거나 갈고리 모양 말단부가 살짝 돌출한 지점들을 잡은 후 이삼 일이 지나자 지금부터 설명할 마지막 과정이 시작됐다.

이 과정은 내가 덩굴손 근처에 우연히 양모 천 조각을 두었다가 발견했다. 그 뒤로 나는 아마, 이끼, 양모를 넉넉한 크기로 막대에 느슨하게 감아 덩굴손 근처에 뒀다. 양모는 염색하지 않은 것이어야 했는데 이 덩굴손이 일부 독 성분에 극도로 예민하기 때문이다. 갈고리 모양 끝부분은 곧 섬유를 잡았고 어지럽게 붕 떠 있는 섬유까지 잡았으며 이번에는 꼬았던 것을 다시 푸는 일이 없었다. 오히려 이 자극은 갈고리가 섬유질 덩어리를 관통해 안쪽으로 구부러지게 했고 각각의 갈고리가 한두 개의 섬유 또는 작은 섬유 다발을 단단히 잡게 했다. 갈고리의 끝과 안쪽 면은 부풀기 시작했고 2~3일 후 눈에 띄게 커졌다. 며칠이 더 지나자 갈고리는 지름이 1.27밀리미터가 넘는 희끄무레하고 불규칙한 공 모양으로 바뀌었는데 거친 세포 조직의 형태를 가진 공이 갈고리를 완전히 감싸거나 가리기도 했다. 이 공은 표면에서 끈끈한 수지 물질을 분비하는데 여기에 아마의 섬유 등이 달라붙었다. 섬유가 표면에 고정되면 세포 조직은 그 바로 밑에서 자라지 않고 양쪽 근처에서 계속 자란다. 그래서 아무리 가늘어도 인접한 섬유가 잡히면 사람의 머리카락보다 가느다란 세포 조직의 수많은 꼭대기 부분이 섬유 사이로 자라나 양쪽에 아치 모양으로 올라가 서로 단단히 붙는다. 공의 표면이 계속 자라면서 신선한 섬유가 달라붙고 나중에는 공 전체를 감싼다. 아마 섬유 50~60개가 다양한 각도로 서로 교차하면서 다소 깊이 박혀 있는 작은 공도 발견됐다. 이것이 만들어진 모든 단계를 추적할 수 있었는데, 어떤 섬유는 표면에만 붙어 있었고 어떤 섬유는 다소 깊은 고랑에 들어가 있었으며, 깊이 박혀 있거나 세포 조직 공의 한가운데를 통과해 간 섬유도 있었다.

지금까지 주어진 사실들을 통해 우리는 비그노니아의 덩굴손이 매끄러운 원통형 막대에 이따금 붙고 거친 나무껍질에는 자주 붙을 수 있으며 지의류와 이끼 혹은 비슷한 산출물로 덮인 나무에 기어오르도록 특별히 적응한 것이라는 사실을 추론할 수 있다. 그리고 나는 에이사 그레이 교수로부터 이 종의 비그노니아가 자라는 북아메리카 지역의 숲속 나무에 폴리포디움 인카눔(고사리종 중 하나-옮긴이)이 풍부하다는 이야기를 들었다. 마지막으로 나는 잎이 빛으로부터 멀어지는 가지처럼 갈라진 기관으로 변모하고 그 말단부를 이용해 뿌리처럼 틈새 사이로 기어들어 가거나 미세한 돌출부를 잡을 수 있다는 것 그리고 이 말단부가 세포성 파생물을 형성해 끈끈한 접합제를 분비하고 미세한 섬유의 지속적인 성장으로 물체를 감싼다는 것이 얼마나 보기 드문 사례인지를 언급하고 싶다.

C

Darwin and the Art of Botany

카르디오스페르뭄

Cardiospermum

카타세툼

Catasetum

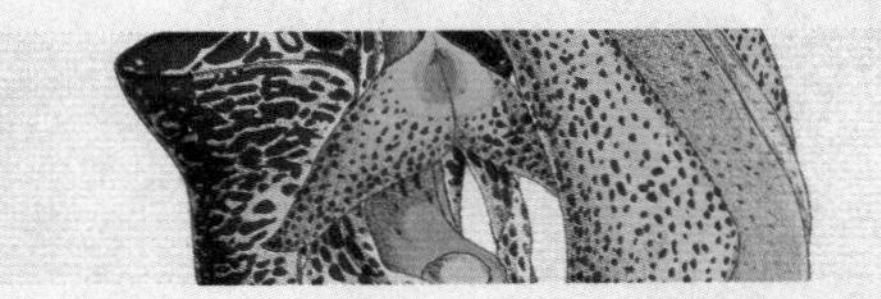

코뤼안테스

Coryanthes

클레마티스

Clematis

퀴클라멘

Cyclamen

코바이아 스칸덴스

Cobaea scandens

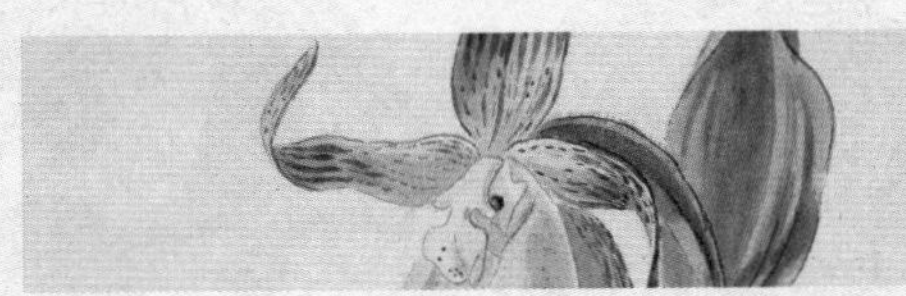

퀴프리페디움

Cypripedium

No. 1049

카르디오스페르뭄

 *Cardiospermum*

풍선덩굴 또는 퍼프 속의 사랑

BALLOON VINE or LOVE-IN-A-PUFF

무환자나무과

과명 SAPINDACEAE—SOAPBERRY FAMILY

덩굴식물

약 15종의 식물로 이뤄진 '카르디오스페르뭄(풍선덩굴)'속은 아메리카의 열대 지역이 원산지다. 이 중 소수의 종은 열대 전역에 분포하며 몇몇 종은 전 세계 곳곳에서 관상용으로 높은 평가를 받는다. 풍선덩굴에 속하는 모든 종은 초본 덩굴식물로 아주 작은 잎겨드랑이 원추꽃차례에서 꽃이 피어나며 각각의 아랫부분에 한 쌍의 덩굴손이 있다. 이 속의 눈에 띄는 특징은 독특한 열매다. 세 개의 잎 모양이 붙은 꼬투리가 부풀어 오른 모습을 하고 있으며 이로 인해 '풍선덩굴'이라는 일반명을 얻었다. 꼬투리 안에 숨은 검은 씨앗들도 똑같이 매력적이다. 씨앗마다 하얀 하트 모양의 표시가 있어서 '퍼프 안에 든 사랑'이라는 별명이 있다(속명인 '카르디오스페르뭄'은 '하트 모양의 씨앗'을 의미하는 라틴어에서 유래됐다).

카르디오스페르뭄 할리카카붐.

시드넘 에드워즈가 손으로 채색한 판화. 《식물학 잡지》에 수록.

카르디오스페르뭄은 무환자나무과에 속하며 그 씨앗은 아름다운 무환자나무 벌레에게 확실히 '사랑을 받는다'. 이 벌레는 따분한 이름을 가진 무향 식물곤충과인 잡초노린재과의 아과(과와 속의 사이-옮긴이)를 이루는 65개의 종이다. 다윈은 인간이 카르디오스페르뭄, 무환자나무과와 그 친척들을 널리 재배한 덕분에 특정 무환자나무 벌레들이 빠른 진화 연구의 모델이 됐다는 사실을 알고 흥미를 느꼈을 것이다. 새로운 숙주를 소개한 지 겨우 수십 년 만에 토착 무환자나무 벌레는 새롭고 크기가 다른 열매들을 먹기 위해 주둥이 길이를 다르게 진화했고 성장률도 달라졌으며 선호하는 숙주식물도 변화했다.*[27]

하지만 다윈이 관심을 가진 것은 이 식물들의 기묘한 덩굴손이었다. 덩굴손에 한창 매료돼 있을 때 그는 큐 왕립식물원의 후커에게 편지를 써서 '아주 특별하고 좋은 기회로 지금 나에게 카르디오스페르뭄 할리카카붐halicacabum(또는 덩굴손이 있는 다른 종 어떤 것이든)을 줄 수 있는지' 물었다.[28] 후커는 항상 큰 도움을 주는 친구였기에 다윈은 원하는 식물을 손에 넣을 수 있었다. 시간이 지나면서 그는 포도나무에서와 마찬가지로 카르디오스페르뭄 덩굴손은 꽃자루가 변형된 것임을 알아냈다. 그는 덩굴손이 실제로 꽃을 생산해 내는 희귀한 사례, 즉 기이한 변종을 찾아냄으로써 이 판단에 대한 확신을 갖게 됐다. 또한 다윈은 덩굴손이 기어오르는 역할 외에도 큰 꼬투리가 바람에 날아가거나 손상되지 않도록 보호하는 데에도 보조적인 기능을 한다고 추측했다.

다윈의 노트

『덩굴식물의 운동과 습성』

(2판, 1875)

카르디오스페르뭄 할리카카붐(무환자나무과)에서 덩굴손은 포도나무에서처럼 꽃자루가 변형된 것이다. 다음 페이지의 그림에서 볼 수 있듯 중심 꽃자루의 측면 가지 두 개는 한 쌍의 덩굴손으로 변화했고 공통된 덩굴의 '꽃 덩굴손' 한 개와 조화를 이룬다. 중심 꽃자루는 가늘고 뻣뻣하며 길이가 7~11센티미터 정도다. 두 개의 포엽(苞葉, 꽃 또는 꽃차례를 안고 있는 작은 잎-옮긴이) 위 꼭대기 근처에서는 가지가 세 갈래로 갈라진다. 그중 가운데 가지는 갈라지고 또 갈라져서 꽃을 맺는다. 이것은 결국 변형된 가지 두 개의 절반 길이로 자라게 된다. 이 두 개의 가지가 덩굴손인데 처음에는 가운데 가지보다 굵고 길지만 2.5센티미터보다 길어지지 않는다. 덩굴손은 끝으로 갈수록 점점 가늘어지고 납작해지며 아래쪽의 감아쥐는 표면에는 털이 없다. 처음 덩굴손은 똑바로 자라다가 곧 갈라지면서 자연스럽게 아래를 향해 구부러지며, 그림에서 보이듯 양쪽이 대칭으로 우아한 갈고리 모양을 이룬다. 꽃봉오리는 아직 작지만 이 덩굴손은 활동할 준비가 돼 있다.

아직 어린 두세 개의 상부 절간은 계속 회전한다. 첫 번째 식물의 절간은 3시간 12분 동안 태양의 진로와 반대 방향으로 두 개의 원을 그렸다. 두 번째 식물의 절간은 3시간 41분 동안 같은 코스로 두 개의 원을 그렸다. 세 번째 식물의 경우에는 태양을 따르는 방향으로 3시간 47분 동안 두 개의 원을 그렸다. 이 여섯 차례 회전의 평균 속도는 원 한 바퀴에 1시간 46분이었다. 줄기는 지지대를 나선형으로 감고 올라가는 습성이

카르디오스페르뭄 할리카카붐.

두 개의 덩굴손이 있는 꽃자루의 윗부분.

없지만 비슷한 덩굴손을 가진 '과라나Paullinia'속은 덩굴식물로 알려져 있다. 어린 줄기 끝 위에 서 있는 꽃자루는 절간의 회전운동에 의해 빙글빙글 돌게 된다. 그리고 줄기가 단단히 묶여 있을 때 길고 가느다란 꽃자루 자체가 계속해서, 때로는 빠르게 좌우로 움직이는 것처럼 보인다. 이 꽃자루는 넓은 공간을 휩쓸며 가끔씩만 타원형 코스로 규칙적인 회전을 한다. 절간과 꽃자루의 결합된 움직임에 의해 두 개의 짧은 갈고리 모양 덩굴손 중 하나가 곧 어린 가지나 다른 가지를 잡고 단단하게 감아서 꽉 쥐게 된다. 하지만 이 덩굴손은 약간 민감하다. 아래쪽 표면을 문지르면 아주 작은 움직임만 천천히 생기기 때문이다. 덩굴손을 나뭇가지에 걸어봤더니 1시간 45분 후 덩굴손은 안쪽으로 상당히 구부러져 있었고, 2시간 30분이 지나자 고리 모양을 만들었다. 나뭇가지에 걸린 지 5~6시간이 지나자 막대를 꽉 잡았다. 두 번째 실험에서 덩굴손은 거의 같은 속도로 움직였는데 내가 관찰한 결과 이번에는 막대를 두 번 감는 데 24시간이 걸렸다. 아무것도 잡지 못한 덩굴손은 며칠이 지나면 자연스럽게 나선형에 가까운 형태로 오그라든다. 반면 어떤 물체를 둥글게 감은 덩굴손은 곧 더 굵어지고 단단해진다. 길고 가느다란 중심 꽃자루는 자발적으로 움직이지만 민감하지 않고 지지대를 꽉 잡지도 않는다. 나선형으로 수축하면 지지대를 타고 올라가는 데 도움이 되겠지만 그렇게 하지 않는다. 하지만 이런 도움 없이도 꽤 잘 기어올라 간다. 씨앗이 담긴 주머니는 가볍지만 크기가 엄청나며(그래서 이 식물의 영어 이름은 풍선덩굴이다) 두세 개가 같은 꽃자루에 붙어 있기 때문에 가까이 솟아오른 덩굴손이 씨앗주머니가 바람에 산산조각 나는 것을 막는 데 도움을 준다. 온실 안에서 덩굴손은 단순히 기어오르기를 보조하는 역할만 했다.

덩굴손의 위치만 봐도 이들의 상동적(생물의 기관이 발생 기원과 기본 구조가 서로 같은 것-옮긴이) 특성을 충분히 알 수 있다. 두 개의 덩굴손 중 하나가 끝부분에 꽃을 피운 경우가 두 번 있었다. 하지만 덩굴손이 제 기능을 다하고 나뭇가지를 휘감는 데에는 문제가 없었다. 세 번째 경우에는 덩굴손으로 변형됐어야 할 측면 양쪽 가지들이 중심 가지처럼 꽃을 피우고 덩굴손의 구조를 상당히 잃어버렸다.

Cardiospermum

카타세툼

속명 *Catasetum*

카타세툼 난초

CATASETUM ORCHIDS

난초과

과명 ORCHIDACEAE–ORCHID FAMILY

난초, 꽃의 형태, 수분

카타세툼 난초는 매우 복잡하고 정교하며 신열대 지역에서 130종이 발견된다. 이것은 수꽃과 암꽃이 분리돼 있는 몇 안 되는 난초 그룹 중 하나다. 수십 년 동안 식물학자들은 또렷한 성적 이형성(동일 식물에 두 가지 형태의 꽃, 잎 따위가 생기는 일-옮긴이)으로 인해 이 난초의 암수가 각각 다른 속에 속한다고 착각했다. 다윈은 커다란 수꽃들이 끈적이는 꽃가루 덩어리를 탄환처럼 배출하는 전달 형태를 어떤 난초에서도 찾아볼 수 없었다는 사실에 큰 흥미를 느꼈다.[29] 1861년 다윈이 왕립 이국식물 사육장의 제임스 비치에게서 꽃이 핀 카타세툼 난초를 받았을 때, 그는 좋은 친구 사이인 후커에게 이것은 지금까지 본 가장 멋진 난초라고 했다. 조지프의 아버지이자 거의 40년 전에 먼저 큐 가든의 원장을 지낸 윌리엄 잭슨 후커는 카타

카타세툼 사카툼.

A. 고센스가 그린 다색석판화. 장 쥘 린덴의 『린데니아: 난초의 도상학』에 수록.

세툼 트리덴타툼tridentatum에 대해 다음과 같이 말한 바 있다.

"난초과 식물 중에 그렇게 화려하고 기묘한 꽃을 가진 경우를 본 적이 없다."[30]

다윈은 난초에 열정을 쏟던 중 카타세툼을 계기로 더욱 흥분하여 후커에게 이렇게 썼다.

"내 평생 동안 난초보다 더 흥미를 느꼈던 주제는 없습니다."[31]

꽃가루 분출이라는 놀랍고도 '특별한 장치'로 인해 다윈은 카타세툼을 '모든 난초 중 가장 주목할 만한 난초'라고 불렀다.[32] 이 장난기 넘치는 과학자는 자신의 온실을 찾아온 무방비 상태의 손님들에게 카타세툼 꽃가루를 총처럼 발사하고 싶어 견딜 수가 없었다.

카타세툼은 같은 과 안에서 모나칸투스, 뮈안투스라는 두 개의 특이한 속과 완전히 다른 속으로 간주됐다. 이 두 난초들은 놀랍게도 카타세툼과 같은 개체에서 자라고 있는 것이 발견됐다. 자연학자이자 탐험가인 로베르트 헤르만 숌부르크가 1836년에 처음으로 이 독일 남부 지방의 난초 표본을 린네 학회에서 발표했다. 그는 곧 남아메리카의 에세키보강 기슭에서 또 다른 표본을 발견했다. 이 표본은 카타세툼 트리덴타툼과 모나칸투스 비리디스viridis라는 두 가지 꽃을 피우고 있었다. 예리한 관찰자인 숌부르크는 수백 송이의 카타세툼 트리덴타툼 꽃에 씨앗이 하나도 없음을 확인했지만 반면 모나칸투스 비리디스의 큼직한 열매에 깜짝 놀라기도 했다. 이것은 다윈이 풀려고 했던 미스터리의 단서임이 확인됐다. 다윈은 이것이 하나의 동일 종에서 나온 꽃의 변이형임을 알아낸 것이다. 결국 카타세툼 트리덴타툼은 수꽃, 모나칸투스 비리디스는 암꽃(꽃가루 덩어리의 흔적이 있었다!) 그리고 뮈안투스 바르바투스barbatus는 수꽃과 암

꽃 부분을 모두 가진 자웅동체로 밝혀졌다.[33]

다윈은 『난초가 곤충에 의해 수정되는 데 관여하는 다양한 장치들』이라는 책에서 이 이야기와 관련된 종들에 대해 상세하게 다뤘다. 트리니다드 토바고의 독일인 약사이자 식물학자인 헤르만 크뤼거는 원래 이 식물들이 각각 다른 속이라고 주장했는데, 나중에 다윈의 관찰 결과를 확인하고 나서 그에게 그 꽃들을 수분시키는 벌의 표본을 보냈다. 하지만 약간 당황했을 크뤼거는 결국 참지 못하고 다윈에게 잽을 날렸다. 그는 런던 린네 학회에 이런 편지를 썼다.

"난초의 수정에 대한 다윈의 놀라운 저서를 읽은 사람이라면 누구나 열대 지역과 또 다른 외국 난초들을 다루는 챕터에서 유감을 느꼈을 것입니다. 여기서 나오는 조사 내용과 추정들은 이 식물들을 원산지에서 직접 관찰해서 확실히 증명되기 전까지는 독자들의 마음에 어느 정도의 불확실성을 남기기 때문입니다."[34]

이는 비록 보존된 식물이었지만 다윈이 원산지에서 직접 본 사람들보다 이 식물을 더 많이 관찰했다는 사실을 간과한 발언이었다. 과학에서 흔히 그렇듯 몇 년 후에 다윈의 결론은 수정됐지만, 그가 관찰한 것들은 다른 식물학자들이 앞서 발표한 내용 중 많은 것들을 정정했다.

조지 소워비가 다윈의 책에 그려준 카타세툼과 다른 난초꽃들의 훌륭한 삽화는 다윈이 이 식물들을 관찰하고 설명하는 데도 도움을 줬다. 소워비는 다윈과 함께 열흘을 보내면서 큐 가든에서 보내온 꽃들을 그리고 식물화가 프란츠 바우어의 삽화를 재현하는 데 심혈을 기울였다. 다윈은 한 편지에서 이렇게 한탄하듯 말했다.

"소워비 씨의 난초 삽화 작업에 동참하면서 반쯤 죽다 살아났습니다."[35]

하지만 그는 고생이 아깝지 않을 만큼의 결과물을 얻었다.

다윈의 노트

『난초가 곤충에 의해 수정되는 데 관여하는 다양한 장치들』

(2판, 1877)

카타세툼 트리덴타툼. 이 종의 일반적인 외형은 카타세툼 사카툼, 칼로숨callosum, 타불라레tabulare와는 아주 다르다. 다음 그림에서 꽃받침과 함께 잘라낸 카타세툼 트리덴타툼의 단면을 볼 수 있다.

순판은 가장 꼭대기에 자리 잡고 있는데 대부분의 난초들에서는 이와 반대다. 순판은 헬멧 모양을 하고 있으며 말단 부분은 세 개의 작은 점으로 모아진다. 이 위치에 꿀이 있지는 않지만 벽은 두꺼우며 다른 종들과 마찬가지로 영양가 있고 기분 좋은 맛의 꿀을 지니고 있다. 암술머리의 기능은 없지만 암술머리 방의 크기는 크다. 꽃술대(난초꽃의 수술과 암술이 합체한 기둥 모양의 기관-옮긴이)의 꼭대기와 삐죽 튀어나온 꽃밥(수술의 끝부분-옮긴이)은 카타세툼 사카툼처럼 가늘고 길지 않다. 이 밖에 다른 부분들에서는 중요한 차이점이 없다. 더듬이(안테나)의 길이는 더 길다. 전체 길이의 20분의 1에 해당하는 끝부분은 돌기로 변한 세포로 인해 우툴두툴하다.

더듬이의 위치를 제외하면 그림에 제시된 종에 대해 더 설명할 것은 없다. 이 종의 더듬이는 조사해 본 많은 꽃과 정확히 같은 위치를 차지하고 있다. 모두 헬멧처럼 생긴 순판 안에 웅크리고 있다. 왼쪽 더듬이는 더 높이 서 있고 안으로 구부러진 말단부는 중앙에 있다. 오른쪽 더듬이는

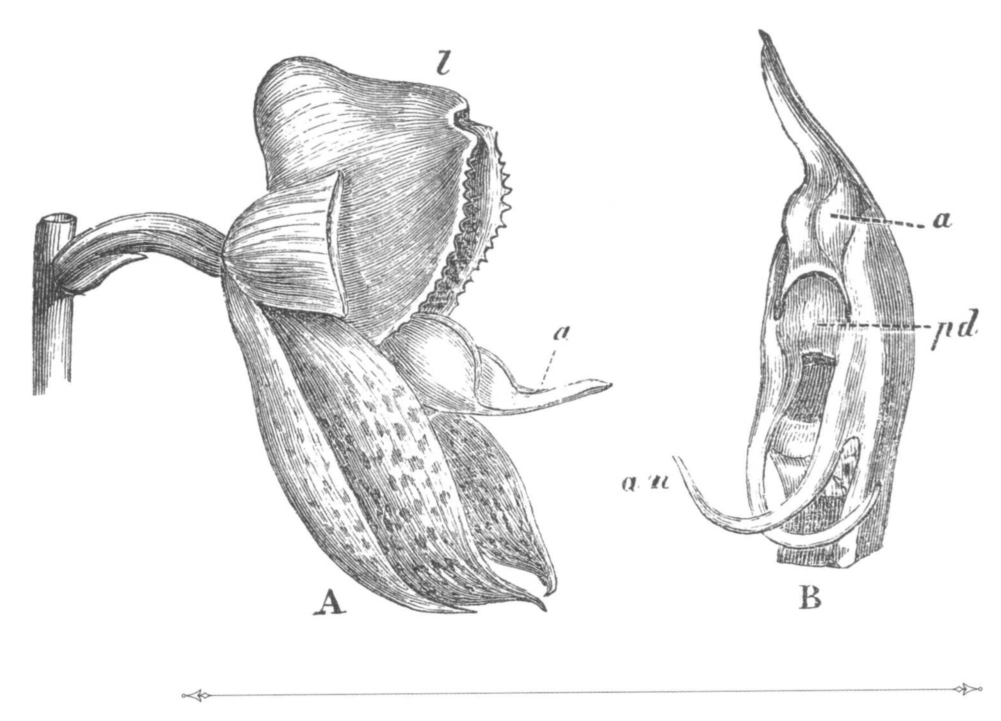

카타세툼 트리덴타툼.
A. 꽃받침 두 개를 잘라낸 자연스러운 상태의 꽃 측면도.
B. 꽃술대의 정면도. 그림 A를 거꾸로 뒤집은 상태.
a. 꽃밥 ***pd.*** 꽃가루 덩어리의 작은 꽃자루 ***an.*** 더듬이 ***l.*** 순판

순판의 밑바닥 전체를 가로지르며 더 낮게 누워 있으며 말단부는 꽃술대 아래의 왼쪽 가장자리를 넘어 돌출돼 있다. 둘 다 민감하지만 순판 가운데에 말려 있는 쪽이 더 예민한 것으로 보인다. 꽃잎과 꽃받침의 위치로 볼 때, 꽃을 찾아오는 곤충은 거의 틀림없이 순판의 맨 위에 내려앉게 된다. 그리고 두 더듬이 중 하나를 건드리지 않고는 널찍한 빈 공간의 어떤 부분도 씹을 수 없다. 왼쪽 더듬이는 윗부분을 지키고 있고 오른쪽 더듬이는 아랫부분을 지키고 있기 때문이다. 둘 중 어느 쪽이라도 건드리면 꽃가루 덩어리가 뿜어져 나오게 되고 그 덩어리 끝에 달린 원반disc은 곤

충의 머리나 가슴에 부딪힌다.

카타세툼에서 더듬이가 자리 잡은 모습은, 사람으로 치면 왼쪽 팔을 들어 구부린 다음 왼손을 가슴 위에 얹고, 오른쪽 팔은 아래로 내려 왼쪽을 향해 몸을 가로지른 자세라고 할 수 있다. 이때 손가락은 왼쪽을 넘어 튀어나와 있어야 한다.

카타세툼 트리덴타툼은 또 다른 관점에서도 흥미롭다. 식물학자들은 숌부르크 경이 세 개의 각기 다른 속, 즉 카타세툼 트리덴타툼·모나칸투스 비리디스·뮈안투스 바르바투스라는 세 가지 형태가 모두 한 식물에서 자라는 것을 봤다고 말했을 때 깜짝 놀랐다. 린들리는 다음과 같이 언급했다.

"그런 사례들은 속과 종의 안정성에 대한 우리의 모든 생각을 근본적으로 뒤흔든다."

숌부르크 경은 에세키보강 기슭에서 카타세툼 트리덴타툼 수백 종을 봤는데 씨앗을 가진 표본은 단 하나도 찾지 못했지만 반면 모나칸투스의 거대한 과피(열매의 씨앗을 감싸고 있는 외부의 껍질-옮긴이)에 깜짝 놀랐다고 했다. 그리고 그는 이렇게 맞는 말도 했다.

"여기서 우리는 난초꽃의 성적 차이의 흔적을 발견할 수 있다".

크뤼거 박사 또한 트리니다드 토바고에서 카타세툼 꽃이 자연적으로 만들어낸 씨앗주머니를 본 적이 없었으며 자신이 여러 번 그 꽃의 꽃가루로 직접 수정을 했을 때도 씨앗주머니는 만들어지지 않았다고 나에게 알려줬다. 반면에 그가 카타세툼 꽃가루로 모나칸투스 비리디스 꽃에 수정을 시도했을 때는 한 번도 실패한 적이 없었다. 모나칸투스는 자연 상태에서도 열매를 잘 맺는다.

모나칸투스 비리디스와 뮈안투스 바르바투스에 대해서라면 숌부르크 경이 알코올에 보존해서 보내온 두 속의 꽃을 품은 수상꽃차례(수상화서 穗狀花序, 가늘고 긴 꽃대에 꽃자루 없는 꽃들이 이삭 모양으로 촘촘히 달려 있는 형태의 꽃차례-옮긴이)를 관찰할 수 있도록 린네 학회 회장이 친절히 허락해 줬다. 모나칸투스의 꽃(그림 A)은 외관상 카타세툼 트리덴타툼의 꽃과 매우 닮았다. (…) 다른 부분과 상대적으로 동일한 위치에 있는 순판은 그렇게 깊지 않고 측면 부분은 특히 더 그러하다. 순판의 가장자리 부

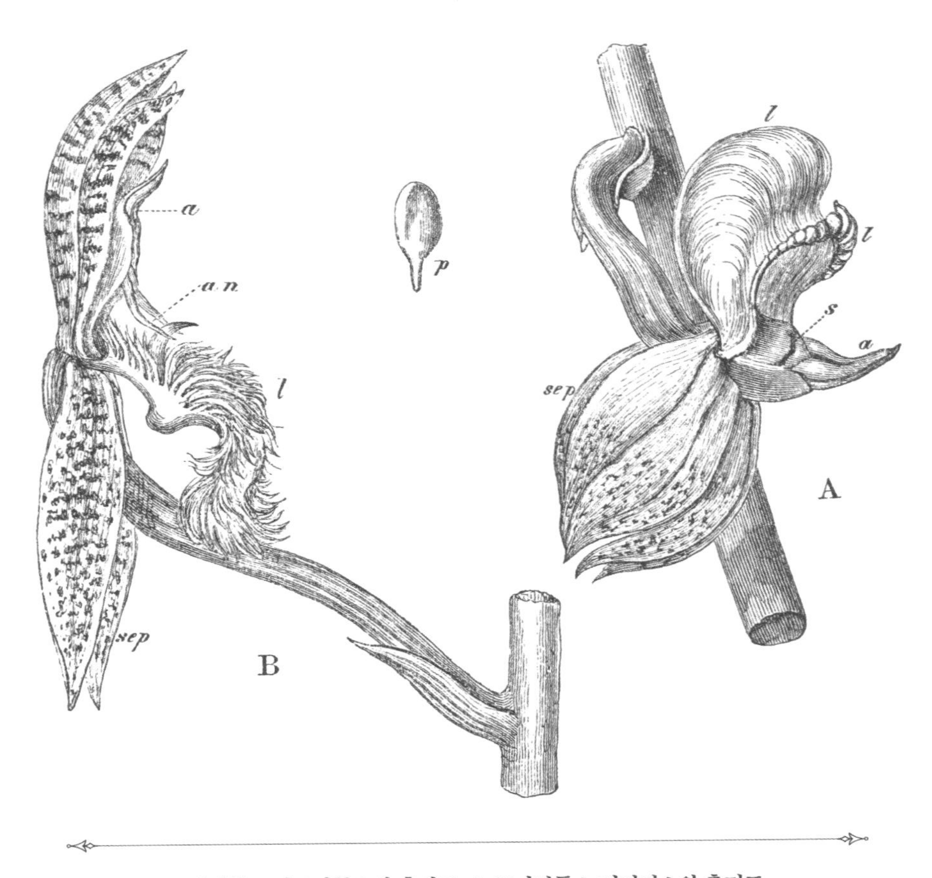

B. 뮈안투스 바르바투스의 측면도. A. 모나칸투스 비리디스의 측면도.
a. 꽃밥 ***an.*** 더듬이 ***l.*** 순판 ***p.*** 발달이 미미한 꽃가루 덩어리
s. 암술머리의 갈라진 틈 ***sep.*** 두 개의 아래쪽 꽃받침

분은 톱니 모양이다. 다른 꽃잎과 꽃받침은 모두 뒤로 젖혀져 있고 카타세툼처럼 얼룩이 많지 않다. 씨방 아랫부분의 포엽은 훨씬 크다. 전체 꽃술대, 특히 수술대와 삐죽 튀어나온 꽃밥은 그보다 짧다. 소취는 덜 돌출해 있다. 더듬이는 아예 없고 꽃가루 덩어리는 발달이 미미하다. 이것들은 더듬이의 기능에 대한 견해를 확증하는 흥미로운 사실들이다. 분출할 꽃가루 덩어리가 없으므로 곤충의 접촉으로 인한 자극을 소취에 전달하도록 적응된 기관은 쓸모없을 것이다. 점성이 있는 원반이나 작은 꽃자루의 흔적은 찾을 수 없었다. 이것들이 사라졌다는 사실에는 의심의 여지가 없다. 크뤼거 박사는 이렇게 말했다.

"암꽃의 꽃밥은 같은 꽃이 열리자마자, 꽃의 색깔, 크기, 냄새가 완벽한 상태에 도달하기 전에 떨어진다. 원반은 꽃가루 덩어리와 결합하지 않거나 아주 약간만 결합되지만 꽃밥과 거의 같은 시간에 떨어진다".

이렇게 해서 미발달한 꽃가루 덩어리만 남게 된다. 이러한 사실만으로도 모나칸투스가 암컷 식물임은 거의 확실하다. 이미 언급했듯이 숌부르크 경과 크뤼거 박사는 이 종이 씨앗을 풍부하게 생산하는 것을 봤다. 전체적으로 이 꽃은 수컷인 카타세툼 트리덴타툼과 매우 크게 다르며, 이전에 이 두 식물이 다른 속으로 분류됐다는 사실은 전혀 놀랍지 않다. (…)

수컷 꽃가루 덩어리의 특징을 결정하는 구조의 모든 디테일은 암컷 식물에서는 쓸모가 없다. 이런 사례들은 자연학자들에게는 익숙하지만 새로운 관심 없이는 발견될 수 없는 것들이다. 머지않아 자연학자들은 예전에 엄숙하고 학식 있는 사람들이 그러한 쓸모없는 기관을 두고 유전적으로 이어받아 남아 있는 자취가 아니라, '자연의 계획을 완성하기 위해' 전지전능한 손이 특별히 창조해 '탁자 위의 접시처럼'(저명한 식물학자가 이렇게 비유했다) 적절한 위치에 배열한 것이라고 주장했다는 사실을 듣고 놀라워함과 동시에 비웃게 될 것이다. (…)

카타세툼속은 몇 가지 점에서 특별히 흥미를 끈다. 아마도 퀴크노케스속을 제외하면 다른 난초들 사이에서는 성별 구분이 알려져 있지 않을 것이다. 카타세툼에는 세 가지 성별 형태가 있는데 일반적으로 각기 다른 식물에 따로따로 나타나지만 가끔 같은 식물에 함께 섞여 있기도 하다. 이 세 가지 형태는 각자 현저하게 다른데, 예를 들어 수컷 공작과 암컷 공작의 차이보다도 그 차이가 훨씬 더 크다.

이 속은 수정 방식에서 더욱 흥미롭다. 이 속의 꽃은 더듬이를 앞으로 쭉 뻗은 채 잘 적응된 자세로 참을성 있게 기다리다가 곤충이 순판의 빈 공간 속으로 머리를 들이밀면 바로 신호를 보낸다. 암컷 모나칸투스는 배출할 진짜 꽃가루 덩어리가 없기 때문에 더듬이도 갖고 있지 않다. 수컷과 자웅동체 형태, 즉 카타세툼 트리덴타툼과 뮈안투스 바르바투스는 꽃가루 덩어리가 웅크리고 있다가 더듬이가 건드려지면 즉시 스프링처럼 앞으로 발사된다. 가장 먼저 발사되는 덩어리 끝부분의 원반은 끈적한 물질로 코팅돼 있다. 이것이 빠르게 굳으면서 경첩 같은 작은 꽃자루가 곤충의 몸에 단단히 붙게 된다. 꽃에서 꽃으로 날아다니던 곤충이 암컷 식물에 내려앉으면 꽃가루 덩어리 중 하나를 암술머리의 빈 공간 안에 밀어 넣는다. 암술머리 표면의 점성에 굴복할 만큼 약하고 탄력 있게 만들어진 꽃가루덩이자루(화분괴병花粉塊柄, 암술머리와 꽃가루덩이 사이에 있는 자루로, 꽃가루덩이를 지탱하는 역할을 한다-옮긴이)는 곤충이 날아가자마자 부러지고 꽃가루 덩어리만 남는다. 그러면 꽃가루관이 천천히 튀어나와 암술머리의 관을 통과하고 수정 작용이 끝난다. 한 종의 번식이 그렇게 복잡하고 인공적으로 보이지만, 감탄할 정도로 계획적이라고 추측할 만큼 대담한 사람이 또 누가 있었을까?

Red creeping Climber.

클레마티스

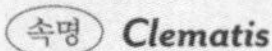
속명 *Clematis*

클레마티스

CLEMATIS

미나리아재비과

과명 RANUNCULACEAE—BUTTERCUP FAMILY

덩굴식물

클레마티스(으아리속)는 고대부터 경탄의 대상이 됐던 덩굴식물의 한 속이다. 그 이름은 고대 그리스어에서 '덩굴'을 뜻하는 단어 중 하나인 '클레마κλήμα'에서 유래됐다. 전 세계에는 300여 종의 클레마티스가 있고 이 중 다수 품종이 화려한 꽃을 감상하기 위해 재배된다. 하지만 다윈이 관심을 보인 것은 잎, 특히 잎과 줄기를 연결하는 가느다란 부분인 잎자루였다.

클레마티스 레펜스.

앤 해밀턴 부인이 수채물감과 구아슈물감으로 모조피지에 그림. 〈식물 그림〉에 수록.

1864년 초에 그는 큐 가든에서 표본을 더 얻어내기 위해 친구 후커에게 편지를 썼는데, 지금까지 발견한 것에 대해 이렇게 말했다.

"성장하면서 어떤 물체와 접촉하게 되면 이 잎들은 구부러지며 붙잡습니다. 몇 센티미터 길이의 면사가 살짝 닿는 것처럼 아주 약한 자극으로도 충분하지요. 하지만 그 자극은 6시간에서 12시간까지 지속돼야 합니다. 그리고 잎자루가 한번 구부러지면 자극을 주는 물체를 제거하더라도 다시 똑바로 펴지는 일은 없습니다."[36)]

후커는 의무를 다하는 마음으로 다윈에게 몇 종의 식물을 더 보내줬다. 이로써 다윈은 클레마티스가 더 높은 곳으로 올라가기 위해서라면 지지대가 될 만한 어떤 것이라도 자신의 잎자루를 이용해 휘감고 붙잡는 최고의 '잎 등반가'라는 사실을 보여줄 수 있었다. 접촉에 대한 잎자루의 민감성은 같은 속에 속하지만 클레마티스과는 다른 종들의 속성에 위배되기도 했다.

그해 말 후커에게 보낸 또 다른 편지에서 다윈은 꽃이 없는 종인 클레마티스 글란둘로사(지금의 스밀라키폴리아)를 선물로 받은 일을 언급하며 처음에는 그의 정원사가 이것이 클레마티스인지 의심스러워했다고 했다.

"그래서 나는 잎자루 옆에 작은 가지를 가져다 놓았습니다. 다음날이 되자 정원사가 말했습니다. '아시겠지만 클레마티스인 것 같다는 느낌이 옵니다.' 이것이 다운하우스에서 우리가 식물을 이해하는 방식이었지요."[37)] 다윈은 이렇게 경구 같은 말을 썼다.

다윈이 덩굴식물과 덩굴손식물의 중간에 위치한다고 여긴 반연식물은 여러 과에서 볼 수 있다. 그중에서도 클레마티스종들이 그 특성을 잘 보여준다. 다윈은 많은 질병을 앓으면서도 이 종들의 성장 패턴을 관찰하는 것을 즐겼다. 여덟 가지 종을 연구하면서 그는 다양한 상황에 따른 잎자루의 반응을 시험했으며 접촉에 대한 반응으로 구부러지고 잡고 확장하고 두꺼워지는 '신경계'에 주목했다. 또 그는 잎자루가 꼬이는 데 걸리는 시간을 시간, 분 단위로 기록했다. 그리고 그것이 붙잡는 줄 조각을 측정하고 무게를 잼으로써 잎자루가 얼마나 민감한지를 강조했다.

• 다윈의 노트 •

『덩굴식물의 운동과 습성』
(2판, 1875)

내가 관찰한 모든 종 중에서 하나의 예외만 빼고 어린 절간은 다소 규칙적으로, 어떤 경우에는 덩굴식물의 절간만큼이나 규칙적으로 회전한다. 회전하는 속도는 매우 다양하지만 대부분 다소 빠르다. 그중 일부는 지지대를 나선형으로 휘감으며 올라갈 수 있다. 대부분의 덩굴식물과 달리 같은 줄기에서 처음에는 한쪽 방향으로, 그다음에는 반대 방향으로 회전하는 경향이 강하다. 회전운동의 목적은 잎자루를 주변 물체와 접촉시키는 것이다. 이러한 도움이 없으면 식물은 기어오르는 능력이 훨씬 떨어질 것이다. 드물게 예외는 있지만 잎자루는 어린 시기에만 민감하다. 잎자루는 모든 면에서 민감하지만 식물마다 그 정도가 다르며, 클레마티스의 일부 종들은 같은 잎자루 안에서도 여러 부분의 민감도가 각자 다르다. (…) 잎자루는 접촉 및 매우 경미하게 지속되는 압력에도 민감한데, 무게가 곡식 낟알의 16분의 1(4.05밀리그램)밖에 되지 않는 부드러운 실 고리가 살짝 눌러도 반응을 보일 정도다. 그리고 클레마티스 플람물라의 다소 두껍고 뻣뻣한 잎자루는 넓은 표면으로 퍼지면 훨씬 적은 무게에도 민감해진다. 잎자루는 항상 눌리거나 접촉한 방향으로 구부러지는데 종들마다 그 속도는 다르다. 몇 분 안에 구부러지기도 하지만 일반적으로는 훨씬 더 긴 시간이 걸린다. 어떤 물체와 일시적인 접촉을 하면 잎자루는 상당히 오랜 시간 동안 구부러진다. 그 후 다시 곧게 펴졌다가 같은 패턴을 반복하기도 한다. 극도로 작은 무게에 자극을 받은 잎자루는 약간 구부러졌다가 자극에 익숙해지면 무게가 계속 가해지는 상태에서도 더 이상 구부러지지 않거나 다시 곧게 펴진다. 잠시라도 물체를 꽉 잡았던 잎자루는 원래 모양대로 돌아올 수 없다. 물체를 2~3일 동안 꽉 잡은 후 잎자루는 일반적으로 더 두꺼워지는데 지름 전체에 걸쳐 혹은 한쪽 면으로만 두꺼워진다. 그 결과 잎자루는 강해지고 나무와 비슷해진다. 때로는 그 변화가 놀라울 정도다. 줄기나 축과 같은 내부 구조가 생길 때도 있다.

클레마티스 글란둘로사. 윗부분의 가느다란 절간이 진짜 덩굴식물의 절간과 똑같이 태양의 반대 방향으로 회전하는데, 평균 속도는 3회 회전하는 데 3시간 48분이 걸렸다. 첫 번째 어린 줄기는 즉시 근처에 놓인 막대를 감았지만 한 바퀴 반을 감은 후에 잠시 직선으로 곧게 올라갔고, 그다음에는 진로를 틀어서 반대 방향으로 두 바퀴 감았다. 이는 마주 보이는 감은 부분을 연결하는 직선 부분이 단단해졌기 때문에 가능했다. 이 열대종의 단순하고 넓은 달걀모양을 한 잎은 짧고 굵은 잎자루를 갖고 있어 어떤 움직임에도 적합하지 않아 보인다. 수직 방향의 막대기를 감아 올라갈 때는 잎자루를 사용하지 않는다. 그럼에도 불구하고 어린잎의 잎자루 부분을 어느 쪽이든 가느다란 가지로 몇 번 문지르면 몇 시간 동안 그 방향으로 구부러지고, 그다음에는 다시 똑바로 펴진다. 아래쪽이 가장 민감한 것으로 보였다. 하지만 민감성이나 과민성은 이 책의 다음 부분에서 우리가 만나게 될 몇 가지 종에 비하면 미미하다. 따라서 낟알 1.64개의 무게(106.2밀리그램)에 해당하는 끈고리를 어린 줄기에 며칠 매달았을 때의 효과는 거의 인지할 수 없는 정도였다. 가느다란 가지 두 개

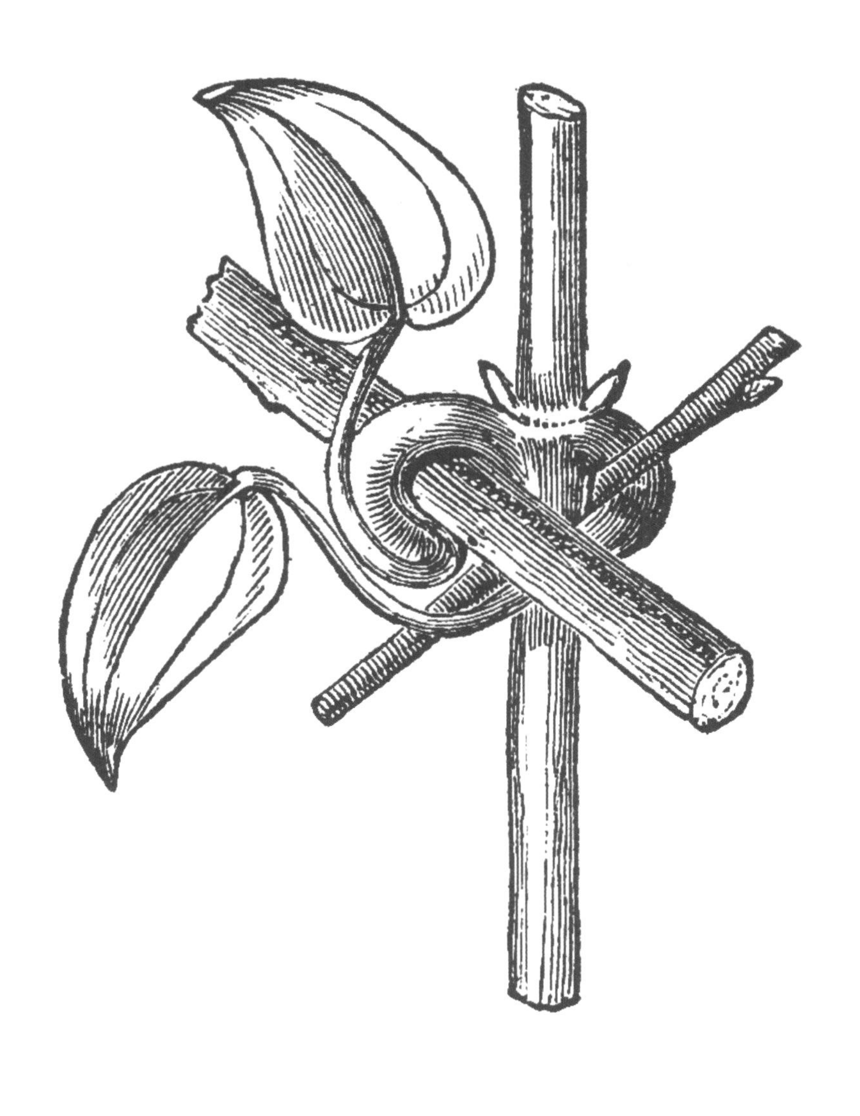

클레마티스 글란둘로사.

두 개의 어린잎이 나뭇가지 두 개를 잡은 모습. 잡은 부분이 두꺼워졌다.

를 자연스럽게 붙잡고 있는 어린잎 두 개의 그림이 나와 있다. 어린잎의 잎자루의 아래쪽을 가볍게 누르도록 갈라진 나뭇가지를 놓아두자 12시간 만에 잎자루가 크게 구부러져 잎이 줄기의 반대쪽으로 넘어갈 정도가 됐다. 갈라진 나뭇가지를 제거하자 잎은 천천히 원래의 위치로 돌아왔다.

어린잎들은 자연스럽게 위치를 점차 바꾼다. 처음 발달했을 때 잎자루는 위를 향하고 줄기와 평행을 이룬다. 그다음엔 천천히 아래로 구부러져 잠시 줄기와 직각인 상태로 머물다가, 아래를 향해 아치 형태로 크게 휘어져 잎몸(잎사귀를 이루는 잎의 납작하고 넓은 부분-옮긴이)이 땅을 가리키고 끝부분은 안쪽으로 말린다. 그 결과 잎자루 전체와 앞부분이 함께 갈고리 모양을 형성한다. 따라서 잎은 절간의 회전운동으로 접촉하는 어떤 나뭇가지라도 붙잡을 수 있게 된다. 만약 이런 일이 일어나지 않으면 잎은 갈고리 모양을 한동안 유지하다가 위로 구부러져 위를 향하던 원래 위치로 돌아간다. 그리고 그 상태로 유지된다. 반면 어떤 물체를 잡은 잎자루는 그림에서와 같이 곧 훨씬 두꺼워지고 튼튼해진다.

클레마티스 몬타나. 길고 얇은 잎자루는 어린 시기에 민감하며 가볍게 문지르면 그쪽으로 구부러졌다가 나중에 다시 펴진다. 이 잎자루는 클레마티스 글란둘로사의 잎자루보다 훨씬 민감하다. 낟알 하나의 4분의 1 무게(16.2밀리그램)를 가진 실고리로도 구부러지게 할 수 있다. 낟알 8분의 1 무게(8.1밀리그램)밖에 되지 않는 경우는 반응이 있을 때도 있고 없을 때도 있다. 예민함은 잎몸에서 줄기까지 이어진다. 여기서 모든 경우에 실험에 사용된 끈과 실은 화학저울로 조심스럽게 50인치(약 127센티미터)의 무게를 잰 다음 측정된 길이만큼 잘라내서 무게를 확인했다. 중심 잎자루에는 세 개의 어린잎이 달려 있는데, 짧은 보조 잎자루들은 민감하지 않다. 기울어진 어린 줄기(온실 안의 식물)는 태양 경로의 반대 방향으로 한 바퀴 큰 원을 그리며 도는 데 4시간 20분이 걸렸다. 하지만 다음 날 아주 추워지자 5시간 10분이 걸렸다. 회전하는 줄기 근처에 놓인 막대가 직각으로 튀어나온 잎자루에 부딪히자 회전운동이 멈췄다. 그리고 접촉에 자극을 받은 잎자루는 천천히 막대를 감기 시작했다. 가느다란 막대일 경우 잎자루가 두 번 감기도 한다. 반대쪽 잎은 전혀 영향을 받지 않았다. 잎자루가 막대를 꽉 쥔 후 줄기가 취한 자세는 사람으로 치면 수평으로 기둥을 안고 그 옆에 서 있는 것과 같았다.

No. 851
Syd Edwards del.
Pub by T. Curtis, St Geo: Crescent July 1.1805.
F. Sansom sculp

코바이아 스칸덴스

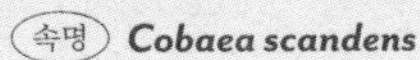
속명 *Cobaea scandens*

컵과 컵받침 덩굴

CUP AND SAUCER VINE

꽃고비과

과명 POLEMONIACEAE—PHLOX FAMILY

덩굴식물

코바이아(멕시칸 아이비)는 꽃고비과의 덩굴 및 덩굴식물이며 멕시코 열대 지역부터 남아메리카 북부까지 약 20종이 발견된다. 이 중 몇 종은 원예업계에서 중요한 가치를 지닌다. 그중 최고봉은 멕시코 남부의 우아하고 활력 넘치는 덩굴식물인 컵과 컵받침 덩굴, 즉 코바이아 스칸덴스다. 에스프레소 잔 크기의 향기로운 꽃과 컵받침 모양의 초록색 꽃받침에서 유래된 이름이다.

코바이아 스칸덴스.

시드넘 에드워즈가 손으로 채색한 판화. 《식물학 잡지》에 수록.

1863년 7월, 덩굴식물에 점점 더 매혹되고 있던 다윈은 큐 가든의 후커에게 코바이아를 포함한 덩굴손 식물들의 씨앗을 보내달라고 요청했다. 후커는 다음과 같이 격려의 편지를 썼다.

"덩굴손에 대한 당신의 관찰은 흥미롭고 참신하며 저는 당신이 계속 그 연구를 하고 있다는 사실이 기쁩니다. 당신은 탁월한 관찰자이자 관찰자들의 리더입니다."[38]

후커는 보내줄 덩굴식물을 찾는 중이라고 했고, 얼마 후 다윈은 코바이아와 다른 식물들을 배송받았다.

다윈은 특유의 길고 가느다란 덩굴손과 끄트머리에 작은 이중 갈고리가 있는 가지를 묘사하며 이 종을 "훌륭하게 설계된 덩굴식물"이라고 선언했다. 하지만 그가 가장 깊은 인상을 받은 것은 원이나 타원을 그리며 회선운동을 하는 덩굴손의 회전속도였다. 그는 덩굴손이 1시간 15분 만에 완전한 한 바퀴를 도는 것을 관찰했고 자신의 실험 노트에 이 결과를 기록하며 두 번의 감탄사를 썼다.[39] 다윈은 『덩굴식물의 운동과 습성』이라는 저서에서 덩굴손의 위업을 더 냉정한 태도로 보고하면서 덩굴손이 지지대 삼아 가지를 붙잡는 능력에 대해 언급했다.

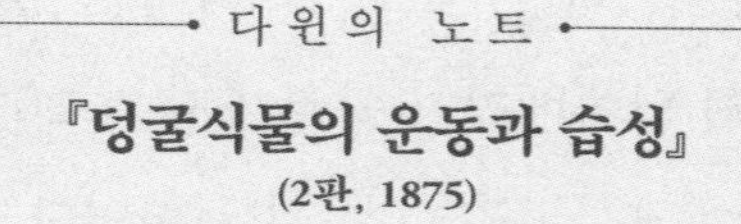

다윈의 노트

『덩굴식물의 운동과 습성』

(2판, 1875)

코바이아 스칸덴스는 훌륭하게 설계된 덩굴식물이다. 이 우아한 식물의 덩굴손은 길이가 28센티미터이며 두 쌍의 어린잎이 달려 있는 잎자루는 겨우 7센티미터다. 이 식물은 '파시플로라'라는 한 가지 종을 제외하면 내가 관찰해 본 어떤 덩굴손 식물보다 빠르고 활기 있게 회전운동을 한다. 태양의 반대 방향으로 거의 원을 그리며 크게 3회 회전했는데, 첫 번째 회전은 1시간 15분, 두 번째와 세 번째는 각각 1시간 20분과 1시간 23분이 걸렸다. 덩굴손은 아래로 크게 기울어져 내려가기도 하고 거의 수직으로 올라가기도 한다. 길고 곧으며 끝으로 갈수록 가늘어지는 코바이아 덩굴손의 중심 줄기에는 가지가 하나씩 번갈아 나 있다. 각 가지는 여러 갈래로 나뉘어 있고 그중 더 가느다란 가지는 거센 털 정도로 가늘고 매우 유연해 바람에 이리저리 날리지만 튼튼하고 매우 탄력이 있다. 각 가지의 말단부는 약간 납작하고 맨 끝은 미세한 이중(때로는 단일) 갈고리 모양인데, 이 갈고리는 단단하고 반투명한 나무 같은 재질로 돼 있고 아주 가느다란 바늘처럼 날카롭다. 28센티미터 길이의 덩굴손 위에서 나는 아름답게 구축된 작은 갈고리를 94개 발견했다. 이것들은 부드러운 나무나 장갑 혹은 맨손의 피부를 쉽게 잡는다. 이렇게 단단해진 갈고리와 중심 줄기의 기저부를 제외하면 곁가지의 모든 부분은 극도로 민감해 살짝만 건드려도 몇 분 안에 접촉된 쪽을 향해 구부러진다. 반대편에 있는 몇 개의 하위 가지를 가볍게 문지르면 덩굴손 전체가 빠른 속도로 몹시 비뚤어진 모양을 취한다. 접촉으로 인한 이런 움직임은 일상적인 회전운동을 방해하지 않는다. 가지들은 접촉으로 크게 구부러지고 난 뒤 내가 본 어떤 덩굴손보다 빠른 속도로, 즉 30분에서 1시간 안에 다시 펴진다. 덩굴손이 물체를 붙잡은 후에도 마찬가지로 매우 짧은 시간, 즉 12시간 안에 나선형 수축이 시작된다.

덩굴손은 성숙하기 전에 말단 가지가 뭉치고 갈고리가 안쪽으로 바짝 말려든다. 이 시기에는 어떤 부분도 접촉에 민감하지 않다. 하지만 가지가 갈라지고 갈고리가 튀어나오자마자 민감성은 최고조에 이른다. 미성숙한 덩굴손이 민감해지기도 전에 최대 속도로 회전하는 것은 이례적인 일이다. 하지만 이 상태에서는 덩굴손이 아무것도 잡지 못하기 때문에 빠른 움직임은 아무 소용이 없다. 비록 짧은 시간이지만 덩굴식물의 구조와 기능 사이에 완벽한 공동 적응이 필요한 경우는 매우 드물다. 덩굴손은 행동할 준비가 되자마자 자신을 받쳐주는 잎자루와 함께 수직으로 위를 향해 서 있다. 이때 잎자루에 달린 어린잎은 상당히 작고, 자라는 줄기의 말단부는 머리 바로 위에서 큰 원을 그리는 덩굴손의 회전운동에 방해가 되지 않도록 한쪽으로 구부러져 있다. 그래서 덩굴손은 위에 있는 물체를 잡기 적합한 위치에서 회전한다. 이런 방식을 거쳐 식물의 상승이 유리해진다. 아무 물체도 잡지 못하면 덩굴손이 있는 잎은 아래로 구부러져 수평 자세를 취한다. 그렇게 남은 공간에서 다음 세대를 이어갈 어린 덩굴손은 수직으로 서서 위쪽으로 자유롭게 회전한다. 늙은 덩굴손은 아래로 구부러지자마자 모든 운동 능력을 잃고 나선형으로 수축해 덩어리로 뭉쳐진다. 덩굴손은 매우 빠른 속도로 회전하지만 움직임은 짧은 시간 동안만 지속된다. 온실 안에서 왕성하게 자라는 식물의 덩굴손이 처음 민감해질 때부터의 시간을 재보면, 회전운동을 하는 시간이 36시간을 넘지 않았지만 그동안 적어도 27회 회전한 것으로 보인다.

회전하는 덩굴손이 막대에 닿으면 가지는 재빨리 둥글게 휘어져 막대를 꽉 붙잡는다. 여기서 작은 갈고리는 가지가 막대를 단단히 잡기 전에 신속한 회전운동 때문에 끌려가는 것을 방지하는 중요한 역할을 한다.

가지들이 스스로를 조절해 가면서 표면의 모든 요철 위로 그리고 깊은 틈새 속으로 뿌리처럼 기어가는 완벽한 방식은 매우 아름답다. 아마도 다른 어떤 종보다 이 식물이 이 과정을 효과적으로 수행하기 때문일 것이다. 중심 줄기의 윗면과 끝에 갈고리가 달린 모든 가지의 윗면은 각지고 초록색인 데 반해 아랫면은 둥글고 보라색이기 때문에 이 과정은 더욱더 눈에 띈다. 나는 이전의 경우와 마찬가지로 더 적은 양의 빛이 덩굴손 가지의 이런 움직임을 유도했다고 추론하게 됐다. 나는 흑백 카드와 유리관을 이용해 이를 증명하고자 여러 번 시도했지만 다양한 이유로 실패했다. 그래도 이 시도는 내 믿음을 단단하게 해줬다. 잎으로 구성된 덩굴손은 수많은 마디로 갈라지기 때문에, 덩굴손이 물체에 걸리고 회전운동이 멈추자마자 모든 마디의 윗면이 빛을 향해 움직이는 것은 당연하다. 하지만 이것은 전체 움직임을 설명해 주지는 못한다. 마디들이 축을 중심으로 몸을 돌려 윗면이 빛을 향하도록 할 뿐만 아니라 어두운 쪽을 향해서도 몸을 구부리고 틀기 때문이다.

코바이아가 야외에서 자랄 때 바람은 극도로 유연한 덩굴손이 지지대를 잡는 것을 도와줘야 한다. 가지 끝부분이 회전운동으로는 도달할 수 없는 나뭇가지를 갈고리를 이용해 붙잡도록 돕는 역할은 작은 바람결로도 충분하다는 것이 밝혀졌기 때문이다. 단일 가지의 끝부분에 덩굴손이 걸려서 지지대를 제대로 붙잡을 수 없다고 생각할 수도 있다.

하지만 나는 다음과 같은 경우를 여러 번 봤다. 덩굴손이 두 말단가지 중 하나의 갈고리로 가느다란 막대를 잡았다. 이렇게 끝부분이 고정된 채로 덩굴손은 사방으로 몸을 구부리며 계속 회전을 시도했고 이 움직임에 의해 곧 또 다른 말단가지도 막대를 잡았다. 그 후 첫 번째 가지는 막대를 놓았고 갈고리의 위치를 조정해 다시 막대를 잡았다. 얼마 뒤 덩굴손의 계속된 움직임으로 세 번째 가지의 갈고리가 막대를 잡았다. 그러자 덩굴손이 멈추면서 어떤 다른 가지도 막대를 잡을 수 없게 됐다. 하지만 오래 지나지 않아 중심 줄기의 윗부분이 열린 나선 형태로 수축하기 시작했다. 이렇게 해서 덩굴손이 달린 어린 가지가 막대 방향으로 끌려왔다. 덩굴손이 계속 회전운동을 시도하자 네 번째 가지가 막대에 닿았다. 결국 중심 줄기와 가지를 따라 내려가는 나선형 수축으로 인해 모든 가지가 하나씩 차례로 막대에 닿게 됐다. 그런 다음 가지들은 덩굴손 전체가 풀리지 않는 매듭으로 함께 묶일 때까지 서로를 감고 또 감았다. 처음에 상당히 유연했던 덩굴손들은 지지대를 잡은 뒤 시간이 지나자 점차 단단하고 강해졌다. 이렇게 이 식물은 완벽한 방식으로 지지대에 고정되었다.

C

Cobaea scandens

PL. 98.

코뤼안테스

속명 *Coryanthes*

버킷 난초

BUCKET ORCHID

난초과

과명 ORCHIDACEAE—ORCHID FAMILY

난초, 꽃의 형태, 수분

코뤼안테스속은 약 50가지의 신열대종으로 구성돼 있으며 함께 진화한 보석 같은 난초벌들에 의해 수분된다. 난초벌은 에우글로시니아과에 속하고 다윈의 시대에는 '겸손한 벌humble bees'이라고 불렸던 봄비니, 즉 뒤영벌bumblebee과 밀접한 관련이 있다. 이들은 화려한 금속성 무지갯빛을 띤 곤충으로 수컷은 뒷다리에 크고 속이 빈 경골을 갖고 있다. 수컷은 이곳에 식물이 만들어내는 향기로운 오일을 저장하고 이를 이용해 암컷에게 구애한다.[40] 뒤집힌 양동이 모양의 순판은 이 그룹에 '버킷(양동이) 난초'라는 일반명을 부여했으며 오일을 함유한 액체를 저장하는 역할을 한다. 벌이 양동이 안에 빠지면 액체(대부분 물)가 날개를 적셔 벌이 날아가 버리는 것을 막고 좁은 주둥이를 통해 양동이 밖으로 기어 나오도록 유도한다. 벌이 그

코뤼안테스 마쿨라타의 변이종 푼타타.

존 뉴전트 피치의 석판화. 로버트 워너의 『난초 앨범』에 수록.

사이를 통과할 때 난초의 꽃가루는 벌의 가슴 부분에 달라붙어 다른 꽃으로 옮겨질 준비를 한다.

다윈은 코뤼안테스에 대해 연구를 하는 동안 트리니다드 토바고의 통신원이자 포트오브스페인(트리니다드 토바고의 수도-옮긴이) 왕립식물원장이었던 헤르만 크뤼거 덕분에 더욱 탄력을 받았다. 난초 꽃의 복잡한 구조와 기능에 언제나처럼 흥분한 다윈은 그레이에게 그 마음을 이렇게 표현했다.

"코뤼안테스에 대한 크뤼거의 설명 그리고 물로 가득 찬 양동이 같은 순판이 사용되는 방식은 너무나 근사합니다. 벌이 충분히 젖으면 털이 납작하게 누워 그 덕분에 끈끈한 원반 모양 꽃가루가 잘 붙는 것으로 추측됩니다."[41]

난초의 '지칠 줄 모르는 장치들'을 잘 알고 있던 그는 코뤼안테스를 비범한 적응의 사례로 여겼다. 크뤼거는 1864년 다윈에게 알코올로 보존한 벌과 꽃을 보냈고[42] 같은 해에 코뤼안테스에 대한 자신의 논문을 쓰기도 했다. 다윈은 『종의 기원』 4판에서 코뤼안테스를 처음으로 언급하면서 '완벽한 적응의 최고봉'이라며 찬사를 보냈고[43] 그 뒤로 자신의 『난초의 수정』에서 더 자세한 내용을 다뤘다.

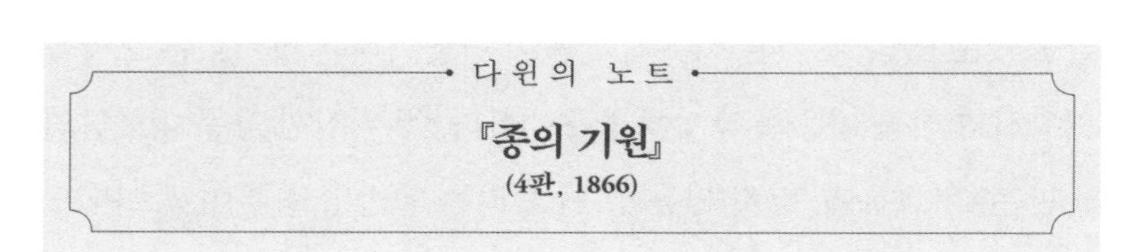

코뤼안테스의 순판 또는 아랫입술은 속이 빈 큼직한 양동이 모양을 하고 있다. 그 위에 있는 두 개의 분비 뿔에서 꿀이 아닌 거의 순수한 물이

떨어져 고인다. 양동이가 반쯤 차면 물이 다른 쪽에 있는 주둥이를 향해 흘러넘친다. 순판의 아랫부분은 양동이 위로 구부러져 있는데 두 개의 측면 입구가 있는 공간으로 연결된다. 그 안팎에는 통통한 능선이 신기하게 자리 잡고 있다.

가장 천재적인 사람이라도 직접 목격하지 않는다면 이 모든 부분들이 어떤 목적으로 쓰이는지 상상할 수 없었을 것이다. 하지만 크뤼거 박사는 이른 아침 이 난초의 거대한 꽃에 큰 뒤영벌 무리가 찾아온 것을 봤다. 그런데 벌들은 꿀을 빨지 않고 양동이 위의 능선 부분을 갉아먹고 있었다. 그러는 동안 벌들은 서로 밀어대면서 자꾸 양동이 안으로 빠졌고, 날개가 젖는 바람에 날아서 나오지 못하고 물이 넘치는 주둥이 통로를 통해 기어 나와야만 했다. 크뤼거 박사는 벌들이 의도치 않은 목욕을 한 뒤 기어 나오는 지속적인 행렬을 목격했다. 이 통로는 좁고 꽃술대로 덮여 있기 때문에 벌은 기어 나오면서 먼저 끈적한 암술머리에, 그다음에는 끈적한 꽃가루 분비선에 등을 비비게 된다. 이렇게 꽃가루 덩어리는 최근에 핀 꽃의 통로를 통해 처음 기어 나오는 벌의 등에 붙어서 옮겨진다. 크뤼거 박사는 와인에 담근 꽃을 내게 보내줬는데, 그 안에는 등에 꽃가루 덩어리를 붙인 채 통로를 기어 나오기 전에 죽은 벌이 들어 있었다. 이렇게 꽃가루를 묻힌 벌이 다른 꽃으로 날아가거나 같은 꽃에 두 번 찾아오면 동료 벌들에게 밀려 양동이에 빠지고 통로를 통해 기어 나오는 과정에서 꽃가루 덩어리가 필연적으로 끈끈한 암술머리에 처음 닿게 된다. 그러면 꽃가루가 그곳에 달라붙어 꽃이 수정되는 결과를 낳는다. 마침내 우리는 물을 분비하는 뿔과 주둥이가 달린 양동이 그리고 꽃의 모든 형태의 부분이 어떻게 활용되는지 알 수 있게 되었다!

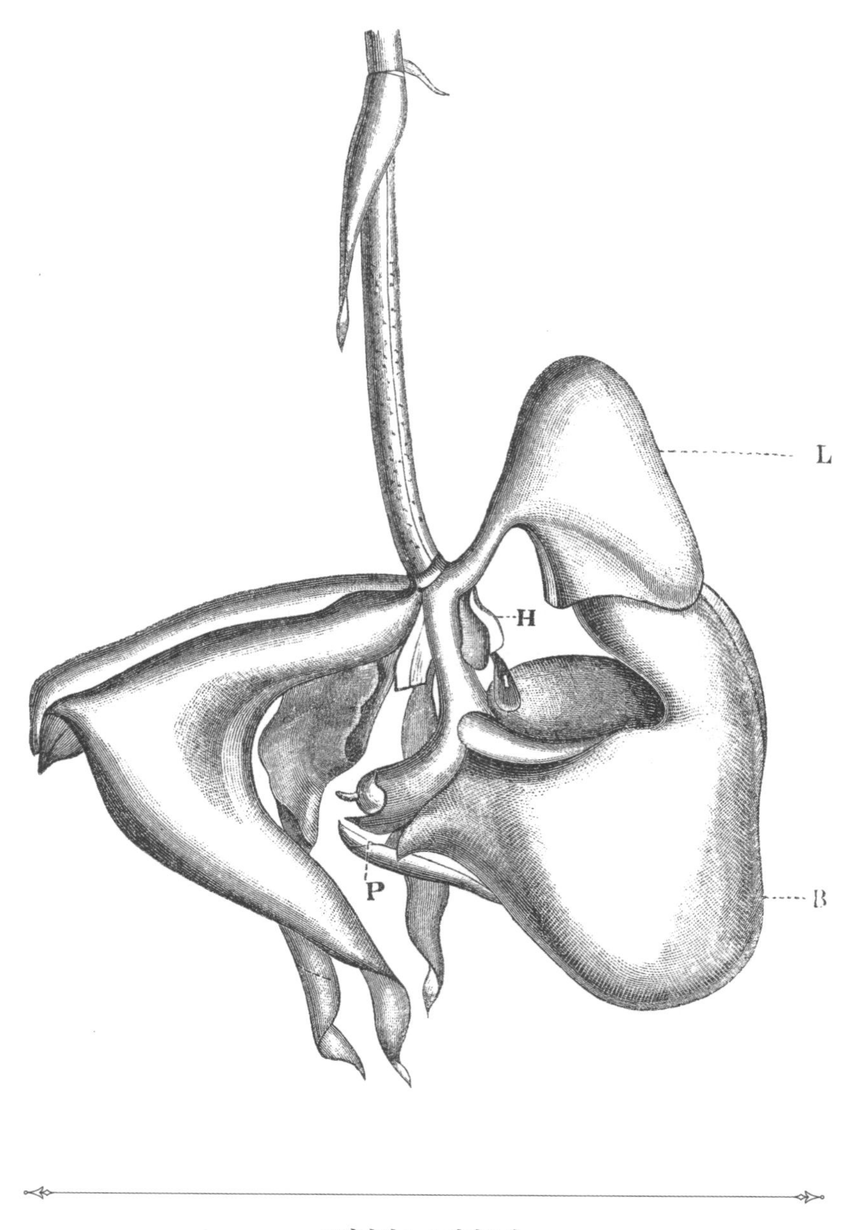

코뤼안테스 스페키오사.

L. 순판 *B.* 순판의 양동이 *H.* 액체를 분비하는 부속물 *P.* 양동이의 주둥이.
꽃술대 끝에서 급커브를 그리며 휘어 있고 이곳에 꽃밥과 암술머리가 있음.
린들리의 『식물계』(1846-1853) 에서 복사한 그림.

다윈의 노트

『난초가 곤충에 의해 수정되는 데 관여하는 다양한 장치들』
(2판, 1877)

코뤼안테스 꽃은 아주 크고 아래쪽으로 늘어져 있다. 왼쪽 그림에서 보이는 것처럼 순판(L)의 말단부는 큰 양동이(B)로 변형됐다. 순판의 좁아진 기저부에 생긴 두 개의 부속물(H)은 양동이 바로 위에 서서 안으로 떨어지는 물방울이 보일 정도로 많은 액체를 분비한다. 이 액체는 맑고 단맛이 아주 약해서, 꿀과 같은 성질을 가졌음에도 꿀이라고 불릴 자격이 없을 뿐만 아니라 곤충을 유인하는 역할도 하지 않는다. 양동이가 가득 차면 이 액체는 주둥이로 넘쳐흐른다. 이 주둥이는 꽃술대 끝에서 급커브를 그리며 휘어 있다. 이곳에 암술머리와 꽃가루 덩어리가 있어서 곤충이 이 통로를 통해 양동이 밖으로 기어 나갈 때 처음에는 등을 암술머리에, 그다음에는 끈끈한 원반 모양의 꽃가루 덩어리에 문지르며 꽃가루를 가져가게 된다. 이제 우리는 유사종인 코뤼안테스 마크란타의 수정에 대한 크뤼거 박사의 설명을 이해할 수 있다. 이 종의 순판에는 꼭대기 장식이 있다. 그는 벌들이 이 꼭대기 부분을 씹어 먹는 것을 목격했다. 나에게 그 벌의 표본을 보낸 것 같은데 이들은 난초벌 속에 속한다. 크뤼거 박사는 이 벌들이 하순(下脣, 순판의 아랫부분)의 가장자리를 차지하려고 잔뜩 몰려들어 서로 싸우는 장면을 많이 볼 수 있다고 했다. 이 경쟁으로 인해, 또 꼭대기 부분을 씹어 먹는 데 정신이 팔린 탓에 벌들은 양동이 속으로 굴러 떨어진다. 그곳에는 꽃술대 아래에 위치한 기관에서 분비한 액체가 반쯤 차 있다. 그다음에 벌들은 액체 속에서 양동이의 앞쪽으로 헤엄쳐 가는데, 양동이의 입구와 꽃술대 사이에 통로가 있다. 이 벌들은 일찍 일어나기 때문에 새벽에 일어나 관찰하면 모든 꽃 안에서 수정 작용이 어떻게 이뤄지는지 볼 수 있다. 뒤영벌은 의도치 않게 빠진 목욕물에서 빠져나오기 위해 상당히 애를 써야 하는데 상순(上脣, 순판의 윗부분)의 입구와 꽃술대의 표면이 서로 딱 맞는 데다 매우 빳빳하고 탄력이 있기 때문이다. 이렇게 해서 흠뻑 젖은 첫 번째 벌의 등에 꽃가루 덩어리가 달라붙게 된다. 벌은 일반적으로 이 통로를 통과하면서 기묘한 부속물을 달고 나오며, 거의 바로 만찬으로 다시 돌아간다. 이렇게 양동이에 두 번째로 빠졌다가 같은 입구로 나오게 되는 과정에서 벌은 꽃가루 덩어리를 암술머리 안에 넣게 되고, 결과적으로 같은 꽃이나 다른 꽃을 수정시킨다. 나는 이 장면을 자주 봤는데 때로는 벌들이 아주 많이 몰려들어 같은 통로를 빠져나오는 끝없는 행렬이 생기기도 한다.

꽃의 수정이 순판의 말단과 아치형 꽃술대가 만드는 통로를 통해 기어 나오는 곤충들에게 전적으로 의존한다는 데에는 의심의 여지가 없다. 순판이나 양동이의 큼직한 말단부가 말라 있었다면 벌들은 쉽게 날아서 빠져나갔을 것이다. 따라서 부속물이 엄청나게 많은 양의 액체를 분비하고 이것이 양동이 안에 모이는 이유는, 순판을 씹어 먹는다고 알려진 이 벌들을 맛으로 유혹하기 위해서가 아니라 벌들의 날개를 적신 다음 그들이 통로를 기어서 통과하도록 만들기 위해서임을 알 수 있다.

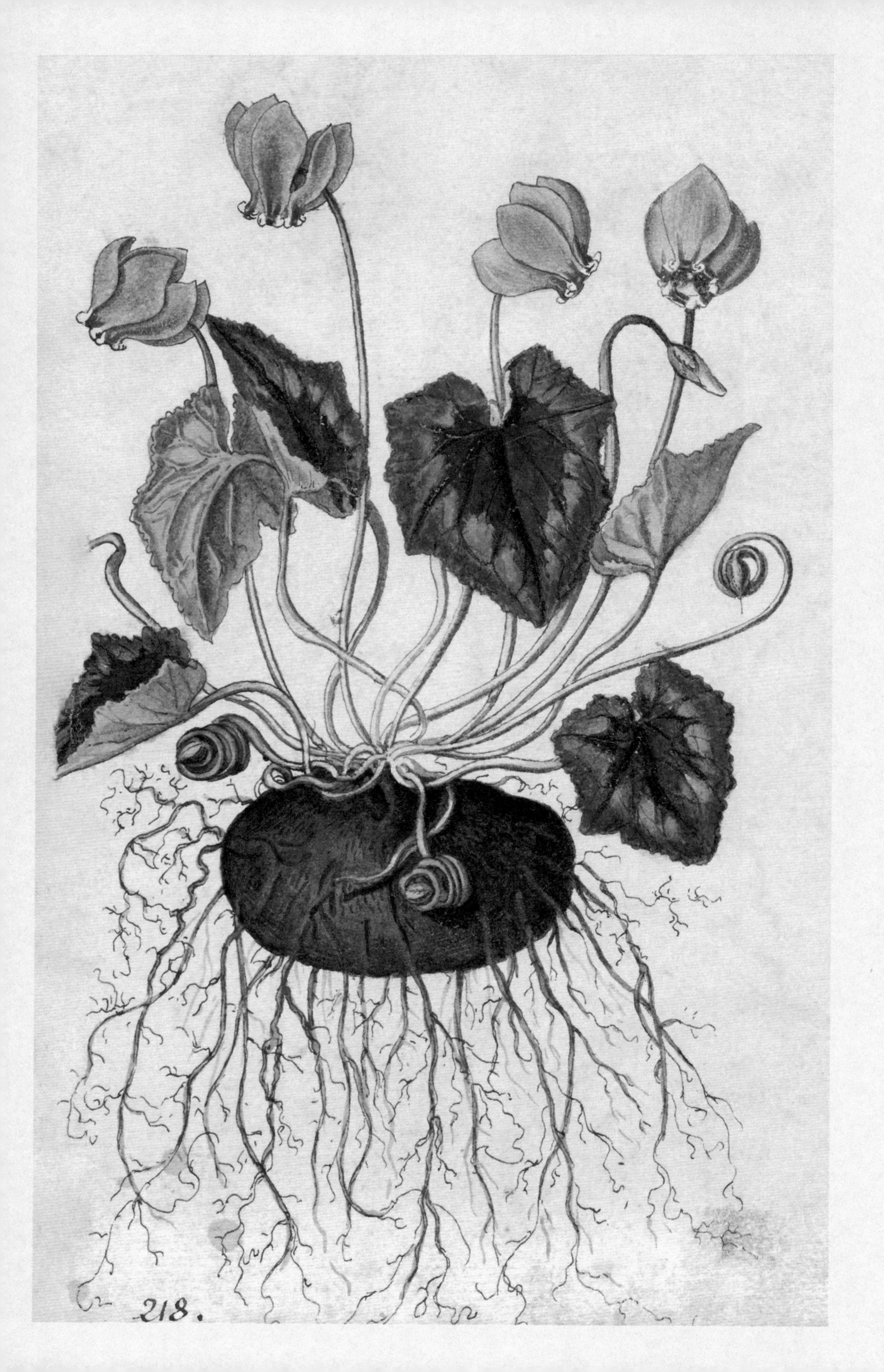
218.

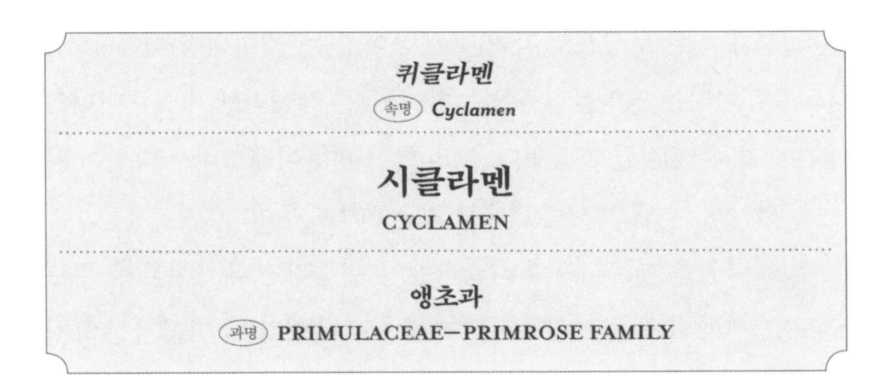

타가수정과 자가수정, 식물의 운동

시클라멘은 유럽에서부터 중동, 북아메리카에 걸쳐 약 23종이 분포한다. 이 이름은 '둥글다'는 뜻의 그리스어 '퀴클로스kyklos'에서 유래했으며 덩이줄기의 둥근 모양을 표현하고 있다. 이 식물은 대담한 무늬의 잎과 뒤로 젖혀진 꽃잎을 단 채 고개를 까닥이는 드라마틱한 꽃으로 사랑을 받는다. 수분 후 열매가 발달하는 동안 거의 모든 퀴클라멘종은 흥미로운 변화를 보여준다. 똑바로 선 꽃줄기(꽃자루)는 느리게 나선형을 그리며 수직으로 강하하고 길어지는데, 이를 통해 씨앗주머니를 낙엽 밑으로 운반하거나 때로는 바로 땅 위에 떨어뜨린다. 이것은 일종의 '자가파종'처럼 보일 수도 있지만 숙성 중인 씨앗주머니에 개미들이 쉽게 접근하도록 하는 방식이다. 시클라멘 씨앗은 땅에서 기어다니는 개미에 의해 널리 퍼지고 개미들

유럽 시클라멘
(푸르푸라켄스).

엘리자베트 피트
슈미츠의 수채화.
『식물 필사본』에 수록.

은 노력에 대한 보상으로 각 씨앗에 붙어 있는 '개미씨밥(엘라이오솜 elaiosume)'이라는 영양물질을 얻는다. 다윈은 시클라멘 씨앗주머니의 흥미로운 유래를 알고 있었다. 그의 할아버지 이래즈머스 다윈이 자신의 서사시 「식물의 사랑」*에서 언급했기 때문이다.

찰스 다윈은 페르시아의 시클라멘인 '퀴클라멘 페르시쿰'을 주로 연구했는데, 이 종은 씨앗주머니가 땅으로 내려갈 때 휘어지긴 하지만 꽃자루를 휘감지 않는다. 그는 자신의 온실에서 이 종을 키우면서 몇 가지 단계로 관찰하고 실험했다. 그는 시클라멘 꽃을 타가수정과 자가수정한 다음 그 결과로 얻은 씨앗을 심어 자손을 길렀다. 몇 년에 걸친 실험 끝에 그는 타가수정은 튼튼한 식물을 낳고 자가수정은 '비참한 표본', 즉 허약한 식물을 낳는다는 것을 확인했다.

• 다윈의 노트 •

『식물계에서 타가수정과 자가수정의 효과』

(2판, 1878)

각각 다른 묘목으로 알려진 식물의 꽃가루를 수정시킨, 즉 타가수정을 한 10송이의 꽃에서 아홉 개의 씨앗주머니가 생산됐는데 평균 34.2개의 씨앗이 들어 있었고 최대치는 71개였다. 반면 자가수정을 한 10송이의 꽃에서는 여덟 개의 씨앗주머니가 나왔고 각 주머니당 씨앗 개수는 평균 13.1개, 최대치는 25개였다. 타가수정과 자가수정의 주머니당 평균 씨앗 개수 비율은 100 대 38로 나타났다. 꽃이 아래쪽으로 늘어져 있고 암술머리가 꽃밥 바로 아래에 서 있기 때문에 꽃가루가 떨어지면서 자연스럽게 자가수정이 이뤄질 것으로 예상할 수 있다. 하지만 벌의 접근을 막은 식물은 씨앗주머니를 하나도 생산하지 않았다. 또 다른 경우에, 같은 온실에서 벌의 접근을 막지 않은 식물은 씨앗주머니를 많이 생산했다. 나는 이 꽃들에 벌이 찾아왔다고 추측한다. 벌은 식물에서 식물로 꽃가루를 옮기는 데 실패하는 일이 거의 없다.

방금 설명한 방법으로 얻은 씨앗을 모래 위에 놓아뒀다가 싹이 트자 두 가지를 짝지어서 심었는데, 타가수정 식물과 자가수정 식물 각각 세 개씩을 마주 보는 네 개의 화분에 심은 것이었다. 잎자루를 포함해 잎의 길이가 5~7센티미터일 때 양쪽의 묘목은 키가 같았다. 그런데 한두 달이 지나자 타가수정 식물이 자가수정 식물보다 약간 우위를 보이기 시작하더니 차이가 점점 더 벌어졌다. 타가수정 식물은 자가수정 식물보다 몇 주 더 빨리 네 개의 화분 모두에서 꽃을 피웠고 꽃도 훨씬 더 풍성했다. 각 화분의 타가수정 식물 중 가장 키가 큰 꽃줄기를 측정해 봤더니 줄기 여덟 개의 평균 키가 24센티미터였다. 상당한 시간이 지난 후에 자가수정 식물이 꽃을 피웠는데 꽃줄기 몇 개를 대략적으로 측정해 보니 평균 키가 19센티미터 이하였다. 타가수정 식물과 자가수정 식물의 꽃줄기 길이를 비교해 보면 최소한 100 대 79였다.

이 식물들을 온실에서 아무것도 덮지 않은 채로 두었다. 타가수정 식물 12개는 40개의 씨앗주머니를, 자가수정 식물 12개는 겨우 다섯 개만 생산해 그 비율은 100 대 12였다. 하지만 이 차이는 두 식물의 상대적인 번식력에 대해 명확한 값을 보여주지는 않는다. 나는 타가수정 식물의 씨앗주머니 중 가장 상태가 좋은 것을 골라 그 안의 씨앗을 세어봤더니 73개였다. 반면 자가수정 식물의 씨앗주머니 다섯 개 중 가장 나은 것은 겨우 35개의 씨앗만이 들어 있었다. 나머지 네 개의 주머니에는 대부분 타가수정 씨앗의 절반도 채 들어 있지 않았다. 다음 해에는 또 자가수정 식물이 겨우 꽃 한 송이를 피우기 전에 타가수정 식물은 이미 여러 송이를 피웠다. 타가수정 식물은 매우 원기왕성했지만 자가수정 식물은 허약했다.

다윈이 관찰한 시클라멘 잎의 움직임은 저녁에 올라가고 아침에 내려가는 지그재그 패턴을 나타냈다. 그는 수정된 꽃의 꽃자루가 천천히 길어지다 우아한 곡선을 그리며 몸을 숙여 발달 중인 씨앗주머니를 땅으로 향하게 하는 과정을 관찰하면서 마음을 빼앗겼다. 화분에 심은 식물을 어두운 찬장에 넣었다 뺐다 반복하는 실험을 통해 그는 씨앗주머니를 아래로 당기는 것은 중력이 아님을 확인했다. 씨앗주머니가 아래로 내려가는 것은 식물 운동의 독특한 형태 때문이었다. 이는 바로 일반적인 원형운동인 회선운동이 수정된 형태이자 그가 '배광성'이라고 명명한 것, 즉 태양으로부터 멀어지려는 움직임 때문이었다.

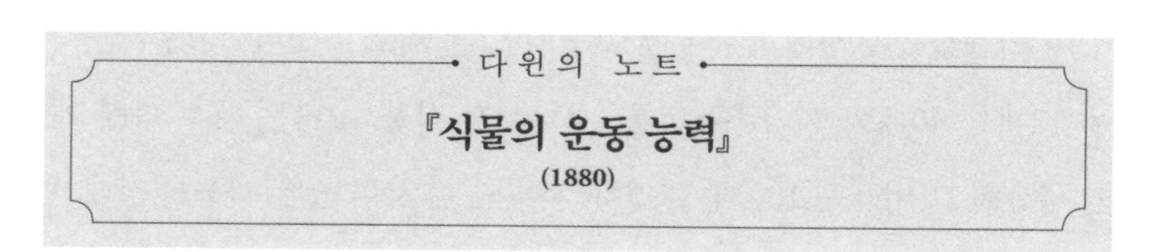

이 식물이 꽃을 피울 때 꽃자루는 똑바로 서 있지만 꼭대기 부분은 갈고리 모양으로 굽어 있어 꽃 자체는 아래로 늘어져 있다. 꼬투리가 부풀어 오르기 시작하면 꽃자루는 많이 길어지고 천천히 아래로 휘어지지만 위쪽의 짧은 갈고리 모양 부분은 저절로 펴진다. 결국 꼬투리는 땅에 닿

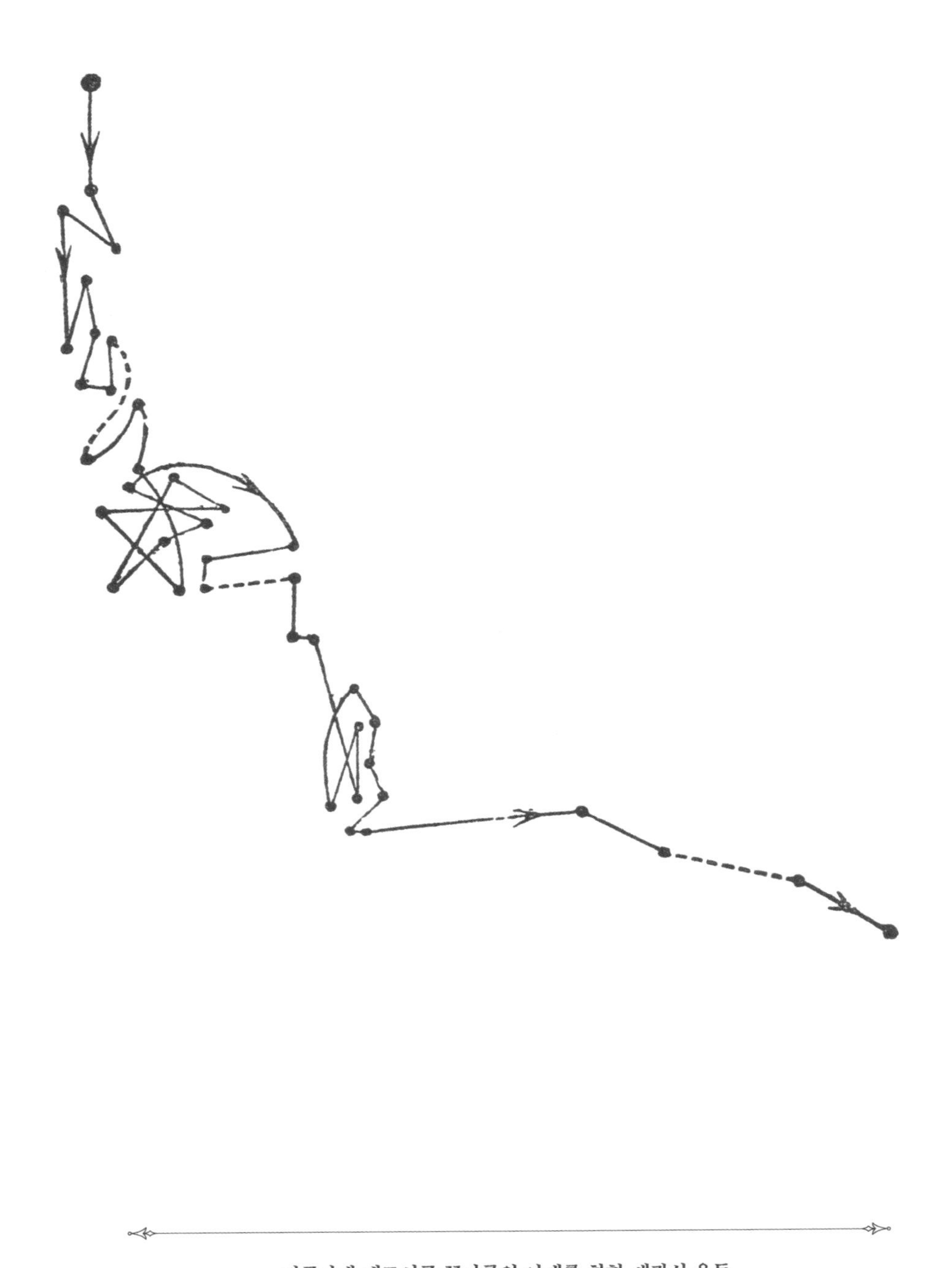

퀴클라멘 페르시쿰 꽃자루의 아래를 향한 배광성 운동.

2월 18일 오후 1시부터 21일 오전 8시까지 수평 유리판 위에서 추적한 흔적이다.

고, 이끼나 죽은 잎으로 덮이면서 꼬투리 스스로 땅에 묻히게 된다. 우리는 축축한 모래나 톱밥 안에 묻힌 꼬투리로 인해 접시 모양으로 움푹 파인 곳이 생기는 것을 종종 봤다. 꼬투리 하나(길이 0.7센티미터)의 4분의 3이 톱밥 안에 묻혀 있기도 했다. 우리는 이렇게 꼬투리가 묻히는 과정을 통해 어떤 목적이 달성되는지 생각해 보게 될 것이다. 꽃자루는 휘어지는 방향을 바꿀 수 있다. 이미 꽃자루가 아래쪽으로 휘어진 식물 화분을 수평으로 놓으면 꽃자루는 천천히 구부러져 이전에 가리키던 방향에서 직각을 이루며 지구의 중심을 향하게 된다. 우리는 처음에 이것이 굴지성 때문이라고 생각했다. 하지만 꼬투리가 땅을 가리키며 수평으로 놓여 있던 화분을 뒤집어서, 여전히 수평이지만 꼬투리는 바로 위쪽을 향하게 한 다음 어두운 찬장 안에 두어 보았다. 4일 밤낮이 지나도 꼬투리는 여전히 위를 향하고 있었다. 그다음에는 같은 자세를 유지하는 화분을 빛이 있는 곳으로 다시 가져왔다. 2일이 지난 후 꽃자루가 아래로 구부러졌고 4일째가 되자 그중 두 개의 꽃자루가 지구의 중심을 가리켰으며 하루 이틀이 더 지나자 나머지 꽃자루들도 똑같은 움직임을 보였다. 화분에서 항상 똑바로 서 있던 또 다른 식물을 어두운 찬장 안에 6일 동안 두었더니 세 개의 꽃자루 중 하나만 애매하게 아래로 구부러졌다. 구부러지는 원인은 꼬투리의 무게 때문이 아니었다. 그다음에 이 화분을 다시 빛이 있는 쪽으로 가져왔다. 3일이 지나자 꽃자루는 상당히 아래로 구부러졌다. 물론 더 많은 실험이 필요하겠지만 우리는 아래로 향하는 원인이 배광성 때문이라고 추론하게 됐다.

이 운동의 본질을 관찰하기 위해 우리는 땅에 닿았거나 땅 위로 이미 늘어져 있는, 큰 꼬투리가 달린 꽃자루를 살짝 들어 올려서 막대에 고정했다. 아래쪽에 표시를 한 꼬투리를 가는 실로 고정한 뒤 수평으로 놓아

둔 유리판 위에서 꽃자루의 움직임을 크게 확대해 67시간 동안 추적했다. 식물은 낮 동안 위쪽에서 빛을 받았다. 움직임을 추적한 기록은 앞의 그림과 같다. 아래를 향하는 움직임이 일종의 변형된 회선운동이라는 것은 의심의 여지가 없지만 그 규모는 매우 작다. 그리고 꽃자루가 아주 길고 가늘며 꼬투리는 가볍다는 점을 고려할 때, 이 식물이 지속적인 흔들림이나 회선운동의 도움 없이 모래나 톱밥 안을 접시 모양으로 움푹 파내려 가거나 스스로를 이끼 안에 묻는 것은 불가능하다고 결론지을 수 있다.

Cypripedium Calceolus
Ladies Slipper
EW.
Castl. Eden Deyne
June 30th. 1796.

퀴프리페디움
속명 *Cypripedium*

슬리퍼 난초
SLIPPER ORCHID

난초과
과명 ORCHIDACEAE—ORCHID FAMILY

난초, 꽃의 형태, 수분

슬리퍼 난초라고도 하는 퀴프리페디움(복주머니란)은 파피오페딜룸, 프라그미페디움, 셀레니페디움속을 포함하는 그룹에 속해 있으며 다른 난초들과 확연히 다른 구조를 갖고 있다. 다윈의 시대에 활동했던 식물학자 존 린들리는 이 식물들을 모두 퀴프리페디움속으로 포함시켰다. 다윈은 『난초의 수정』 초판에서 이들의 특이한 꽃 구조에 대해 썼고, 더 깊은 연구 끝에 1877년 출간한 개정판에서 자신의 초기 의견을 많이 수정했다. 그의 초기 연구는 현재 '파피오페딜룸 인시그네'로 알려져 있는 열대종에 관한 것이었다. 그는 이 식물을 자신의 온실에서 키웠다. 1861년, 다윈이 큐 왕립식물원의 원예학자인 대니얼 올리버에게 연구에 필요한 식물을 구해달라고 요청하면서부터 이 모든 일이 시작됐다. 그 뒤로 연구가 진전되면서

퀴프리페디움 칼케올루스.

엘리자베스 와튼의 수채화. 『영국의 꽃들』에 수록.

다윈은 하버드대학교의 그레이에게 관련된 북아메리카종을 관찰하고 수분 매개 곤충을 찾아달라고 부탁하는 편지를 썼다.

"씨앗을 맺는 식물이라면, 한 식물은 덮개를 씌우고 또 다른 식물은 열어놓아 주시기 바랍니다. 덮어놓은 식물이 씨를 맺는지 확인해 주시면 좋겠습니다. 그리고 일정한 시간이 지난 뒤 두 식물의 꽃가루가 같은 상태인지 봐주십시오."[44]

그레이는 수분의 메커니즘을 조사했고 북아메리카종들의 경우 다윈이 제시한 설명이 틀렸다는 결론을 내렸다. 다윈은 퀴프리페디움이 수분되려면 곤충이 순판 아랫부분에 있는 측면 입구 둘 중 하나에 주둥이를 넣은 다음, 측면 꽃밥 두 개 중 하나의 위를 넘어가 같은 꽃의 암술머리 위에 꽃가루를 올려놓거나 다른 꽃으로 가져가야 한다고 의견을 냈다. 하지만 그레이는 곤충이 위쪽 면에 있는 큰 입구를 통과해 순판 안으로 들어간 다음 더 작은 두 개의 측면 입구 중 하나로 기어 나와야 수분이 이뤄진다고 주장했다.

다윈은 그레이가 관찰한 내용을 『난초의 수정』 초판에 포함시키지 못했다. 하지만 2판에서는 북아메리카종에 대한 그레이의 설명을 언급했고 이 난초들이 '곤충의 머리나 등에서 꽃가루를 털어내는데 훌륭하게 적응돼 있다'라는 그의 관찰 내용도 인용했다. 그레이는 다윈에게 슬리퍼 난초 세 종(퀴프리페디움 아카울레, 스펙타빌레, 아리에티눔)을 보내면서 다음과 같은 지침을 줬다.

"화분에 심어 봄까지 차갑게 유지한 다음에 자라게 하십시오. 분명히 꽃을 피울 겁니다."[45]

1년 후 다윈은 그레이가 말한 대로 곤충이 꽃을 찾아온다는 것을 확인했다. 동료인 헤르만 뮐러와 페데리코 델피노가 다른 종인 퀴프리페디움 칼케올루스에서 수분 매개자들이 거의 같은 일을 하는 것을 관찰했다고 언급했다. 다윈은 남아프리카공화국의 곤충학자 트리멘에게 자신의 실수를 인정하며 이렇게 편지를 썼다.

"그런데 제가 퀴프리페디움에 대해 실수를 한 것 같습니다. 그레이는 곤충이 식물의 발끝 쪽으로 들어와 측면 창문 밖으로 기어 나간다는 의견을 제시했습니다. 작은 벌을 넣어 봤는데 벌은 그레이의 말대로 행동한 후 등에 꽃가루를 묻힌 채 나왔습니다. 이 벌을 잡아서 다시 집어넣었더니 녀석은 창문으로 다시 기어 나왔지요. 그 후에 꽃을 잘라봤더니 암술머리에 꽃가루가 묻어 있었습니다!"[46]

모든 사람은 실수를 저지른다. 다윈은 자신의 실수를 바로잡기 위해 끈질기게 노력했다. 성직자이자 난초 애호가인 아서 로슨에게 보낸 편지에서 알 수 있듯이 다윈은 퀴프리페디움의 안팎을 샅샅이 분석했다. 로슨이 다윈에게 옐로 레이디스 슬리퍼스(퀴프리페디움 푸베스켄스)를 '빌려주겠다'고 제안하자 그는 이렇게 답했다."퀴프리페디움을 빌려주신다는 제안에 매우 감사드립니다. 그런데 빌려주시면 제가 꽃의 전부 혹은 대부분을 자르고 훼손한다는 것을 알고 계실까요? 이렇게 하지 않으면 이 꽃들이 아무 소용이 없기 때문입니다." 그리고 그는 농담처럼 말을 이어갔다. "그렇게 순교자 꽃집의 너그러운 주인이 될 준비가 되셨는지요? 만약 그렇다면 식물이 준비됐다는 소식을 듣는 대로 받아올 사람을 기꺼이 보내겠습니다."[47]

로슨은 좋은 목적을 위해 기꺼이 자신의 난초꽃을 희생했다. 두 달 후 다윈은 그에게 감사 편지를 보내면서 결과를 보고했다.

"곤충이 주둥이를 통해 순판으로 들어간 후 작은 측면 통로 중 하나로 기어 나오도록 해서 끈끈한 꽃가루를 묻게 만드는 장치는 매우 신기합니다. 이것은 부엌에서 곤충을 잡기 위해 덫을 만드는 원리, 즉 입의 가장자리나 순판의 큰 구멍을 안쪽으로 구부려 곤충이 밖으로 나오지 못하고 안으로 떨어지게 하는 원리와 똑같습니다."[48]

• 다윈의 노트 •

『난초가 곤충에 의해 수정되는 데 관여하는 다양한 장치들』

(2판, 1877)

이제 우리는 퀴프리페디움을 포함한 린들리의 마지막이자 일곱 번째 족(식물 분류상의 기준-옮긴이)에 도달했다. 대부분의 식물학자에 따르면 퀴프리페디움이라는 속만이 다른 모든 난초들과 다른데, 이 간극은 난초들 중 어떤 두 난초의 차이점보다도 크다. 엄청난 양의 멸종으로 인해 수많은 중간 형태가 사라져 현재 널리 분포돼 있는 이 단일 속이 남아 있게 된 것이 분명하다. 이 단일 속은 거대한 난초목(目)의 더 오래되고 단순한 형태를 보여준다.

퀴프리페디움에는 소취가 없다. 세 개의 암술머리가 만나기는 하지만 완전히 발달돼 있기 때문이다. 다른 모든 난초에 존재하는 단일한 꽃밥은 퀴프리페디움에서는 미숙한 상태이며, 아래쪽 가장자리가 깊이 패여 있거나 텅 비어 있는 독특한 방패 모양의 돌출된 형태를 하고 있다. 소용돌이 모양으로 난 꽃잎 안쪽에 수정 능력이 있는 두 개의 꽃밥이 있는데 이는 일반적인 난초에서 흔적(퇴화)기관에 해당한다. 꽃가루 알갱이(화분립花粉粒)는 다른 속들처럼 서너 개로 뭉쳐 있지도 않고 탄력 있는 실로 묶여 있지도 않으며, 꽃가루덩이자루를 갖추지도 않았고 밀랍 모양의 덩

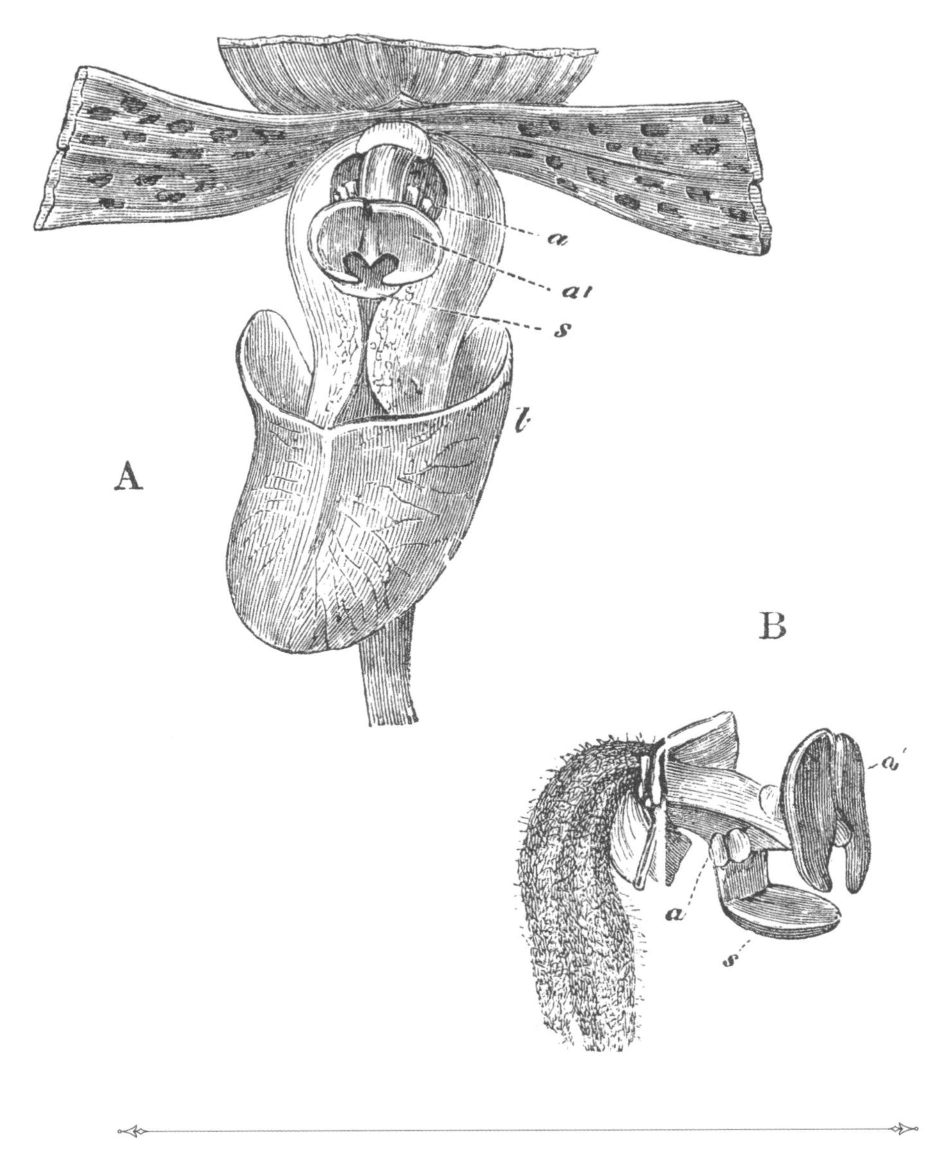

퀴프리페디움.

A. 꽃을 위에서 본 모습. 순판을 제외하고 꽃받침과 꽃잎 일부를 잘라낸 상태.
순판이 약간 가라앉아 있어 암술머리의 등쪽 표면이 노출돼 있다.
순판의 가장자리는 약간 떨어져 있고 발가락 또는 끝부분이 자연 상태보다 낮게 서 있다.
B. 꽃술대를 측면에서 본 모습. 꽃받침과 꽃잎은 모두 제거된 상태.
a. 꽃밥 ***a'.*** 미숙한 방패 모양 꽃밥 ***s.*** 암술머리 ***l.*** 순판

어리로 굳어지지도 않았다. 순판은 큼직하고 다른 난초들에서처럼 복합 기관이다.

순판의 아랫부분은 짧은 꽃술대를 감으며 접히기에 그 가장자리는 등쪽 표면을 따라 거의 만난다. 넓은 말단부는 특이한 방식으로 접힌다. 신발 같은 모양을 만들면서 꽃의 끝부분을 닫는다. 그래서 '여성용 슬리퍼'라는 영어 이름이 생겼다. 순판의 아치 모양 가장자리는 구부러져 있고 때로는 안쪽만 매끄럽고 광택이 난다. 이는 순판에 한 번 들어온 곤충이 위쪽의 넓은 입구를 통해 빠져나가는 것을 막아주는 매우 중요한 특징이다. 앞의 그림에서 볼 수 있는 것처럼 꽃이 자라는 위치에서는 꽃술대의 등 쪽 표면이 가장 꼭대기에 있다. 암술머리 표면은 약간 돌출돼 있고 끈적하지 않으며 순판의 아래쪽 표면과 거의 평행하게 서 있다. 자연 상태 꽃의 경우, 암술머리 등쪽 표면의 가장자리는 미숙한 방패 모양 꽃밥(a')의 패인 자국을 통해 순판의 가장자리와 겨우 구분 가능하다. 하지만 그림 A에서는 암술머리의 가장자리가 가라앉은 순판의 끄트머리 밖으로 나와 있고 발가락 부분은 아래로 약간 구부러져 있어 꽃이 실제보다 더 활짝 열린 것처럼 보인다. 두 개의 측면 꽃밥(a)에 있는 꽃가루 덩어리의 가장자리는 두 개의 작은 구멍 또는 꽃술대에 가까운 각 측면의 순판에 있는 열린 공간(그림 A)을 통해 볼 수 있다. 이 두 개의 구멍은 꽃의 수정에 필수적인 역할을 한다.

나는 순판 안에서 한 번도 꿀을 발견하지 못했다. 하지만 내가 조사한 종들을 보면 순판의 내부 표면은 털로 덮여 있었고 털끝에서는 살짝 끈적한 액체 방울이 분비됐다. 이것이 달콤하거나 영양가가 있다면 곤충을 끌어들이기에 충분할 것이다. 이 액체가 마르면 털끝에 부서지기 쉬운 외피가 생긴다. 그 매력이 무엇이든 간에, 작은 벌들이 자주 순판 안으로 들어가는 것은 확실하다.

예전에 나는 곤충이 순판에 내려앉아 꽃밥에 가까운 구멍 중 하나에 주둥이를 집어넣는다고 생각했다. 강모(억센 털)가 삽입되면 끈적거리는 꽃가루가 붙어서 나중에 암술머리 위에 남는다는 것을 발견했기 때문이다. 하지만 이후 과정은 잘 이뤄지지 않았다. 내 책이 출간된 후에 에이사 그레이 교수는 몇 가지 아메리카종을 조사한 결과 다음 내용을 확신하게 됐다고 나에게 편지를 썼다. 작은 곤충들이 위쪽 표면의 큰 입구를 통해 순판으로 들어간 다음 꽃밥과 암술머리에 가까운 두 개의 작은 구멍 중 하나로 기어 나오는 과정을 통해 꽃이 수정된다는 것이다. 이를 참고해 나는 처음에 파리 몇 마리를 상부의 열린 입구를 통해 퀴프리페디움 푸베스켄스의 순판에 집어넣어 봤다. 하지만 이 파리들은 너무 크거나 너무 멍청해 제대로 기어 나오지 못했다. 그래서 나는 적당한 크기로 보이는 아주 작은 벌, 즉 안드레나 파르불라를 잡아 순판에 넣었다. 그리고 우리가 이제 보게 될 것처럼 이 벌이 자연 상태에서 퀴프리페디움 칼케올루스를 수정시켜 주는 속에 포함된다는 것이 우연히 증명됐다. 이 벌은 들어온 것과 같은 방식으로 다시 기어 나가려고 노력했지만 헛수고였다. 가장자리가 휘어지는 바람에 항상 뒤로 넘어졌다. 즉 순판은 마치 런던의 주방에서 딱정벌레와 바퀴벌레를 잡는 용도로 판매되는, 가장자리가 안쪽으로 꺾인 원뿔형의 덫과 같은 원리로 작용한다. 길쭉한 삼각형 모양의 미숙한 수술이 통로를 막기 때문에 벌은 순판 아랫부분의 접힌 가장자리 틈으로 기어 나오지 못했다. 결국 벌은 꽃밥 가까이에 있는 작은 구멍 중 하나를 비집고 나갔다. 벌을 잡아보니 끈적한 꽃가루가 묻은 것이 발견됐다. 같은 벌을 다시 순판에 넣으면 또다시 작은 구멍 중 하나를 통해 항상 꽃가루를 묻힌 채로 기어 나왔다. 나는 이 작업을 다섯 차례 반복했고 매번 같은 결과를 얻었다. 그다음에 나는 암술머리를 조사하기 위해 순판을 잘라냈는데, 전체 표면에 꽃가루가 묻어 있었다. 곤충은 탈출할 때 먼저 암술머리를 스치고 그다음 꽃밥 중 하나를 스친 뒤 지나가야 한다. 그렇게 해야 한 꽃에서 이미 꽃가루를 묻힌 곤충이 다른 꽃에 들어가기 전에 꽃가루를 암술머리에 남길 수 없게 된다. 이로써 두 가지 다른 식물 사이에 타가수정(교배)이 일어날 확률이 높아진다. 델피노는 매우 현명하게도 이런 식으로 행동하는 어떤 곤충을 발견할 거라고 예견했다. 그는 만약 곤충이 내가 가정했던 것처럼 꽃밥에 가까운 작은 구멍을 통해 주둥이를 집어넣는다면 암술머리는 같은 식물의 꽃가루로 수정되기 쉬울 것이라고 주장했다. 그는 내가 꽤나 자신 있게 자주 역설했던 것, 즉 수정을 위한 모든 장치들이 암술머리가 다른 꽃이나 식물의 꽃가루를 받도록 마련돼 있다는 사실을 믿지 않았다. 하지만 이제 이 모든 추측들은 불필요하다. H. 뮐러 박사의 존경스러운 관찰을 통해 우리는 자연 상태의 퀴프리페디움 칼케올루스가 방금 설명한 방식대로 다섯 종의 안드레나 벌을 통해 수정된다는 것을 알게 됐기 때문이다. 그래서 이제 우리는 꽃의 모든 부분이 어떻게 쓰이는지 이해할 수 있다. 예를 들면 구부러진 가장자리나 순판의 광택 나는 안쪽 면, 두 개의 구멍 및 꽃밥과 암술머리에 가까운 구멍의 위치, 중앙에 있는 미숙한 수술의 큼직한 크기 등에는 나름의 이유가 있는 것이다. 순판에 들어간 곤충은 꽃가루 덩어리와 암술머리가 위치한 측면의 좁은 통로 두 개 중 하나로 기어 나와야 한다.

D

Darwin and the Art of Botany

디안투스

Dianthus

디기탈리스

Digitalis

디오네이아 무스키풀라

Dionaea muscipula

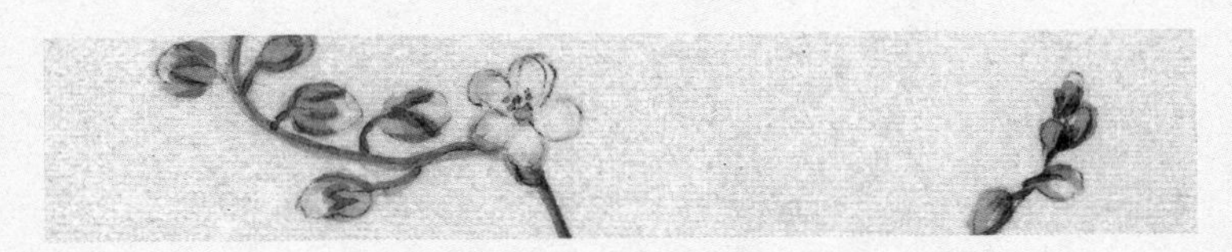

드로세라 로툰디폴리아

Drosera rotundifolia

Admiral Vernon.
G. D. Ehret. pinxit
1756.

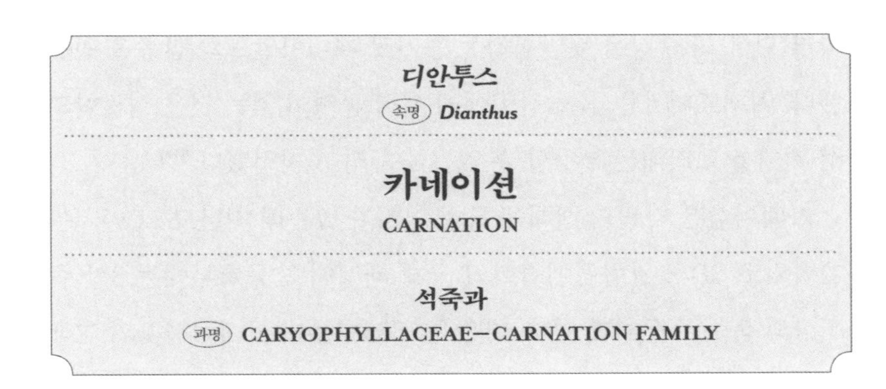

타가수정과 자가수정

특유의 아름다움과 향기로 인해 '신성한 꽃'을 의미하는 그리스어에서 이름이 유래된 패랭이속Dianthus은 주로 유럽과 아시아에 자생하는 약 300종을 포괄하고 있다. 패랭이속의 몇 가지 종은 고대부터 귀하게 여겨졌다. 그중 두 개 종은 원예학의 역사에서 중요한 역할을 했다. 1717년 영국의 저명한 원예학자 토머스 페어차일드가 아마 최초로 카네이션과 수염패랭이꽃을 교배한 실험적인 잡종 식물을 탄생시켰다.[49] 이 식물은 '페어차일드의 잡종'이라고 불리면서 당대에 널리 찬사를 받았다. 찰스 다윈의 할아버지 이래즈머스 다윈은 「식물의 사랑」에서 그 위업을 시적으로 표현했다. 식물 번식의 본질과 칼 린네의 성에 기초한 식물 분류 체계가 열띤 논쟁을 불러일으키던 시기에 이래즈머스와 일군의 학자들은 이 스웨덴 출신

디안투스 카뤼오퓔루스.

게오르크 디오니시우스 에레트가 수채물감과 구아슈물감으로 모조피지에 그림. 『꽃, 나방, 나비 그리고 조개껍질』에 수록.

학자(린네)의 주장을 뒷받침하는 증거로 페어차일드의 잡종을 인용했다. 이래즈머스는 식물 잡종에게 생식 능력이 없는 것은 식물학의 성 체계를 드러내는 부정할 수 없는 증거라고 지적했다.[50]

카네이션은 다윈의 시대에 특히 인기가 있는데 지금도 그 인기는 계속되고 있다. 왕립원예협회의 국제 패랭이속 등록부에는 3만 종 이상의 품종이 등재돼 있다. 다윈은 1855년부터 카네이션꽃의 교배에 관심을 갖기 시작했고, 대학 멘토인 헨슬로에게 씨앗을 요청해 교배 실험을 시도했다. 그는 야생 카네이션 씨앗을 달라고 했지만 사실 카네이션은 야생식물이 아니었다. 2000년도 넘는 시간 동안 재배돼 왔기 때문에 자연에서의 정확한 분포가 알려지지 않았던 것이다.

난초꽃의 수분을 연구한 직후 다윈은 많은 식물 속을 대상으로 체계적인 자가수정 및 타가수정 실험을 했다. 모든 것은 다윈이 자가수정과 타가수정으로 각각 생산된 리나리아('해란초' 참조) 묘목을 화단에 나란히 심으며 관찰한 일에서 시작되었다.

"놀랍게도 타가수정된 식물은 완전히 자랐을 때 자가수정된 식물보다 확실히 키가 더 크고 더 원기왕성했습니다."

그는 이렇게 경탄하며 말했다.

"다음 해에 나는 이전과 같은 목적으로 큰 화단에 각각 자가수정과 타가수정으로 얻은 카네이션 묘목을 가까이 심고 키웠습니다."

결과는 동일했다. 그는 이 주제에 완전히 푹 빠져서 수십 종의 식물들로 수많은 교배 실험을 했다. 1876년에는 그 결과를 담은 저서 『타가수정과 자가수정』을 출간했다.[51]

패랭이속의 꽃은 타가수정을 하는데, 암술머리가 수용력을 갖추기 일주일 전에 꽃밥이 먼저 성숙한다. 이처럼 웅성(雄性) 생식기관(수술)이 자성(雌性) 생식기관(암술)보다 먼저 성숙하는 현상을 '웅예선숙'이라고 한다. 그리고 그 향기는 사람에게뿐 아니라 이 꽃들을 마음껏 수분시키는 뒤영벌을 비롯한 많은 곤충에게도 매력적이다. 다윈은 실험을 통해 패랭이속의 꽃들이 같은 개체가 아닌 다른 개체와 타가수정되는 것의 이점을 확인했다. 그는 4대에 걸쳐 자가수정과 타가수정 실험을 하면서 씨앗을 모았으며 각 세대 식물들의 키와 무게 그리고 이들이 생산하는 씨앗의 개수를 세었고 타가수정이 만들어낸 꽃의 색깔과 패턴을 관찰했다. 그의 실험 결과 원예학자들이 가장 튼튼하고 번식력이 좋은 식물을 얻으려면 타가수정(이종교배)에 의존해야 한다는 사실이 밝혀졌다.

• 다윈의 노트 •

『식물계에서 타가수정과 자가수정의 효과』
(2판, 1878)

디안투스 카뤼오퓔루스Dianthus caryophyllus. 일반적인 카네이션은 웅예선숙의 특징이 매우 강하기에 따라서 수정을 곤충에게 크게 의존한다. 나는 뒤영벌이 이 꽃을 찾아오는 것만 봤지만 다른 곤충도 찾아온다고 감히 말할 수 있다. 순수한 씨앗을 원한다면 같은 정원에서 자라는 품종들이 서로 교배되는 일을 막기 위해 각별히 주의해야 함은 잘 알려진 사실이다. 대체로 같은 꽃에 있는 두 개의 암술머리가 갈라지며 수정될 준비를 하기 전에 꽃가루가 떨어지고 사라진다. 따라서 나는 자가수정 실험을 할 때 같은 꽃 대신 같은 식물의 꽃가루를 사용해야만 했다. (…)

홑꽃 카네이션 몇 송이를 좋은 흙에 심은 뒤 모두 그물로 덮었다. 여덟 송이의 꽃을 다른 식물과 타가수정시켰더니 여섯 개의 씨앗주머니를 만들어냈다. 평균 88.6개의 씨앗을 담고 있었고 112개가 최대치였다. 또 다른 여덟 송이는 위에서 설명한 방식대로 자가수정시켰는데 그 결과 일곱 개의 씨앗주머니에 평균 82개, 최대 112개의 씨앗이 담겨 있었다. 이렇게 타가수정과 자가수정의 결과로 얻은 씨앗의 수는 100 대 92 비율로 거의 차이가 없었다. 이 식물들은 그물로 덮여 있었기 때문에 씨앗주머니를 몇 개만 자발적으로 생산했다. 이 얼마 안 되는 개수도 해충과 꽃에 자주 들락거리는 소수의 곤충들 때문에 만들어진 것일 수도 있다. 몇몇 식물들이 자연적으로 자가수정해서 생산한 씨앗주머니에는 대부분 씨앗이 하나도 없거나 단 한 개만 들어 있었다. 후자의 주머니를 제외하고 나는 가장 좋은 주머니 18개의 씨앗을 세어봤는데 평균 18개의 씨앗이 들어있었다.

1세대의 타가수정 및 자가수정 식물

위에서 설명한 대로 타가수정되거나 인공적으로 자가수정된 꽃에서 얻은 많은 씨앗을 야외에 뿌렸고, 큼직한 두 개의 화단에서 묘목들을 가까이 붙여서 키웠다. 이것이 내가 처음으로 실험한 식물이었다. 당시에는 아무런 계획도 세우지 않은 채였다. 두 개의 화단에 꽃이 만개했을 때 나는 여러 식물을 측정했고 타가수정된 식물이 자가수정된 식물보다 평균 10센티미터까지 키가 컸다고만 기록했다. 측정을 계속한 결과 타가수정 식물의 키는 약 71센티미터, 자가수정 식물은 60센티미터라고 가정할 수 있었다. 이는 100 대 86의 비율이다. 또한 많은 식물 중에서 타가수정 식물 네 개가 어떤 자가수정 식물보다도 먼저 꽃을 피웠다.

1세대의 타가수정 식물 중 30송이의 꽃을 같은 화단 안에 있는 다른 식물의 꽃가루로 다시 타가수정시켰더니 29개의 씨앗주머니를 생산했으며 주머니당 평균 55.62개, 최대 110개의 씨앗을 포함하고 있었다.

2세대의 타가수정 및 자가수정 식물

지난 세대의 타가수정 식물과 자가수정 식물에서 나온 각각의 씨앗을 두 개의 화분 반대편에 심었다. 이 타가수정 식물의 일부 꽃들을 같은 화단의 다른 식물에서 나온 꽃가루로 다시 타가수정을 시켰다. 자가수정된 식물의 일부 꽃들은 다시 자가수정을 시켰다. 이렇게 얻은 씨앗으로 다음 세대의 식물을 키웠다.

3세대의 타가수정 및 자가수정 식물

방금 언급한 씨앗들을 맨땅에서 싹트게 하고 네 개의 화분 맞은편에 짝을 지어 심었다. 그리고 묘목이 꽃을 완전히 피웠을 때 각 식물의 가장 긴 줄기를 찾아 꽃받침 아래까지 길이를 측정했다. 한 화분에서 타가수정과 자가수정 식물은 동시에 꽃을 피웠지만, 나머지 세 개 화분에서는 타가수정 식물이 먼저 꽃을 피웠다. 이 후자의 식물들은 가을이 돼서도 자가수정 식물보다 더 오래 꽃을 피우고 있었다.

타가수정 식물 여덟 개의 평균 키는 72.1센티미터였고 자가수정 식물 여덟 개의 평균 키는 71.6센티미터로 그 비율은 100 대 99였다. 언급할 만한 차이는 없었지만 무게를 재보니 활력과 무성함에서는 놀라운 차이가 있었음을 알 수 있었다. 씨앗주머니를 따로 모은 다음 각각 여덟 개의 타가수정 식물과 자가수정 식물을 베어내서 무게를 측정했더니 전자는 1219그램, 후자는 겨우 595그램으로 100 대 49의 비율로 차이가 났다.

요약하면 4세대 동안 실험을 거친 결과, 그중 3세대에서 타가수정 식물이 자가수정 식물보다 일반적으로 5퍼센트를 훌쩍 초과해 키가 컸다. 그리고 우리는 3세대 자가수정 식물의 자손이 신선한 개체와 타가수정되면 놀라울 정도로 키가 커지고 번식력이 좋아진다는 것을 확인했다. 하지만 이 3세대에서 같은 개체와 타가수정된 식물은 자가수정 식물과 키를 비교했을 때 100 대 99로 사실상 같았다. 그럼에도 불구하고 각각 여덟 개의 타가수정 식물과 자가수정 식물을 베어내 무게를 재보니 전자와 후자의 무게 비율이 100 대 49였다! 따라서 타가수정 식물이 자가수정 식물보다 활력과 무성함에서 훨씬 월등하다는 사실에는 의심의 여지가 없다.

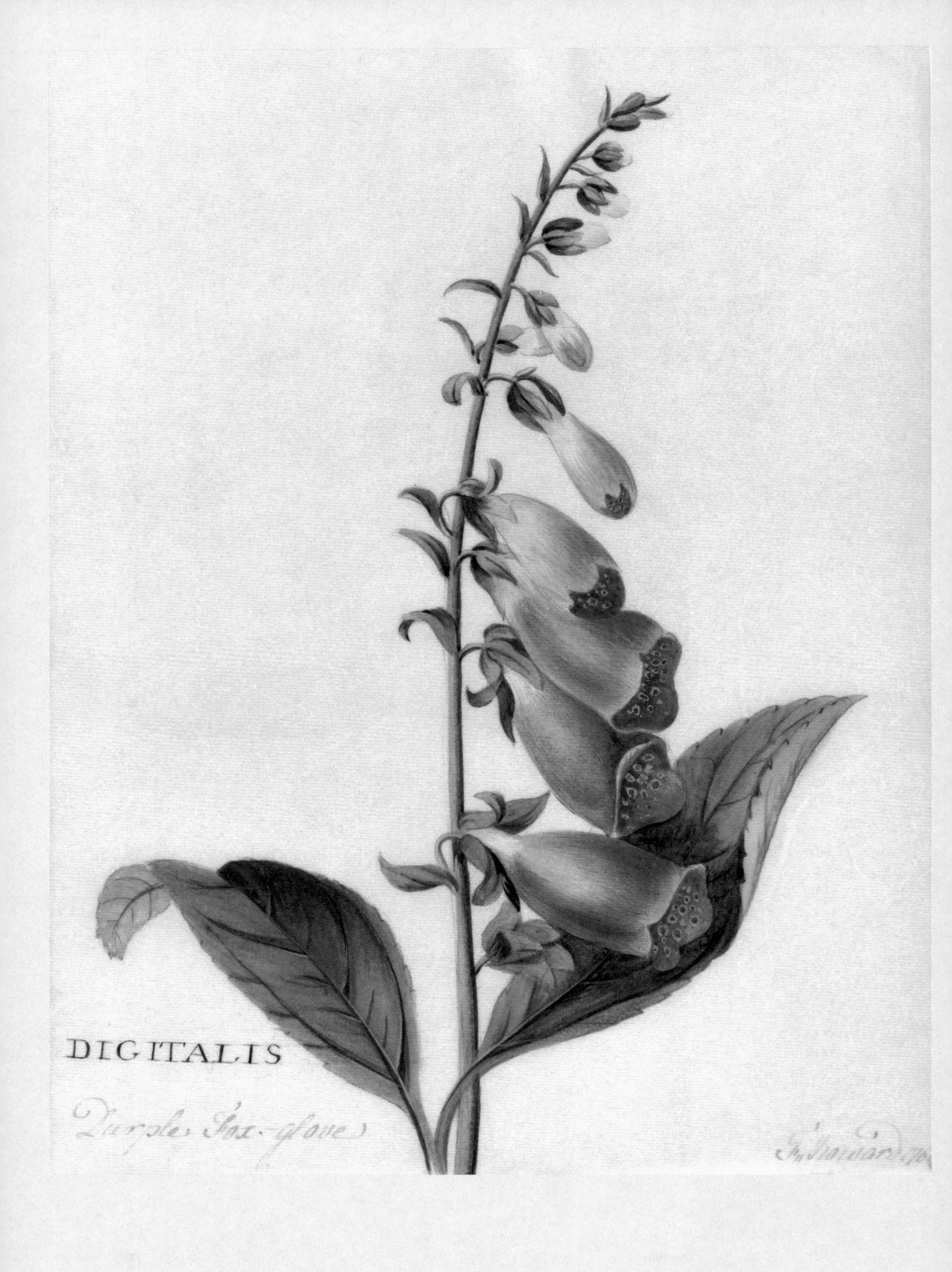
DIGITALIS
Purple Fox-glove

디기탈리스

(속명) *Digitalis*

폭스글러브(여우장갑)

FOXGLOVE

질경이과

(과명) PLANTAGINACEAE—PLANTAIN FAMILY

타가수정과 자가수정

이년생과 다년생으로 재배되는 디기탈리스는 그 독성뿐 아니라 의학적 용도로도 잘 알려진 사랑스러운 정원 식물이다. 18세기 영국의 의사이자 식물학자인 윌리엄 위더링은 디기탈리스의 의학적 용도를 체계적으로 연구한 최초의 인물로 인정받고 있다. 하지만 그때 이래즈머스 다윈도 특정 질병을 치료하기 위해 이 식물을 사용하는 것에 대해 책을 펴냈기 때문에 이 연구에 대한 우선권을 두고 당시에 논쟁이 있었다.[52]

이 식물의 잎으로는 디기톡신을 비롯해 심장 수축력을 증가시켜 심장박동을 강화하는 약물인 강심배당체를 생산할 수 있다. 이는 오늘날 불규칙한 심장박동과 관련된 질환의 치료제로 쓰인다. 가장 흔한 종인 디기탈리스 푸르푸레아Digitalis purpurea는 유럽 대부분이 원산

디기탈리스 푸르푸레아.

프랜시스 하워드 여사가 모조피지에 그린 수채화. 『영국 식물 카탈로그』에 수록.

지인 이년생식물로 곳곳의 정원에서 재배되며 종종 야생에서도 무성하게 자란다. 줄기 위에 나선형으로 배열돼 있으며 긴 목을 가진 보라색 점박이 꽃에는 주로 뒤영벌이 찾아온다.

기능적으로 꽃이 수컷으로 시작해 암컷 단계로 넘어가는 현상인 웅예선숙 덕분에 많은 꽃의 타가수정이 확실히 보장된다. 새로운 꽃들은 줄기 꼭대기에서 계속 생산되며 꼭대기의 수꽃은 꽃가루를 흘리고 맨 아래쪽의 암꽃은 꽃가루를 받아들이는 암술머리가 있어 위에서 아래로 내려가면 꽃의 나이와 성이 차차 변하는 것을 볼 수 있다.

다윈은 디기탈리스를 찾아오는 뒤영벌이 맨 아래쪽의 꽃부터 시작해 차츰 위로 올라가서 식물을 떠나기 전에 꼭대기에서 꽃가루를 모은 다음, 또 다른 수상꽃차례의 아래쪽에 있는 암꽃을 향해 직진한다는 것을 알아냈다. 다윈의 현장 연구 중 하나가 주목할 만하다. 그는 웨일스의 바머스 해안에서 가족과 휴가를 보내던 중 디기탈리스의 자가수정과 타가수정을 조사하기 시작했다. 식물이 무성한 들판에서 그는 일부 개체에 그물을 씌워 곤충의 접근을 막고 나머지는 그대로 뒀다. 다음에는 그물 아래에 있는 꽃 중 일부를 손으로 수정시키고 나머지는 자가수정을 하는지 보려고 그대로 뒀다. 그리고 자가수정 실험을 더 현실적으로 만들기 위해 그는 식물을 세차게 흔들어줌으로써 바람 부는 해변과 같은 조건을 조성했다. 근처를 지나가는 사람들에게 다윈의 연구 장면은 분명히 기이한 구경거리였을 것이다. 다윈은 손으로 직접 수정을 시키더라도 그물을 씌운 식물이 열린 환경에 있는 식물보다 훨씬 적은 씨앗을 생산한다는 것을 발견했고 이종교배의 중요성에 대해 다시 한번 확신하게 됐다.[53]

다윈의 노트

『식물계에서 타가수정과 자가수정의 효과』
(2판, 1878)

디기탈리스 푸르푸레아. 일반적인 디기탈리스의 꽃은 웅예선숙을 한다. 즉, 같은 꽃의 암술머리가 수정될 준비가 되기 전에 꽃가루가 먼저 성숙해 떨어져 나간다. 이 과정에서 꿀을 찾아 꽃에서 꽃으로 꽃가루를 옮기는 뒤영벌의 영향을 받는다. 위쪽의 긴 수술 두 개는 아래쪽의 짧은 수술 두 개보다 먼저 꽃가루를 흘린다. 이것은 더 긴 수술의 꽃밥이 암술머리 가까이에 서 있어서 수정시킬 가능성이 높은데, 자가수정을 피하는 것이 유리하므로 암술머리가 준비되기 전에 먼저 꽃가루를 흘려서 수정될 기회를 줄이는 행위라 짐작한다. 하지만 두 갈래의 암술머리가 열릴 때까지 자가수정이 될 위험은 거의 없다. 프리드리히 힐데브란트는 암술머리가 열리기 전에 꽃가루가 붙으면 아무 일도 일어나지 않는다는 것을 발견했다. 큰 꽃밥은 처음에 관상화관(모양이 대롱 같거나 원통 모양인 꽃부리-옮긴이)에 가로 방향으로 서 있는데, 이 상태에서 꽃밥이 열리면 뒤영벌의 등 전체와 측면에 꽃가루가 묻어도 아무 소용이 없을 것이다. 하지만 꽃밥은 열리기 전에 둥글게 몸을 틀어 세로 방향으로 자세를 바꾼다. 화관 입구의 아래쪽과 안쪽은 털이 두껍게 덮여 있어 떨어지는 꽃가루를 많이 모을 수 있다. 나는 뒤영벌이 몸 아래쪽 표면에 꽃가루를 잔뜩 묻히고 있는 것을 보았다. 하지만 꽃을 떠나는 벌이 몸의 아래쪽을 위로 향하게 뒤집지는 않기 때문에 그곳에 묻은 꽃가루는 암술머리에 전달되지 않는다. (…)

나는 북웨일스의 토양에서 자라는 디기탈리스를 그물로 덮었다. 그중 여섯 송이의 꽃은 자신의 꽃가루로 수정시키고 나머지 여섯 송이는 1~2미터 거리에서 자라는 다른 디기탈리스의 꽃가루로 수정시켰다. 그물로 덮은 디기탈리스는 가끔씩 세차게 흔들어줬다. 강한 바람이 불어 자가수정을 촉진하는 실제 환경과 같은 효과를 주기 위해서였다. 그 결과 그물로 덮은 92송이 중 24송이의 꽃만 씨앗주머니를 생산했고 그물 없이 자연 상태로 둔 꽃들은 거의 모두 씨앗을 맺었다. 자발적인 자가수정으로 만들어진 24개의 씨앗주머니 중 단 두 개만이 씨앗을 가득 담고 있었다. 여섯 개는 반쯤 차 있었고 나머지 16개는 씨앗이 거의 없었다. 꽃밥이 열린 후 그곳에 붙어 있는 약간의 꽃가루 그리고 성숙한 암술머리에 우연히 떨어진 꽃가루가 24송이의 꽃에서 부분적으로 자가수정을 일으킨 것이 틀림없다. 시들 때 화관의 가장자리는 안쪽으로 말리지 않고, 떨어지는 꽃도 중심축을 따라 둥글게 돌지 않기 때문에 아래쪽 표면을 덮고 있는 꽃가루 묻은 털도 암술머리에 닿지 않는다. 이 중 어느 쪽이든 자가수정에 영향을 줄 수 있다.

앞서 언급한, 맨땅에서 식물의 싹을 틔운 뒤 타가수정과 자가수정으로 나온 씨앗들을 중간 크기 화분 다섯 개에 마주 보도록 두 개씩 짝지어 심고 온실에 두었다. 얼마 뒤 식물이 굶주린 듯 보이자 방해하지 않고 화분에서 식물을 꺼내어 개간한 땅에 가까이 두 줄로 심었다.

같은 식물의 꽃 중 타가수정된 꽃에서 자란 묘목과 자가수정된 꽃에서 자란 묘목을 10개의 화분 맞은편에 심은 다음 일반적인 방식으로 경쟁하며 자라게 했다. 식물이 무성하게 자라지 않은 여덟 개의 화분에서 타가수정 식물 16개와 자가수정 식물 16개의 꽃줄기 길이를 비교해 보니 100 대 94의 비율이었다. 한편 식물이 훨씬 무성하게 자란 나머지 두 개의 화분에서는 타가수정된 식물의 꽃줄기가 자가수정된 식물의 꽃줄기보다

100 대 90의 비율로 더 길었다. 후자의 화분 두 개에서 자란 타가수정 식물이 자가수정 식물보다 실제로 우월하다는 것은 베어냈을 때의 무게 차이로도 잘 드러났는데, 그 비율이 100 대 78이었다. 10개의 화분에서 자란 타가수정 식물 25개의 꽃줄기를 모두 합친 평균 길이는 자가수정 식물 25개의 꽃줄기 평균 길이와 비교해 100 대 92로 더 길었다. 따라서 타가수정 식물은 자가수정 식물보다 확실히 어느 정도 우위에 있었다. 하지만 이 우월한 정도는 적은 편이었으며, 각기 다른 식물들의 교배로 태어난(타가수정으로 인한) 자손이 자가수정된 식물의 자손보다 우월할 확률은 더욱 커서 키를 비교한 비율이 100 대 70에 달했다. 타가수정된 식물은 자가수정된 식물보다 꽃줄기를 두 배 이상 더 많이 생산하고 조기 사망할 확률도 훨씬 적다. 따라서 앞서 언급한 키 비율은 전자가 후자보다 크게 우월하다는 것을 보여주는 지표로는 역부족이다.

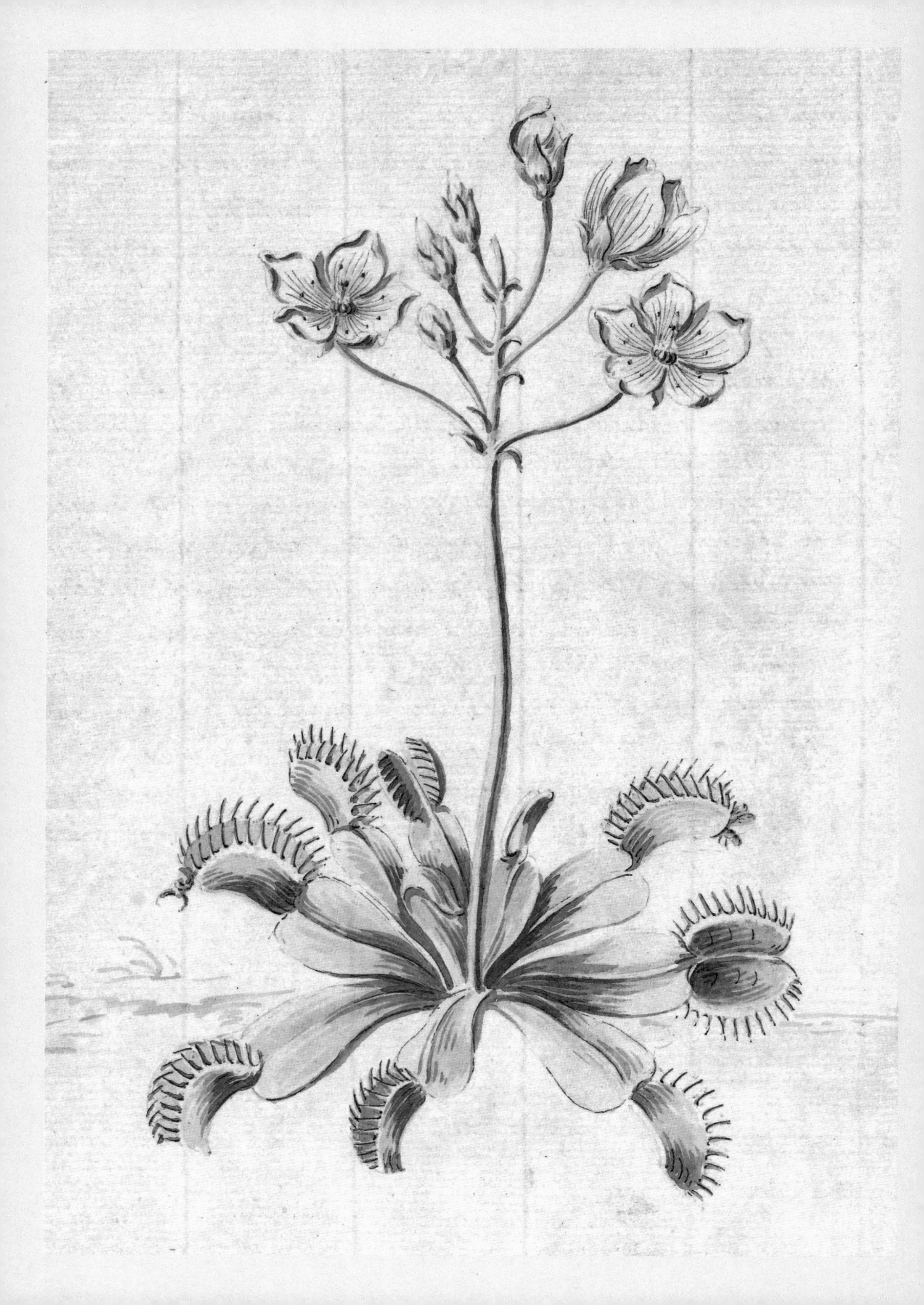

디오네이아 무스키풀라
(속명) *Dionaea muscipula*

파리지옥
VENUS FLY TRAP

끈끈이귀개과
(과명) DROSERACEAE—SUNDEW FAMILY

식충식물

파리지옥은 미국의 캐롤라이나 해안 습지에서 자라는 끈끈이주걱(이 책 181쪽 참조)의 친척이다. 다윈이 사랑한 식물로도 알려져 있다. 1759년 노스캐롤라이나 식민지의 총독 아서 돕스가 처음으로 이 종을 자연학자들에게 소개해 주목을 받았다. 식물학자와 비식물학자 모두 덫처럼 생긴 놀라운 잎에 매혹되었다. 현대 분류학의 아버지인 칼 린네가 파리지옥에 대해 처음 들었을 때 그는 "자연의 기적이야miraculum naturae!"라고 외쳤다고 한다. 가장 초창기에 파리지옥을 수집했던 미국의 자연학자 윌리엄 바트람은 이 식물을 "놀라운 산물astonishing production!"이라고 선언했다.[54]

짝을 이루는 두 개의 잎은 곤충이 부주의하게 내려앉으면 순식간에 닫히는데, 그 시간이 0.1초밖에 걸리지 않을 때도 있다. 이는 식물

디오네이아 무스키풀라.

존 엘리스의 펜과 잉크 그림. 칼 린네에게 보낸 편지에 수록.

계에서 가장 빠른 운동 기록 중 하나다. 가장자리를 따라 줄지어 나 있는 뾰족한 돌기를 지닌 잎들은 이빨이 달린 강철 덫의 식물 버전처럼 온 세상의 사냥감을 기다리고 있다. 초기 관찰자들은 잎이 닫힐 때 잡힌 곤충이 찔리거나 으스러져 죽을 거라고 속단했다. 사실 뾰족한 돌기는 먹잇감을 꿰뚫기보다 서로 맞물리면서 곤충을 잡는 데 효과적인 덫을 만든다. 하지만 초기 자연학자들은 이 식물이 왜 곤충을 잡는지 알지 못했다. 그 미스터리를 푸는 데까지는 한 세기가 걸렸다. 다윈도 그 과정에서 한 역할을 했다.

제임스 쿡 선장의 남해를 향한 첫 번째 항해에 조지프 뱅크스와 함께 동행했던 18세기 자연학자 대니얼 솔란데르는 파리지옥의 치명적인 속성에도 불구하고 "미의 여신이라고 불리기에 충분하다"라고 생각했다. 1768년 런던의 자연학자 존 엘리스가 전한 바에 따르면 솔란데르가 이 식물을 본 후 "우유처럼 새하얀 꽃의 아름다운 모습과 잎의 우아함"에 걸맞은 '디오네이아'라는 이름을 붙였다고 한다. 쥐덫이나 파리 덫을 뜻하는 라틴어 '무스키풀라'를 별명으로 붙여준 사람은 엘리스였다.

다윈은 파리지옥을 보고 두 가지 방면에서 흥미를 느꼈다. 1860년대에 그는 식물의 운동이라는 주제에 심취해 있었다. 또한 식물의 '반응성(촉각 민감성과 운동)'이라는 특성이 동물과도 비슷할 뿐만 아니라 단순한 유추를 넘어선다고 확신하면서 식물과 동물 사이의 본질적인 연결 고리를 강조했다. 다윈에게 그 연결 고리는 진화론적인 것이었다. 동물의 반사 행동과도 같은 파리지옥의 재빠른 움직임과 육식성은 그의 관점에 확신을 더해줬다. 신경계와 위장을 갖춘 파리지옥이라는 초록색 식물은 식물과 동물의 연관성을 가장 잘 보여주는 예였다!*

다윈은 파리지옥을 연구하고 그것을 끈끈이주걱과 비교해 보기를 갈망했다. 하지만 파리지옥은 영국에서 너무나 희귀했기 때문에 표본을 손에 넣기가 어려웠다. 결국 그는 큐 왕립식물원 식물표본실 담당자인 올리버에게 간청하는 편지를 보내 덫 부분과 전체 식물을 몇 개 얻었다.[55] 그레이는 다윈을 델라웨어주 윌밍턴의 윌리엄 매리어트 캔비와 뉴저지주 바인랜드의 메리 트리트와 연결시켜 줬다. 두 사람은 모두 곤충을 가둔 잎들과 함께 자신이 관찰한 내용을 다윈에게 보내줬다. 이후 다윈은 효소를 분비해 물질을 녹이는 잎의 힘을 밝히기 위해 파리지옥 잎에 알부민, 젤라틴, 구운 고기, 치즈 등 다양한 먹이 조각을 공급하며 수십 가지의 소화 실험을 수행했다. 또한 그는 덫을 작동시키는 특수한 털의 위치를 파악했으며, 식물생리학자 존 버든샌더슨과 함께 덫이 닫힐 때 전기 작동 여부를 측정할 수 있는 새로운 검류계를 고안해 협업 연구를 진행했다. 다윈은 동물과 가장 비슷한 이 식물에 깊은 인상을 받았다. 그가 파리지옥을 '세상에서 가장 뛰어난 생명체 중 하나'라고 여긴 것은 당연한 일이다.[56]

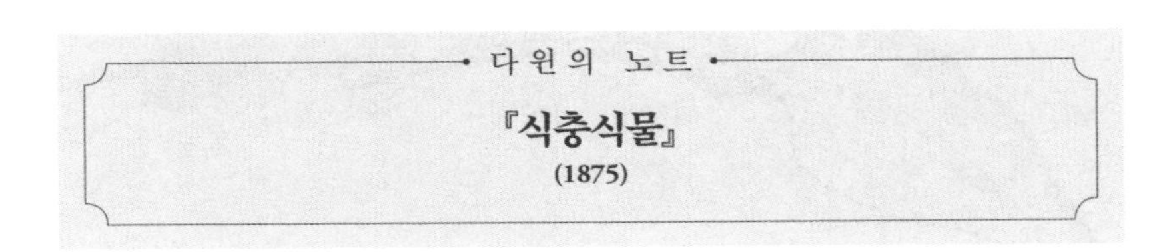
다윈의 노트

『식충식물』
(1875)

흔히 '비너스의 파리 덫'이라고 불리는 이것은 움직임의 속도와 힘 측면에서 세계에서 가장 뛰어난 식물 중 하나다. 끈끈이귀개과 안에서 작은 과에 속하는 이 식물은 노스캐롤라이나주 동부에서만 발견되며 습한 환경에서 자란다. 뿌리는 작다. 내가 적당히 상태가 좋은 식물을 골라 관찰했을 때 2.5센티미터 가량의 가지 두 개가 보였는데 구근 모양의 불룩한 뿌리에서 튀어나온 것이었다. 정원사가 흙 없이 배수가 잘되는 축축한 이끼 속에서 이 식물을 기생란(착생란)처럼 키우는 데 성공한 것으로 미뤄보아 끈끈이주걱속의 경우처럼 이 뿌리는 물을 흡수하는 역할만을 할 것이다. 잎자루가 있는 두 잎의 형태는 첨부된 그림에서 볼 수 있다.

두 잎은 서로 직각보다 작은 각을 이루며 서 있다. 두 잎의 표면에는 삼각형으로 배치된 세 개의 미세하고 뾰족한 감각모가 튀어나와 있다. 나는 양쪽에 감각모가 네 개나 두 개만 있는 경우도 봤다. 이 감각모가 접촉에 극도로 민감하다는 점이 놀랍다. 이 민감성은 감각모의 움직임이

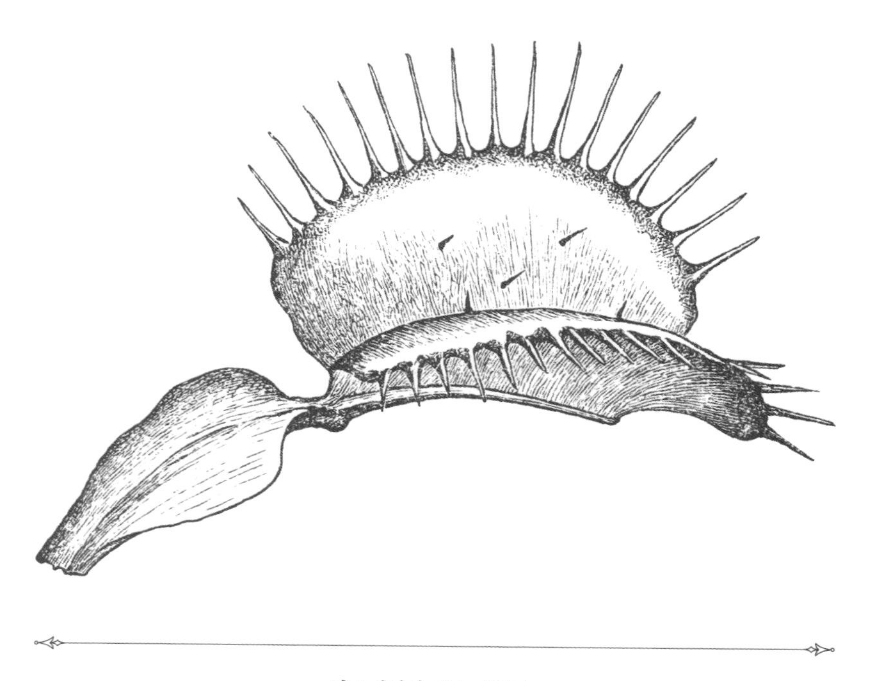

디오네이아 무스키풀라.

펼쳐진 상태의 잎을 측면에서 본 것.

아니라 잎의 움직임을 통해 관찰할 수 있다. 잎의 가장자리에는 내가 스파이크라고 부르는 날카롭고 단단한 돌기가 나 있으며 각 돌기에는 나선형의 관다발이 들어가 있다. 스파이크는 잎이 닫히면 쥐덫의 이빨처럼 서로 맞물리는 위치에 있다.

민감한 감각모는 몇 줄로 늘어선 가늘고 긴 세포들로 구성돼 있다. 이 세포는 보랏빛 액체로 채워져 있다. 이 감각모는 1밀리미터 정도의 길이에 가늘고 섬세하며 끝으로 갈수록 점점 가늘어진다. 아래쪽으로는 더 넓은 세포로 된 잘록한 부분이 있다. 그 아래에는 각기 다른 모양의 다각형 세포로 구성되어 있으며 확대된 기저부가 받쳐주는 마디가 있다. 감각모가 잎의 표면에서 직각으로 튀어나와 있기 때문에, 만약 아래로 구부러져 표면에 눕게 하는 관절이 없었다면 잎이 닫힐 때마다 쉽게 부러지곤 했을 것이다.

이 감각모는 꼭대기에서 맨 밑까지 순간적인 접촉에 매우 민감하다. 딱딱한 물체로 가볍게 혹은 빠르게 감각모를 건드리면서 잎이 닫히지 않도록 하기란 거의 불가능하다. 6센티미터 길이의 가느다란 사람 머리카락이 위쪽에 매달려 흔들리면서 감각모를 슬쩍슬쩍 건드렸지만 아무 움직임도 일어나지 않았다. 하지만 같은 길이의 굵은 면실이 비슷하게 건드리면 잎이 닫힌다. 파리지옥의 예민한 감각모에는 점성이 없기 때문에 곤충을 잡는 것은 오직 순간적인 접촉에 대한 민감성과 곧이어 재빠르게 닫히는 잎 덕분이다.

잎의 위쪽 표면은 작고 보랏빛이 도는 효소 분비샘으로 두껍게 덮여 있다. 이것은 분비와 흡수의 능력을 둘 다 갖고 있다. 하지만 드로세라(끈끈이주걱속)와는 다르게 질소 물질이 흡수되어 자극을 받기 전까지는 효소를 분비하지 않는다.

이제 곤충이 민감한 감각모에 닿았을 때 잎이 어떤 반응을 하는지 논의해 볼 것이다. 우리 온실에서 관찰한 결과 곤충이 잎에 들어오는 일은 종종 일어나지만 어떤 특별한 방식으로 곤충이 잎에 끌리는지는 알 수 없다. 토착지에서는 많은 곤충이 파리지옥에 잡힌다. 곤충이 감각모를 건드리자마자 양쪽의 잎은 놀라울 정도로 빠르게 닫힌다. 두 잎은 서로 직각보다 작은 각도로 벌어져 있기 때문에 침입자를 쉽게 잡을 수 있다. 잎이 닫힐 때 잎자루와 잎몸의 각도는 변하지 않는다. 두 잎이 모일 때 주로 잎의 중앙맥 근처가 움직이지만 각 잎의 전체 면이 안쪽으로 접히기에 중앙맥 부분에 한정되지는 않는다. 하지만 가장자리의 스파이크는 구부러지지 않는다. 큰 파리가 올라간 잎과 한쪽 잎 끝부분을 많이 잘라낸 잎에서 이러한 움직임을 잘 볼 수 있었다. 이 부분에서 아무 저항도 받지 않은 반대쪽 잎은 가운데 선을 훨씬 넘어서 안쪽으로 접혔다.

두 잎이 서로를 향해 안쪽으로 접힐 때 일직선으로 쭉 뻗은 가장자리의 스파이크는 처음에는 끝부분에서 교차하고 마지막에는 아랫부분에서 교차한다. 그다음 잎은 완전히 닫히고 얕은 빈 공간을 봉한다. 만약 단지 민감한 감각모 중 하나를 건드려 닫혔거나 용해성 질소 물질을 생성시키지 않는 물체를 잎 안에 넣었다면 두 잎은 다시 열릴 때까지 안쪽으로 오목한 형태를 유지한다. 이런 상황, 즉 유기물이 들어오지 않은 상태에서 잎이 다시 열리는 경우는 10회 관찰됐다. 모든 경우 잎이 닫힌 시점부터 24시간 안에 3분의 2 정도만큼 다시 열렸다. 한 잎의 일부가 잘려나간 경우에도 같은 시간 안에 약간 열리는 것으로 나타났다. 동물성 물질을 가두지 않은 채로 잎이 몇 번이나 닫히고 열릴 수 있는지는 모르겠다. 하지만 한 개의 잎이 6일 안에 네 번 닫히고 다시 열렸다가 마지막에 파리를 잡은 후에 며칠 동안 닫힌 채로 있었다. 자연 상태에서 흔히 일어나듯 풀이나 바람에 날려 온 잎이 우연히 감각모에 닿았을 때 잎이 닫혔다가 재빨리 다시 열리는 힘은 식물에게 매우 중요한 것임에 틀림없다. 잎이 닫힌 채로 있으면 곤충을 잡을 수 없기 때문이다.

캔비 박사는 토착지가 아닌 미국에서도 내 식물들보다 아마 더 튼튼하게 잘 자라고 있었던 것처럼 보이는 식물들을 많이 관찰했다. 그는 내게 이렇게 알려줬다.

"건강한 잎들이 먹이를 몇 번 집어삼키는 것을 봤는데, 일반적으로 두 번 혹은 한 번만 먹이를 잡아먹어도 더 이상 소화시키지 못했습니다."

뉴저지주에서 많은 식물을 재배한 트리트 부인 또한 비슷한 이야기를 했다.

"몇 개의 잎이 각각 곤충 세 마리씩을 연속으로 잡았지만 대부분은 세 번째 파리를 소화시키지 못하고 시도와 동시에 죽었습니다. 한번은 다섯 개의 잎이 각각 파리 세 마리를 소화시키고 네 번째로 한 마리를 또 잡았지만 그 직후에 죽었습니다. 많은 잎이 큰 곤충 한 마리도 소화시키지 못했습니다."

따라서 소화 능력은 어느 정도 한계가 있는 것으로 보인다. 잎들은 항상 곤충을 잡은 채로 며칠 동안 꽉 닫혀 있으며 그 후로 며칠 동안 다시 닫는 힘을 회복하지 못하는 게 분명하다. 이런 점에서 파리지옥은 금방 다시 곤충을 잡고 소화시키는 끈끈이주걱과는 다르다.

처음에 나는 무지한 탓에 스파이크를 쓸모없는 부속물로 여겼다.하지만 이제는 식물의 외양에서 너무나 눈에 띄는 스파이크의 용도를 이해할 준비가 됐다. 두 잎이 안쪽을 향해 가까워지면 가장자리 스파이크의 끝부분이 먼저 교차한다. 마지막에는 기저부가 교차한다. 두 잎의 가장자리가 닿아 완전히 닫힐 때까지 스파이크 사이의 길쭉한 공간은 열려 있다. 그 폭은 잎의 크기에 따라 0.1센티미터에서 0.2센티미터까지 다양하다. 곤충의 몸이 이 폭보다 얇을 경우 잎이 닫히고 어두워질 때 불편함을 느낀 곤충은 스파이크 틈으로 쉽게 탈출할 수 있다. 내 아들 중 하나가 실제로 작은 곤충이 탈출하는 장면을 목격했다. 반면 두 잎의 가장자리가 서로 닿을 때까지 스파이크가 점점 더 맞물리는 동안에 적당히 큰 곤충이 창살 사이를 빠져 나가려고 하면 분명 벽이 닫히는 끔찍한 감옥 안으로 다시 빠지게 될 것이다. 하지만 아주 힘이 센 곤충은 갇히지 않고 빠져나갈 수 있을 것이다. 트리트 부인은 미국의 장미 풍뎅이가 탈출하는 장면을 목격했다. 영양분을 거의 제공하지 않는 작은 곤충을 잡은 채로 며칠을 낭비하고 민감성을 다시 회복하기 위해 며칠이나 몇 주를 더 쓰는 것은 식물에게는 분명 큰 불이익일 것이다. 따라서 식물의 입장에서는 적당히 큰 곤충이 잡힐 때까지 기다리고 작은 곤충은 탈출하도록 두는 것이 훨씬 낫다. 가장자리의 스파이크가 천천히 맞물리는 과정을 통해 그 효과를 기대할 수 있다. 작고 쓸모없는 치어들이 탈출하도록 두는 낚시 그물의 큰 그물코와 같은 역할을 한다.

가장자리 스파이크는 완전히 발달된 어떤 구조가 쓸모없다고 함부로 추측하면 안 된다는 것을 알려주는 좋은 예로 보인다. 나는 내 견해가 정확한지 알고 싶어 캔비 박사에게 표본을 의뢰했다. 그는 잎이 자라는 계절 초기에 그 식물의 자생지를 방문하여 자연적으로 잡은 곤충이 들어있는 14개의 잎을 나에게 보냈다. 그중 네 개는 작은 곤충을 잡았다. 세개는 개미, 나머지 한 개는 작은 파리였다. 나머지 10개는 모두 큰 곤충을 잡았다. 방아벌레 다섯 마리, 잎벌레 두 마리, 바구미 한 마리, 굵고 큰 거미 한 마리, 지네 한 마리였다. 열 마리의 곤충 중 여덟 마리 이상이 딱정벌레였다. 14마리 중 날아갈 수 있는 곤충은 파리목이 유일했다. 끈끈이주걱은 끈끈한 분비물의 도움을 받아 잘 날아다니는 곤충, 특히 파리목을 먹고 산다. 하지만 우리에게 가장 중요한 것은 더 큰 곤충 열 마리의 크기다. 이들 곤충의 머리에서 꼬리까지 평균 길이는 0.6센티미터였다. 잎의 길이가 평균 1.3센티미터인 것을 감안할 때 곤충의 몸길이는 자신이 잡혀 있는 잎 길이의 절반에 가까웠다. 따라서 이 잎들 중 소수만이 작은 곤충을 잡는 데 힘을 낭비했지만 그마저도 창살 사이로 탈출해 버렸다.

드로세라 로툰디폴리아

(속명) *Drosera rotundifolia*

끈끈이주걱

ROUND-LEAVED SUNDEW

끈끈이귀개과

(과명) DROSERACEAE—SUNDEW FAMILY

식충식물

1862년 9월, 다윈 가족은 에마와 병에 걸린 열두 살 레니의 회복을 돕기 위해 영국 남부 본머스의 해변으로 휴가를 떠났다. 다윈은 아내와 아이가 건강을 되찾을지 걱정하느라 마음이 편치 않았다. 그래서 그런 자신의 주의를 분산시킬 수 있는 일거리가 필요했다. 다윈은 가만히 오래 앉아 있을 사람이 아니었다. 아이들과 함께 시골길 산책에 나섰지만 그곳 풍경은 별다른 감흥을 주지 못했다. 그는 후커에게 이렇게 불평을 늘어놓았다.

"이곳은 좋지만 가장 황량한 시골이고 볼만한 게 하나도 없답니다. 시냇물과 연못에서조차 아무것도 나오지 않습니다. 이곳은 마치 파타고니아 같아요."[57]

하지만 어디나 그렇듯이 자세히 관찰하면 볼 것이 아주 많은 법

드로세라 로툰디폴리아.

프랜시스 하워드 여사가 그린 수채화. 『영국 식물 카탈로그』에 수록.

이다. 그는 곧 끈끈이주걱이 자라고 있는 작은 땅뙈기를 발견했다. 잎이 반짝반짝 빛나는 이슬방울로 덮인 이 신기한 식물은 그가 2년 전 서섹스 근처에서 휴가를 보내면서 관련 실험을 시작했다가 다른 일이 너무 바빠 중단했던 바로 그 식물이었다.

그는 즉시 끈끈이주걱을 몇 개 모은 다음 '먹이는' 실험을 다시 시작했다. 처음 시도한 먹이는 자신의 머리에서 뽑은 머리카락과 자신의 발톱이었다(까다로운 이 식물은 둘 다 단호히 거부했다). 만약 그날 다윈의 해변 오두막 벽에(끈끈이주걱에서 안전한 거리에) 파리가 있었다면 흥미로운 일이 일어났을 것이다. 저명한 자연학자가 조심스럽게 자신의 발톱을 식물에게 먹이로 주는 장면을 떠올려 보라! 하지만 언제나 그렇듯, 말도 안 돼 보이는 일에도 방법이 있기 마련이다. 다윈은 끈끈이주걱을 발견하고 관심이 다시 눈덩이처럼 불어나 육식을 하는 식물에 대한 일련의 획기적인 연구를 진행했다. 이 관심은 13년 후 『식충식물』(1875)이라는 저서에서 절정에 달했다. 그러나 그는 새로운 식물생리학이 흥미로워서라기보다 식물이 동물을 모방하는 방식, 즉 식물과 동물의 '조상 진화적' 결합을 보여주는 모방 방식에 더 큰 관심을 가지고 연구에 임했다.

에마 다윈이 지질학자 찰스 라이엘의 아내인 메리 라이엘에게 자신의 남편이 끈끈이주걱에 얼마나 푹 빠져 있는지 언급한 편지가 있다.

"남편은 그것이 동물이라는 사실을 증명하며 결론을 내고 싶어 하는 것 같아요."[58]

하지만 무엇보다도 그는 이 식물들이 진화적 점진주의에 대한 교훈을 가르쳐 주고 있다고 확신했다. 끈끈이주걱의 단순한 움직임과 감각 능력은 동물과 훨씬 더 유사한 친척인 파리지옥으로 이어지는 진화 단계에 대해 무엇을 말하고 있는가? 다윈은 이를 인정하면서 그레이에게 이렇게 말했다.

"저는 파리지옥을 설명하면서 점진적 변화와 관련해 끈끈이주걱에 대한 연구를 시작했습니다."59)

북반구 전역의 해가 잘 드는 습지에서 흔히 볼 수 있는 끈끈이주걱, 즉 드로세라 로툰디폴리아는 전 세계적으로 같은 속에 포함되는 거의 200종 중 하나이며 현재는 약 12개의 아속으로 나뉜다. 모든 종은 햇빛 속에서 이슬처럼 반짝이는 선모(식물과 곤충 등의 몸 끝쪽에 있는 털-옮긴이)를 가지고 있다. 이것 덕분에 산성이며 영양분이 부족한 토양에서도 중요한 질소 공급원인 곤충을 포획하고 소화시킬 수 있다. 다윈이 실험을 하던 시대에도 곤충이 끈적한 점액 때문에 잎에 잡힌다는 것은 잘 알려져 있었다. 하지만 곤충이 소화되는지까지는 아무도 몰랐다. 이 잎이 식물을 보호하는 파리끈끈이 역할을 한다고 생각하는 사람도 있었다.

다윈은 잡힌 곤충들이 먹이가 된다는 것을 증명할 수 있었다. 끈끈이주걱은 육식성이 확인된 최초의 식물 속으로 알려져 있다. 하지만 그보다 더 나아가 다윈과 아들 프랜시스는 대조 실험을 통해 곤충을 '먹은' 식물이 그물로 곤충의 접근을 막아 '굶은' 식물보다 더 튼튼하게 자라고 더 많은 꽃과 씨앗을 생산한다는 것을 보여줬다. 육식성이 끈끈이주걱에 얼마나 도움이 되는지를 증명한 것이다. 프랜시스 다윈은 이 연구 결과를 1880년 《린네 학회 저널》과 『식충식물』 개정판(1888년 프랜시스가 수정함)에 발표했다.

1860년대의 첫 번째 실험에서 다윈은 곤충을 분해할 만큼 산성을 띤 이슬 분비물의 특성을 알아내려고 노력했다. 그는 이 분비물이 동물의 소화 펩신 및 산과 비슷하며 곰팡이가 자라는 것을 막는 살균제의 특성을 가지고 있다는 것을 발견했다. 다윈은 실험을 위해 자신의 온실을 끈끈이주걱으로 가득 채웠다. 그리고 부엌과 약품 수납장을 샅샅이 뒤져 먹이로 시험해 볼 만한 온갖 것들을 찾아냈다. 그는 질소 및 비질소 물질, 액체와 고체(알부민·우유·올리브오일·삶은 완두콩·암모니아·염산·글리세린·테레빈유·퀴닌·코브라 독 등)를 테스트해 봤다. 그리고 평소와 마찬가지로 다른 사람들에게도 실험할 것을 독려했다. 다윈은 큐 가든의 올리버에게 쓴 편지에서 자신의 끈끈이주걱이 놀라운 방식으로 액체에서 질소를 감지한다고 썼다. 그는 "우리의 끈끈이주걱은 어떤 음료보다 우유를 좋아합니다"[60]라고 하면서 올리버에게 비교를 위해 호주종에게 우유와 침(타액)을 몇 방울씩 먹여보라고 제안했다.

결국 다윈은 역시 그답게 자신의 연구를 여러 사람이 협력하는 업무로 만들었다. 올리버를 비롯한 몇몇 사람들의 도움으로 끈끈이주걱 여섯 종을 분석할 수 있었다. 성직자인 헨리 M. 윌킨슨은 자신이 포획한 곤충을 관찰한 내용을 보내줬다. 유니버시티 칼리지 런던의 생리학 교수인 존 버든샌더슨은 전기 자극에 대한 연구를 함께했고, 다윈의 아들 조지와 프랜시스는 실험을 돕는 한편 끈끈이주걱의 잎이 이슬 맺힌 선모로 먹잇감을 잡는 여러 단계를 그림으로 그렸다. 다윈은 이 선모를 '촉수'라고 불렀다. 이는 식물 안에서 동물의 특성을 찾으려는 그의 성향을 잘 보여주는 예다. 다윈은 자신의 저서 『식충식물』의 18개 장 중 11개를 자신이 사랑한 드로세라 로툰디폴리아(끈끈이주걱)에게 바쳤다. 그는 이 식물을 이렇게 불렀다.

"훌륭한 식물, 더 정확하게는 가장 영리한 동물."[61]

다윈의 노트

『식충식물』

(2판, 1888)

1860년 여름 동안 나는 서섹스주의 황야에서 흔히 볼 수 있는 끈끈이주걱의 잎에 잡히는 곤충이 얼마나 많은지를 알고 깜짝 놀랐다. 나는 곤충이 그렇게 잡혔다는 건 들었지만 그 주제에 대해 더 이상은 알지 못했다. 그러다가 우연히 56개의 완전히 펴진 잎을 가진 12개의 식물을 모았는데, 그중 31개 잎에 죽은 곤충이나 그 잔해가 붙어 있었다. 그대로 뒀다면 같은 잎에 더 많은 곤충이 잡혔을 것임이 확실했다. 아직 피지 않은 잎이 가세했다면 더 많이 잡혔을 것이다. 한 식물에서는 여섯 개의 모든 잎이 먹이를 잡았고 몇 개의 식물에서도 아주 많은 잎이 한 마리 이상의 곤충을 잡았다. 큰 잎 하나에서 13마리의 각기 다른 곤충들의 잔해가 발견되기도 했다. 다른 곤충들보다 파리(파리목)가 가장 많이 잡힌다. 잡힌 곤충 중 내가 본 가장 큰 것은 작은 나비(유럽처녀나비)였고, 헨리. M. 윌킨슨 목사는 두 잎 사이에 꽉 붙잡혀 있는 살아 있던 잠자리를 봤다고 알려줬다. 끈끈이주걱은 일부 지역에선 매우 흔하기 때문에 매년 살육되는 곤충의 수는 엄청날 것이다. 많은 식물이 곤충의 죽음을 초래한다. 예를 들어 가시칠엽수(마로니에)의 끈적끈적한 싹은 곤충을 죽게 하지만 우리가 인지할 수 있는 어떤 이점도 얻지 못한다. 하지만 끈끈이주걱이 곤충을 잡는 특별한 목적을 위해 훌륭하게 적응했다는 사실은 곧 명백해졌다. 그 주제는 연구할 만한 가치가 충분해 보였다.

우선 식물에 대해 간략히 설명할 필요가 있다. 잎은 두세 개에서 대여섯 개로, 대개 수평 방향으로 뻗어 있지만 수직으로 위쪽을 향해 서 있는 경우도 있다. 다음 그림에서 잎의 모양과 일반적인 외관을 볼 수 있다. 윗면 전체는 분비선이 있는 털 또는 촉수(작동 방식을 보고 내가 이렇게 지칭함)로 덮여 있다. 분비선들은 각각 매우 점성 있는 분비물의 큰 방울이 감싸고 있다. 이것들이 햇빛 아래서 반짝반짝 빛나기 때문에 이 식물은 '햇빛 이슬sun-dew'이라는 시적인 이름을 갖게 됐다.

잎이나 원반의 중앙 부분에 있는 촉수는 짧고 똑바로 서 있으며 작은 꽃자루는 녹색이다. 가장자리로 갈수록 촉수는 점점 더 길어지고 보라색을 띤 작은 꽃자루와 함께 바깥쪽으로 기울어진다. 가장자리 끝의 촉수는 잎과 같은 평면에서 돌출되거나 더 흔하게는 뒤로 상당히 젖혀진다. 몇 개의 촉수가 잎자루나 잎자루 아래의 밑부분에서 튀어나와 있는데 이것들은 촉수 중에서 가장 길며 때로는 길이가 거의 0.6센티미터에 달한다.

[초판 발행 이후에 식충식물이 동물을 섭취함으로써 이익을 얻는지를 확인하기 위한 몇 가지 실험이 이뤄졌다. 나(프랜시스 다윈)의 실험은 1877년 6월에 식물들을 수집해 평범한 수프 접시 여섯 개에 심으면서 시작했다. 각 접시를 낮은 칸막이로 나눠 두 부분으로 만든 다음 각 배양식물 중 가장 덜 자란 절반에게 먹이를 줬고 나머지는 굶도록 했다. 식물에 고운 거즈를 덮어 스스로 곤충을 잡는 것을 막고 유일한 동물성 음식으로 매우 작은 구운 고기 조각들을 먹였다. 먹이를 주는 식물에게만 주고 굶기는 식물에게는 주지 않았다. 단 10일 만에 먹이를 먹은 식물과 굶은 식물 사이에 확연히 눈에 띄는 차이가 있었다. 먹이를 받아먹은 식물은 더 밝은 녹색을 띠며 촉수도 더 생생한 빨간색을 띠었다. 8월 말에 이 식물들을 개수와 무게 등 여러 수치로 비교해 봤다.

결과는 식충식물이 동물성 음식으로부터 큰 이득을 얻는다는 사실을

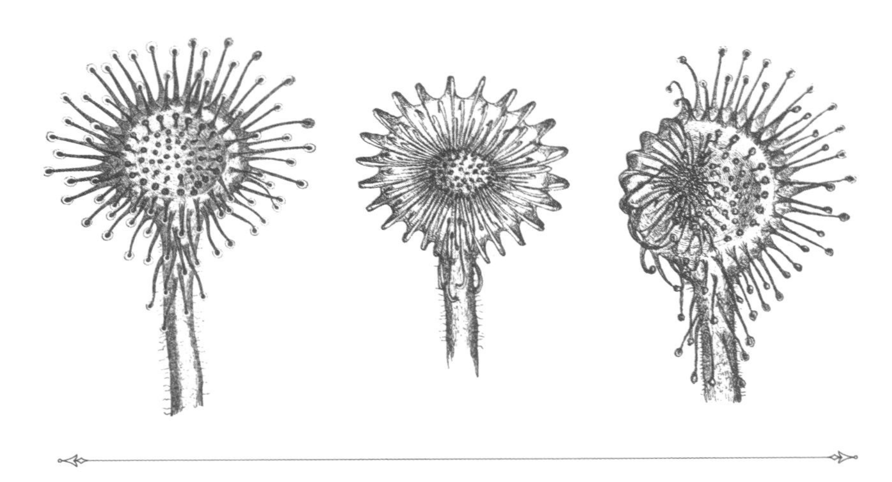

(좌) 위에서 본 잎. 네 배로 확대한 크기.
(중) 암모니아 인산염 용액에 담가 모든 촉수가 바싹 붙어 굴절된 잎.
(우) 한쪽의 촉수가 원반 위에 올려진 고기 조각을 감싸며 구부러진 잎.

명확하게 보여준다. 앞선 실험에서 두 식물 사이의 가장 두드러진 차이점이 번식과 관련 있다는 사실은 흥미롭다. 꽃줄기, 씨앗주머니, 씨앗 등에서 차이가 나타났다. (…) 굶기는 식물과 먹이를 준 식물 모두 음식을 주지 않은 채 뒀다가 4월 3일에 평균 무게를 측정해 보니, 굶기는 식물이 100이라면 먹이를 준 식물은 213이었다. 이것은 먹이를 준 식물이 거의 네 배에 이르는 씨앗을 생산했음에도 불구하고 훨씬 더 많은 비축 물질을 마련했다는 것을 증명한다.](프랜시스 다윈의 글)

(…) 여기서는 주요 요점을 최대한 간략하게 요약하는 정도로도 충분할 것이다. 첫 번째 장에서는 잎의 구조와 그것이 곤충을 잡는 방식에 대한 예비 스케치를 소개했다. 분비선을 둘러싸는 매우 끈적한 액체 방울과 안쪽을 향한 촉수의 움직임으로 곤충 포획이 이뤄진다. 이 식물은 이런 방식으로 영양분을 얻기 때문에 뿌리는 잘 발달하지 않는다. 따라서 이

끼 이외에 다른 식물은 살기 어려운 장소에서 자라는 경우도 종종 있다. 분비선은 분비하는 능력뿐 아니라 흡수하는 능력도 갖고 있다. 또한 다양한 자극제, 즉 반복적인 접촉·미세한 입자가 가하는 압력·동물성 물질과 다양한 액체의 흡수·열·전기 작용 등에 극도로 민감하다. 분비선에 작은 날고기 조각을 올리면 촉수가 10초 안에 휘기 시작한다. 그리고 5분 안에 강하게 안쪽으로 휘어져 30분 안에 잎 중앙에 도달하는 것으로 나타났다. 잎몸은 종종 매우 많이 구부러져서 컵 형태를 이루며 그 위에 놓인 물체를 에워싼다.

분비선은 자극을 받으면 자신의 촉수에 영향을 주어 구부러지게 할 뿐만 아니라 주변의 촉수에도 똑같이 영향을 주어 안으로 굽게 만든다. 그래서 맞은편으로부터 오는 자극, 즉 같은 촉수의 꼭대기에 있는 분비선이나 이웃한 촉수 중 하나 이상의 분비선으로부터 받은 자극에 의해 구부러지는 위치가 달라지기도 한다. 촉수는 구부러졌다가 일정 시간이 지나면 다시 펴진다. 이 과정에서 분비선은 분비액이 적어지거나 말라버린다. 그러나 분비를 다시 시작하자마자 촉수는 다시 반응할 준비가 된다. 이것은 적어도 세 번, 아마도 여러 번 더 반복될 수 있다. (…)

분비선을 순간적으로 서너 번 건드리면 움직임이 계속되지만 상당한 힘과 단단한 물체로 한두 번만 건드리면 촉수는 구부러지지 않는다. 식물은 바람이 많이 불 때 주변의 잎들이 가끔 스치기 때문에 앞서 설명한 특징은 쓸모없는 움직임을 막는 효과가 있다. 비록 한 번의 접촉에는 무감각하지만, 앞서 말했듯 작은 압력이라도 몇 초 동안 접촉이 지속된다면 매우 민감한 반응을 보인다. 이 능력은 식물이 작은 곤충을 잡는 데 명백히 도움이 된다. 심지어 모기조차도 섬세한 발로 분비선에 내려앉으면 빠르고 단단하게 잡힌다. 분비선은 폭우의 빗방울이 계속 떨어져도 그 무게와 스침에 무감각하기 때문에 식물이 쓸모없는 움직임을 하지 않게 만드는 효과가 있다.(…)

다섯 번째 장에서는 질소와 비질소 유기 액체 방울을 잎에 떨어뜨린 실험의 결과가 나온다. 식물이 질소의 존재를 거의 확실하게 감지한다고 밝혀진 결과 덕분에 나는 끈끈이주걱이 고체 동물성 물질을 녹이는 힘을 갖고 있는지 조사하게 됐다. 잎이 진정한 소화를 할 수 있으며 분비선이 소화된 물질을 흡수한다는 것을 증명하는 실험은 여섯 번째 장에 자세히 나온다. 내가 끈끈이주걱에 대해 관찰한 것들 중 아마 가장 흥미로운 부분일 것이다. 이전까지는 식물계에 이러한 힘이 존재한다는 사실이 제대로 알려지지 않았다. 마찬가지로 잎의 분비선이 자극을 받으면, 외부 촉수의 분비선에 영향을 주어 마치 촉수 위에 어떤 물체가 닿아 직접 자극을 받은 것처럼 더 많은 분비물을 내보내게 하며 분비물이 산성을 띠게 만든다는 것도 흥미롭다.

동물의 위액에는 잘 알려진 대로 소화에 필수적인 역할을 하는 산과 효소가 포함돼 있다. 끈끈이주걱의 분비물도 마찬가지다. 동물의 위는 물리적인 자극을 받으면 산을 분비한다. 끈끈이주걱의 분비샘 위에 유리조각이나 다른 물체를 올려놓으면 분비샘과 그 주변의 접촉하지 않은 분비샘에서도 분비물의 양이 증가하고 산성을 띠게 된다. 하지만 동물의 위는 펩토젠이라는 특정한 물질이 흡수되기 전까지는 펩신이라는 적절한 효소를 분비하지 않는다. 내 실험에 의하면 끈끈이주걱의 분비선도 적절한 효소를 분비하기 전에는 어떤 물질이 흡수돼야 하는 것으로 나타났다.

분비물에는 고체 동물성 물질에 산이 있는 경우에만 작용하는 효소가 포함돼 있다. 이는 소화 과정을 완전히 억제하는 소량의 알칼리를 첨가함으로써 명확하게 증명됐다. 알칼리가 약한 염산에 의해 중화되자마자 소화 과정은 즉시 재개됐다. 수많은 물질로 시도한 실험을 통해 끈끈이주걱의 분비물이 완전히 또는 부분적으로 녹이거나 전혀 녹이지 못하는 물질은 동물의 위액으로도 마찬가지라는 사실이 밝혀졌다. 따라서 우리는 끈끈이주걱의 효소가 동물의 펩신과 매우 유사하거나 똑같다는 결론을 내릴 수 있다. (…)

실험에 사용한 대부분의 산은 약하게 희석됐다(물의 437분의 1). 하지만 아주 소량만 투여했음에도 끈끈이주걱에서 강력한 작용을 일으켰고 24개의 식물 중 19개의 촉수가 크게든 작게든 구부러졌다. 대부분 식물의 분비물에는 산이 포함돼 있다. 심지어 유기산에도 독성이 있으며 종종 아주 강한 독성을 띠기도 한다. 많은 식물의 즙에는 산이 포함돼 있기 때문에 이 사실은 놀랍다. 많은 산이 분비선을 자극해 엄청난 양의 점액을 분비하게 만든다. 그리고 주변 체액이 곧 분홍색으로 변하는 것으로 보아 세포 내의 원형질이 자주 죽는 것 같다.

아홉 번째 장에서는 다양한 알칼로이드와 다른 특정 물질들의 흡수가 어떤 효과를 일으키는지 설명했다. 이들 중 일부는 독성이 있지만 동물의 신경계에 강력하게 작용하는 몇몇 물질이 끈끈이주걱에는 아무 영향을 미치지 않는다. 우리는 분비샘의 강한 민감성과, 잎의 다른 부분에 움직임을 일으키거나 분비를 조정하거나 응집하게 만드는 분비샘의 힘이 신경 조직과 관련한 여러 가지 요소와는 관련이 없다고 추론할 수 있다. 가장 놀라운 사실 중 하나는, 코브라의 독에 식물을 오랫동안 담그면 촉수의 세포에 있는 원형질의 자발적인 움직임이 조금도 억제되지 않으며 오히려 자극된다는 것이다. 다양한 염과 산의 용액은 인산 암모니아 용액의 후속 작용을 지연시키거나 억제하는 데에서 매우 다르게 작용한다. 또한 물에 용해된 장뇌는 소량의 특정한 에센셜 오일과 마찬가지로 빠르고 강한 굴절을 일으켜 자극제 역할을 한다. 알코올은 자극제가 아니다. 장뇌·알코올·클로로포름·황산 및 질산 에테르의 수증기는 양이 많을 경우 독성이 있지만 소량을 사용하면 수면제나 마취제 역할을 해 육류의 후속 작용을 크게 지연시킨다. 하지만 이러한 수증기 중 일부는 자극제와 같은 역할을 해 촉수에서 빠르고 경련하는 듯한 움직임을 일으킨다.

열 번째 장에서 잎의 민감성은 전적으로 분비선과 바로 밑에 있는 세포에만 국한된 것으로 나타났다. 또한 자극을 받을 때 분비선에서 진행되는 운동 자극 및 또 다른 힘이나 영향은 섬유 혈관 다발을 따라가는 게 아니라 세포 조직을 통과한다는 사실도 추가적으로 밝혀졌다. 분비선은 동일한 촉수의 작은 꽃자루를 지나 단독으로 구부러지는 아랫부분까지 운동 자극을 엄청나게 빠른 속도로 전달한다.

운동 자극은 앞으로 나아가서 주변 촉수의 모든 면에 퍼진다. 먼저 가까이 서 있는 촉수에 그리고 멀리 있는 촉수에까지 영향을 미친다. 하지만 운동 자극은 퍼져 나가는 것과 동시에 원반의 세포가 촉수의 세포만큼 길지 않고, 작은 꽃자루 아래보다 훨씬 느리게 이동하게 되어 힘을 잃는다. 또한 세포의 방향과 형태로 인해 원반을 횡단하는 가로선보다는 세로 방향으로 더 쉽고 빠르게 움직이게 된다.

지금까지 나는 드로세라 로툰디폴리아의 구조·운동·성질 및 습성과 관련해 내가 관찰한 주요 사항을 간단하게 요약했다. 하지만 아직 설명되지 않고 알려지지 않은 채로 남아 있는 것과 비교해 보면 지금까지 만들어낸 정보는 매우 미미하다.

E

Darwin and the Art of Botany

에키노퀴스티스

Echinocystis

에피팍티스

Epipactis

에키노쿼스티스
속명 *Echinocystis*

가시오이

BUR CUCUMBER

박과
과명 CUCURBITACEAE—GOURD AND SQUASH FAMILY

덩굴식물

에키노쿼스티스 로바타(야생 오이)는 북미 전역에서 발견되며 기분 좋은 향기를 풍기는 꽃을 가진 일년생 덩굴식물이다. 야생 오이와 여주를 비롯해 몇 가지 일반명을 갖고 있으며 라틴어명은 작고 가시로 덮인 과일을 묘사하는 그리스어 '에키노스echinos(고슴도치)'와 '퀴스티스cystis(방광)'에서 유래됐다. 이 거대한 식물은 덩굴손에 의지해 관목 위로 올라가면서 넓적하고 가장자리가 들쑥날쑥한 모양의 잎과 별 모양의 삐죽삐죽한 꽃송이 다발을 늘어뜨린다.

다윈은 가시오이를 계기로 덩굴식물에 대한 연구를 시작했다. 그는 하버드대학교의 식물학자 그레이가 가시박 덩굴손의 민감성 대한 실험을 보고하는 논문을 읽은 후 덩굴식물에 관심을 가지게 됐다.[62] 그레이는 친구 다윈에게 덩굴식물에 대한 연구를 권하고 야

에키노쿼스티스 로바타.

조지 엔디콧의 석판화. 『뉴욕 자연사』에 수록.

생 오이 씨앗을 보내주면서 다음과 같은 농담을 했다.

"영국에 이 식물의 적당한 움직임을 얻어내기에 충분한 온기와 햇빛이 있는지 의심스럽군요."[63]

하지만 다윈은 씨앗을 발아시키는 데 성공했다. 얼마 지나지 않아 덩굴손의 놀라운 움직임도 관찰할 수 있었다. 이에 영감을 받아 그는 향후 몇 년간 100종이 넘는 덩굴식물을 연구했다. 그중 절반 이상이 덩굴손을 가진 식물이었다.

다윈은 야생 오이를 주의 깊게 관찰함으로써 자신이 나중에 '회선운동'이라고 명명하게 될 회전하는 움직임을 처음으로 발견했다. 그는 친구인 큐 가든의 후커에게 이렇게 편지를 썼다.

"이것은 제가 익히 알고 있는 일반적인 현상일 수도 있습니다. 하지만 덩굴손의 민감성을 관찰하고 나서 저는 꽤 혼란에 빠졌습니다. (…) 실험 결과는 훌륭합니다. 이 식물은 1시간 반이나 2시간마다 지름 30~50센티미터 사이의 원을 그리고(구부러지는 줄기 길이와 덩굴손의 길이로 측정), 덩굴손이 어떤 물체에 닿으면 그 민감함으로 물체를 즉시 꽉 잡게 됩니다."[64]

덩굴손의 이러한 끊임없는 움직임은 기어오를 지지대를 찾고 발견하는 식물의 신비로운 능력을 만들어낸다. 이는 거의 동물의 인식이나 의도와도 같다는 인상을 준다. 다윈의 실험을 도왔던 이웃 동네의 정원사도 그렇게 생각했음이 분명하다. 다윈은 후커에게 이렇게 이야기했다.

"이웃에 사는 똑똑한 정원사가 어젯밤 내 탁자 위에 있는 식물을 보더니 이렇게 말했습니다. '선생님, 저는 덩굴손이 앞을 볼 수 있다고 생각합니다. 어디에 두든 충분히 가까운 막대를 찾아내기 때문이

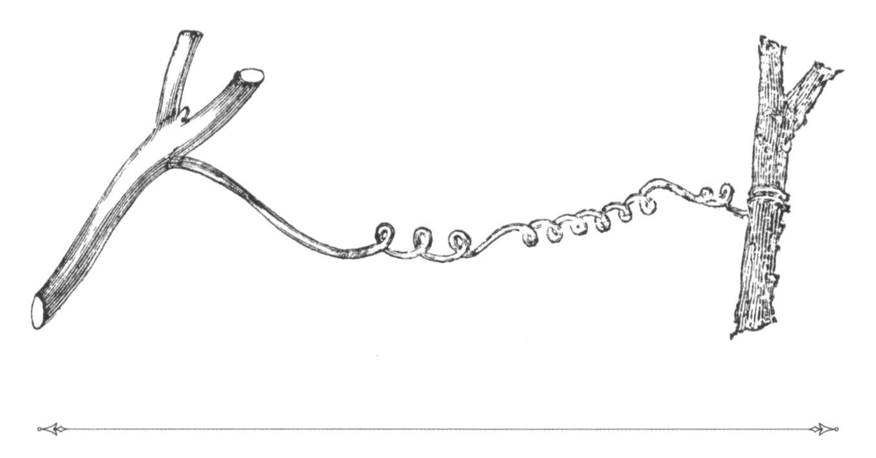

지지대를 잡은 브리오니아의 덩굴손이 반대 방향으로 나선형 수축을 한 모습.

죠.' 나는 이 말이 덩굴손이 천천히 원을 그리며 계속 도는 현상을 잘 설명해 준다고 생각합니다."[65)]

야생 오이 덩굴손은 지지대를 감아 붙잡고 나면 반대 방향으로 천천히 몸을 비튼다. 그러고는 짧고 곧은 마디로 분리되는데, 거의 길이가 같은 두 개의 마디는 각자 반대로 나선형을 그리며 움직인다. 가시오이 이외에 다른 덩굴식물도 비슷한 운동을 한다. 다윈의 아들 프랜시스는 브리오니아 덩굴손을 관찰한 후 이 현상을 『덩굴식물의 운동과 습성』 책에 삽화로 그려 넣었다.

이렇게 반대 방향으로 비틀며 움직이면 식물이 지지대에 가까이 다가갈 수 있도록 끌어당기는 효과가 있다. 또 덩굴손에 스프링을 만들어주어 식물을 지지대에 단단히 고정하면서도 약간의 탄력성을 주어 바람이 부는 환경에서도 견딜 수 있게 만든다.

다윈은 식물의 동물과 같은 특성을 중요시한 만큼, 야생 오이의 덩굴손이 느리지만 확실하게 지지대를 잡는 현상을 설명할 때 사람의 움직임에 비유했다.

“덩굴손은 무감각할 정도로 느릿느릿 교대로 움직이면서 자신을 앞으로 끌어당기는데, 사람으로 치면 힘센 남자가 손가락 끝으로 수평 막대에 매달린 다음 손바닥으로 막대를 완전히 잡을 때까지 손가락으로 천천히 막대를 감는 행동과도 같다.”[66]

다윈의 노트

『덩굴식물의 운동과 습성』
(2판, 1875)

에키노퀴스티스 로바타(야생 오이). 이 식물에 대해서는 수많은 관찰이 이뤄졌다(에이사 그레이 교수가 나에게 보내준 씨앗으로 키운 식물이다). 나는 절간과 덩굴손의 자발적인 회전운동을 처음 관찰하고 나서 크게 당황했다. 이제 내 관찰은 훨씬 압축됐을 것이다. 절간과 덩굴손의 회전이 35회 관찰됐는데 가장 느린 속도는 2시간, 평균 속도는 큰 변동 없이 1시간 40분이었다. 가끔 절간을 묶어 덩굴손이 단독으로 움직일 수 있도록 하기도 했고 때로는 아주 어릴 때 덩굴손을 잘라내어 절간만 회전하도록 했는데, 속도는 달라지지 않았다. 일반적으로는 태양을 향해 움직였지만 종종 반대 방향으로 움직이기도 했다. 짧은 시간 안에 움직임이 멈추거나 방향이 뒤집혔다. 식물을 창가에 뒀을 때 이런 일이 일어난 것으로 보아 빛의 간섭 때문인 것 같다. 한번은 거의 회전운동을 멈춘 늙은 덩굴손이 한 방향으로 움직일 때 그 위에 있는 어린 덩굴손은 반대 방향으로 움직이는 걸 보았다. 가장 위쪽에 있는 두 개의 절간은 혼자 회전했다. 아래쪽이 늙게 되면 즉시 그 위쪽에 있는 것들만 움직임을 계속했다. 절간의 꼭대기가 그리는 타원이나 원은 지름이 7.6센티미터 정도다. 반면 덩굴손의 끝이 그리는 원은 지름이 38~40센티미터에 이른다. 회전운동을 하는 동안 절간은 그 범위의 모든 지점을 향해 끊임없이 구부러진다. 운동 과정에서 한 부분에서는 절간이 덩굴손과 함께 지평선에서 45도로 기울어져 있고, 다른 부분에서는 수직으로 곧게 서 있다. 회전하는 절간의 모습을 보면 그 움직임이 긴 이유는 자발적으로 회전하는 덩굴손의 무게 때문이라는 잘못된 인상을 계속 받게 된다. 하지만 날카로운 가위로 덩굴손을 잘라내도 줄기 꼭대기는 조금만 올라갔고 회전을 계속했다. 이런 눈속임 효과는 절간과 덩굴손이 함께 조화를 이루며 휘어지고 움직이기 때문인 것 같다.

회전하는 덩굴손은 그 과정 중에 대부분 지평선에서 45도(한번은 겨우 37도였음) 기울어져 있지만, 그 경로의 특정한 부분에서 스스로 위쪽 끝에서 아래쪽 끝까지 뻣뻣하고 곧게 펴지며 상당히 수직이 된다. 나는 이것을 반복적으로 목격했다. 그리고 이것은 지지하는 절간이 자유로워도, 묶여 있어도 모두 일어난다. 하지만 후자의 경우나 줄기 전체가 많이 휘었을 때 가장 뚜렷하게 나타난다. 덩굴손은 줄기나 새싹의 돌출된 끝부분과 함께 예각을 형성한다. 덩굴손이 어린 줄기에 다가가 그 위를 둥글게 넘어갈 때마다 항상 뻣뻣해지는 현상이 나타났다. 만약 덩굴손이 이렇게 기이한 힘을 갖고 있지 않거나 그 힘을 활용하지 않았다면 분명히 어린줄기의 끝에 부딪혀 더 이상 나아가지 못했을 것이다. 세 개의 가지가 있는 덩굴손이 이런 방식으로 뻣뻣해지고 기울어진 자세에서 수직으로 일어나기 시작하면 곧바로 회전운동이 빨라진다. 그리고 덩굴손이 어린줄기의 끝이나 어려운 지점을 통과하는 데 성공하자마자 종종 덩굴손은 자신의 무게 때문에 이전의 기울어진 자세로 빠르게 되돌아가 끝부분이 거대한 시계의 분침처럼 움직이는 모습이 관찰된다.

덩굴손은 가늘고 길이가 17~22센티미터이며 아랫부분에서 멀지 않은 곳에 짧은 측면 가지가 한 쌍 솟아 있다. 끝부분은 영구적으로 살짝 휘어 있어 제한된 범위 내에서 갈고리 역할을 한다. 끝부분의 오목한 면은 접촉에 매우 민감하지만 볼록한 면은 그렇지 않다. 덩굴손의 볼록한 면을 4~5회 가볍게 문지르고 또 다른 덩굴손의 오목한 면을 1~2회 문지르면 후자만 안쪽으로 구부러지는데, 나는 반복적으로 실험함으로써 이 차이를 증명했다. 몇 시간 후 오목한 쪽을 문질렀던 덩굴손이 똑바로 펴지면 나는 문지르는 과정을 반대로 바꾸었고 항상 같은 결과를 얻었다. 오목한 부분을 건드리면 덩굴손 끝부분이 1~2분 안에 눈에 띄게 구부러진다. 만약 접촉이 거칠었다면 그 후에는 나선형으로 감긴다. 하지만 시간이 지나면 감겼던 몸을 펴고 다시 움직일 준비를 한다.

덩굴손의 회전운동은 접촉된 후 끝부분이 구부러져도 멈추지 않는다. 측면 가지 중 하나가 물체를 단단히 잡으면 가운데 가지는 계속 회전한다. 줄기가 아래로 구부러져 고정되면 덩굴손은 늘어져 있지만 자유롭게 움직일 수 있는 상태가 되고, 이전의 회전운동은 거의 또는 완전히 멈춘다. 하지만 곧 위로 구부러지며 수평이 되자마자 회전운동이 다시 시작된다. 나는 이것을 네 번 시도했다. 덩굴손은 일반적으로 1시간이나 1시간 반 안에 수평 위치로 올라간다. 하지만 덩굴손이 수평선 아래 45도로 늘어져 있는 경우에는 올라가는 데 2시간이 걸렸다. 수평선 위로 23도까지 올라간 다음 30분이 지나자 회전운동이 다시 시작됐다. 이 상승 운동은 빛의 작용과 무관하다. 왜냐하면 어둠 속에서도 이 운동이 두 번 일어났는데 또 다른 경우에는 빛이 한쪽에서만 들어왔기 때문이다. 발아하는 씨앗의 새싹이 위로 올라가는 경우처럼 이 운동은 의심의 여지 없이 중력의 반대 방향으로 유도된다.

덩굴손은 회전력을 오래 유지하지 못하며 회전력을 잃자마자 아래로 구부러지고 나선형으로 수축한다. 회전운동이 멈춘 후에도 끝부분은 잠시 동안 접촉에 대한 민감성을 유지하지만 식물에 거의, 또는 전혀 영향을 주지 않는다.

에피팍티스
속명 *Epipactis*

헬리보린 난초
HELLEBORINE ORCHID

난초과
과명 ORCHIDACEAE—ORCHID FAMILY

난초, 꽃의 형태, 수분

에피팍티스(닭의난초속)는 약 70종으로 이뤄진 큰 난초속이다. 독립된 꽃밥이 있는 그룹인 '새둥지란족Neotteae'에 속한다. 다윈은 닭의난초(습지 헬리보린 난초)에 대해 호기심을 갖고 있었다. 1860년에 와이트섬의 식물학자 알렉산더 모어에게 신선한 꽃을 보내달라고 요청한 다윈은 이 꽃의 다양한 부분을 살펴보고 조사해 수분 메커니즘을 밝혀낼 수 있었다. 또한 그는 수분을 촉진하는 순판과 꽃가루덩어리의 움직임에 대해 자신이 관찰한 것을 확인하기 위해 이 꽃의 원산지에서 수분 매개자들을 관찰하고 실험해 달라고 부탁했다. 하지만 1860년 여름은 영국 섬들이 가장 춥고 습했던 여름으로 기록될 시기여서 현장에서는 수분 연구를 하기 어려웠다. 다윈은 모어에게 자신이 희망하는 바를 이렇게 썼다.

에피팍티스 라티폴리아.

엘리자베스 와튼의 수채화. 『영국의 꽃들』에 수록.

"일하는 곤충들을 볼 수 있는 유일한 기회는 이 끔찍한 날씨가 이어지다가 환해진 첫날, 아니면 우울한 날씨 가운데 어느 날 몇 시간 동안 해가 반짝했을 때입니다."[67]

또한 다윈은 나중에 이렇게 기록했다.

"우리는 1860년의 혹한과 우기가 곤충의 방문 빈도에 부정적 영향을 미친다는 것을 알게 됐다."[68]

몇 년 후 그의 아들 윌리엄은 와이트섬에서 관찰을 하며 주로 식물을 수분시키는 꿀벌을 연구했다. 관련 종인 에피팍티스 라티폴리아(에피팍티스 헬리보린)가 자신의 집 마당에서 예기치 않게 나타나자 다윈은 이것을 《가드너스 크로니클》에 보고했다.[69] 그때나 지금이나 이 식물은 희귀하지는 않다(더러 잡초 취급을 받을 정도로 북아메리카에서도 널리 퍼져 있다). 하지만 그가 보고서에서 설명한 것처럼 이것이 '어디에' 나타났는지는 놀랄 만했다. 지금은 모래 산책로로 알려진 자갈길 한복판에 이 식물이 나타났기 때문이다. 처음에는 마찻길이었고 그다음에는 자갈길이 된 길의 소란스러운 역사를 감안한다면, 이 난초는 수년 동안 잠들어 있었던 것일까? 아니면 씨앗이 먼 곳에서 바람에 날려 온 것일까?

다윈은 절호의 기회를 놓칠 사람이 아니었다. 그는 손님처럼 찾아온 난초를 몇 계절 동안 세심히 관찰했다. 그리고 말벌이 이 식물의 주요 수분 매개자이며, 컵 모양의 순판에서 꿀을 빨아들이고 꽃가루 덩어리를 이마에 붙여 다른 꽃으로 옮긴다는 것을 발견했다.[70] 꽃을 피우는 여러 식물들처럼 에피팍티스 헬리보린 역시 수분을 촉진시키기 위해 소매(꽃)에 추가적인 속임수를 가지고 있음을 알려주는 현대의 연구를 살펴봤다면 다윈은 분명히 깜짝 놀랐을 것이다. 이 식물은 유인 물질을 비롯해 마약 성분과 마취제 성분을 가진 화합물을 갖고 있는 화학 칵테일을 꿀 속에서 만들어낸다. 그 덕분에 말벌들은 근처에 머물며 꽃을 찾아갈 가능성이 높아진다.[71]

다윈의 노트

『난초가 곤충에 의해 수정되는 데 관여하는 다양한 장치들』

(2판, 1877)

에피팍티스 팔루스트리스. 꽃은 줄기에서 거의 수평 방향으로 돋아난다(그림 A). 순판은 그림에서 보이는 것처럼 신기한 모양을 하고 있다. 말단부의 절반은 다른 꽃잎들 너머로 돌출해 곤충이 착지할 수 있는 훌륭한 장소가 돼주며 기저부 절반과 좁은 경첩으로 연결되어 있다. 또한 이 말단부 절반은 자연스럽게 위쪽으로 꺾이면서 말단부의 가장자리가 기저부의 가장자리를 지나간다. 모어 씨의 말에 따르면 경첩이 너무 유연하고 탄력이 있어서 파리의 무게만으로도 말단부가 눌리게 된다. 이 상태를 그림 B에서 볼 수 있다. 하지만 그 무게가 사라지면 경첩은 곧바로 이전의 위치로 튕겨 올라가고(그림 A) 신기한 중앙 능선이 꽃으로 들어가는 입구를 부분적으로 막는다. 순판의 기저부는 컵 모양을 하고 있으며 적절한 시기에 꿀로 채워진다.

이제 내가 자세히 설명해야만 했던 모든 부분이 어떻게 작동하는지 살펴보겠다. 처음 이 꽃들을 조사할 때 나는 매우 당황했다. 진짜 난초를 다룰 때와 똑같은 방법으로 돌출한 소취를 아래쪽으로 살짝 밀었더니 쉽게 찢어졌다. 점성 물질 중 일부는 제거됐지만 꽃가루는 화분실에 남아 있었다. 꽃의 구조를 곰곰이 생각해 보니 곤충이 꿀을 빨기 위에 순판에 들

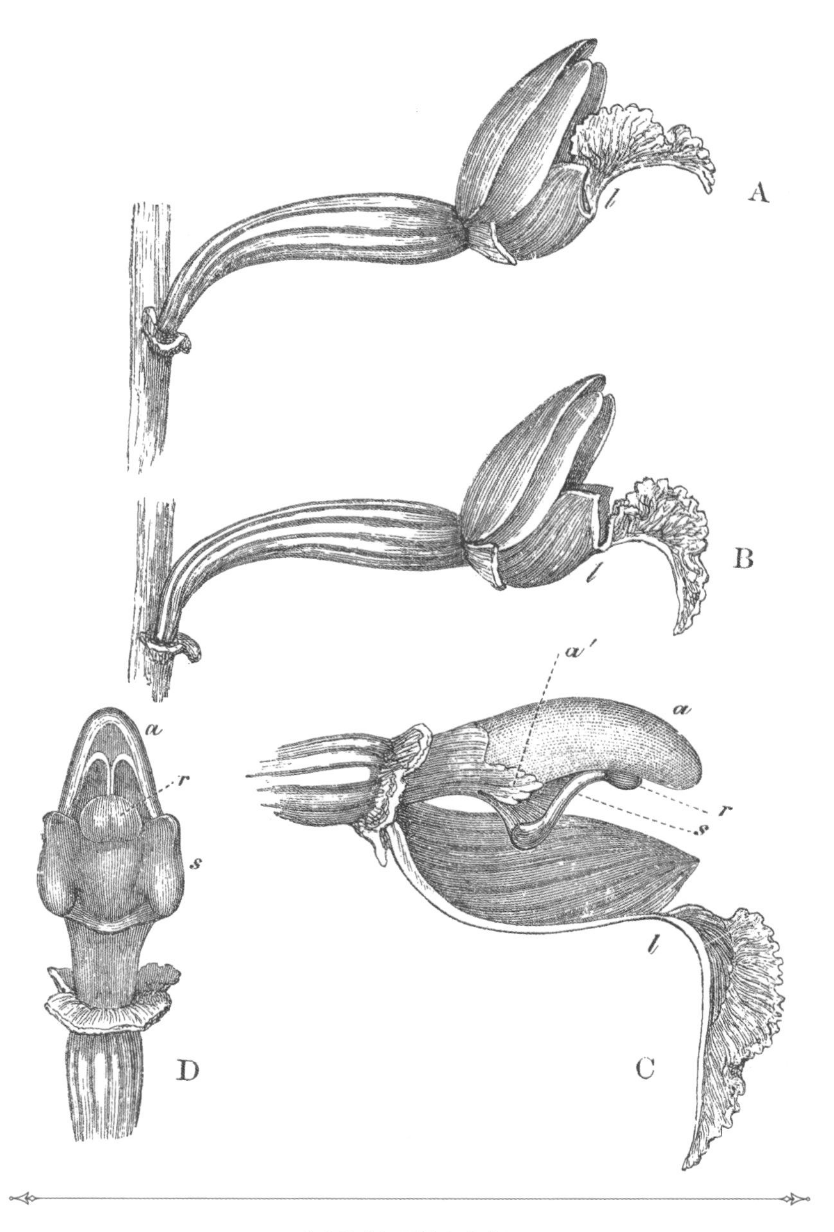

에피팍티스 팔루스트리스.

A. 자연 상태의 꽃 측면도(아래쪽 꽃받침만 제거된 상태).

B. 곤충이 내려앉은 것처럼 순판의 말단부가 눌린 상태의 꽃 측면도.

D. 모든 꽃잎과 꽃받침을 제거한 꽃술대의 정면도.

C. 모든 꽃잎과 꽃받침을 제거하고 순판의 옆면을 잘라낸 상태의 꽃 측면도. 거대한 꽃밥이 보인다.

a. 꽃밥. 정면에서 열린 화분실 두 개가 보인다. ***a'.*** 미성숙한 꽃밥 또는 이엽(귀 모양의 잎)

r. 소취 ***s.*** 암술머리 ***l.*** 순판

어가면 순판의 말단부를 눌러 결과적으로 소취에 닿지 않을 것이라는 생각이 들었다. 하지만 꽃 안에서는 강제로 순판의 말단부가 튀어 올라 약간 위로 솟아올랐다가 뒤로 물러나 암술머리와 평행을 이루게 될 것이다. 그다음 나는 깃털 끝 그리고 비슷한 다른 물체들로 소취를 가볍게 위아래로 문질렀다. 소취의 막으로 된 뚜껑이 얼마나 쉽게 벗겨지는지, 모양이 어떻든 탄성으로 인해 어떤 물체에도 얼마나 잘 들어맞는지, 아래쪽 표면의 점성을 통해서 물체에 얼마나 단단히 붙는지 알게 되자 이 모든 조건이 아름답게 느껴졌다. 탄력 있는 실로 소취의 뚜껑에 붙어 있는 다량의 꽃가루가 동시에 제거됐다.

그럼에도 불구하고 꽃가루 덩어리는 곤충에 의해 자연스럽게 제거된 것만큼 말끔하게 제거되지 않았다. 나는 수십 송이의 꽃으로 시험해 봤지만 항상 똑같이 불완전한 결과를 얻었다. 그러다가 문득 꽃에서 물러나는 곤충이 암술머리 표면에 걸쳐진 꽃밥의 뭉툭하고 돌출된 위쪽 끝부분을 자연스럽게 자기 몸의 일부로 밀어낼 것이라는 생각이 들었다. 그래서 나는 붓을 쥐고 소취를 위쪽으로 쓸면서 꽃밥의 뭉툭하고 단단한 끝부분을 밀었다(그림 C). 이로써 즉시 꽃가루 덩어리가 옮겨지며 전체 부지에서 모두 제거됐다. 마침내 나는 그 꽃의 메커니즘을 이해했다. (…)

에피팍티스 라티폴리아. 이 종은 대부분의 특성이 마지막 종과 일치한다. 하지만 소취는 암술머리 표면을 넘어 훨씬 더 돌출돼 있으며 꽃밥의 뭉툭한 위쪽 끝은 덜 돌출돼 있다. 하지만 소취의 탄력 있는 뚜껑 안쪽에 대어져 있는 점성 물질은 건조되는 데 더 오래 걸린다. 위쪽의 꽃잎과 꽃받침은 에피팍티스 팔루스트리스보다 더 넓게 펼쳐져 있다. 순판의 말단부는 더 작고 기저부에 더 단단히 결합돼 있어 유연하거나 탄력이 있지 않으며, 곤충이 내려앉는 장소로만 쓰이는 것 같다. 이 종의 수정은 단순하게 높이 솟아 있는 소취에 위쪽과 뒤쪽 방향으로 덤비는 곤충에게만 의존하고 있다. 대체로 곤충이 순판의 컵 안에 있는 풍부한 꿀을 빨아들이고 나갈 때 수정이 일어난다. 곤충이 꽃밥의 뭉툭한 위쪽 끝부분을 위로 미는 행동은 필요 없는 것처럼 보인다. 최소한 나는 위쪽 또는 뒤쪽 방향으로 소취의 뚜껑을 끌어내기만 하면 꽃가루 덩어리를 쉽게 제거할 수 있다는 것을 발견했다.

이 식물이 우리 집 근처에서 자라고 있기 때문에 나는 몇 년 동안 이곳 저곳에서 수정되는 방식을 관찰할 수 있었다. 여러 종류의 꿀벌과 뒤영벌이 끊임없이 식물 위를 날고 있었지만, 어떤 꿀벌이나 파리목의 곤충도 이 꽃을 찾아오지 않았다. 하지만 독일에서는 슈프렝겔이 이 식물의 꽃가루를 등에 붙인 파리를 잡은 일이 있다. 반면에 나는 흔한 말벌(베스파 쉴베스트리스)이 열린 컵 모양의 순판에서 꿀을 빠는 것을 반복적으로 목격했다. 그래서 말벌이 꽃가루 덩어리를 제거한 후 이마에 붙여 다른 꽃으로 옮기는 수정 작용을 보게 됐다. 이 에피팍티스의 달콤한 꿀이 어떤 종류의 꿀벌에게도 매력적이지 않다는 사실은 매우 놀랍다. 어떤 지역에서 말벌이 멸종한다면 아마 에피팍티스 라티폴리아도 함께 멸종할 것이다.

F

Darwin
and
the
Art of
Botany

프라가리아

Fragaria

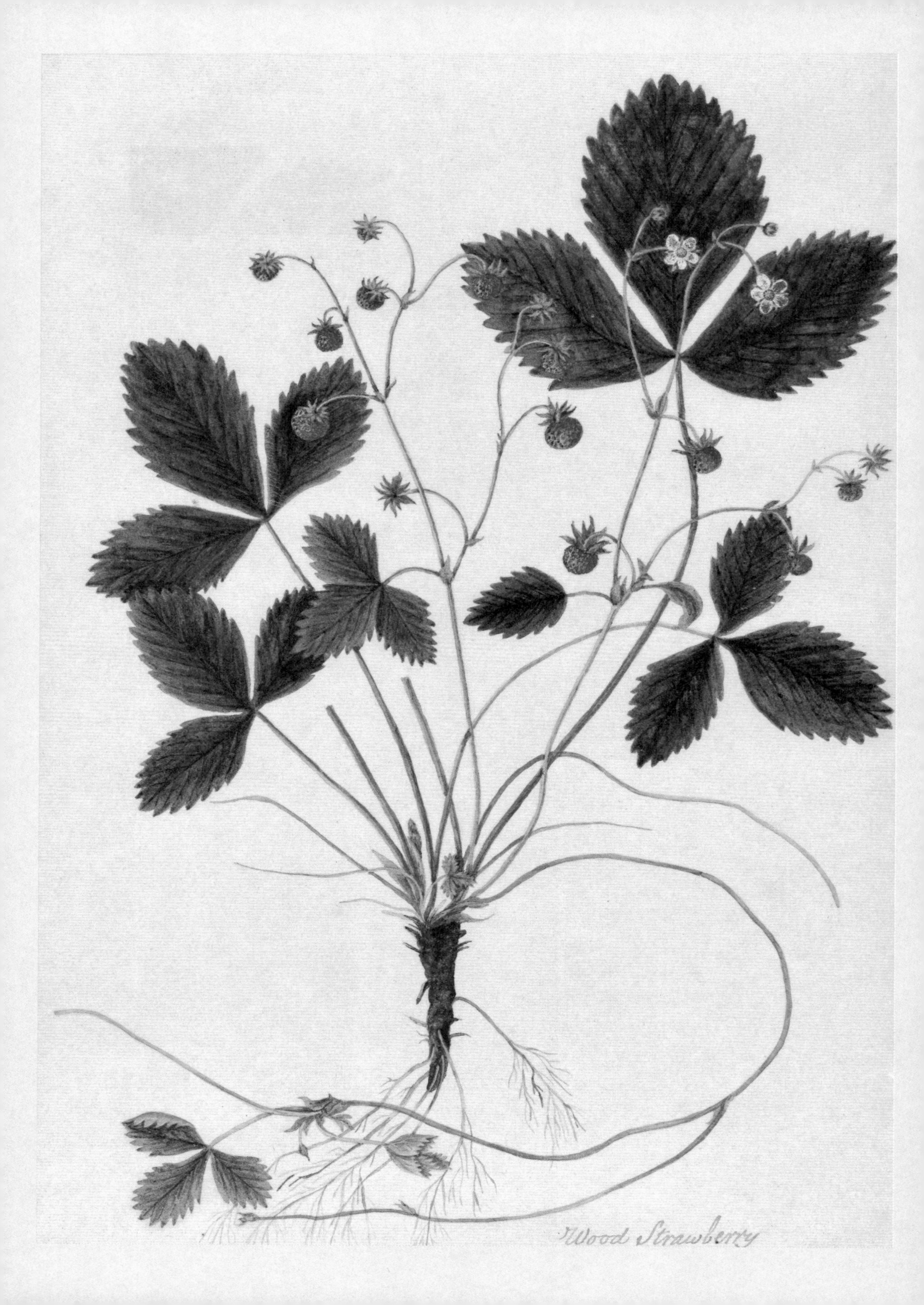
Wood Strawberry

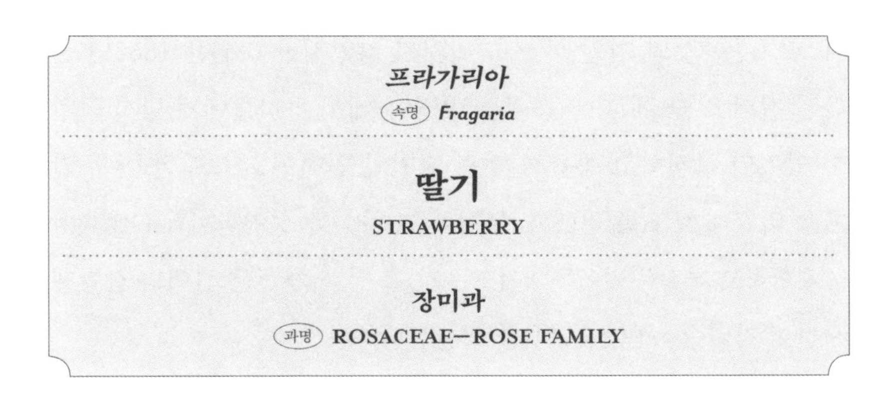

변이, 꽃의 형태, 수분, 식물의 운동

영국 켄트에 있는 다윈 가족의 집인 다운하우스의 부엌 정원에서는 다윈의 식물 연구를 위해 항상 낮게 매달린 과일이 열렸다. 이곳에서 자란 몇몇 종은 다양한 생물학적 관점에서 연구됐다. 딸기가 그 좋은 예다. 교배, 꽃의 구조, 성장 과정 중의 포복지(땅 위를 기어 번식하는 줄기-옮긴이)의 움직임 등은 각기 다른 시기에 여러 연구 주제를 제공했다. 이 모든 것은 다윈에게 자연선택에 의한 진화에 있어 뚜렷한 증거가 되어주었다.

다윈은 인위적 선택을 통한 사육은 자연선택이 작동하는 방식과 매우 유사하다고 주장했다. 다윈이 『종의 기원』 첫 장을 '사육에 따른 변이'로 택한 것도 그런 이유에서다. 변이가 핵심 단어인 것은 유전적 변이가 인공적이든 자연적이든 선택을 위한 원료이기 때문이

프라가리아 베스카.

엘리자베스 블랙웰의 수채화. 『기이한 약초』에 수록.

다. 딸기는 『종의 기원』에서 다뤄지지 않았지만 다윈은 1868년 출간된 저서 『사육에 따른 동식물의 변이』에서 독자들에게 당시 구할 수 있었던 큼직하고 통통한 정원 딸기와 친척인 자그마한 야생 딸기를 비교해 보도록 권했다. 무엇이 그 차이를 설명할까? 교배(대상을 혼합하고 더 많은 변이를 가져오는 것)를 통한 개선은 선택과 결합돼 시간이 지날수록 더 큰 열매를 생산한다.

다윈은 딸기종과 그 변종 그리고 딸기가 잡종화하는 성향을 조사하면서 자신이 선호하는 크라우드소싱 방법, 즉 도움을 청하는 편지를 출판하기로 했다. 그는 《원예학 저널》, 《코티지 가드너》, 《컨트리 젠틀맨》에 이런 편지를 기고했다.

딸기의 역사를 연구해 본 편지 친구들 가운데 현재 또는 이전에 재배된 품종 중 숲이나 고산지대에서 자라는 식물과 스칼렛, 소나무, 고추 사이의 교배종이 있는지 친절하게 알려주실 분이 있을까요? 또 오트부아(딸기의 일종-옮긴이)와 다른 어떤 종류를 교배해 좋은 결과를 얻는 데 성공한 분이 있나요? 수고를 들여서 이 점에 대해 알려주실 분이 계시다면 크게 감사하겠습니다.[72]

이와 관련해 다윈은 딸기의 꽃 구조가 다양하다는 신기한 사실에 흥미를 가졌다. 이것을 처음 발견한 사람은 베르사유 왕립식물원에서 다양한 딸기종과 그 변종을 재배한 프랑스 식물학자 앙투안 니콜라 뒤센이었다. 일부 개체는 수꽃이나 암꽃만 가진 단성(현대

용어로 자웅이체, 혹은 암수딴그루)이며 어떤 개체는 꽃 속에 수술과 암술이 모두 있는 자웅동체(암수한그루)다. 다윈은 『꽃의 형태들』(1877)에서 딸기의 '성별 분리 경향'에 주목하면서 진화가 진행되는 것을 봤다.

다윈의 노트

『사육에 따른 동식물의 변이』

(1868)

딸기. 이 과일은 지금까지 재배된 종의 숫자와 지난 50~60년간 급속한 개선으로 인해 주목받는다. 우리 쇼에 전시된 가장 큰 품종 중 하나의 열매를 야생 나무딸기 열매와 비교해 보거나 좀 더 공정하게 야생 미국 버지니아 딸기의 더 큰 열매와 비교해 보면, 원예학이 어떤 경이로운 결과를 낳았는지 알 수 있을 것이다. 품종의 수도 놀랍도록 빠르게 증가했다. 딸기가 일찍 재배되기 시작한 프랑스에서는 1746년에 단 세 개의 품종만 알려져 있었다. 1766년에 현재 재배되는 것과 동일한 다섯 개 품종이 도입됐지만 일부 하위 변종을 포함해 다섯 종의 야생딸기만이 생산됐다. 현재 변종은 셀 수 없이 많다.

딸기의 성별에 대해 많은 글이 쓰였다. 진짜 오트부아는 각기 다른 식물에 암수 기관을 적절하게 지니고 있었다. 뒤센은 이것을 '디오이카'라고 불렀다. 하지만 오트부아는 자웅동체를 자주 생산한다. 린들리는 땅에서 포복지를 가진 식물을 번식시킴과 동시에 수컷을 죽임으로써 스스로 열매를 많이 맺는 개체를 키웠다. 다른 종들은 온실 안에 가둔 식물에서 보았듯 불완전한 성별 분리 경향을 보인다. 영국에서는 전혀 그런 경향이 없던 몇몇 영국 품종이 북아메리카로 가서 그곳 기후의 비옥한 토양에서 재배되면 일반적으로 성별이 다른 식물을 생산한다. 미국의 킨스 시들링(딸기의 일종-옮긴이) 밭 1에이커(약 4047제곱미터)를 관찰해 보자 수꽃이 없기 때문에 열매가 거의 열리지 않는 것으로 나타났다. 일반적인 규칙은 수컷 식물이 암컷 식물보다 많다는 것이다. 이 주제를 연구하기 위해 특별히 임명된 신시내티 원예 협회의 몇몇 회원들은 "양쪽 성별 기관을 완벽하게 가진 꽃은 거의 없다"라고 보고했다. 오하이오주에서 가장 성공한 재배자들은 암컷 식물 일곱 줄마다 자웅동체 식물을 한 줄씩 심었는데, 이 자웅동체는 두 종류 모두에게 꽃가루를 공급할 수는 있지만 꽃가루를 생산하는 데 에너지를 소비하기 때문에 암컷 식물보다 열매를 더 적게 맺었다.

나중에 다윈은 딸기의 포복지 혹은 수평 줄기의 성장에 관심을 가졌다. 수평 줄기는 중심 줄기를 넘어 뿌리까지 뻗음으로써 식물이 왕성하게 퍼질 수 있게 해준다. 기생 줄기의 회선운동을 연구하고 있었던 그는 포복지도 성장하면서 회전하는지 궁금해 했다. 결국 포복지도 회전한다는 것이 밝혀졌다. 『식물의 운동 능력』에서 다윈은 딸기의 포복지가 길을 가로막고 있는 물체를 피해 어떻게 몸을 비틀고 회전하는지 설명했다. 그는 식물 위나 옆에 유리판을 설치하고, 식물에서 관찰하려는 부분에 부착한 아주 작은 유리 필라멘트에 검은색 밀봉 왁스를 바르는 방법으로 움직임을 포착했다. 그리고 바늘 바로 아래 막대에 고정된 흰색 카드에 검은색 점을 표시했다. 유리판에 있는 점의 위치를 기록하면서 그는 일정기간, 대개 하루나 이

틀에 걸쳐 각 동작을 표시했다. 그런 다음 점들을 연결해 움직임을 체크했다.[73)]

다윈의 노트

『식물의 운동 능력』 (1880)

포복지는 매우 길고 유연한 가지로 구성돼 있으며 땅 표면을 따라 뻗어나가 부모 식물에서 멀리 떨어진 곳에 뿌리를 형성한다. 따라서 포복지는 줄기와 같은 상동성을 갖는다. (…)

화분에서 자라는 프라가리아(재배된 정원 변이종)가 포복지를 길게 뻗었다. 막대기가 지지대 역할을 했고 포복지는 몇 센티미터 길이로 돌출돼 수평 방향으로 자랐다. 작은 삼각형 모양의 종이 두 장을 매단 유리 필라멘트를 약간 위로 향한 말단부 새싹에 부착했다. 그리고 다음 페이지에서 보이는 것처럼(왼쪽 그림) 포복지의 움직임을 21시간 동안 추적했다. 처음 12시간 동안 포복지는 지그재그 선을 그리며 두 번 올라가고 두 번 내려왔다. 밤에도 같은 방식으로 움직이는 것이 틀림없었다. 20시간의 휴지 시간을 가진 후 다음 날 아침, 정점은 처음보다 약간 올라갔다. 이것은 포복지가 그 시간 동안 굴지성에 따라 움직이지 않았음을 보여준다. 또한 자신의 무게 때문에 아래로 구부러지지도 않았다.

다음 날 아침(19일) 유리 필라멘트를 분리해 다시 새싹 뒤쪽 가까이에 부착했다. 말단부 새싹의 회선운동과 포복지에 인접한 부분의 회선운동이 다를 수도 있기 때문이다. 이렇게 이틀 연속으로 움직임을 추적했다. 첫날에는 14시간 30분 동안 필라멘트가 약간의 측면 운동 외에도 다

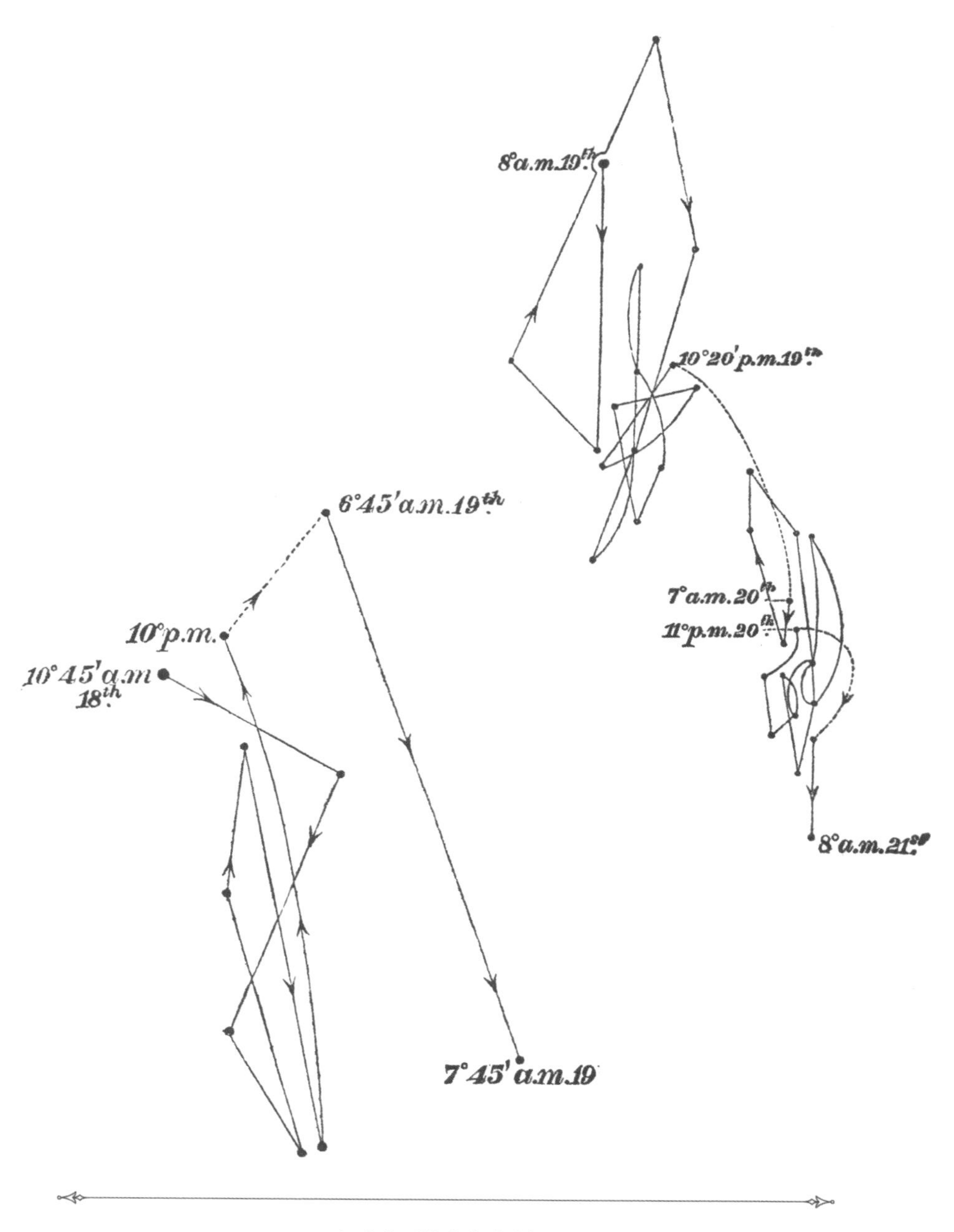

(좌) **딸기 포복지의 회선운동.**

어두운 상태로 수직의 유리판 위에 5월 18일 아침 10시 45분부터 19일 아침 7시 45분까지의 움직임을 추적한 기록.

(우) **같은 딸기 포복지의 회선운동.**

같은 방식으로 5월 19일 아침 8시부터 21일 아침 8시까지의 움직임을 추적한 기록.

섯 번 위로 올라가고 네 번 아래로 내려왔다. 20일에는 운동 경로가 더 복잡해져서 제대로 그림이 그려지지 않았지만, 필라멘트는 16시간 동안 움직였고 최소한 위로 다섯 번, 아래로 다섯 번 이동했다. 측면으로는 거의 기울어지지 않았다. 둘째 날 처음과 마지막, 즉 아침 7시와 밤 11시에 찍힌 점들은 가까이 붙어 있어 포복지가 내려가거나 올라가지 않았음을 보여준다. 그럼에도 불구하고 19일과 21일 아침의 위치를 비교해 보면 포복지가 아래로 가라앉은 것이 분명하다. 이는 자신의 무게나 굴지성으로 인해 천천히 구부러졌기 때문일 수도 있다.

Darwin and the Art of Botany

글로리오사

Gloriosa

P. Bessa.

글로리오사

속명 *Gloriosa*

불꽃 백합

FLAME LILY

콜키쿰과

과명 COLCHICACEAE—COLCHICUM FAMILY

덩굴식물

아프리카와 아시아의 열대 지역에 서식하는 11종의 덩굴식물인 글로리오사속은 인상적으로 솟아오른 진홍색과 주황색 꽃잎들로 유명하다. 이름처럼 정말 눈부시게 아름답다. 글로리오사는 수술 여섯 개와 암술 한 개로 배열된 생식 구조를 가졌으며 관능적인 색깔을 띤다. 그 덕분에 린네가 정리한 식물의 성적 체계를 이래즈머스 다윈이 시적으로 표현한 「식물의 사랑」에서도 자극적인 소재로 쓰였다. 이 작품에서 글로리오사 꽃의 암술과 수술은 교활한 여인 한 명과 그녀에게 푹 빠져 얼굴을 붉히는 여섯 명의 구혼자로 의인화됐다.[74] 이래즈머스의 손자 찰스도 글로리오사의 수분에 대해 언급했지만 확실히 덜 흥미로운 용어를 썼다.

"글로리오사 백합은 직사각형으로 구부러진 기이한 암술의 암술

글로리오사 수페르바.

팡크라스 베사가 모조피지에 그린 수채화. 『애호가를 위한 식물도감』에 수록.

머리가 외부에서 꿀을 분비하는 꽃의 오목한 곳으로 통하는 길로 향하지 않고 곤충이 한 밀선에서 다른 밀선으로 갈 때 따라가야 하는 원형 경로 속으로 들어가 있다."[75]

하지만 다윈이 이 식물을 키운 주된 이유는 수분을 연구하기 위해서라기보단 잎끝에서 덩굴손이 뻗어 나오는 특이한 등반 수단을 관찰하기 위해서였다. 1863년 여름 그는 후커에게 편지를 써서 진화 연구의 일환으로 특이한 덩굴손을 가진 식물을 추천해 달라고 했다.

"덩굴손 관찰은 매우 즐겁습니다. 발달 과정 혹은 이상하거나 기이한 구조, 아니면 혹은 자연적 배열에서 차지하고 있는 특이한 어떤 면에서든 주목할 만한 덩굴손을 찾아주면 좋겠습니다."[76] 진화를 연구하는 프로젝트의 일환으로 얼마 후 다윈은 감사하게도 사하라 이남 아프리카에 널리 분포하는 근사한 '글로리오사 플란티(현재의 글로리오사 심플렉스와 같은 종)'를 받았다. 그는 매우 기뻐했다. 이 종이 덩굴손의 진화에 대한 단서를 제공했기 때문에 더더욱 흥분했다. 덩굴식물에 대한 연구 초기에 그는 덩굴손이 줄기에서 파생돼 나왔는지, 아니면 잎에서 파생돼 나왔는지에 대한 의문으로 어려움을 겪었다. 1864년 1월 31일의 다음 기록에 나온 대로 처음 다윈은 후자 쪽으로 기울었다.

비그노니아 운구이스, 글로리오사와 트로파이올룸 트리콜로룸 그리고 클레마티스의 사례로 인해 나는 모든 덩굴손이 첫 번째 잎 등반가라는 생각이 강해졌다. 덩굴손의 기원을 달리 설명할 수 없기 때문이다.[77]

다윈은 몇몇 경우에서 그것을 관찰했다('시계초' 참조). 꽃자루에도 덩굴손이 생겼으나 대부분의 경우 덩굴손은 변형된 잎이었다. 글로리오사와 다른 잎끝 덩굴손 등반가들(플라겔라리아 인디카, 우불라리아, 네펜테스 등)은 민감한 잎자루가 있는 잎 등반가부터 진짜 덩굴손을 가진 식물까지 중간 단계의 형태를 띠고 있다. 그는 『덩굴식물』이라는 저서에서 다음과 같은 결론을 내렸다.

"잎은 덩굴손의 주요 특징인 민감성과 자발적인 움직임 그리고 그 이후에 증가되는 힘을 보여준다."[78]

• 다윈의 노트 •

『덩굴식물의 운동과 습성』

(2판, 1875)

반쯤 자란 글로리오사 플란티의 줄기는 끊임없이 움직이며, 일반적으로는 불규칙한 나선을 그리지만 가끔 더 긴 축이 다른 선을 향하는 타원형 모양을 만든다. 이 줄기는 태양을 따라가거나 반대 방향으로 움직였고 가만히 서 있다가 방향을 바꾸기도 했다. 타원 모양 하나가 3시간 40분 만에 완성됐고 말발굽 모양 두 개 중 하나는 4시간 35분 만에, 나머지 하나는 3시간 만에 그려졌다. 어린 줄기는 움직이면서 10~12센티미터 사이의 여러 지점들에 도달했다. 어린잎은 처음 성장했을 때 거의 수직으로 서지만 축이 성장함에 따라 그리고 잎의 말단부 쪽 절반이 자연스럽게 아래로 구부러짐에 따라 곧 기울어지게 되고 결국에는 수평으로 눕게 된다. 잎의 끝부분은 리본 같은 모양의 좁고 두꺼운 돌출부를 형성한다. 처음에는 곧게 펴져 있지만 잎이 기울어지면 이 부분도 아래로 구부러져 제대로 된 갈고리 모양이 된다. 이 갈고리는 강하고 단단해 어떤 물체든 잡을 수 있으며 뭔가를 잡으면 식물을 그 자리에 고정시키고 회전운동을 멈추게 한다. 갈고리 안쪽 면은 민감하지만 앞서 설명한 여러 가지 잎자루만큼 그렇게 민감하지는 않아서 곡식 낟알 1.64개의 무게인 고리 모양의 실로는 아무 효과가 없었다. 갈고리가 가느다란 가지나 단단한 섬유에 걸리면 그 지점이 약간 안쪽으로 말리는 것이 1시간에서 3시간 사이에 감지됐다. 그리고 유리한 환경이 갖춰졌다면 갈고리는 8시간에서 10시간 사이에 물체를 휘감은 후 영구적으로 붙잡는다.

잎이 아래로 구부러지기 전, 처음 형성된 갈고리는 거의 민감하지 않다. 아무것도 붙잡지 못하면 오랫동안 열린 채로 민감함을 유지한다. 궁극적으로 말단부는 자연스럽게 천천히 안쪽으로 말리면서 잎 끝에 단추처럼 납작한 나선형 코일을 만든다. 잎 하나를 관찰한 결과, 갈고리가 33일 동안 열린 채로 있었지만 마지막 주에는 끝부분이 안쪽으로 너무 많이 말려 있어서 아주 가느다란 가지만 그 안으로 들어갈 수 있었다. 끝이 안쪽으로 심하게 말려 갈고리가 둥근 고리로 바뀌면 민감함은 사라지지만, 갈고리가 열려 있는 한 약간의 민감함이 유지된다.

식물의 키가 겨우 15센티미터에 불과할 때 4~5개였던 잎은 그 뒤로 나온 잎보다 더 넓었다. 부드럽지만 약간 가늘어진 끝부분은 민감하지 않았고 갈고리를 형성하지 않았으며 줄기도 회전하지 않았다. 이 성장 초기 단계에서 식물은 스스로를 지탱할 수 있으며 등반 능력은 필요 없기에 발달하지 않는다. 마찬가지로 다 자라 꽃을 피우는 식물의 꼭대기에 있는 잎은 더 높이 올라갈 필요가 없기 때문에 민감하지도 않고 막대기를 잡지도 못한다. 이로써 우리는 자연이 얼마나 완벽한 경제성을 지니고 있는지 알 수 있다.

H

Darwin and the Art of Botany

후물루스

Humulus

Humulus lupulus. Wild Hops.
E.W. Augt 1805.

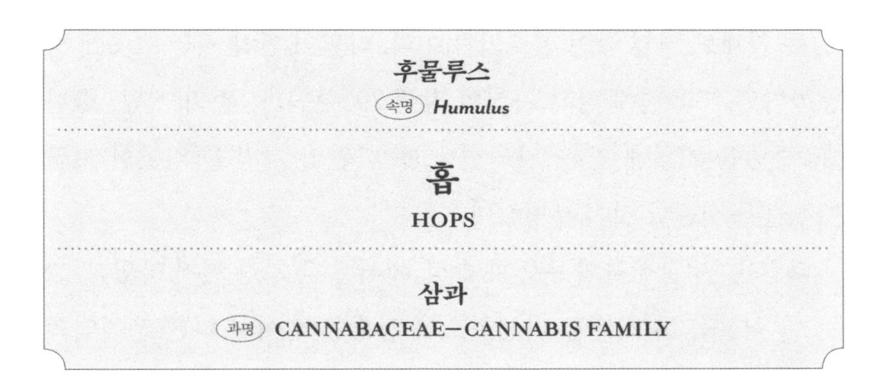

덩굴식물

보통 홉이라 하는 후물루스 루풀루스는 다년생 암수딴그루 덩굴 식물이다. 주로 상업용으로 재배되며 맥주를 보존하고 맛을 내기 위해 사용되는 향기로운 암꽃송이들로 유명하다.[79] 또한 이 식물은 줄기를 따라 수없이 나 있는 갈고리 같은 작은 모상체(毛狀體) 덕분에 덩굴이 물체를 꽉 쥘 수 있어 현관 입구와 트렐리스(덩굴식물이 타고 올라가도록 만든 격자 구조물-옮긴이)를 꾸미는 매력적인 장식물로도 쓰인다. 유럽·서남아시아·북아메리카가 원산지인 후물루스속의 여섯 종 중 후물루스 루풀루스가 가장 흔하며 다양한 품종이 재배된다. 홉은 다윈의 시대에 영국의 주요 산물이었다. 다윈이 살았던 켄트주는 홉 재배로 유명했다. 그도 때때로 근처의 펍에서 켄트 맥주를 즐겼을 것이다. '조지 인'(지금은 '조지 앤 드래곤')과 '퀸스 헤

후물루스 루풀루스.

엘리자베스 와튼의 수채화. 『영국의 꽃들』에 수록.

드'는 현재도 영업 중인 켄트의 펍이다. 다윈이 만약 지금 그곳에 방문한다면 2009년에 각각 자신의 탄생 200주년과 『종의 기원』 출판 150주년을 기념해 만든 '자연선택'과 '다윈의 기원'을 비롯한 고급 맥주들을 시음할 것이 분명하다.

다윈은 『덩굴식물의 운동과 습성』에서 홉을 가장 먼저 다뤘다. 그는 이 식물을 '지지대를 나선형으로 감으면서 어떤 다른 움직임의 도움도 받지 않는 식물'이라고 정의했다. 홉은 그가 '나선형으로 휘감는 식물'이라고 묘사한 덩굴식물 그룹 중에서도 가장 흔한 대표주자이기에 홉을 가장 먼저 다룬 다윈의 선택은 훌륭했다. 후물루스는 얼마 없는 왼손잡이 덩굴식물 중 하나다. 대부분의 종은 시계 반대 방향으로 지지대를 감으면서 오른쪽 나선을 그리는 데 반해 왼손잡이 덩굴식물들은 위에서 볼 때 시계 방향으로 지지대를 감으면서 오른쪽 아래에서 왼쪽 위로 뻗어나간다.

다윈의 노트

『덩굴식물의 운동과 습성』

(2판, 1875)

홉(후물루스 루풀루스)의 새싹이 땅에서 올라오면 처음으로 형성된 두세 개의 마디 또는 절간은 일직선으로 뻗고 정지 상태를 유지한다. 하지만 그 다음 형성된 것들은 아주 어린 시기에 한쪽으로 구부러지고 나침반의 모든 방향을 향해 시곗바늘처럼 천천히 돌면서 태양과 함께 움직이는 모습이 관찰되며, 이 움직임은 곧 완전히 정상 속도를 획득한다. 잘려진 식물에서 뻗어 나온 새싹을 8월 한 달간 관찰하고 4월 한 달간 다른 식물을 관찰해 총

일곱 차례 살펴본 결과, 더운 날씨에 낮 동안 1회 회전하는 평균 속도는 2시간 8분이었다. 회전속도는 항상 이것과 크게 다르지 않았다. 식물이 자라는 한 회전운동은 계속되지만 각각의 분리된 절간은 나이가 들면 움직임을 멈춘다.

나는 마침 몸이 아팠기에 따뜻한 방 안에서 지내는 동안 각 절간이 얼마나 많이 움직였는지 확인하려 밤낮으로 화분을 돌보고 키웠다. 그랬더니 줄기가 길게 뻗어 나와 지지대의 꼭대기 위를 넘어 돌출됐고 꾸준히 회전했다. 그래서 나는 더 긴 막대를 가져와 줄기를 묶었다. 4센티미터 길이의 아주 어린 절간만이 자유로운 상태로 남았다. 이것은 거의 직립한 상태여서 회전운동이 쉽게 관찰되지 않았지만 움직이는 건 분명했다. 한때 볼록했던 절간의 측면은 오목해졌다. 이것은 앞으로 보게 될 것처럼 회전운동을 한다는 확실한 신호다. 나는 절간이 첫 24시간 동안 적어도 한 번은 회전운동을 했다고 가정할 것이다. 다음 날 아침 일찍 내가 위치를 표시해 둔 뒤 이 식물은 9시간 동안 두 번째 회전을 했다. 회전 중 후반부에서 속도가 훨씬 빨라졌고 저녁이 되자 3시간이 약간 넘는 시간 동안 세 번째 회전이 완료됐다. 다음 날 아침에는 2시간 45분 만에 한 바퀴 회전했다. 간밤에 네 번의 회전이 있었으며 한 바퀴당 평균 3시간이 약간 넘게 소요되었음이 확실했다. 방 안의 온도 차이는 거의 없었음을 덧붙여 언급하고 싶다. 36번째 회전은 보통 속도로 이뤄졌고 37번째이자 마지막 회전도 마찬가지였다. 하지만 끝이 아니었다. 절간이 갑자기 똑바로 세워졌는데, 중앙으로 이동한 다음에는 움직이지 않았다. 나는 꼭대기 부분에 무게가 있는 물체를 묶어 줄기를 약간 아래로 처지게 해 움직임을 추적하려 했는데 미동조차 없었다. 마지막 회전이 반쯤 이뤄지기 직전에 절간의 아랫부분은 움직임을 멈췄다.

몇 가지만 추가하면 이 절간에 대한 모든 설명이 완성될 것이다. 절간은 5일 동안 움직였는데 세 번째 회전 이후 더 빨라진 속도가 3일 20시간 동안 유지됐다. 9번째에서 36번째 회전까지는 규칙적이었고 한 바퀴에 평균 2시간 31분이 소요되었다. 하지만 날씨가 추웠다. 특히 밤 시간에는 방의 온도에 영향을 받았다. 이에 따라 움직이는 속도는 약간 느려졌다. 17번째 회전 이후 절간은 길이가 4센티미터에서 15센티미터까지 자랐고 4센티미터 남짓 움직였다. 이것은 충분히 알아차릴 수 있을 만큼의 움직임이었으며 절간의 끝이 아주 약간 이동한 것을 볼 수 있었다. 21번째 회전 후 끝에서 두 번째 절간의 길이는 6센티미터였고 약 3시간 동안 한 바퀴 회전한 것으로 추정됐다. 27번째 회전을 할 때 아직 움직이는 하단의 절간은 길이가 21센티미터, 끝에서 두 번째 절간은 9센티미터, 맨 끝 절간은 6센티미터였고, 줄기 전체의 기울기는 지름 48센티미터의 원을 휩쓸 정도였다. 움직임이 멈췄을 때 절간 하단부는 길이가 22센티미터였고 끝에서 두 번째 절간은 15센티미터였다. 27번째 회전과 37번째 회전 사이에 세 개의 절간이 동시에 돌아간 것을 알 수 있었다.

절간 하단부는 회전을 멈췄을 때 똑바로 세워졌고 단단해졌다. 하지만 전체 줄기가 지지대 없이 자라도록 뒀기 때문에 시간이 지나면서 구부러져 거의 수평 자세가 됐다. 꼭대기에서 자라는 절간은 여전히 끝부분에서 회전하지만 더 이상 지지대의 예전 중앙 지점을 돌지 않는다. 말단의 무게중심이 변했는데 그것이 회전함에 따라 길고 수평으로 돌출된 줄기가 천천히 살짝 흔들렸다. 처음에 나는 이 움직임이 자연스러운 것이라고 생각했다. 줄기가 자라면서 점점 아래로 늘어진 반면에 자라면서 회전하는 말단부는 점점 위를 향했다.

홉을 통해 우리는 세 개의 절간이 동시에 움직이는 것을 봤다. 내가 관찰한 식물 대부분이 마찬가지였다. 완전히 건강한 상태라면 두 개의 절간이 회전했다. 그리고 아래쪽 절간이 회전을 멈추면 위쪽 절간은 최대치로 활동했고 맨끝의 절간이 움직이기 시작했다.

I

Darwin and the Art of Botany

이포모에아

Ipomoea

Bindweed with a purple
Flower.

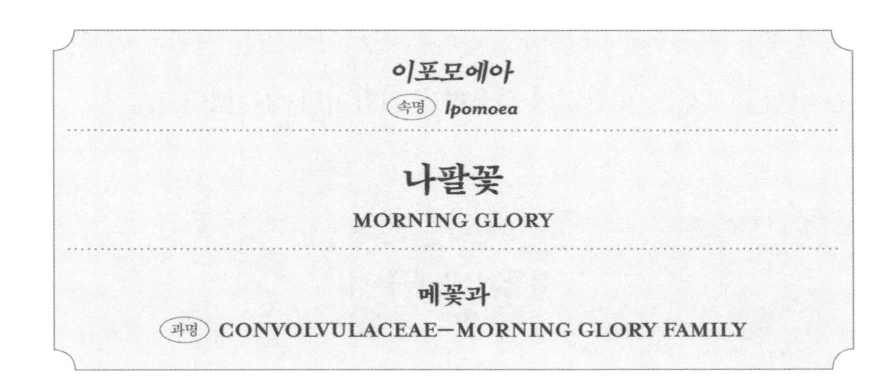

식물의 운동, 타가수정과 자가수정

전 세계적으로 600종이 넘는 식물을 포함하는 고구마속(이포모에아)은 메꽃과에서 가장 큰 속이다. 세계 곳곳에서 아름답고 다양하게 재배되며 현관 입구, 트렐리스, 정원을 장식하는 품종들도 있다. '이포모에아'라는 이름은 그리스어에서 유래한 것이다. 이는 '입스Ips'라는 속명을 가진 나무껍질 조각가 딱정벌레가 구불구불한 길을 만들며 나무를 파먹는 것을 연상시키는 모습 때문이다.

나팔꽃은 다윈이 연구한 여러 덩굴식물 중 하나다. 그는 나팔꽃의 줄기가 대부분의 덩굴식물처럼 시계 반대 방향(태양의 반대 방향)으로 돌면서 자란다는 것을 확인했다. 이후 빛에 대한 나팔꽃의 민감성, 즉 향일성을 시험해 대부분의 덩굴식물처럼 나팔꽃의 탐색줄기가 측면의 광원에 반응하지 않는다는 것도 알아냈다. 덩굴식물의

이포모에아 푸르푸레아.

앤 해밀턴 부인이 수채물감과 구아슈물감으로 모조피지에 그림. 〈식물 그림〉에 수록.

가장 중요한 목적은 더 높이 올라가는 것이기에 그는 직관에 반대되는 나팔꽃의 습성이 환경에 적응하기 위함이라 생각했다.

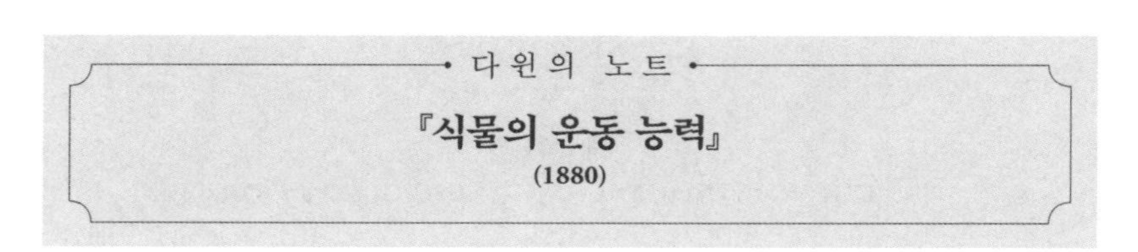

• 다 윈 의 노 트 •

『식물의 운동 능력』

(1880)

이포모에아 카이루레아(나팔꽃)와 푸르푸레아(둥근잎 나팔꽃). 아주 어린 식물의 잎은 높이가 30~60센티미터이고 밤사이에 수평 아래로 68도에서 80도가량 내려가며 일부는 거의 수직으로 아래를 향해 매달려 있다. 다음 날 아침 이 잎들은 다시 수평 자세로 올라간다. 잎자루는 밤이 되면 전체 또는 윗부분만 아래로 구부러지며 이 때문에 잎이 아래로 처지게 된다. 북동쪽 창문 앞에 둔 식물의 뒤쪽 잎은 잠을 자지 않았는데, 이 식물이 잠을 자기 위해서는 낮 동안 빛을 받아야 할 것으로 보인다. (…)

향일성은 매우 널리 퍼진 일반적인 특성이고 덩굴식물은 관다발식물 전체에 골고루 분포하고 있다. 따라서 줄기가 빛을 향하는 특성이 없다는 것은 향일성이 쉽게 제거될 수도 있음을 의미하므로 더 깊은 연구를 할 가치가 있는 놀라운 사실처럼 보였다. 덩굴식물이 측면 빛에 노출됐을 때 줄기는 빛을 향해 휘어지는 움직임 없이 같은 지점에서 회전하거나 휘감는 운동을 한다. 하지만 우리는 줄기가 연속적으로 회전하는 동안 빛을 향해 그리고 빛으로부터 이동하는 평균 속도를 비교함으로써 향일성의 흔적을 찾아낼 수도 있다고 생각했다. 우리는 각기 다른 화분에서 자라는 나팔꽃과 둥근잎나팔꽃의 어린 식물(키가 30센티미터 정도)을 각각 세 개와 네 개씩 방의 북동쪽 창문 앞에 뒀다. 밝은 낮에만 환하

고 그 시간 외에는 어두워지는 장소였는데, 낮에는 식물의 회전하는 줄기 끝이 창문을 가리키고 있었다. 우리는 줄기 끝이 창문 반대쪽을 향하다가 다시 창문을 돌아오는 시간을 기록했다. 몇 번의 관찰 끝에 줄기가 반원을 그리며 이렇게 움직이는 시간을 최대 5분의 오차범위 내에서 안전하게 추측할 수 있다는 결론이 나왔다. 빛을 향하는 반원 22개를 그릴 때 걸리는 시간은 평균 73.95분이었고 빛에서 멀어지는 반원 22개를 그릴 때는 평균 73.5분이 걸렸다. 따라서 결과의 정확성에 우연에 기댄 부분이 있음을 감안하더라도 빛을 향하거나 빛에서 멀어질 때 줄기의 속도는 거의 같다고 할 수 있다. 저녁에는 줄기가 창문을 향해 조금도 휘어지지 않았다.

식물의 운동에 대한 실험 외에 나팔꽃에 대한 다윈의 연구 대부분은 이종교배가 어떤 혜택을 주는지와 관련된 것이었다. 큰 꽃을 피우는 종인 이포모에아 푸르푸레아는 현재 세계 곳곳에서 자라고 있지만 원산지는 멕시코다. 이 꽃은 다윈이 타가수정과 자가수정의 효과를 실험할 때 가장 먼저 사용했던 꽃들 중 하나였다. 그는 수분과 성장 조건을 통제하기 위해 온실 안에서 그물을 씌워 11년 동안 10세대를 키웠다. 그의 실험 디자인은 현대 기준으로는 통계적으로 견고하지 않았을 수도 있다. 하지만 당시 이 분야는 초기 단계였기 때문에 그의 접근법은 충분히 유용한 데이터를 산출했다.

그는 이 식물이 다른 개체에게서 온 꽃가루만큼 자신의 꽃가루로도 비슷하게 수정을 잘 시킨다는 것을 발견했다. 하지만 그 결과로 나온 씨앗으로 다음 세대를 키우면 차이점이 점차 뚜렷해졌다. 다윈은 각 집단에서 동시에 싹을 틔운 묘목을 골라 같은 화분의 반대편에 짝을 지어 심은 다음 경쟁적으로 타고 올라갈 수 있는 막대를 꽂아줬다. 그 결과 그는 타가수정된 식물들이 자가수정된 식물보다 키도 더 크고 튼튼하며 꽃도 더 빨리 피우고 더 많은 씨앗을 생산하는 경향이 있음을 발견했다. 그는 거의 모든 세대에서 타가수정이 이득이라는 점을 확인했다. 하지만 이 경향을 거스르고 타가수정 식물보다 더 크게 자라는 변칙적인 자가수정 식물이 하나 있었다. 다윈은 이 튼튼한 표본에 '영웅'이라는 이름을 붙이고, 이 활력이 유전되는지 알아보기 위해 3세대에 걸쳐 씨앗을 얻으며 키웠다. 과연 그 속성은 유전됐다.

다윈은 보라색 나팔꽃 이외에도 여러 식물을 대상으로 여러 세대에 걸친 교배 실험을 계속했다. 그는 디기탈리스, 제비꽃, 피튜니아, 옥수수 등을 충실하게 키웠고 여러 세대 동안 세심하게 손으로 수분시켰다. 다윈은 수학적 성향이 전혀 없었던 탓에 사촌 프랜시스 골턴에게 부탁해 수많은 데이터를 통계적으로 분석했고 그 결과를 정리한 저서 『타가수정과 자가수정의 효과』를 펴냈다.[80] 그는 자신이 37년 전에 처음으로 교배의 효과에 대해 관심을 가졌을 때 예감한 것이 결국 옳았음을 증명했다. 다윈은 이 책의 내용을 요약하는 장에서 다음과 같이 선언했다.

"이 책에서 제시된 관찰로부터 얻어낸 첫 결론이자 가장 중요한 결론은, 적어도 내가 실험한 식물들로 볼 때 일반적으로 타가수정이 이로우며 자가수정은 종종 해로울 때도 있다는 것이다."[81]

다윈의 노트

『타가수정과 자가수정의 효과』
(2판, 1878)

내 온실에는 이포모에아 푸르푸레아(나팔꽃) 혹은 영국에서는 삼색메꽃이라고도 하는 남아메리카 원산지의 식물이 자랐다. 이 식물의 꽃 10송이는 같은 꽃에서 나온 꽃가루로 수정시켰고 같은 식물의 또 다른 10송이는 다른 개체의 꽃가루로 교배시켰다. 이 꽃은 자가수정하는 특성이 매우 강하기 때문에 인위적으로 자기 꽃가루로 수정시키는 행동은 딱히 필요가 없었다. 하지만 나는 모든 면에서 실험의 조건을 일치시키기 위해 그렇게 했다. 꽃이 어린 시기에 암술머리는 꽃밥 너머로 돌출한다. 이 꽃을 자주 찾는 뒤영벌의 도움 없이는 수정이 어렵다고 생각할 수도 있다. 하지만 꽃이 나이가 들어가면서 수술의 길이가 길어지고 꽃밥이 암술머리를 스치면서 꽃가루가 전달된다. 타가수정과 자가수정으로 생산된 씨앗의 숫자는 거의 차이가 없다.

위의 방식으로 얻은 타가수정 씨앗과 자가수정 씨앗이 축축한 모래에서 발아할 수 있게 했다. 동시에 한 쌍이 발아할 때마다 두 개 화분의 반대편에 심었다. 이렇게 해서 다섯 쌍을 심었고, 발아 상태든 아니든 남은 씨앗들은 전부 세 번째 화분의 양쪽에 심었다. 그래서 이 화분 양쪽의 어린 식물들은 매우 붐비는 환경과 극심한 경쟁에 노출됐다. 같은 지름의 철 막대와 나무 막대를 설치해 식물이 감고 올라갈 수 있게 한 다음, 짝을 지은 식물 중 어느 한쪽이 꼭대기에 다다랐을 때 양쪽의 키를 측정했다. 그리고 붐비는 화분의 양쪽에 막대 하나씩을 꽂은 후 양쪽에서 가장 높이 자란 식물의 키만 측정했다.

10세대에 걸친 자가수정 식물의 평균 키는 다음 표에서 볼 수 있다. 타가수정 식물의 평균 키를 100으로 설정했다. 오른쪽 페이지에 73개의 타가수정 식물과 73개의 자가수정 식물의 키 차이가 표시돼 있는데, 그 차이는 아마 그림을 보면 잘 이해할 수 있을 것이다. 만약 한 나라에서 모든 남자의 키가 평균 180센티미터라고 할 때 오랫동안 근친혼이 이뤄진 가족이 있었다면 이들은 거의 난쟁이처럼 작았을 것이고 10세대에 걸친 평균 키가 겨우 140센티미터였을 것이다.

타가수정 식물과 자가수정 식물의 평균 키 차이는 타가수정 식물 중 일부가 예외적일 정도로 크게 자랐거나 자가수정 식물 중 일부가 극도로

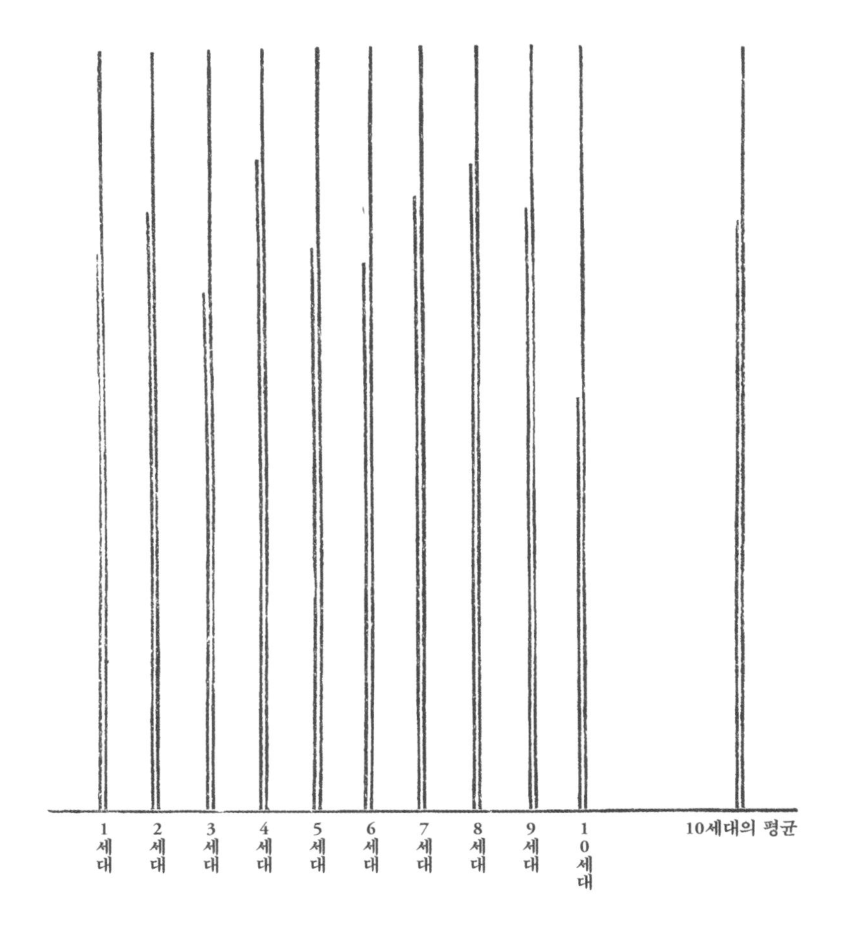

작아서가 아니다. 그보다 다음의 몇 가지 경우만 제외하면 모든 타가수정 식물이 상대 자가수정 식물보다 컸기 때문이다. 첫 번째 예외는 6세대에서 '영웅'이라 불리는 식물이 탄생했을 때였다. 8세대에서는 영웅이 두 번 등장했다. 이 세대의 자가수정 식물은 처음에 비정상적으로 빨리 자라며 한동안 변칙적인 상태로 상대 타가수정 식물을 압도했다. 9세대에서는 두 번의 예외가 있었는데 그중 한 식물이 상대 타가수정 식물과 키가 같은 정도였다. 따라서 73개의 타가수정 식물 중 68개가 상대 자가수정 식물보다 크게 자랐다.

L

Darwin and the Art of Botany

라튀루스

Lathyrus

리나리아

Linaria

리눔

Linum

루피누스

Lupinus

LATHYRUS Siculus flore
odorato Suaverubente.
Painted Lady
Sweet-sented
Peas.

라튀루스

(속명) *Lathyrus*

스위트피, 에버래스팅피와 그 친척들

SWEET PEA, EVERLASTING PEA, and RELATIVES

콩과

(과명) FABACEAE—PEA FAMILY

덩굴식물, 타가수정과 자가수정

라튀루스(연리초속)는 전 세계의 온대 지역에서 주로 발견되며 장식용이나 간작(주된 작물을 심은 이랑에 일정 기간 동안만 다른 작물을 심는 일-옮긴이) 작물로 또는 사료용이나 식품용으로 널리 재배된다. 이 속의 가장 잘 알려진 종은 스위트피(사향 연리초)와 에버래스팅피(넓은잎 연리초)이며 다양한 색깔의 우아하고 향기로운 꽃으로 사랑받으며 17세기부터 재배됐다. 잎 덩굴손은 이 속에 해당하는 대부분의 종이 갖고 있다. 그중 하나인 노란 완두콩(라튀루스 아파카)에는 잎이 덩굴손으로 발달하는 동안 잎 역할을 하는 턱잎이 있고, 또 다른 하나인 라튀루스 니솔리아는 풀처럼 생긴 잎이 있는 반면 덩굴손은 없다. 다윈은 이것이 원시 조상으로의 회귀를 의미할 수 있다고 보았다. 다윈은 자생종과 재배종을 모두 키웠으며 그의

라튀루스 오도라투스.

영국 학교 화가들이 수채물감과 구아슈물감으로 모조피지에 그림. 〈정원 꽃 앨범〉에 수록.

다양한 연리초속에 대한 연구(묘목의 회전운동, 개화하지 않는 자가수정 식물인 폐쇄화, 덩굴손의 진화와 회귀, 타가수분과 자가수분 등)는 그의 저서 중 다섯 권 이상에 기술돼 있다.

• 다 윈 의 노 트 •

『덩굴식물의 운동과 습성』

(2판, 1875)

연리초속의 거의 모든 종은 덩굴손을 갖고 있지만 라튀루스 니솔리아는 덩굴손이 없다. 많은 사람이 이 식물의 잎이 일반적인 콩과의 식물들과 달리 풀처럼 생긴 것을 보고 놀랐을 것이다. 또 다른 종인 라튀루스 아파카에서는 (가지가 없고 자발적인 회전력이 없기 때문에) 잘 발달되지 않은 덩굴손이 잎을 대신하며 큰 턱잎이 잎의 기능을 대체한다. 만약 라튀루스 아파카의 덩굴손이 콩의 작고 덜 발달한 덩굴손처럼 납작해지고 잎 모양이 된다고 가정하면 그리고 동시에 큰 턱잎이 더 이상 필요하지 않아 크기가 작아진다고 가정하면, 그 덩굴손은 라튀루스 니솔리아의 잎에 해당한다. 우리는 이 방식으로 그 신기한 잎을 이해할 수 있다. 덩굴손을 가진 식물에 대한 앞선 견해를 요약하는 역할을 하는 라튀루스 니솔리아는 근본적으로 덩굴식물이었던 식물의 후손이라고 할 수 있다. 이후에 이것은 잎덩굴이 됐고, 나뭇잎은 보상의 법칙을 통해 턱잎의 크기가 매우 커지면서 점차 덩굴손으로 전환됐다. 얼마 뒤 덩굴손은 가지를 잃고 단순해졌고 그 다음에는 회전력을 잃었다(이 상태에서의 덩굴손은 기존 라튀루스 니솔리아의 그것과 닮았을 것이다). 결국 잡는 힘을 잃고 잎 모양이 된 이것은 더 이상 덩굴손이라 불리지 않을 것이다. 마지막 단계에서

(기존 라튀루스 니솔리아의 단계) 이전 덩굴손은 잎의 원래 기능을 되찾고, 직전에 크게 발달했던 잎턱은 더 이상 필요가 없어지므로 크기가 작아질 것이다. 지금 거의 모든 자연학자들이 인정하듯, 종들이 나이가 들어가면서 변형된다면 라튀루스 니솔리아는 여기서 말하는 것과 같은 변화를 겪었다고 결론 내릴 수 있다.

라튀루스에 대해 다윈이 가장 지속적으로 관심을 가졌던 부분은 재배 품종에서 영문 모를 자가수정이 만연하다는 사실이었다. 이것은 어떤 종이든 가끔은 타가수정이 돼야 한다는 다윈의 믿음('이포모에아' 참조)에 반하는 것이었다. 어떤 곤충이 화려한 날개꽃잎으로 된 착륙 장소를 갖고 있는, 매력적인 '나비 모양(콩과)' 꽃을 찾아오더라도 다윈의 집 인근에서는 타가수정이 좀처럼 일어나지 않았다.

다윈의 아들 프랜시스와 아내 에마는 벌들이 웨일스의 갯완두에서 꿀을 훔쳐갔다고 기록했다[82](다윈은 이 종을 파타고니아의 트레스몬테스곶에서 우연히 수집했는데[83], 지구 반대편까지 분포하고 있다는 점이 놀라운 분산 능력을 보여준다). 라튀루스속의 종이 일반적으로 타가수정에 실패하는 이유가 곤충이 꿀을 훔쳐가기 때문이라고 할 수는 없지만, 꿀을 훔쳐가면 교배 확률이 더 낮아지는 건 사실이다.

다윈은 실험에서 키운 재배종 스위트피(완두콩)가 다른 품종과 나란히 자랄 때도 자가수정이 유지된다는 것을 발견했다. 그는 스위트피 몇 세대를 키우면서 손으로 직접 수분을 시켜 타가수정과 자가수정 식물을 모두 생산했으며 타가수정으로 나온 식물이 키도 더 크고 활력이 넘친다는 사실을 확인했다. 이는 일반적으로 이종교배를 할 때 이점이 있다는 증거다. 다윈은 가위벌이 뒤영벌과 다른 방식으로 꽃에 들어가면서 꽃가루가 더 잘 붙는 것을 알아차렸다. 그리고 교배가 잘되지 않는 것은 자연적인 수분 매개자가 없기 때문이라고 생각했다. 그는 이탈리아의 식물학자 페데리코 델피노에게 편지를 보내 이탈리아에서 자라는 다양한 색상의 스위트피에 곤충이 찾아오는 것을 막지 않고 그대로 두면 교배가 되는 징후를 볼 수 있는지 물었다. 델피노는 이탈리아의 재배자들이 이종교배를 막기 위해 스위트피 품종들을 각각 따로 심었다는 사실을 확인해 줬다.[84] 그곳의 수분 매개자인 가위벌 '메가킬레 에리케토룸'은 영국에서는 나타나지 않는다.

다윈의 노트

『식물계에서 타가수정과 자가수정의 효과』

(2판, 1878)

라튀루스 오도라투스(스위트피, 완두콩). 콩과의 꽃 구조를 연구한 거의 모든 사람은 이 종들이 자가수정도 물론 가능하지만 타가수정에 더욱 더 적합하다고 확신했다. 기이하게도 영국에서는 스위트피종이 항상 자가수정을 하는 것처럼 보인다. 나는 이것이 색깔 외에는 별로 다른 점이 없는 다섯 가지 품종이 일반적으로 팔리고 결실을 맺기 때문이라고 결론지었다. 하지만 판매용 종자를 키우는 두 명의 훌륭한 재배자에게 문의한 결과, 그들은 순도를 보장하기 위한 어떤 예방 조치도 취하지 않았으며 그 다섯 가지 품종은 가까이에서 자라는 습성이 있음을 알게 됐다. 나는 의도적으로 이와 같은 실험을 시도했고 같은 결과를 얻었다. 이 품종들은 항상 결실을 맺지만, 지금 우리가 보게될 것처럼 다섯 가지 품종 중 하나는 가끔 모든 일반적인 특성을 보이는 또 다른 품종을 낳는다.

두 품종을 교배한 효과가 무엇인지 알아보기 위해 보라색 스위트피의 일부 꽃들, 즉 짙은 적자색 표준꽃잎과 보라색 날개꽃잎(익판翼瓣, 콩과 식물의 꽃에서 양쪽에 있는 두 장의 꽃잎으로 나비 날개 모양을 하고 있다-옮긴이)과 용골을 가진 꽃들이 어릴 때 꽃밥을 없애고 '페인티드 레이디'의 꽃가루로 수정시켜 봤다. 그렇게 탄생한 품종은 창백한 체리색 표준꽃잎과 거의 흰색인 날개꽃잎과 용골을 갖고 있었다. 두 번에 걸쳐 나는 꽃에서 두 부모의 형태를 완벽하게 닮은 식물을 교배해 키웠다. 하지만 아버지 쪽의 품종을 닮은 경우가 더 많았다. 너무나 완벽하게 닮았기 때문에 표지에 무슨 실수가 있었나 의심을 해야만 했다. 식물은 처음에 아버지 품종이나 페인티드 레이디와 똑같이 보였지만 나중에는 진한 보라색의 얼룩이나 줄무늬가 있는 꽃을 생산했다. 이것은 동일한 개별 식물이 나이가 들면서 부분적으로 회귀하는 흥미로운 예다. 보라색 꽃을 피운 식물은 꽃밥이 제대로 제거되지 않은 탓에 어머니 식물이 우연히 자가수정된 결과일 수도 있었다. 그렇기에 버려졌다. 하지만 꽃 색깔이 아버지 품종이나 페인티드 레이디를 닮은 식물은 보존됐고 씨앗도 저장됐다. 다음 여름에는 많은 식물이 이 씨앗에서 자랐다. 대부분 할아버지인 페인티드 레이디를 닮았지만 날개꽃잎에 진한 분홍색의 줄무늬와 얼룩이 있는 경우가 많았다. 그리고 몇몇은 옅은 보라색 날개와 함께 페인티드 레이디보다 더 어두운 진홍색의 표준꽃 잎을 갖는 새로운 하위 변종을 형성했다. 이 식물들 중에서 할머니와 같은 보라색 꽃이 피었지만 꽃잎에 더 옅은 줄무늬가 있는 식물이 하나 나타났으며 이것은 버려졌다. 앞서 말한 식물에서 씨앗은 다시 저장됐다. 그 씨앗에서 자란 묘목은 여전히 페인티드 레이디, 즉 증조부를 닮았다. 그러나 이 식물들은 이제 매우 다양해졌다. 표준꽃잎은 옅은 빨간색에서 진한 빨간색까지 다채로웠으며 몇 가지 경우에는 흰색 얼룩이 있었다. 날개꽃잎은 흰색에서 보라색까지 다양했으며 용골은 대부분이 흰색이었다.

부모 식물이 여러 세대 동안 가까이에 근접해 자라면서 생산한 씨앗으로 키운 식물에서는 이런 종류의 다양성이 발견되지 않았다. 그러므로 우리는 이들이 교배되지 않았다고 추론할 수 있다. 한 품종의 씨앗에서 자란 일련의 식물들 중 이 종류에 맞는 또 하나의 품종이 나타나는 일이 종종 있었다. 예를 들자면, 스칼렛이 자라고 있는 긴 줄에서(이 실험을 위해 조심스럽게 스칼렛에서 씨앗을 채취함) 두 개의 보라색 품종과 한 개의 페인티드 레이디가 나타났다. 이 변칙적인 세 종의 식물에서 씨앗을 얻어 별도의 화단에 뿌렸다. 보라색 식물에서 나온 묘목은 주로 보라색이었지만 페인티드 레이디와 스칼렛도 섞여 있었다. 변칙적인 페인티드 레이디에서 나온 묘목은 대부분 페인티드 레이디였지만 일부는 스칼렛이었다. 각 품종들은 전체에서 차지하는 비율이 어느 정도이든 자신의 특성을 완벽하게 유지했다. 우리가 앞서 언급한 교배된 식물에서처럼 여러 색깔의 줄무늬나 얼룩이 없었다.

지금까지 제시된 증거에 의하면 영국에서 스위트피의 품종이 거의, 또는 전혀 교배되지 않는다고 결론내릴 수 있다. 이것은 매우 놀라운 사실이다. 첫째, 꽃의 일반적 구조를 고려할 때 그렇다. 둘째, 자가수정에 필요한 것보다 훨씬 많이 생산되는 꽃가루의 양을 살펴봐도 그렇다. 셋째, 곤충이 때때로 찾아오는 것을 봐도 이는 믿기 어려운 사실이다. 곤충들이 가끔 꽃을 타가수정시키는 데 실패한다는 것은 이해할 수 있다. 나는 두 종류의 뒤영벌과 꿀벌이 꿀은 빨아들였지만 용골판(아래꽃잎, 콩과 식물의 꽃에서 제일 아래쪽에 있는 두 장의 꽃잎-옮긴이)을 눌러 꽃밥과 암술머리를 노출시키는 행동을 하지 않는 것을 세 번이나 관찰했기 때문이다. 따라서 곤충들은 꽃을 수정시키는 데 그다지 효율적인 존재가 아니다. 이 벌들 중 하나인 봄부스 라피다리우스는 표준꽃잎 기저부 한쪽에 서서 독립된 수술 아래로 주둥이를 밀어 넣었다. 나는 나중에 꽃을 열어 이 수술이 올라가 있는 것을 확인했다. 꿀벌은 단일 수술의 넓은 막으로 덮인 수술관의 틈새에서 그리고 꿀 통로로 가는 구멍이 뚫리지 않은 관에서 이런 방식으로 행동해야 한다.

반면 내가 조사한 세 종의 영국 라튀루스 그리고 관련 속인 비키아(살갈퀴, 나비나물)에는 두 개의 꿀 통로가 존재한다. 그러므로 영국 벌들은 스위트피의 경우에는 어떻게 행동해야 할지 어리둥절할 것이다. (…) 내 아들이 스위트피꽃을 찾아온 코끼리 박각시를 잡았는데 이 곤충은 익판(날개꽃잎)과 용골판(아래꽃잎)을 누르는 행동을 하지 않았다. 이와 달리 나는 꿀벌이 한 번, 메가킬레 윌루비엘라가 두세 번 용골판을 누르는 것을 봤다. 이 벌들은 몸의 아래쪽이 꽃가루로 두껍게 덮여 있어서 한 꽃에서 다른 꽃의 암술머리로 꽃가루를 운반하는 일을 실패할 수 없었다. 곤충들이 효율적인 방식으로 행동하는 경우가 거의 없기 때문에 이런 일이 자주 일어나지는 않는다. 하지만 가끔 식물 품종들이 이종교배되지 않는 이유는 무엇일까? 원인이 무엇이든 영국에서는 이 품종들이 절대로 혹은 거의 이종교배되지 않는다고 결론지을 수 있다. 그러나 식물 연구에서 유럽 남부와 동인도라 불리는 원산지에서 이 식물들이 다른 더 큰 곤충의 도움을 받아 이종교배되는 일이 없을 것이라고 말할 수는 없다. 그래서 나는 피렌체에 있는 델피노 교수에게 편지를 썼다. 그는 내게 "이곳 정원사들의 확실한 견해는, 식물 품종들이 이종교배를 하기 때문에 따로 키우지 않으면 순수함을 보존할 수 없다는 것"이라고 알려줬다.

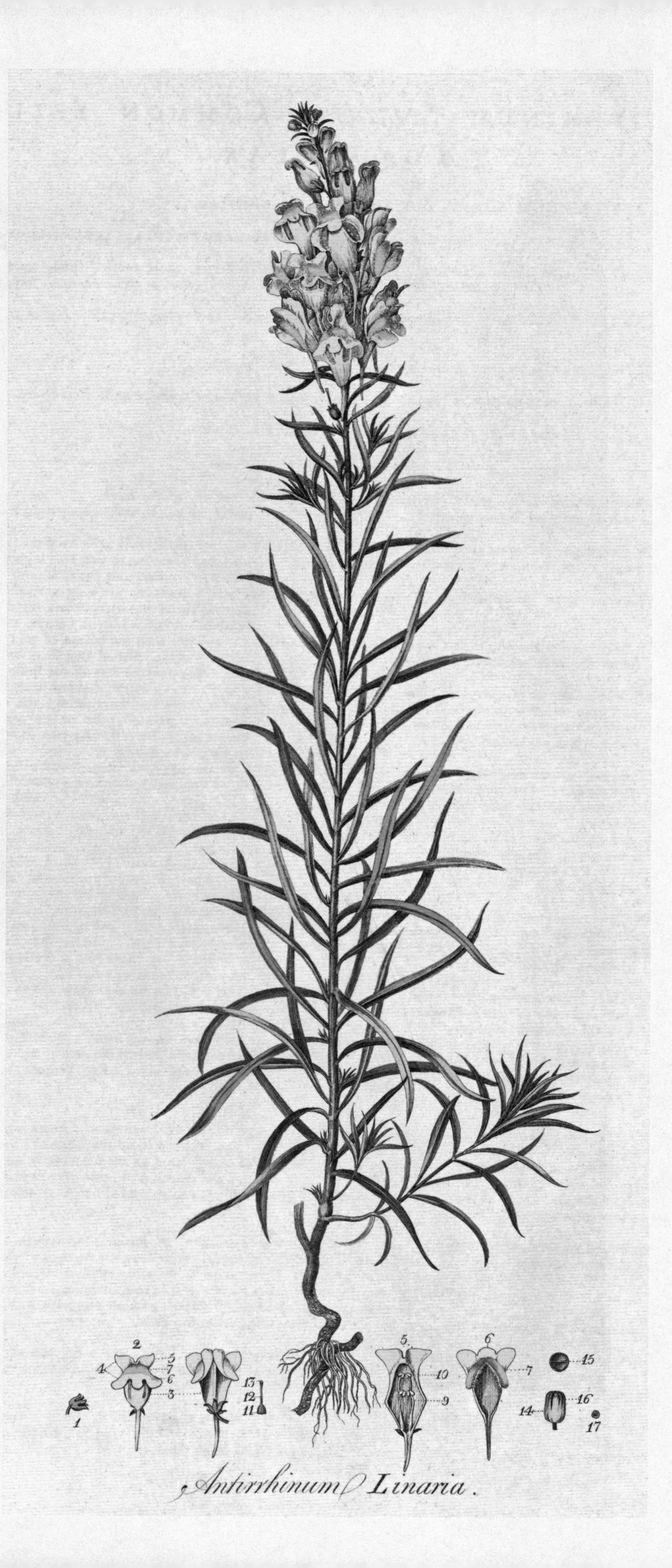
Antirrhinum Linaria.
1
2
3
4
5
6
7
8
9
10
11
12
13
14
15
16
17

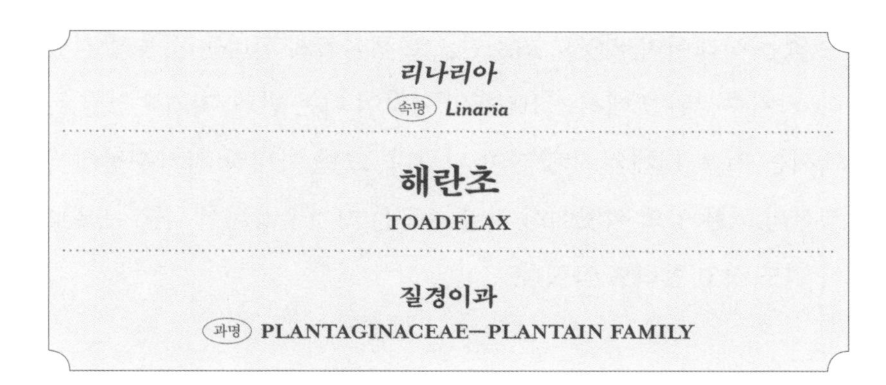

타가수정과 자가수정

금어초와 관련된 과의 온대 유럽·아프리카·아시아의 그룹인 리나리아(해란초속)에는 약 150종의 식물이 있다. 라틴어명인 리나리아Linaria와 일반명인 토드플랙스Toadflax의 뒷부분은 이 식물의 잎이 아마flax 식물 잎과 유사하다는 의미를 담고 있다. 다윈은 꽃을 피우는 식물에서 자가수정과 타가수정의 효과를 비교하는 연구의 일환으로 리나리아속의 식물 몇 종을 자신의 실험 정원에 심었다. 한 연구에는 일반적인 해란초인 '리나리아 불가리스'가 포함됐다. 이것은 현재 전 세계적으로 분포하는 유럽종이며 사랑스러운 노란색과 주황색 꽃으로 인해 '버터와 달걀'이라는 별명이 있다.

꽃가루를 운반하는 중개인으로서 곤충의 역할을 연구하던 중에 다윈은 곤충의 도움 없이 리나리아 불가리스는 대부분 열매를 맺을

리나리아 불가리스.

손으로 채색한 판화. 윌리엄 커티스의 『런던 식물상』에 수록.

수 없는 상태이며 씨앗도 최소한으로 생산하게 된다는 것을 발견했다. 타가수정된 꽃에서는 100개의 씨앗이 나온 반면, 자가수정된 꽃에서는 겨우 14개의 씨앗만이 나왔다. 그뿐 아니라 자가수정에서 생산된 적은 양의 씨앗에서 자란 묘목은 타가수정에서 나온 묘목보다 키도 작고 활력도 약했다.

다윈의 노트

『식물계에서 타가수정과 자가수정의 효과』

(2판, 1878)

나는 타가수정된 꽃에서 자란 묘목이 어떤 식으로든 자가수정된 꽃에서 자란 묘목보다 우월한지를 시험해 보는 게 좋겠다는 생각을 종종 하게 됐다. 하지만 동물의 경우 가능한 한 가장 가까운 교배, 즉 형제자매 사이에 교배가 일어났을 때 나쁜 자손이 태어났다는 사례가 없었기에, 나는 같은 규칙이 식물에도 적용될 것이라고 생각했다. 어떤 결과라도 도출해 내기 위해서는 여러 세대에 걸쳐 자가수정과 타가수정을 행해야 하는데 그러면 너무 많은 시간을 들여야 할 것이라는 생각이 들었다. 나는 무수한 식물에서 볼 수 있는 타가수정을 선호하는 정교한 섭리가 막연하고 경미한 이점을 얻기 위해, 혹은 막연하고 경미한 해를 피하기 위해 생긴 것이 아님을 숙고해야만 했다. 게다가 꽃이 자신의 꽃가루로 수정하는 것은 일반적인 양성 동물에게 가능한 것보다 더 가까운 형태의 교배에 해당하므로 더 빠른 결과를 기대할 수 있었다.

나는 마침내 다음과 같은 상황에서 이 책에 기록된 실험을 하게 됐다. 유전과 관련된 특정 사항을 확인하기 위해 그리고 가까운 교배의 영향을 전혀 고려하지 않기 위해 나는 리나리아 불가리스의 동일한 개체에서 나온 자가수정과 타가수정 묘목을 두 개의 큰 화단에 가까이 키웠다. 놀랍게도 완전히 자라자 타가수정된 식물이 자가수정된 식물보다 명백히 더 키가 크고 활력이 있었다. 꿀벌은 끊임없이 이 리나리아를 찾아와 꽃가루를 이쪽에서 저쪽으로 옮겼다. 만약 곤충이 못 오게 차단하면 꽃들은 극도로 적은 씨앗만을 생산할 것이기에 내가 키운 묘목에서 자란 야생식물들은 이전 세대 모두에서 이종교배됐음이 분명했다. 그러므로 두 화단에서 자라는 묘목들의 차이가 단 한 번의 자가수정 때문일 수 있다는 것은 상당히 뜻밖이었다. 나는 그 결과가 자가수정 씨앗이 잘 익지 않았기 때문이라고 생각했는데, 모든 씨앗이 그런 상태였어야 하므로 가능성은 낮았다. 또는 다른 우발적이고 설명할 수 없는 원인이 있을 수도 있다고도 봤다.

나는 그 뒤로도 주의 깊은 시도를 반복했다. 하지만 이것은 실험했던 최초의 식물 중 하나였기 때문에 내가 평소 사용하던 방법을 따르지 않았다. 나는 동네에서 자라는 야생식물에서 씨앗을 채취해 우리 집 정원의 메마른 땅에 뿌렸다. 다섯 개 식물은 그물로 덮고 나머지는 이 종의 꽃을 끊임없이 찾아오는 벌들에게 그대로 노출시켰다. H. 뮐러에 따르면 이 벌들은 독점적인 수분 매개자다. 이 탁월한 관찰자는 암술머리가 꽃밥 사이에 놓여 있고 이 두 부분이 동시에 성숙하기 때문에 자가수정이 가능하다고 말했다. 하지만 그물로 막아놓은 식물에서는 씨앗이 아주 적게 생산됐으며, 같은 꽃의 꽃가루와 암술머리가 상호작용한 영향이 거의 없어 보였다. 반면 벌에게 노출된 식물은 단단한 수상꽃차례를 형성하는 수많은 씨앗주머니를 갖고 있었다. 이 중 다섯 개의 주머니를 확인했더니 모두 같은 숫자의 씨앗이 들어 있었는데 하나의 주머니에 166개의 씨앗이 있었다. 그물로 막은 식물 다섯 개는 다 합쳐서 겨우 25개의 씨앗주머니를 만들어냈는데, 그중 가장 품질이 좋은 다섯 개의 씨앗주머니에 들어 있는 평균 씨앗 개수는 23.6개였고 이 중 주머니 하나에 들어 있는 최대 개수는 55개였다. 따라서 벌에 노출된 식물의 씨앗주머니에 있는 씨앗 개수와 그물로 막은 식물 중 가장 좋은 주머니에 있는 평균 씨앗 개수의 비율은 100 대 14였다.

그물 아래에서 자연스럽게 자가수정돼 나온 씨앗 일부, 그리고 벌에 노출된 식물이 자연스러운 수정으로, 다시 말해 대부분 벌에 의한 타가수정으로 만들어진 씨앗 일부를 같은 크기의 큰 화분에 분리해 심었다. 그렇게 해서 두 가지 묘목들이 서로 경쟁하지 않고 독립적으로 자라게 했다. 타가수정 식물이 완전히 꽃을 피웠을 때 세 개를 골라 측정을 해봤다. 가장 키가 큰 것들을 일부러 고르지는 않았다. 키는 각각 19센티미터, 18센티미터, 16센티미터로 평균 17.9센티미터였다. 그리고 자가수정 식물 중에는 가장 키가 큰 세 개를 골라 재봤더니 키가 각각 16센티미터, 14센티미터, 13센티미터로 평균 14.6센티미터였다. 따라서 자연스럽게 타가수정된 식물과 자연스럽게 자가수정된 식물의 키를 비교하니 최소한 100 대 81의 비율이 나왔다.

오늘날의 연구에 따르면 대체로 자가수분 능력이 없는 라튀루스 불가리스의 꽃들은 수분 매개자의 관심을 끌기 위해 다양한 전략을 사용한다. 주로 꿀(꿀이 모여 있으며 눈에 띄는 꿀주머니)과 후각 및 시각적 유인물 등을 동원한다.[85] 다윈은 또한 아름다운 보라색 해란초(라튀루스 푸르푸레아)를 찾아오는 벌을 관찰했다. 해란초는 이탈

리아 반도가 원산지인 키가 큰 종이며 지금은 전 세계 곳곳의 정원에서 자라고 있다. 1793년 독일의 식물학자 슈프렝겔은 다윈에게 꽃잎의 얼룩과 줄무늬가 곤충 방문객을 유인하거나 안내하고 수분을 촉진하는 역할을 한다고 했는데, 해란초의 균일한 색상은 이 의견에 의문을 제기했다. 다윈은 《가드너스 크로니클》에 실린 편지에서 이렇게 언급했다.

"약간 보랏빛이 도는 잘 닫혀 있는 꽃잎의 일반적이고 키 큰 리나리아처럼 벌들이 재빨리 주둥이를 열고 삽입하는 꽃을 거의 본 적 없다. 뒤영벌 한 마리가 1분 동안 24송이의 꽃에서 꿀을 빨아들이는 것을 보았지만, 이 꽃들에는 빠르고 영리한 일꾼인 벌들을 끌어들일 만한 색깔이나 줄무늬가 없었다."[86]

슈프렝겔의 가설은 오늘날 대부분 사실로 받아들여지고 있으며 꽃의 얼룩과 줄무늬는 이제 '꿀 안내자'라고 불린다. 또한 우리 눈에 균일한 색깔로 보이는 많은 꽃이 실제로는 벌이 인지할 수 있는 스펙트럼의 자외선 끝 부분을 통해 스스로를 과시하고 있고 벌을 유혹하고 있다. 꿀 안내자가 벌이 꽃의 끝 부분에 얼쩡대는 것을 제한함으로써 다윈이 종종 관찰했던 뒤영벌의 꿀 강탈 행위를 줄인다는 사실을 알았다면 그는 완전히 매료됐을 것이다. 이것은 식물에게 두 배의 이익을 주는데, 꿀 강탈이 줄어들면 곧 수분이 증가하기 때문이다.[87]

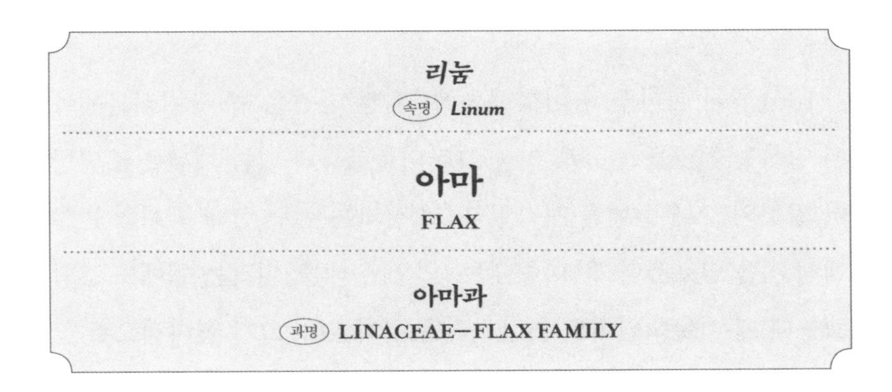

꽃의 형태, 수분

아마 또는 아마씨과에서 가장 큰 속인 리눔(아마속)은 200종 이상이 속해 있다. 이 중 많은 종이 아름다운 꽃을 감상하기 위해, 나머지 종들은 식재료나 섬유를 얻기 위해 재배된다. 고대부터 재배된 일반적인 아마인 '리눔 유시타티시뭄'은 용도가 매우 다양해서 그 이름도 '가장 유용하다'라는 뜻을 가진 라틴어에서 유래된 것처럼 보인다. 다윈에게 있어 아마는 아마종의 절반에서 발견되는 꽃의 이형성을 잘 보여주는 예시였다. 이형성이 있는 아마는 긴 암술과 짧은 수술을 가진 한 가지 형태와 짧은 암술과 긴 수술을 가진 또 다른 형태가 있었다. 다윈은 '다화주성'이라고 불리는 이 현상의 기능과 적응의 중요성을 처음으로 인식한 자연학자였다. 처음에 그는 앵초에서 꽃의 이형성을 발견했지만('이포모에아' 참조) 아마가 더 좋은 예라는

리눔 페렌.

앤 해밀턴 부인이 수채물감과 구아슈물감으로 모조피지에 그림. 〈식물 그림〉에 수록.

것을 알게 됐다.

1861년에 아마꽃의 이형성을 알게 된 다윈은 큐 왕립식물원에서 일하는 친구들을 통해 리눔 그란디플로룸과 리눔 페렌을 조달받아 일련의 교배 실험을 시작했다. 그 결과는 런던 린네 학회의 논문에서 처음 발표됐다.[88] 나중에는 『꽃의 형태들』이라는 책에도 포함됐는데, 흥미로우면서도 혼란스러운 결과였다. 그가 현미경으로 알아볼 수 있는 한도 내에서 두 형태의 꽃가루는 동일했다. 하지만 암술머리가 짧은 형태는 두 가지 형태에서 나온 꽃가루로 모두 수정될 수 있는 반면, 암술머리가 긴 형태는 상대편, 즉 짧은 형태에서 나온 꽃가루로만 수정될 수 있었다. 그는 번식력이 있는 조합을 '정칙적인' 교배라고 불렀고 번식력이 없는 조합을 '변칙적인' 교배라고 했다. 다윈은 이렇게 언급했다.[89]

"두 가지 꽃가루와 두 개의 암술머리는 어떤 방법으로든 서로를 인식한다고 볼 수 있다."

또한 그는 이런 인식 체계가 자가수정을 막고 타가수정을 촉진하는 기능을 한다고 정확히 추론했으며 다음 세기의 발견을 예고했다. 그것은 바로 식물의 유전적 및 생화학적 자기인식 메커니즘, 특히 광범위한 자가불화합성 유전 체계*를 말한다. 그의 실험 결과는 바람으로 인한 수분과 곤충에 의한 수분 사이의 차이점을 분석하는 것으로 이어졌다.

다윈의 노트

『같은 종에 속하는 꽃들의 서로 다른 형태들』
(1877)

아마의 여러 종이 두 가지 형태를 띤다는 것은 오랫동안 알려져 있었다. 지금으로부터 30여 년 전 나는 앵초의 이형성을 확인하고 난 후 리눔 플라붐(황금 아마)에서도 이 현상을 발견하게 됐다. 이를 계기로 나는 내가 만난 첫 번째 아마종인 아름다운 리눔 그란디플로룸(꽃아마)을 조사하게 됐다. 이 식물은 거의 동일한 숫자로 나타나는 두 가지 형태로 존재하며 구조는 별로 다르지 않지만 기능은 크게 다르다. 잎·화관·수술·꽃가루 알갱이(물로 팽창된 것과 건조한 것 모두를 조사함)는 두 가지 형태에서 유사하다. (…) 차이점은 암술에 국한된다. 짧은 형태에서는 암술머리의 길이가 긴 형태의 암술머리 절반밖에 되지 않는다. 더 중요한 차이점은 짧은 형태의 암술머리 다섯 개가 크게 갈라져 수술대(수술에서 꽃밥을 달고 있는 실 같은 자루-옮긴이) 사이를 통과해 화관의 관 안에 있다는 것이다. 긴 형태에서는 길쭉한 암술머리가 거의 직립한 채 꽃밥과 번갈아 가며 서 있다. 이 후자의 형태에서는 암술머리의 길이가 상당히 다양하다. 암술머리의 위쪽 끝부분이 꽃밥보다 약간 위로 돌출하거나 중간 정도까지만 도달한다. 그럼에도 불구하고 두 가지 형태를 구분하는 일은 전혀 어렵지 않다. 암술머리의 갈라짐에서 차이가 있기도 하고, 짧은 형태의 암술머리는 꽃밥의 아랫부분에도 닿지 않기 때문이다. 이 형태보다 암술머리 표면의 돌기가 긴 형태에서 보다 더 짧고 색깔이 어두우며 빽빽하게 모여 있다. 하지만 이 차이는 단지 암술머리의 길이가 다르기 때문으로 보인다. 긴 형태의 여러 품종들 속에서도 상대적으로 짧은 암술머리

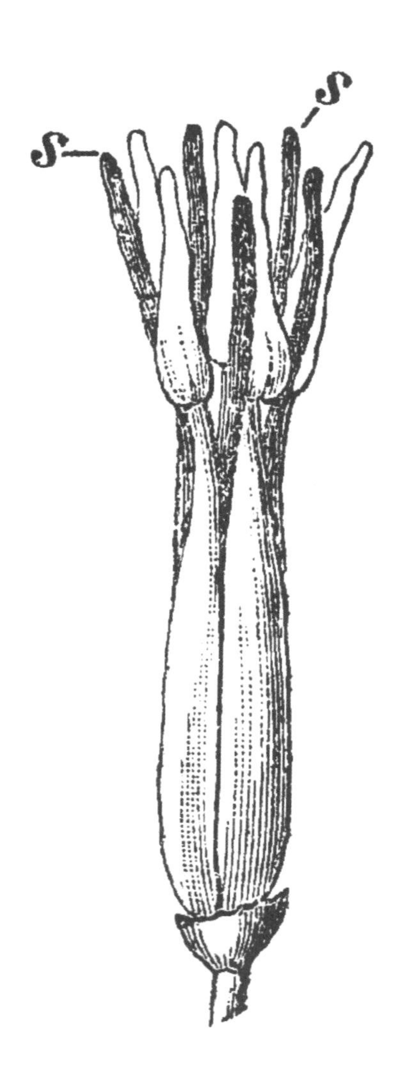

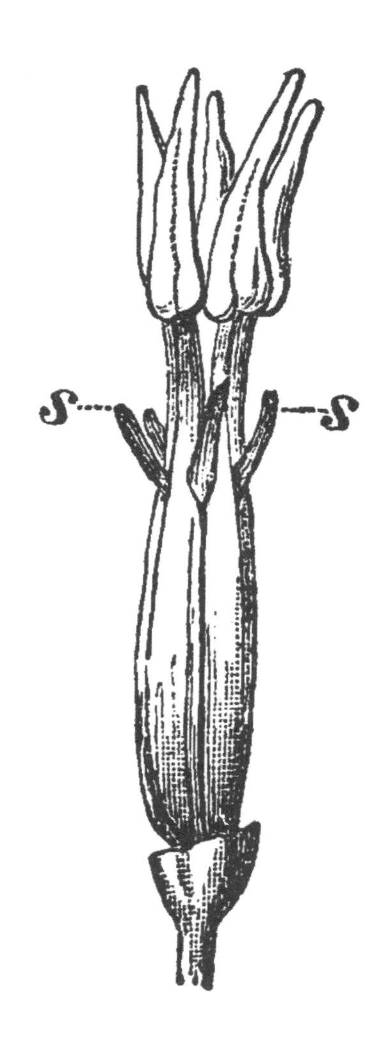

(좌) **암술머리가 긴 형태.** (우) **암술머리가 짧은 형태.**

s. 암술머리

를 가진 경우는 긴 암술머리를 가진 경우보다 돌기가 더 빽빽하고 색깔이 어둡기 때문이다. 아마의 두 형태 사이에 존재하는 차이점이 매우 사소하고 다양하다는 것을 고려하면 지금까지 이 차이점이 간과돼 온 게 놀랍지는 않다.

독자적인 형태의 꽃가루를 가진 긴 형태 식물이 절대적으로 불임이라는 사실(1861년의 실험으로 판단함) 때문에 나는 그 원인을 조사하게 됐다. 그 결과는 매우 흥미로워 자세히 소개할 만하다. 이 실험은 화분에서 키우고 난 뒤 잇달아 집으로 들여 온 식물들을 대상으로 했다.

짧은 형태의 식물에서 나온 꽃가루를 긴 형태의 꽃 암술머리 다섯 개 위에 얹고서 30시간이 지난 후에 관찰을 했다. 셀 수 없을 정도로 많은 화분관이 암술머리를 관통해 깊이 파고들어 가 있었고, 암술머리는 변색되고 뒤틀려 있었다. 나는 이 실험을 다른 꽃에도 반복했다. 18시간이 지나자 수많은 긴 화분관이 암술머리를 관통해 있었다. 이는 조합이 '정칙적'이었기 때문에 예상했던 결과였다. 반대 경우의 실험도 똑같이 시행했다. 긴 형태의 꽃에서 나온 꽃가루를 짧은 형태의 꽃 암술머리에 얹었더니 24시간 후에 암술머리는 변색되고 뒤틀려 있었으며 수많은 화분관이 관통하고 있었다. 이것 또한 '정칙적'인 조합이었기 때문에 예상됐던 결과였다.

실험을 추가로 더 할 수도 있었지만 지금까지 얻은 결과만으로도 다음의 사실을 보여주기에 충분했다. 짧은 형태의 꽃가루 알갱이를 긴 형태의 꽃 암술머리에 얹으면 수많은 화분관이 뻗어 나와서 5~6시간 뒤에는 암술머리 조직을 관통해 깊이 파고 들어간다. 그리고 24시간 뒤에는 이렇게 관통당한 암술머리가 변색되고 뒤틀리며 반쯤 시든다. 반면에 긴 형태의 꽃 암술머리에 같은 꽃에서 나온 꽃가루 알갱이를 얹으면 하루,

심지어 3일이 지나도 화분관이 뻗어 나오지 않으며, 나온다 해도 최대 서너 개 알갱이에서만 나온다. 그리고 이 화분관은 암술머리 조직을 절대로 깊이 관통하지 않고 암술머리도 변색되거나 뒤틀리는 일이 없다.

또한 실험에서 리눔 페렌과 리눔 그란디플로룸은 가지가 서로 맞물려 자랐다. 두 가지 형태의 꽃 수십 송이가 가까이 붙어 있었다. 촘촘하지 않고 성긴 그물로 이 식물들을 덮어놓아 강하게 부는 바람만 그물 안으로 들어오도록 했다. 물론 총채벌레 같은 미세한 곤충은 차단되지 않았다. 그런데도 긴 형태의 식물에서 한 번은 최대 17회의 우연한 수정이 이뤄졌고, 또 한 번은 11회의 수정이 일어나 각각 세 개의 빈약한 씨앗주머니가 생산됐다. 따라서 적절한 곤충의 방문이 차단됐을 경우 식물에서 식물로 꽃가루를 옮기는 데 바람이 하는 역할은 거의 없는 것으로 나타났다.

내가 이 사실을 언급하는 이유는, 식물학자들이 다양한 꽃의 수정에 대해 말할 때 바람이나 곤충의 역할이 거의 동등한 것처럼 표현하기 때문이다. 내 경험에 의하면 이 관점은 완전히 잘못되었다. 식물의 한 성에서 다른 성으로 꽃가루를 운반하는, 혹은 자웅동체에서 자웅동체로 꽃가루를 운반하는 매개자가 바람일 때, 우리는 곤충이 매개자일 경우와 마찬가지로 수분의 구조가 명백하게 적응해 있는 것을 알 수 있다. 바람에 의해 수분되도록 식물이 적응한 모습은 다음과 같은 여러 경우에서 관찰된다. 일관성 없이 제각각인 꽃가루·(침엽수과나 시금치 등에서처럼) 꽃가루가 과도하게 많이 생성되는 것·흔들어서 꽃가루를 뿌리는 데 적합한 대롱대롱 매달린 꽃밥·화피(꽃덮이)가 없거나 작은 것·수정 기간의 암술머리 돌출·잎에 가려지기 전에 생성되는 꽃·(벼과 또는 소리쟁이 등에서처럼) 우연히 날아오는 꽃가루를 붙잡기 위해 솜털이나 깃털 같은 형태를 하고 있는 암술머리 등이다. 바람으로 수분되는 식물에서는 꽃이 꿀을 분비하지 않는다. 꽃가루의 형태도 곤충이 쉽게 수집하기에는 너무 일관성 없이 제멋대로다. 내가 지켜본 바로는 곤충을 유혹하는 밝은색 화관도 없는 이 식물에는 곤충이 찾아오지 않는다. 곤충이 수분 매개자일 경우(자웅동체 식물의 경우에는 비교할 수 없을 정도로 더 빈번함) 바람은 수분에 아무 역할을 하지 않는다. 그리고 이 경우에도 곤충이 안전하게 꽃가루를 운반할 수 있도록 식물이 셀 수 없이 많은 적응을 한 것을 볼 수 있다.

The great blue Lupine.

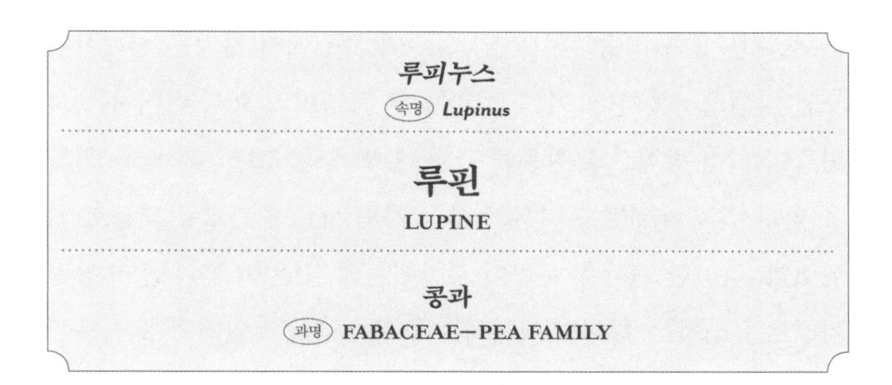

식물의 운동

루핀은 늑대를 뜻하는 라틴어 '루푸스lupus'에서 유래한 이름이며 실제로 늑대를 참조해 이름을 지은 일군의 식물들 중 하나다. 이 이름은 늑대의 앞발을 연상시키는 손바닥 모양으로 갈라진 잎에서 따온 것일 수도 있고, 이 식물이 굶주린 늑대처럼 흙의 영양분을 고갈시켜 버린다는 고대의 잘못된 믿음에서 나온 것일 수도 있다. 많은 루핀이 척박한 토양을 가진 불안정한 서식지에서 발견되지만 이 식물이 미치는 영향은 사실 고갈과는 정반대다. 질소를 공급하는 이런 콩류는 오히려 척박한 토양을 복구하는 데 도움을 준다.

루피누스속은 매우 광대해 유럽에서부터 북아프리카, 유라시아 그리고 아메리카 전역(루핀 다양성의 중심지)에 이르기까지 200종 이상이 발견된다. 나무와 비슷한(목질) 종도 몇 가지 있지만 대부분

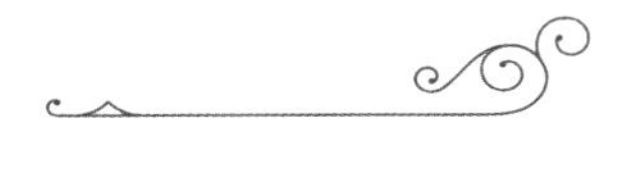

루피누스 필로수스.

영국 학교의 화가가 수채물감과 구아슈물감으로 모조피지에 그림. 〈정원 꽃 앨범〉에 수록.

의 루핀은 풀과 비슷하며(초질) 들판과 초원에서 자라는 한해살이 또는 다년생식물이다. 이 중 여러 종은 독성이 있으며 나머지는 사람들이 여러 방식으로 활용해 왔다. 일부 종은 고대부터 식용 씨앗을 얻기 위해 재배됐고 다른 일부는 가축 사료나 간작용 작물로 키워졌다. 다양한 관상용 품종이 생산됐는데, 밝은색 꽃의 큰 수상꽃차례로 유명하다. 다윈의 시대에는 루핀이 영국 정원의 주요 식물이었다. 다윈은 1840년과 1841년 여름에 자신이 어린 시절을 보낸 슈루즈베리의 집과 근처에 있는 아내 에마 웨지우드 집안의 메어 정원에서 루핀과 다른 꽃들의 수분을 관찰하기 시작했다. 그는 당시 종의 변화(다윈의 시대에는 변이라고 알려져 있었지만 지금은 진화라고 지칭)에 대한 이단적 생각으로 이제 막 전향해서 흥분으로 가득 차 있었다.[90]

다윈은 루핀의 수술이 매우 독특하며, 크고 색상이 다양한 화살촉 모양의 꽃밥 다섯 개와 더 작고 마찬가지로 색이 서로 다른 꽃밥 다섯 개를 갖고 있다는 것을 알게 됐다. 이 기이한 이형성은 그의 상상력을 빠르게 사로잡았다. 다윈은 1841년 스위스의 목사이자 식물학자였던 장 피에르 에티엔 보셰의 논문에서 이형성에 대해 처음 읽었다. 그리고 이것이 다화주성처럼 이종교배를 촉진하는 또 하나의 적응 사례일지 궁금해하게 됐다. 이 현상은 얼마나 널리 퍼져 있을까? 1862년 그는 후커에게 다음과 같은 편지를 썼다.

"같은 꽃 안에서 꽃밥이나 꽃가루의 색깔이 각각 다른 식물을 알려줄 수 있을까요? 이형성에 대한 좋은 연구 대상이 될 겁니다. 이것만 생각해 보기를 바랍니다."[91]

후커는 다윈에게 이에 해당하는 식물 목록을 제공했다. 다윈의 교배 실험에 쓰인 수많은 식물 중에는 두 개의 루핀종, 즉 일반적인 노란색과 파란색을 띤 루핀인 루피누스 루테우스와 루피누스 필로수스가 있었다. 『타가수정과 자가수정』에서 설명한 대로 다윈의 루핀은 타가수정이든 자가수정이든 상관없이 열매와 씨앗을 자유롭게 만들어냈다. 하지만 타가수정의 경우 다음 세대가 더 활력 있고 건강했다.

다윈은 식물의 운동에 대한 후기 연구에서 다시 루핀으로 돌아왔다. 그는 일부 종의 잎이 낮 동안에는 특이한 타원을 그리지만 밤에는 잠을 자지 않는다는 사실을 발견했다. 즉, 회선운동을 하지만 야간굴성이 없다는 것이다. 다른 종들은 위아래로 움직이거나 수평에서 수직 자세로 회전하는 등 다양한 방식으로 잠을 자는데, 다윈은 루핀의 뾰족한 잎 여러 개를 보고 밤에 수직으로 매달린 '별' 같다고 비유했다. 진화적 변화라는 개념에 동조하게 된 그는 노란색 루핀이 다양한 야간굴성 행동을 보여주는 식물 중 하나라는 것을 깨달았다. 그는 이렇게 썼다.

"같은 식물의 잎 네 개가 정오에는 수평 방향으로 있었는데 밤에는 수직의 별 모양을 형성했다. 또 다른 잎 세 개는 정오에 똑같이 수평 방향이었다가 밤에는 모두 아래쪽으로 기울어졌다. 한 식물의 잎들이 밤에 세 가지 다른 자세를 취한 것이다. 비록 우리가 이 사실을 설명할 수는 없지만, 그러한 식물이 매우 다양한 야간굴성 습성을 가진 종들을 쉽게 탄생시킬 수 있다는 사실은 알 수 있다."[92]

다윈의 노트

『식물의 운동 능력』

(1880)

루피누스. 이 큰 속에 속하는 종들의 손바닥 또는 손가락 모양의 잎은 세 가지 다른 방식으로 잠을 잔다. 가장 간단한 방식은 모든 잎들이 낮에 수평으로 뻗어 있다가 밤이 되면 아래쪽으로 가파르게 기울어지는 것이다. 이는 오른쪽 그림에서 볼 수 있다. 루피누스 필로수스의 잎을 낮 동안 수직으로 위에서 내려다본 모습과 또 다른 잎이 아래로 기울어져 잠든 모습이다. 이 상태에서 잎들은 한데 모여 밀집돼 있으나 옥살리스속처럼 접히지 않기 때문에 수직으로 늘어진 자세를 취할 수는 없다. 하지만 이 잎들은 종종 수평에서 50도 아래로 기울어진다. 이 종은 잎들이 가라앉는 동안 잎자루가 솟아오르는데 각도가 최대 23도까지 측정된 적이 두 번 있다. 루피누스 서브카르노수스와 루피누스 아르보레우스의 잎은 낮에는 수평을 이루고 있다가 밤에는 비슷한 방식으로 아래로 가라앉는다. 수평 아래로 전자는 38도, 후자는 36도로 측정됐지만 잎자루는 눈에 띄는 움직임을 보이지 않았다. 그러나 우리가 지금 살펴보게 될 것처럼 앞의 세 가지 종과 다음 종의 식물들을 사계절 내내 관찰한다면 일부 잎들이 다른 방식으로 잠자는 모습이 발견될 가능성이 높다.

다음 두 종에서는 밤에 잎들이 아래로 내려가지 않고 위로 올라간다. 루피누스 하르트베기의 경우 일부는 정오에 수평보다 평균 36도 위로, 밤에는 51도 위로 서서 측면이 약간 가파르고 속이 빈 원뿔형을 만들었다. 밤에 한 잎의 잎자루는 14도 올라갔고 두 번째 잎의 잎자루는 11도 올라갔다. 루피누스 루테우스의 경우 잎이 정오에 수평 위로 47도, 밤에

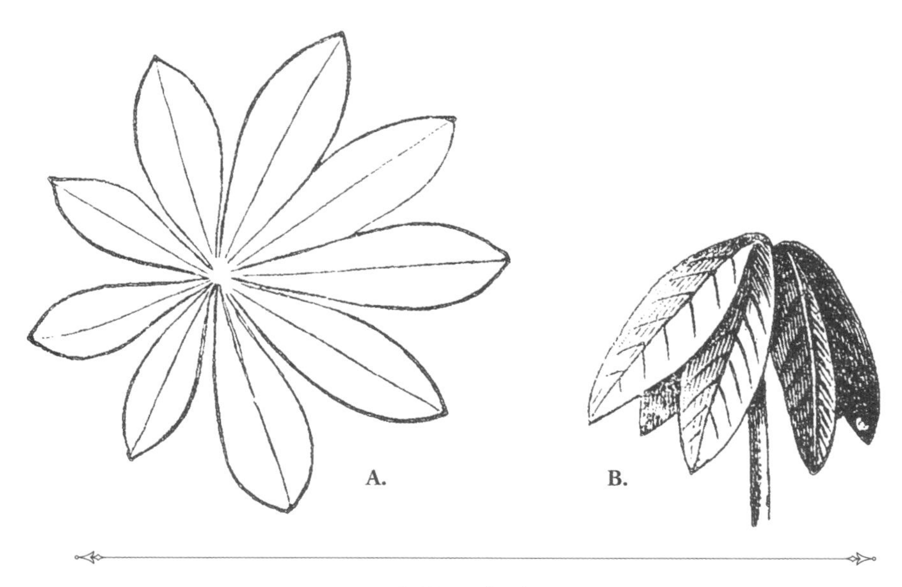

루피누스 필로수스.
A. 낮에 위에서 내려다본 잎. **B.** 밤에 측면에서 바라본 잠든 잎.

는 65도 올라갔고 또 다른 잎은 각각 45도, 69도 올라갔다. 하지만 잎자루는 밤에 조금씩 가라앉는데 세 번 측정한 결과 각각 2도, 6도, 9도 30초(각도 단위)였다. 잎자루의 이런 움직임 때문에, 밤에 모두 대칭을 이루려면 바깥쪽과 긴 쪽 잎들이 안쪽과 짧은 쪽 잎들보다 약간 더 구부러져야 한다.

이제 잎이 잠잘 때의 놀라운 자세에 대해 논의해 보고자 한다. 루핀의 몇몇 종에서는 아주 흔하게 볼 수 있는 현상이다. 일반적으로 같은 잎에서 식물의 중앙을 보고 있는 더 짧은 잎은 밤에 아래로 가라앉고, 반대쪽의 더 긴 잎은 위로 올라간다. 중간과 측면의 잎은 자신의 축 위에서 비틀어지기만 할 뿐이다. 하지만 잎이 올라가고 내려가는 것과 관련해 약간의 가변성이 있다. 이렇게 다양하고 복잡한 움직임에서 예상할 수 있듯이 (적어도 루피누스 루테우스의 경우) 각 잎의 기저부는 엽침(葉枕, 잎이 붙은 곳 또는 밑부분의 불룩한 부분-옮긴이)으로 발달한다. 그 결과 같은 잎에 있는 모든 어린잎은 밤에 다소 높은 경사를 이루고 서 있거나 심지어 수직으로 서서 별 모양을 형성한다. 이 현상은 루피누스 푸베스켄스라는 이름을 한 종의 잎에서 발생한다. 다음 그림 중 A에서 우리는 낮 시간 동안 잎의 자세를 볼 수 있다. B는 같은 식물의 밤의 모습인데, 위의 두 잎들이 거의 수직으로 서 있다. C에서는 측면에서 보면 또 다른 잎이 거의 수직으로 서 있다. 밤에 수직 별을 형성하는 것은 주로 또는 가장 어린잎들이다. 하지만 같은 식물이라도 밤에 잎이 취하고 있는 자세는 매우 다양하다. 일부는 잎들이 거의 수평을 이루고 있고 또 다른 경우에는 잎들은 다소 가파르거나 수직인 별을 형성하며, 나머지 일부는 첫 번째 사례에서와 같이 모든 잎들이 아래로 기울어져 있다. 또한 놀라운 사실은, 같은 씨앗 무리에서 생산된 모든 식물의 외양이 똑같더라도 일부 개체는 밤에 모든 어린잎들이 다소 가파른 별을 형성하도록 잎이 배열돼 있다는 점이다. 다른 개체들은 모두 아래로 기울어져 별을 형성하지 않았다. 또 다른 개체들은 다시 수평 자세를 유지하거나 조금 올라갔다.

루피누스 푸베스켄스.

A. 낮에 측면에서 본 잎. **B.** 밤에 본 같은 잎. **C.** 또 다른 잎이 밤에 별 모양을 형성한 모습.

M

Darwin and the Art of Botany

마우란디아

Maurandya

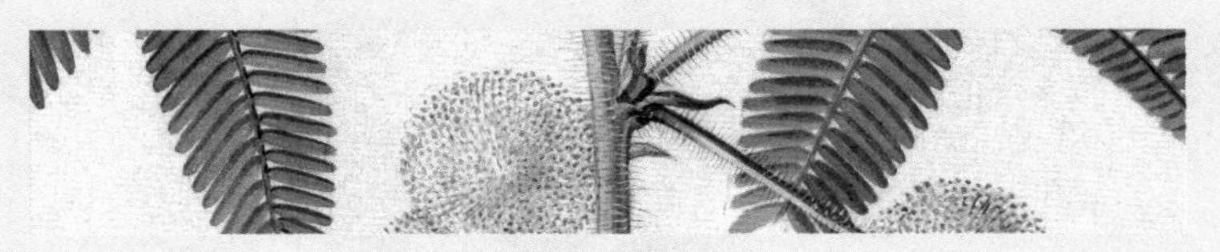

미모사

Mimosa

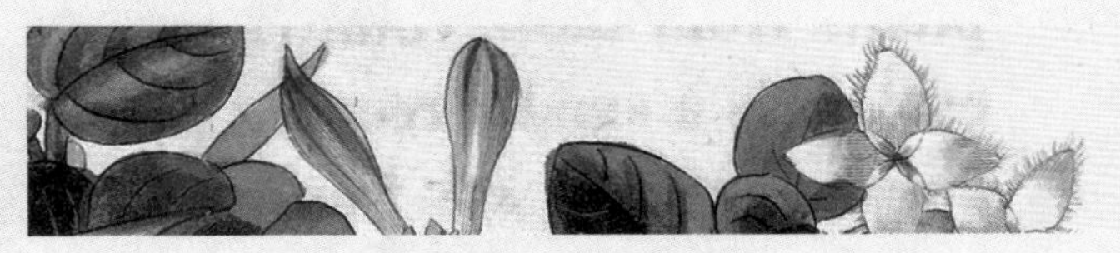

미트켈라 레펜스

Mitchella repens

마우란디아
(속명) *Maurandya*

덩굴금어초
CREEPING or TRAILING SNAPDRAGON

질경이과
(과명) PLANTAGINACEAE—PLANTAIN FAMILY

덩굴식물

마우란디아는 미국 남서부에서 중앙아메리카에 이르는 지역에서 발견되는 다년생 덩굴 4개종이 포함된 속으로 '기어올라 가는(기어오르는 혹은 불규칙하게 뻗어가는)' 특유의 습성으로 알려져 있다.

다윈은 덩굴식물에 관한 연구에서 두 종, 즉 마우란디아 바클라이아나와 마우란디아 스칸덴스(다윈의 시대에는 '셈페르플로렌스'라고 불렀다)를 다뤘다. 이 종의 특징은 휘감는 잎자루와 꽃자루의 도움으로 기어오르는 것이다. 두 식물은 다윈이 언급했던 중앙아메리카의 덩굴식물과 연관된 또 다른 두 가지 속이기도 하다. 하나는 '로도치톤'이라는 속으로, 길쭉한 꽃자루와 부풀어 오른 꽃받침 그리고 펜던트처럼 아래로 늘어뜨린 꽃이 있는 세 종의 식물로 이뤄져 있다. 또 하나는 '로포스페르뭄'으로, 수평 위치에서 서서히 올라가는

마우란디아 스칸덴스

시드넘 에드워즈가 손으로 채색한 판화. 《식물학 잡지》에 수록.

꽃과 부풀지 않는 꽃받침이 있는 일곱 종으로 된 속이다.

덩굴식물에 대한 자신의 책 개정판에서 다윈은 마우란디아 스칸덴스의 어린 꽃자루가 촘촘하게 원을 그리며 회전운동을 하며, 살짝 문지르면 미세하게 반응해 촉각 자극이 오는 방향으로 천천히 구부러진다고 언급했다. 그는 이 식물이 "약하게 발달된 두 가지 힘으로는 이득을 얻지 못하는 것이 분명하다"라고 결론을 내렸지만 적응력이 잠재돼 있는 것을 봤다. 그리고 꽃자루가 완전한 덩굴손으로 쉽게 진화할 수 있을 거라 추측했다.

"적어도 우리는 마우란디아가 이미 가지고 있는 힘을 약간 강화함으로써 꽃자루로 먼저 지지대를 붙잡을 수 있으며, 그다음에는 꽃들 중 일부를 시들게 함으로써(비티스 혹은 카르디오스페르뭄처럼) 완벽한 덩굴손을 얻을 수 있다는 것을 알고 있다."[93]

다윈의 노트

『덩굴식물의 운동과 습성』

(2판, 1875)

마우란디아 바클라이아나. 가늘고 약간 굽은 어린줄기가 태양을 따라 2회 회전했는데 1회에 3시간 17분이 걸렸다. 전날에는 같은 줄기가 반대 방향으로 회전했다. 이 줄기들은 나선형으로 꼬이지 않으며, 어리고 예민한 잎자루의 도움을 받아 쭉쭉 잘 올라간다. 이 잎자루들을 가볍게 문지르면 적당한 휴지기 뒤에 움직이다가 다시 곧게 펴진다. 곡식 낟알 무게의 8분의 1에 해당하는 실 고리로도 잎자루가 구부러진다.

마우란디아 셈페르플로렌스. 자유롭게 자라는 이 종은 방금 언급한 종처럼 민감한 잎자루의 도움으로 기어오르며 자란다. 어린 절간은 2회 회전했는데 1회 회전하는 데 1시간 46분이 걸렸다. 방금 언급한 종보다 거의 두 배 빠르게 움직인 것이다. 절간은 접촉이나 압력에 전혀 예민하지 않다. 이를 언급하는 이유는 밀접하게 연관된 속, 즉 로포스페르뭄은 절간이 민감하기 때문이다. 마우란디아 셈페르플로렌스는 한 가지 독특한 점이 있다. 몰은 "잎자루뿐만 아니라 꽃자루도 덩굴손처럼 구부러진다"라고 주장했지만, 그는 발리스네리아의 나선형 꽃줄기 같은 것도 덩굴손으로 분류한다. 그가 언급한 내용과 꽃자루가 확실히 유연하다는 사실 때문에 나는 꽃자루를 주의 깊게 살펴보게 됐다. 꽃자루는 진짜 덩굴손처럼 행동하지 않는다. 나는 반복적으로 가느다란 막대를 어리거나 늙은 꽃자루와 접촉시켰고, 얽힌 가지들 사이로 아홉 개의 튼튼한 식물이 자라도록 했다. 하지만 꽃자루는 어떤 물체를 감고 휘어지는 경우가 한 번도 없었다. 이런 일이 일어날 가능성은 실제로도 매우 낮다. 일반적으로 꽃자루는 자기 잎의 잎자루로 이미 지지대를 단단히 잡고 있는 가지에서 자라기 때문이다. 그리고 꽃자루가 자유롭게 매달린 가지에서 자랄 때에는 스스로 회전력이 있는 절간의 말단 부분에서는 꽃자루가 생성되지 않는다. 따라서 꽃자루는 우연에 기대서만 이웃한 물체에 접촉할 수 있다. 그럼에도 불구하고 꽃자루는 어릴 때 미약한 회전력을 보이며 접촉에 약간 민감하다(그리고 이것이 주목할 만한 사실이다). 나는 잎자루가 막대를 단단히 쥐고 있는 줄기 몇 개를 골라 그 위에 종 모양의 유리를 얹고 어린 꽃자루의 움직임을 추적했다. 그 움직임을 기록해 보니 일반적으로 짧고 매우 불규칙한 선을 그렸으며 경로에 고리 모양은 거의 없었다. 3.8센티미터 길이의 어린 꽃자루를 하루 종일 세심하게 관찰해 보니 좁고 수직이며 불규칙하고 짧은 타원을 4.5개 만들었으며, 타원 하나당 평균 속도는 2시간 25분이었다. 같은 시간 동안 인접한 꽃자루는 비슷하지만 더 적은 개수의 타원을 만들었다. 식물은 한동안 정확히 같은 위치에 있었기에 빛의 작용으로 인한 어떤 변화 때문에 이러한 움직임이 일어난 것은 아니다. 색깔 있는 꽃잎이 그냥 보일 정도로 오래된 꽃자루는 움직이지 않는다. 민감성을 시험해 보기 위해 나는 가느다란 가지로 3.8센티미터 길이의 어린 꽃자루 두 개를 아주 약하게 몇 번 문질렀다. 하나는 위쪽을, 다른 하나는 아래쪽을 문질렀더니 4~5시간 뒤에 이 꽃자루들은 문지른 쪽으로 확실히 굽어졌다. 그리고 24시간 뒤에는 다시 곧게 펴졌다. 다음 날 반대쪽을 문질렀더니 그쪽을 향해 눈에 띄게 구부러졌다. 2센티미터 길이의 더 어린 꽃자루 두 개를 골라 서로 인접한 쪽을 가볍게 문지르자 서로를 향해 크게 휘어져 그 호가 이전 방향과 거의 직각을 이뤘다. 이것이 내가 관찰한 가장 큰 움직임이었다. 그 후에는 다시 곧게 펴졌다. 겨우 0.7센티미터밖에 되지 않는 아주 어린 꽃자루들도 문지르면 구부러졌다.

약간의 자발적인 움직임이나 꽃자루의 미세한 민감성 중 어떤 것도 내가 관찰한 아홉 개의 튼튼한 식물이 기어오르는 데 도움이 되지 않았음은 확실하다. 만약 현삼과의 어떤 식물이 꽃자루의 변형으로 생성된 덩굴손을 가지고 있었다면, 나는 마우란디아의 종들이 쓸모없거나 미숙했던 이전 습성의 흔적을 유지한 거라 생각했겠지만 이런 관점은 지속될 수 없다. 상호관계의 원리에 따라 우리는 이런 운동 능력이 어린 절간에서 꽃자루로 옮겨졌으며 민감성은 어린잎자루에서 꽃자루로 옮겨졌다고 추측할 수 있다. 그러나 이러한 능력의 원인이 무엇이든 이 사례는 흥미롭다. 자연선택을 통해 꽃자루의 힘이 약간 증가하면 비티스 또는 카르디오스페르뭄의 꽃자루처럼 식물이 기어오르는 데 유용한 도구로써 쉽게 쓰일 수 있기 때문이다.

이 마지막 관찰에 대해 그레이는 1875년 12월, 다윈에게 이렇게 썼다.

"제가 당신을 도울 수 있는 작은 문제가 보이는군요. 198페이지에서 당신은 마우란디아에 대해 이렇게 썼습니다. 조금만 더 법석을 떨면 꽃자루로 지지대를 잡을 수도 있겠다고요. 글쎄요, 가끔은 그렇게 될 때도 있는 것 같습니다."

그레이는 그것이 마우란디아 안티리니플로라(덩굴금어초)의 경우에 들어맞는다고 생각했으며, 두 가지 캘리포니아 종인 마우란디아 스트릭타와 마우란디아 쿠페리 또한 접촉에 민감한 꽃자루를 갖고 있다고 확신했다. 다윈은 그에게 감사를 표하며 이렇게 답했다.

"제가 새로운 개정판을 준비할 때 식물에게 무얼 안 줬겠습니까? 하지만 이제 너무 늦었습니다. 그 책을 다시 건드리지 않을 것 같으니까요."[94]

실제로 그는 1882년 마지막 판본을 출간했다. 하지만 편집된 내용은 얼마 되지 않았고 마우란디아에 대한 논의는 바꾸지 않은 채 남겨뒀다.

Humble Plant.

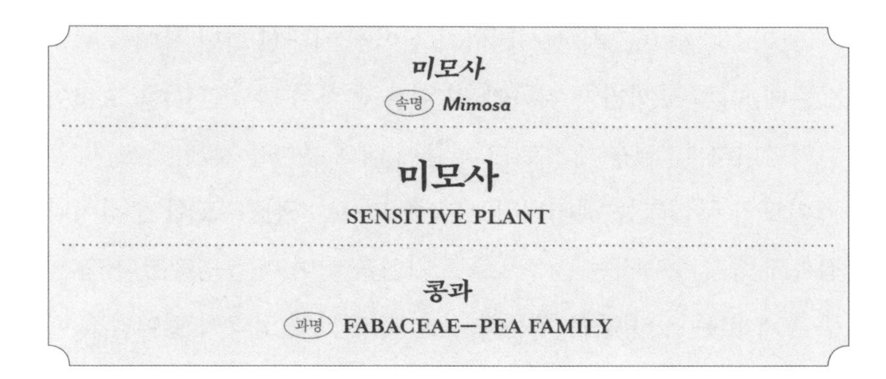

식물의 운동

미모사는 린네가 '민감하다'라는 뜻의 스페인어 '미모소mimoso'에서 이름을 따온 식물이다. 미모사는 세계의 열대 지역이 원산지인 큰 속으로, 미국의 열대지방에 가장 풍부하다. 17세기 유럽에는 브라질에서 온 '미모사 센시티바'가 소개됐는데 접촉에 민감한 잎 때문에 경탄의 대상이 됐다. 저명한 의사이자 시인이었던 다윈의 할아버지 이래즈머스 다윈은 시 「식물의 사랑」에서 미모사를 수줍은 소녀로 낭만화하고 의인화했다.

"약하지만 좋은 감각을 지닌 이 정숙한 미모사가 서 있네 / 무례한 손길 하나하나로부터 그녀의 겁 많은 손이 물러나네."[95]

약 40년 후 그의 손자 찰스는 후커에게 보낸 편지에서 비글호 항해 중에 미모사를 목격했다고 언급했다.

미모사 푸디카.

앤 해밀턴 부인이 수채물감과 구아슈물감으로 모조피지에 그림. 〈식물 그림〉에 수록.

"브라질에서 미모사 센시티바가 심어진 거대한 화단 사이를 걸어갔는데, 마치 코끼리가 지나간 것 같은 흔적이 남았던 것을 또렷이 기억합니다. 이 일을 계기로 그 식물에 대해 흥미를 갖게 됐죠."[96]

미모사 푸디카는 센시티바보다 좀 더 잘 자란다. 또한 충격이나 접촉에 즉각 수축하는 반응으로 호기심을 끌며 더 유명해졌다. 앞선 두 종과 많은 기타 종은 부푼 엽침을 갖고 있어 접촉이 일어났을 때뿐 아니라 밤에도 스스로 움츠러들고 몸을 접을 수 있다.

"옥살리스에서 볼 수 있고 미모사에서는 더 분명하게 볼 수 있듯이, 많은 식물은 밤이 되면 전체 외양이 놀라우리만치 변한다."[97]

다윈은 『식물의 운동 능력』의 결론 부분에서 이렇게 썼다. 그는 아들 윌리엄의 도움을 받아 미모사 푸디카와 미모사 알비다의 물과 화학물질에 대한 반응을 실험했으나 그 결과를 발표하지는 않았다. 그는 원형운동(회선운동)과 야행성운동(야간굴성)에 가장 매료돼 떡잎과 성숙한 식물 모두를 대상으로 실험을 했다. 그는 잎자루·우편(羽片, 깃 모양 겹잎의 조각으로, 주로 고사리류처럼 잎이 깃털 모양으로 깊게 갈라진 경우를 가리킨다-옮긴이)·어린잎을 포함해 줄기와 잎의 느린 움직임을 추적했는데 이것들이 유리판 위에서 몇 시간 동안 원을 그리며 움직이는 경로를 기록했다.

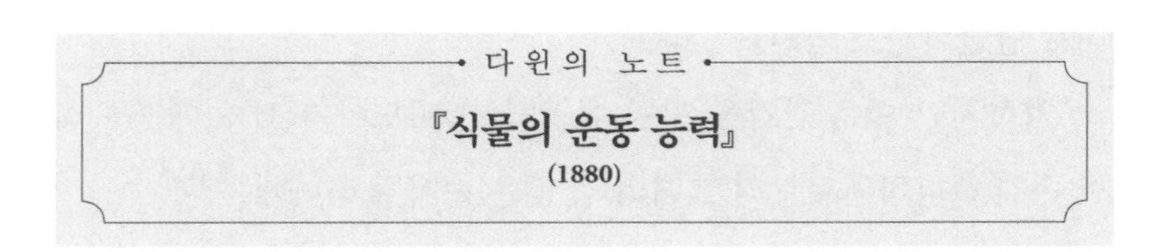

미모사 푸디카. 이 식물은 수많은 관찰의 대상이 되어왔다. 하지만 우

리의 주제와 관련해 충분히 주의를 기울이지 않은 몇 가지 사항이 있다. 잘 알려진 대로 밤에는 양쪽의 어린잎이 접촉하고 잎 꼭대기를 가리킨다. 따라서 잎들은 윗면을 보호하면서 깔끔하게 겹쳐진다. 네 개의 우편도 서로 가깝게 접근해 잎 전체가 아주 작아진다. 주 잎자루는 낮부터 저녁 늦게까지 아래로 가라앉다가 밤부터 이른 아침까지는 올라간다. 줄기는 넓은 범위는 아니지만 빠른 속도로 계속 회선운동을 한다. 어린식물 몇 개를 어두운 곳에 놓고 이틀 동안 관찰했는데, 다소 낮은 온도인 14~15도에 노출돼 있었음에도 줄기 하나가 12시간 동안 네 개의 작은 타원을 그리며 돌았다. 주 잎자루는 이와 같이 계속 회선운동을 한다. 개별 우편과 어린잎도 마찬가지다. 그러므로 어느 한 어린잎의 꼭대기 부분 움직임을 추적한다면 그 운동 경로는 앞서 말한 네 가지 개별 부분의 움직임이 합쳐진 것이다.

전날 밤 거의 다 자란 매우 민감한 잎(약 10센티미터)의 주 잎자루에 실을 세로 방향으로 묶었고 줄기 아랫부분은 막대기에 고정했다. 그리고 고온의 온실 안에 수직으로 세워둔 유리판 위에서 식물의 움직임을 추적했다. 다음 그림에서처럼 첫 번째 점은 8월 2일 아침 8시 30분에 찍혔고 마지막 점은 8월 3일 저녁 7시에 찍혔다. 첫날 12시간 동안 잎자루는 아래로 세 번, 위로 두 번 움직였다. 둘째 날은 같은 시간 동안 아래로 다섯 번, 위로 네 번 움직였다. 올라가는 선과 내려가는 선이 일치하지 않기 때문에 잎자루가 명백히 회선운동을 하고 있음을 알 수 있다. 저녁에 크게 내려가는 것과 밤에 크게 올라가는 것은 회선운동 중 하나가 과장된 것이다. 하지만 잎자루는 수직 유리에서 추적한 움직임이나 그림에 나타난 모습보다 훨씬 더 낮게 내려갔다는 사실을 알아야 한다. 8월 3일 저녁 7시 이후(그림에서 마지막 점이 찍힌 이후) 화분은 침실로 옮겨졌는데, 자정

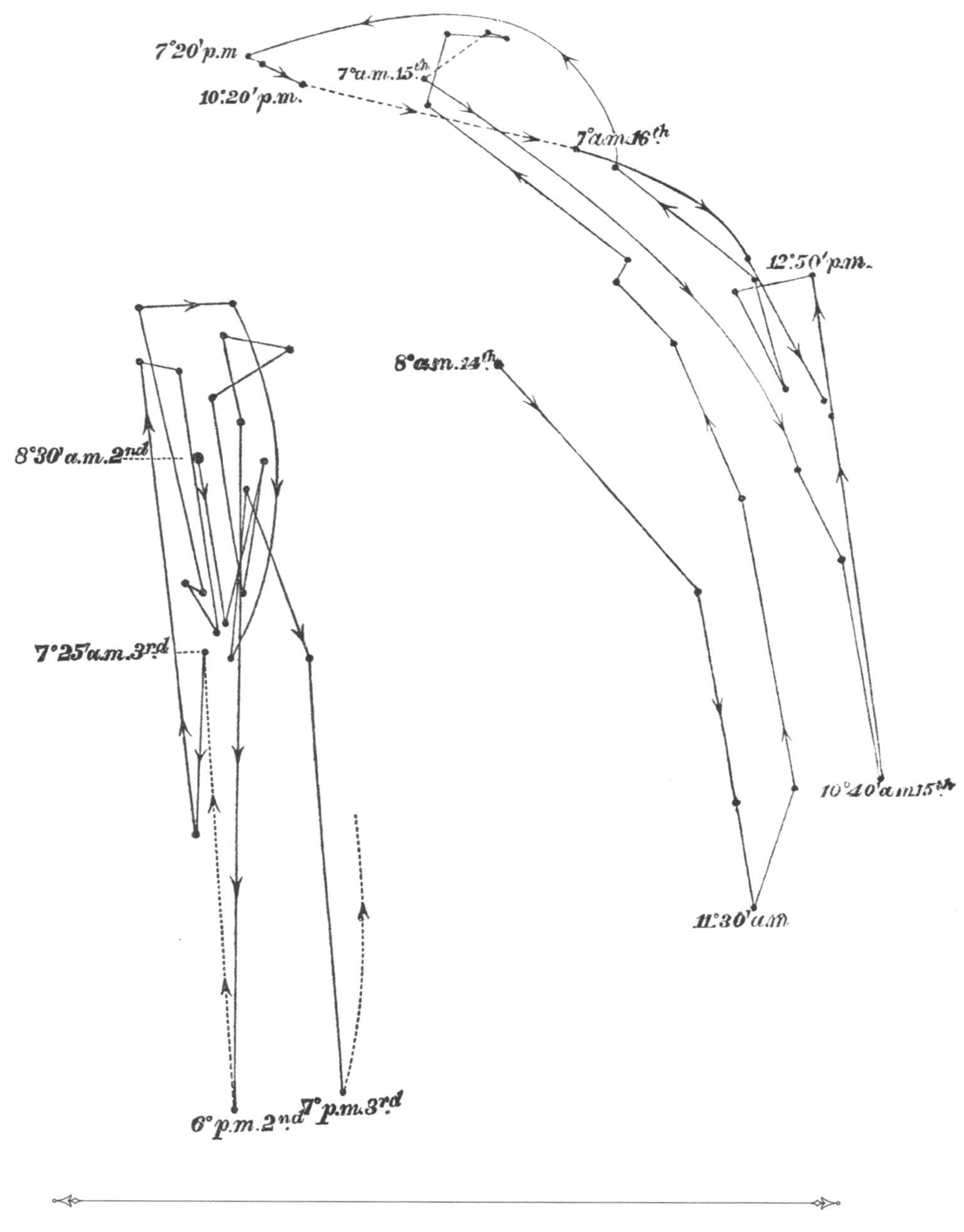

미모사 푸디카.

(좌) 주 잎자루의 회선운동과 야간굴성 운동.

(우) 우편이 고정된 어린잎의 회선운동과 야간굴성 운동. 모두 수직 유리판 위에서의 움직임을 추적한 것.

이 지난 밤 12시 50분에 잎자루가 거의 똑바로 서 있었으며 밤 10시 40분보다 훨씬 가파르게 기울어져 있음이 발견됐다. 새벽 4시에 다시 관찰했을 때 잎자루는 다시 내려가고 있었고 아침 6시 15분까지 계속 내려갔다. 그 이후에는 지그재그를 그리며 다시 회선운동을 했다. 다른 잎자루에서도 비슷한 움직임이 관찰됐고 거의 같은 결과가 나왔다.

각각의 어린잎이 회선운동을 하는 것도 표시했다. 우편은 한쌍의 어린잎 바로 밑에 있는 땅에 단단히 박은 작은 막대의 꼭대기에 셸락(깍지벌레의 분비물로 만든 천연수지의 일종-옮긴이)으로 튼튼하게 고정했다. 어린잎의 중앙에는 엄청나게 가느다란 유리실을 부착했다. 이런 처리 방식은 어린잎을 다치게 하지 않았다. 어린잎은 여느 때처럼 잠이 들었고 오랫동안 민감함을 유지했다. 어린잎의 움직임을 그림에서처럼 49시간 동안 추적했다. 첫날에는 어린잎이 아침 11시 30분까지 가라앉아 있다가 그 이후로 늦은 밤까지는 지그재그를 그리며 올라가는 회선운동을 보여줬다. 새로운 상태에 더 익숙해진 둘째 날, 24시간 동안 위로 두 번, 아래로 두 번 흔들렸다. 이 식물은 다소 낮은 온도인 16~17도에 노출 돼 있었다. 만약 더 따뜻한 환경에 있었다면 어린잎의 움직임은 훨씬 빠르고 복잡했을 것이다. 그림에서 올라가는 선과 내려가는 선이 일치하지 않음을 볼 수 있지만, 저녁에 측면으로 많이 움직이는 건 잠잘 때 어린잎이 잎 꼭대기 쪽으로 구부러지기 때문이다. (…)

미모사 알비다. 이 식물의 잎이 다음 페이지에 그려져 있는데, 몇 가지 흥미로운 특징을 보여준다. 이 잎은 각각 두 쌍의 어린잎을 가진 단 두 개의 우편(그림에서는 평소보다 더 갈라진 형태로 표현됨)이 있는 긴 잎자루로 구성돼 있다. 하지만 안쪽 기저부의 어린잎은 거의 발달하지 않은 것처럼 보일 수도 있다. 그렇게 된 이유는 아마도 그들이 완전히 클 수 있을 만큼의 공간이 확보되지 않아서이다. 이 어린잎들은 크기가 다양하며 때로는 둘 중 하나만 사라지거나 둘 다 사라진다. 그럼에도 불구하고 이 잎들은 기능 면에서 전혀 미숙하지 않다. 민감하고 극도로 향일성을 지니고 있으며 완전히 발달한 어린잎과 거의 같은 속도로 회선운동을 하고 잠들 때에도 똑같은 자세를 취한다.

미모사 푸디카의 경우 기저부와 우편 사이의 안쪽 어린잎은 마찬가지로 훨씬 짧다. 끝부분은 모서리 없이 비스듬하다. 이 사실은 미모사 푸디카의 일부 묘목에서 잘 볼 수 있다. 떡잎 위의 세 번째 잎에는 두 개의 우편밖에 없고 하나당 각각 서너 쌍의 어린잎만 있다. 안쪽 기저부의 어린잎은 길이가 다른 잎의 절반도 되지 않으며 전체 잎은 미모사 알비다의 잎과 매우 유사했다. 이 후자 종의 경우 주 잎자루의 끝부분이 작고 뾰족하다. 그 양쪽에는 미세하고 납작하며 뾰족한 아치 모양의 돌출부가 한 쌍 있다. 가장자리에 털이 있는 돌출부는 잎이 완전히 자라면 곧 떨어져서 사라진다. 이 작은 돌출부가 각 우편의 마지막에 해당하며 쉽게 시드는 어린잎의 대표격이라는 사실에는 의심할 여지가 없다. 바깥쪽 어린잎은 안쪽 어린잎보다 두 배 넓고 약간 더 길기 때문이다.

잎이 잠들면 각 어린잎은 몸을 반쯤 비틀어 가장자리가 정상을 향하게 해 동료 잎들과 밀착한다. 우편 또한 서로 가까이 접근하면서 네 개의 말단부 어린잎이 모인다. 기저부의 큰 어린잎은 작고 미숙한 어린잎과 접촉한 채로 안쪽과 앞쪽으로 움직여, 결합된 끝부분의 어린잎을 감싼다. 이러한 과정을 통해 덜 발달된 것을 포함해 여덟 개의 모든 어린잎이 하나의 수직형 다발을 형성한다. 동시에 서로에게 접근하는 두 개의 우편은 아래로 가라앉아, 낮동안처럼 주 잎자루와 같은 선상에 수평으로 뻗지 않고 밤에는 약 45도, 혹은 더 큰 각도로 수평 아래로 늘어진다.

잎과 어린잎의 비틀림과 회전은 대부분의 경우 잎의 윗면 또는 식물의 다른 부분과의 접촉을 통한 상호 보호의 목적을 띠고 일어나는 듯하다. 아라키스·미모사·알비다·마르시엘라 등의 예에서 이런 현상을 가장 잘 볼 수 있다. 이 식물들은 모든 어린잎이 밤에 하나의 수직형 다발을 형성한다. 미모사 푸디카의 경우 반대쪽 어린잎들이 위쪽으로 움직이기만 했다면 잎의 윗면들은 서로 접촉하여 잘 보호됐을 것이다. 하지만 실제로는 모두 잎의 꼭대기를 향해 연속적으로 움직인다. 그래서 윗면이 보호될 뿐 아니라 잎이 연속적인 쌍으로 얽혀 잎자루는 물론이고 서로도 보호한다. 수면식물의 어린잎이 이렇게 겹쳐지는 것은 일반적인 현상이다.

수면식물을 지속적으로 관찰해 본 적이 없는 사람이라면 잎들이 저녁에 잠들려고 할 때와 아침에 일어날 때만 움직일 거라고 쉽게 생각할 것

미모사 알비다의 잎을 위에서 내려다본 모습.

이다. 하지만 그 생각은 틀렸다. 잠자는 잎이 24시간 내내 지속적으로 움직인다는 규칙에서 어떤 예외도 발견되지 않았기 때문이다. 하지만 잎이 잠들 때와 깨어날 때 평소보다 빨리 움직이는 것은 사실이다.

미트첼라 레펜스
(속명) *Mitchella repens*

파트리지베리
PARTRIDGEBERRY

꼭두서니과
(과명) RUBIACEAE—COFFEE FAMILY

식물의 형태, 수분

수술과 암술 길이가 다양한 꽃 형태가 같은 종에서 생산되는 다화주성에 대해 말하자면 꼭두서니과가 챔피언이다. 전 세계의 어떤 식물과보다 이형속을 더 많이 갖고 있기 때문이다. 꼭두서니과는 대부분 열대식물이다. 다윈은 먼 곳에 널리 흩어져 있는 친구와 동료로부터 식물이나 씨앗, 때로는 건조된 압착 꽃을 받아 이 과 중 17개의 속을 연구했다. 미트첼라 레펜스(호자덩굴)속인 파트리지베리는 이 과에서 그가 연구한 유일한 온대식물이다. 북아메리카 동부 숲에서 자라는 상록 덩굴식물로 린네가 18세기 버지니아주의 식물학자이자 의사인 존 미첼을 기리기 위해 이름을 붙였다. 미첼은 자신의 유럽 통신원들에게 "우리나라, 즉 미국이 줄 수 있는 알려지지 않았지만 아름답고 신기하며 유용한 식물들"의 씨앗과 표본들을 아주

미트첼라 레펜스.

T. 보이스의 그림. 콘래드 로디지스의 『컬러 그림으로 묘사한 식물 캐비닛』에 수록.

많이 보내줬다.[98]

이형꽃의 사례에 대한 다윈의 질문에 응답하면서 그레이는 파트리지베리에 주목해 보라고 했다.

"당신이 실험하기에 좋은 식물일 겁니다."[99]

그는 성별이 분리된 꽃을 가진, 완전히 암수딴그루인 친척 식물들을 가리키며 이렇게 썼다. 다윈은 그가 프리물라에서 처음 발견한 이러한 꽃의 이형태성이 꽃을 피우는 식물에서 성별이 분리되는 진화의 한 단계를 보여준다고 확신했다. 그래서 다른 형태의 상호 번식력을 확인하기 위한 교배 실험을 했다.

1862년에 그레이가 살아 있는 파트리지베리 표본을 보내자 다윈은 흥분하며 이렇게 답신했다.

"바로 전날 캐낸 것처럼 싱싱해 보였습니다! 진홍색 열매가 달린 작고 예쁜 덩굴식물이군요."[100]

정확히 말해 그 식물은 복숭아나 자두, 체리처럼 가운데에 딱딱한 씨가 들어 있고 껍질은 얇은 핵과(굳은씨열매)였다. 그 열매는 한 쌍의 나팔 모양 꽃의 씨방이 융합돼 만들어진다. 두 계절에 걸쳐 실험을 수행한 결과 다윈은 같은 형태끼리 수정시켰을 때보다 각각 다른 형태를 교배시켰을 때 열매를 맺을 확률이 더 높다는 것을 확인했다. 하지만 그는 파트리지베리가 기능적으로 암수딴그루 형태로 생식하는 모습을 발견했다고도 기록했다. 기술적으로는 한 꽃 안에 양쪽 성의 생식 구조를 가지고 있지만 어떤 꽃에는 불완전하게 형성된 암술이, 다른 꽃에는 미숙한 수술이 있어 사실상 암꽃과 수꽃으로 기능하는 것이다. 다윈은 미국에서 사육장을 시작한 영국 출신 식물학자인 토머스 미한의 관찰을 인용하면서 이렇게 주장했다.

“이러한 진술이 확인된다면 파트리지베리는 한 지역에서는 다화주성이고 다른 지역에서는 암수딴그루임이 증명될 것이다.”[101]

그리고 다윈은 자신의 저서 『꽃의 형태들』에서 꼭두서니과에 속한 파트리지베리와 친척들이 “암수딴그루종은 다화주성 식물이 변형된 것에 기원을 두고 있다”는 증거가 된다고 주장했다.[102]

나중에 다윈의 흥미를 끌었을 만한 반전이 일어났다. 20세기 식물학자들이 장주화(암술이 수술보다 긴 꽃)와 단주화(암술이 수술보다 짧은 꽃) 형태의 상대적 씨앗 생산을 바탕으로 ‘기능적’ 성별을 확인하는 기술을 개발한 것이다. 자생지에서 파트리지베리는 기능적 성별이 다양하며 형태에 따른 겉보기 성별과 실제 기능이 꼭 일치하지는 않는다. 어떤 경우에는 수술이 우세한 단주화가, 또 다른 경우에는 암술이 우세한 장주화가 더 많은 씨앗을 생산한다.[103] 따라서 오늘날의 사고방식은 다화주성이 이종교배를 촉진하기 위한 적응 방식의 한 방편이라는 다윈의 생각과 부분적으로 일치한다. 하지만 암술 길이에 따른 두 형태가 반드시 암수딴그루를 향한 진화를 의미하는 것은 아니라고 본다.

다윈의 노트

『같은 종에 속하는 꽃들의 서로 다른 형태들』

(1877)

미트켈라 레펜스. 에이사 그레이 교수는 꽃이 모두 진 후 수집한 살아 있는 식물 몇 개를 나에게 보냈는데, 거의 절반은 암술이 긴 형태(장주화)로 밝혀졌고 나머지 절반은 암술이 짧은 형태(단주화)였다. 향기롭고 꿀을 많이 분비하는 하얀 꽃들은 항상 씨방이 결합된 채로 짝을 이뤄 자라기 때문에, 두 송이가 함께 '베리 같은 이중 핵과'를 맺는다. 일련의 실험 중 1864년의 첫 실험에서 나는 이 꽃들의 특이한 배열 방식이 번식력에 어떤 영향을 주리라고는 생각하지 않았다. 몇몇 경우에는 한 쌍의 두 꽃 중 하나만 수정됐으며, 이들 중 상당 부분 또는 전부가 열매를 맺지 못했다. 다음 해에 각 쌍의 두 꽃이 변함없이 같은 방식으로 수정됐다. 후자의 실험만으로도 정칙적이거나 변칙적으로 수정됐을 때 열매를 맺는 꽃의 비율을 볼 수 있지만, 열매당 평균 씨앗 수를 계산하기 위해 나는 두 계절 동안 생산된 씨앗을 사용했다.

장주화에서는 화관의 털이 난 목 바로 위에 암술머리가 돌출돼 있으며 꽃밥은 관 아래 자리 잡고 있다. 단주화에서는 이 기관들이 반대 위치에 놓여 있다. 후자의 형태에서 신선한 꽃가루 알갱이는 장주화보다 좀 더 크고 불투명하다.

짝을 이룬 두 형태의 꽃들 중 88퍼센트는 정칙적으로 수정됐을 경우 열매를 두 배로 맺었는데 그중 19개 열매에는 씨앗이 평균 4.4개, 최대 여덟 개가 들어 있었다. 한편 변칙적으로 수정된 꽃들 중 단 18퍼센트만이 열매를 맺었고 그중 여섯 개 열매에는 씨앗이 겨우 평균 2.1개, 최대 네 개가 들어 있었다. 따라서 두 개의 정칙적 결합이 두 개의 변칙적 결합보다 번식력이 좋은 것으로 나타났으며, 열매를 맺은 꽃의 비율은 전자 대 후자가 100 대 20, 포함된 씨앗의 평균 개수 비율은 100 대 47이었다.

장주화와 단주화 식물 각각 세 개를 개별적인 그물로 막아놓았더니 모두 합쳐서 여덟 개의 열매만 맺혔고 그 안에 들어 있는 씨앗 개수는 겨우 평균 1.5개였다. 열매가 몇 개 더 추가로 맺혔지만 씨앗이 들어 있지 않았다. 이렇게 처리된 식물은 과도하게 번식력이 약했고 그나마 약간 있는 번식력도 꽃에 출몰하는 수많은 총채벌레 개체의 활동에 기대고 있었다.

벤담과 후커의 책 『식물의 속Genera Plantarum』에서 꼭두서니과는 337개의 속을 포함한 25개의 족으로 나뉜다. 그리고 현재 다화주성으로 알려져 있는 속이 이 족들 중 한두 그룹에만 속하지 않는 게 아니라 적어도 여덟 개 이상의 족에 분포하고 있다는 점은 주목할 만한 가치가 있다. 이 사실로부터 우리는 이 속의 대다수가 다화주성 구조를 독립적으로 획득했다고 추론할 수 있다. 즉 이 식물들은 한 개 혹은 심지어 두세 개의 공통된 조상 식물로부터 이 구조를 물려받지 않았다.

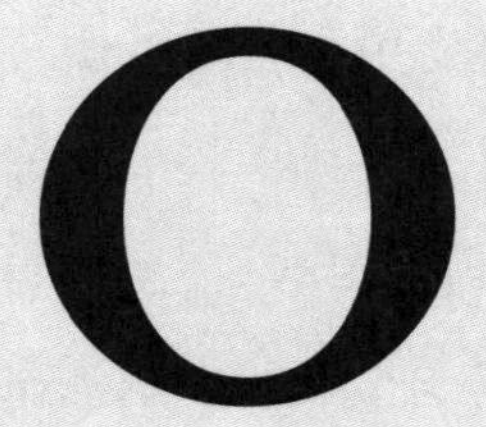

Darwin and the Art of Botany

오프뤼스

Ophrys

오르키스

Orchis

옥살리스

Oxalis

The Bee-flower.

오프뤼스

속명 *Ophrys*

꿀벌 난초

BEE ORCHID

난초과

과명 ORCHIDACEAE–ORCHID FAMILY

난초, 꽃의 형태들, 수분, 타가수정과 자가수정

100개가 넘는 육상종이 있는 오프뤼스 난초(흑란속)는 성적인 속임수를 쓰는 식물의 가장 좋은 예다. 이 난초는 시각적 및 화학적 의태(성 페로몬)를 사용해 수컷 곤충을 유혹해 꽃과 짝짓기를 시도하도록 유인한다. 이를 가교미(의사교접)라고 한다. 속아 넘어간 수컷이 노력의 대가로 얻는 것은 꿀이나 성교라는 보상이 아닌, 몸에 붙어 있는 꽃가루 꾸러미뿐이다.[104] 두 개의 널리 퍼진 유럽종의 이름은 파리 난초(오프뤼스 인섹티페라)와 꿀벌 난초(오프뤼스 아피페라)로 이 식물이 유혹하는 곤충을 반영한 이름이다. 다윈은 '토쿼이 Torquay'라는 해변 마을에서 휴가를 보내던 중 꿀벌 난초를 발견했다. 이 식물은 그에게 특별한 수수께끼를 제시했다. 꿀벌 난초는 자신의 분포 범위 중 북쪽인 영국에서 자가수정하는 경향을 보였다. 곤충을

오프뤼스 아피페라.

영국 학교의 화가가 수채물감과 구아슈물감으로 모조피지에 그림. 〈정원 꽃 앨범〉에 수록.

유혹하려는 노력에도 불구하고 이 식물에 찾아오는 곤충이 거의 없었다. 다윈은 이에 대한 염려를 담아 동료에게 편지를 보냈다.

"자연사의 그 어떤 지점도 나에게 꿀벌 난초의 자가수정만큼의 흥미와 당혹감을 주지 못했습니다."[105]

또 다른 편지 친구에게는 다음과 같이 한탄했다.

"모든 사실이 꿀벌 난초가 영원히 자가수정을 한다는 점을 분명히 알려주고 있지만, 나는 쓰디쓴 알약 같은 이 현실을 도저히 받아들일 수가 없네요."[106]

다윈은 《가드너스 크로니클》에 편지를 써서 크라우드소싱을 시도했다. 자신의 관찰 결과를 발표하는 한편, 곤충이 더 풍부할지도 모르는 여러 지역에서 독자들이 식물의 수정을 연구하도록 독려했다. 그는 꿀벌 난초 같은 식물들이 멸종을 피하기 위해 그리고 수분 매개 곤충이 부족한 시기에 살아남기 위해 자가수정을 함으로써 생육할 수 있는 씨앗을 생산한다고 결론을 내렸다.

• 다 윈 의 노 트 •

"수분 매개 곤충에 의한 영국 난초의 수정"

《가드너스 크로니클과 애그리컬처럴 가제트》(1860년 6월, 528쪽)

꿀벌 난초나 파리 난초가 꽤 흔한 지역에 사는 어떤 분이라도 이 식물의 수정 방식에 대해 몇 가지 간단한 관찰을 해주는 친절을 베푸신다면 저는 너무나 감사할 것입니다. (…) 꿀벌 난초의 꽃가루 덩어리는 끈적한 분비선에 달려 있는데, 다른 난초와 다르게 이 덩어리가 주머니에서 자연스럽게 빠져나옵니다. 그리고 비록 분비선 끝에 남아 있긴 하지만, 꽃가루 덩어리가 적절한 길이가 되면 암술머리 표면에 떨어져서 식물이 자가수정됩니다. 저는 몇 년 동안 많은 꽃을 조사했는데 곤충이 꽃가루 덩어리 한 개라도 운반하는 모습을 한 번도 보지 못했습니다. 또한 꽃이 자신의 꽃가루 덩어리를 암술머리에 떨어뜨리는 데 실패하는 경우도 없었습니다. 그 결과 로버트 브라운은 곤충의 방문이 이 난초의 수정에 방해가 된다고 믿었으며 오히려 곤충의 방문을 막기 위해 꽃이 벌을 닮은 것이라고 상상했습니다. 우리는 꽃가루 덩어리를 떨어뜨리는 이 난초의 특성이 자가수정을 위한 특별한 장치라고 인정할 수밖에 없습니다. 제 경험에 따르면 이것은 완벽합니다. 오랜 시간 동안 관찰한 결과 어떤 식물의 꽃이라도 대를 이어 영원히 자가수정을 할 수 있는지에 대해 크게 의심하게 됐음에도 불구하고, 저는 이 식물이 자가수정하는 것을 항상 발견했기 때문입니다.

꿀벌 난초의 끈적한 분비선에 대해 말한다면, 다른 모든 영국 난초에서는 이 끈적한 분비선의 용도와 그 효율이 너무나 명백합니다. 그런데 꿀벌 난초는 아무 쓸모도 없는 끈적한 분비선을 갖고 있다고 봐야 할까요? 저는 그렇게 생각할 수 없습니다. 오히려, 어떤 시기에, 아니면 다른 지역에서 곤충들이 때때로 꿀벌 난초를 방문해 이 꽃에서 저 꽃으로 꽃가루를 운반함으로써 이종교배의 혜택을 가끔 제공한다고 추론하고 싶습니다. 따라서 꿀벌 난초의 경우 자가수정 장치를 특별히 갖추고 있긴 하지만 이곳에서 가장 유리한 생존 조건에 놓여 있진 않을 수도 있습니다. 다른 지역에서 혹은 특정한 계절에 곤충이 찾아올 수도 있는데, 이런 경우에는 꽃가루 덩어리에 끈적한 분비선이 있기 때문에 타가수정의 혜택을 거의 확실히 입을 것입니다. 이것은 꿀벌 난초의 구조에서 보이는 기이하고 명백한 모순입니다. 한 부분, 즉 끈적한 분비선은 곤충에 의한 수정에 적합하고, 또 다른 부분, 즉 꽃가루 덩어리가 자연스럽게 떨어지는 특성은 수분 매개 곤충이 없는 자가수정에 적합합니다. 영국의 다른 지역에 있는 꿀벌 난초의 꽃가루 덩어리에는 어떤 일이 일어나는지 너무나 궁금합니다.

다윈의 노트

『난초가 곤충에 의해 수정되는 데 관여하는 다양한 장치들』

(2판, 1877)

꿀벌 난초는 스스로를 수정시키기 위한 훌륭한 구조를 갖추고 있다는 점에서 대다수의 난초들과 크게 다르다. 주머니 형태의 화관 두 개, 끈끈한 원반, 암술머리의 위치는 다른 난초종과 거의 똑같다. 하지만 두 주머니 사이의 거리 그리고 꽃가루 덩어리의 모양은 꽤 다르다. 꽃가루덩이자루는 내가 본 다른 모든 난초들에서처럼 똑바로 설 수 있을 만큼 단단하지 않고 놀랄만큼 길고 가늘고 유연하다. 꽃가루주머니의 모양으로 인해 위쪽 끝부분은 필연적으로 앞을 향해 구부러져 있다. 과일 배 모양의 꽃가루 덩어리는 암술머리 바로 위에 높이 박혀있다. 꽃이 활짝 핀 후에 꽃가루주머니가 곧 자연스럽게 열리고 꽃가루 덩어리의 두꺼운 끝부분은 떨어져 나가지만 끈끈한 원반은 여전히 주머니에 남아 있다. 꽃가루덩이자루는 꽃가루 덩어리의 무게만큼 가볍지만 매우 가늘고 금세 유연해져서 몇 시간 안에 아래로 내려앉고, 암술머리 표면의 정확히 맞은편에서 공중에 자유롭게 매달리게 된다. 이 상태에서 활짝 핀 꽃잎에 바람이 살짝 불기만 해도 신축성 있고 유연한 꽃가루덩이자루가 흔들려서 거의 바로 점성 있는 암술머리에 부딪혀 고정되고, 수정이 이뤄진다. 실험이 굳이 필요 없음에도 불구하고 나는 다른 도움을 받지 않아도 된다는 것을 확인하기 위해, 꿀벌 난초에 그물을 씌워 바람은 통하지만 곤충은 들어오지 못하게 막아봤다. 그랬더니 며칠 후 꽃가루가 암술머리에 붙었다. 그러나 고요한 방에서 물속에 보관된 수상꽃차례의 꽃가루는 꽃이 시들 때까지 암술머리의 앞에 자유롭게 매달린 채 남아 있었다. (…)

나는 꿀벌 난초의 수상꽃차례가 명백히 꽃만큼이나 많은 씨앗주머니를 만든다는 것을 알아챘다. 꽃 피는 시기가 지나고 얼마 후 나는 토콰이 근처에서 수십 개의 꿀벌 난초를 주의 깊게 조사했는데, 모든 개체에서 양질의 씨앗주머니를 한 개에서 네 개, 때로는 다섯 개 발견했다. 이것은 꽃에서 나온 씨앗주머니만큼 많은 개수다. 일반적으로 수상꽃차례 꼭대기에 있는 일부 기형을 제외하면 씨앗주머니를 생산하지 않은 꽃은 아주 극소수였다. 수정을 위해 곤충의 도움이 필요하며 49송이의 꽃에서 단 일곱 개의 씨앗주머니만을 생산한 파리 난초와 이 종이 얼마나 대조적인가! (…)

타가수정이 이롭다는 것은 이 목적에 맞는 수많은 구조를 통해 추론할 수 있다. 그리고 나는 다른 많은 식물 집단에서도 이렇게 얻는 혜택이 아주 중요하다는 사실을 다른 곳에서 이미 증명했다. 반면 씨앗을 온전히 공급한다는 보장이 있는 한 자가수정은 명백한 이점이 있다. 우리는 자가수정을 할 수 없는 다른 영국 난초종들을 살펴봤으며 그중 씨앗주머니를 생산하는 꽃들이 얼마나 적은지도 알게 됐다. 따라서 아피페라 난초 꽃의 구조로 미뤄볼 때, 이 식물이 이전의 어느 시기에는 타가수정에 적응해 있었지만 충분한 씨앗을 생산하는 데 실패하자 살짝 변형돼 자가수정을 할 수 있게 되었음이 거의 확실하다.

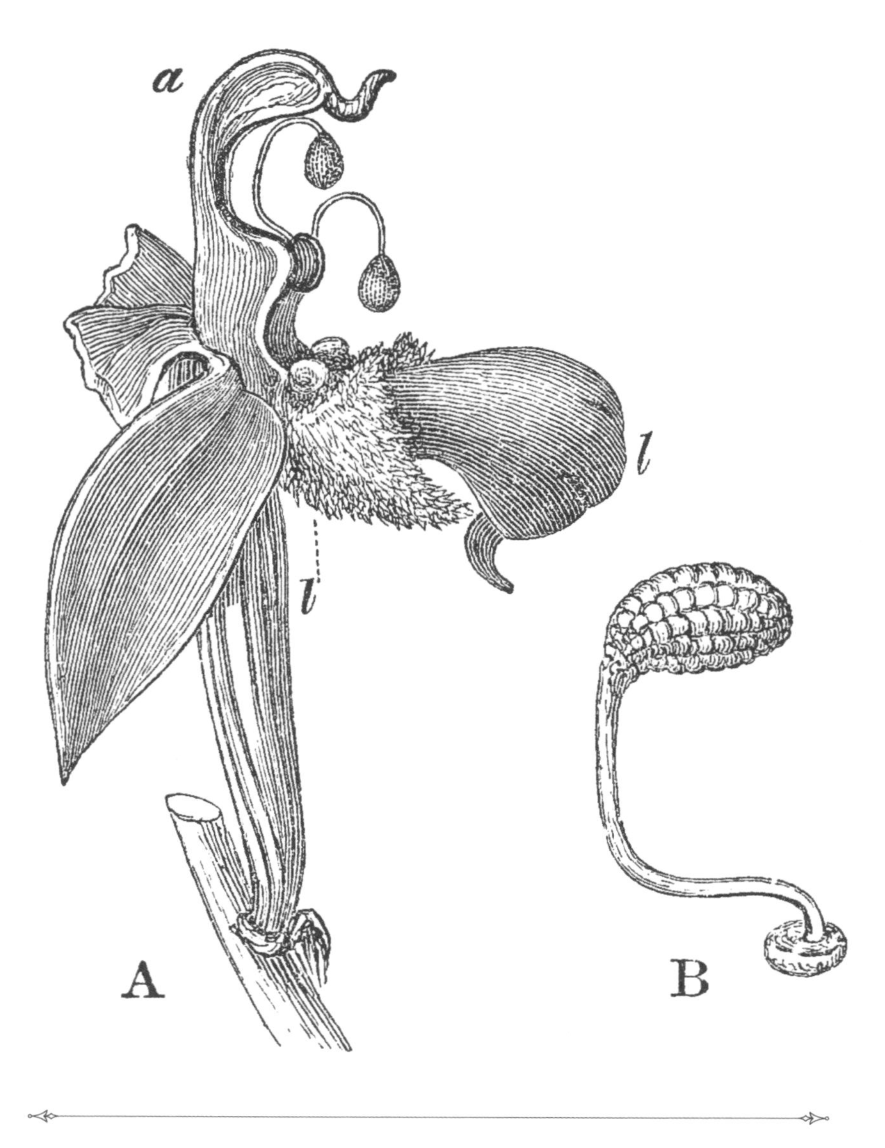

오프리스 아피페라 혹은 꿀벌 난초.

A. 꽃의 측면도. 위쪽 꽃받침과 위쪽 꽃잎 두 개가 제거된 상태.
꽃가루주머니 밖으로 꽃가루 덩어리가 떨어져 나오면
원반 상태의 꽃가루 덩어리가 주머니 안에 남아 있는 것이 보인다.
또 다른 꽃가루 덩어리는 거의 최대치로 멀리 떨어져 숨겨진 암술머리 표면 반대쪽에 매달려 있다.
B. 깊이 박혀 있는 꽃가루 덩어리의 모습.
a. 꽃밥 ***l.*** 순판

앞서 언급한 자가수정 종의 꽃들이 지금은 거의 타가수정을 하지 않는데도 불구하고, 타가수정을 확실히 하기 위해 만들어낸 다양한 구조를 여전히 유지하고 있다는 사실은 각별히 주목할 만한다. 따라서 우리는 이 모든 식물들이 원래 곤충의 도움으로 수정되던 종들이나 변종의 후손이라고 결론지을 수 있다. 더욱이 이 자가수정 종들이 속한 몇몇 속에는 자가수정이 불가능한 다른 종들도 함께 포함돼 있다.

Male Satyrion

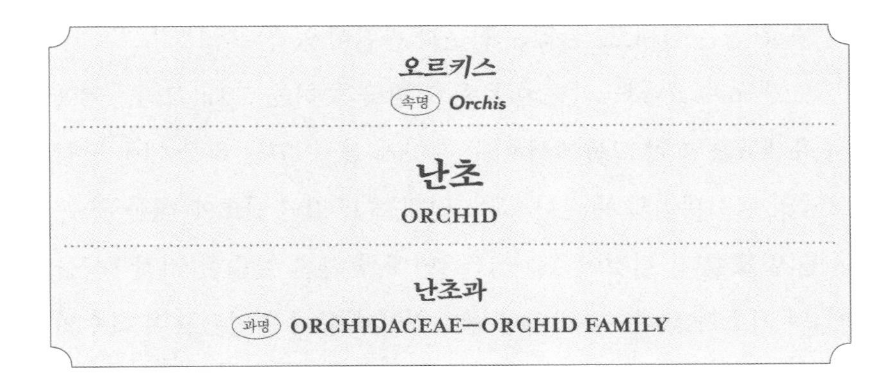

난초, 꽃의 형태들, 수분

다윈이 획기적인 저서 『종의 기원』의 후속작으로 겉보기에 범위가 훨씬 좁아 보이는 난초에 대한 책을 출간했다는 것은 이상해 보일지도 모른다. 하지만 난초꽃의 복잡성에서 중대한 의미를 찾았던 그는 난초를 연구하면서 다음과 같이 선언했다.

"동일한 목적, 즉 다른 개체에서 온 꽃가루로 하나의 꽃을 수정시킨다는 목적을 위한 구조가 자원의 낭비라 할 만큼 수없이 다양하게 존재한다는 것은 어떤 사실보다 나를 충격에 빠뜨렸다. 이것은 자연선택의 법칙을 통해 상당 부분 이해할 수 있다."[107]

따라서 그의 책에는 중요한 의미가 숨어 있다.

"그것은 적에 대한 '측면공격'이었습니다."

다윈은 책에 담은 의도에 대해 그레이에게 이렇게 고백했다.

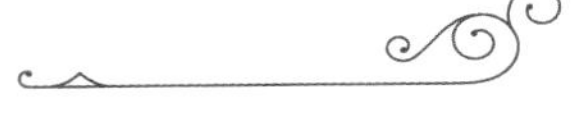

오르키스 마스쿨라.

엘리자베스 블랙웰의 수채화. 『기이한 약초』에 수록.

"제 관심은 설계, 그 끝없는 질문과 관련이 있습니다."[108)]

'오키드orchid(난초)'라는 이름은 고환을 뜻하는 고대 그리스어에서 유래됐으며 이 그룹에서 아주 흔하게 볼 수 있는 쌍을 이룬 달걀 모양의 덩이뿌리와 관련이 있다. 린네는 1740년 난초에 대한 첫 논문을 발표했다. 이것이 그가 1753년에 출판한 걸출한 저작 『식물계』의 기초가 됐다. 이 책에서 난초속의 이름이 명명됐으며 다수의 난초종이 처음으로 속명과 종명으로 된 두 가지 이름을 부여받았다. 분류학자로서 '세분파'보다는 '병합파'의 경향을 가진 린네의 영향으로 초기에는 거의 대부분의 난초가 '난초속'으로 간주됐지만, 나중에는 체계적이고 발생 계통에 대한 분석을 통해 다수의 속명이 추가적으로 지어졌다. 지금은 유럽·유라시아·북아프리카에 이르는 지역에 약 21종의 난초가 알려져 있다. 다윈의 집 근처에 있으며 그가 가장 좋아했던 장소에서는 몇 가지 토종 난초가 자랐다. 그와 그의 가족이 '난초 언덕'이라고 불렀던 그곳은 현재 켄트야생보호국이 관리하고 있다. 그곳에서는 오르키스 마스쿨라와 오르키스 퓌라미달리스가 많이 자랐다.

난초꽃의 구조는 다윈이 다른 난초속의 수분 메커니즘과 비교하고 연관짓는 참고자료 역할을 했다. 난초종은 그가 가장 좋아하는 식물 중 하나였다. 그는 큐 왕립식물원의 후커에게 다음과 같은 편지를 썼다.

"나는 이 꽃의 모든 부분에서 일어난 적응이 딱따구리의 적응만큼 아름답고도 분명하다고 생각합니다. 혹은 더 아름답다고도 할 수 있습니다. 나는 그렇게 아름다운 것을 본 적이 없습니다."[109)]

다윈은 난초와 수분 매개자 사이에 맺어지는 자물쇠와 열쇠처럼 꼭 맞는 관계, 그리고 아래쪽이 끈적한 꽃가루 덩어리를 곤충에 달라 붙도록 만드는 다양한 '장치들'에 특히 매혹됐다. 한 연구에서 그는 일부 꽃을 적극적으로 수분시키는 곤충들을 관찰하면서 다른 꽃들은 종 모양의 병으로 덮어 곤충의 방문을 막는 실험을 했다. 또 다른 꽃들의 경우 연필 끝으로 꽃가루를 추출해 수분 매개자가 방문한 것 같은 효과를 연출했다. 그는 식물의 꽃가루를 제거하자마자 줄기가 몇 초 안에 구부러져 옆의 꽃으로 꽃가루를 옮길 자세를 취하는 것을 보고 경탄했다. 1860년 이것을 처음 알아차린 다윈은 자연학자이자 난초에 열광하는 동료인 모어에게 편지를 썼다. 그 장면을 스케치한 그림과 함께 이 종의 암술머리가 꽃가루를 받기 위해 어떻게 측면 자세를 취하는지 설명했다.

"이 자세와 곤충의 방문은 정말 아름다운 관계 아닌가?"[110]

다윈의 노트

『난초가 곤충에 의해 수정되는 데 관여하는 다양한 장치들』

(2판, 1877)

오르키스 마스쿨라. 다음 그림은 초기 난초의 꽃에서 더 중요한 기관의 상대적인 위치를 보여준다. 꿀샘이 있는 순판(입술 모양의 꽃잎)만을 남기고 꽃받침과 꽃잎이 제거됐다. 꿀샘은 측면을 나타내는 그림 A에서만 볼 수 있다. 확대된 구멍은 정면을 나타내는 그림 B에서처럼 그늘에 거의 숨어 있기 때문이다. 암술머리(s)는 이중엽(잎이 두 개 있는) 모양이고 거의 합류하는 두 개의 암술머리로 구성돼 있으며, 주머니 모양의 소취(r) 아래 놓여 있다. 꽃밥(그림 B와 A에서 a)은 다소 넓게 분리된 두 개의

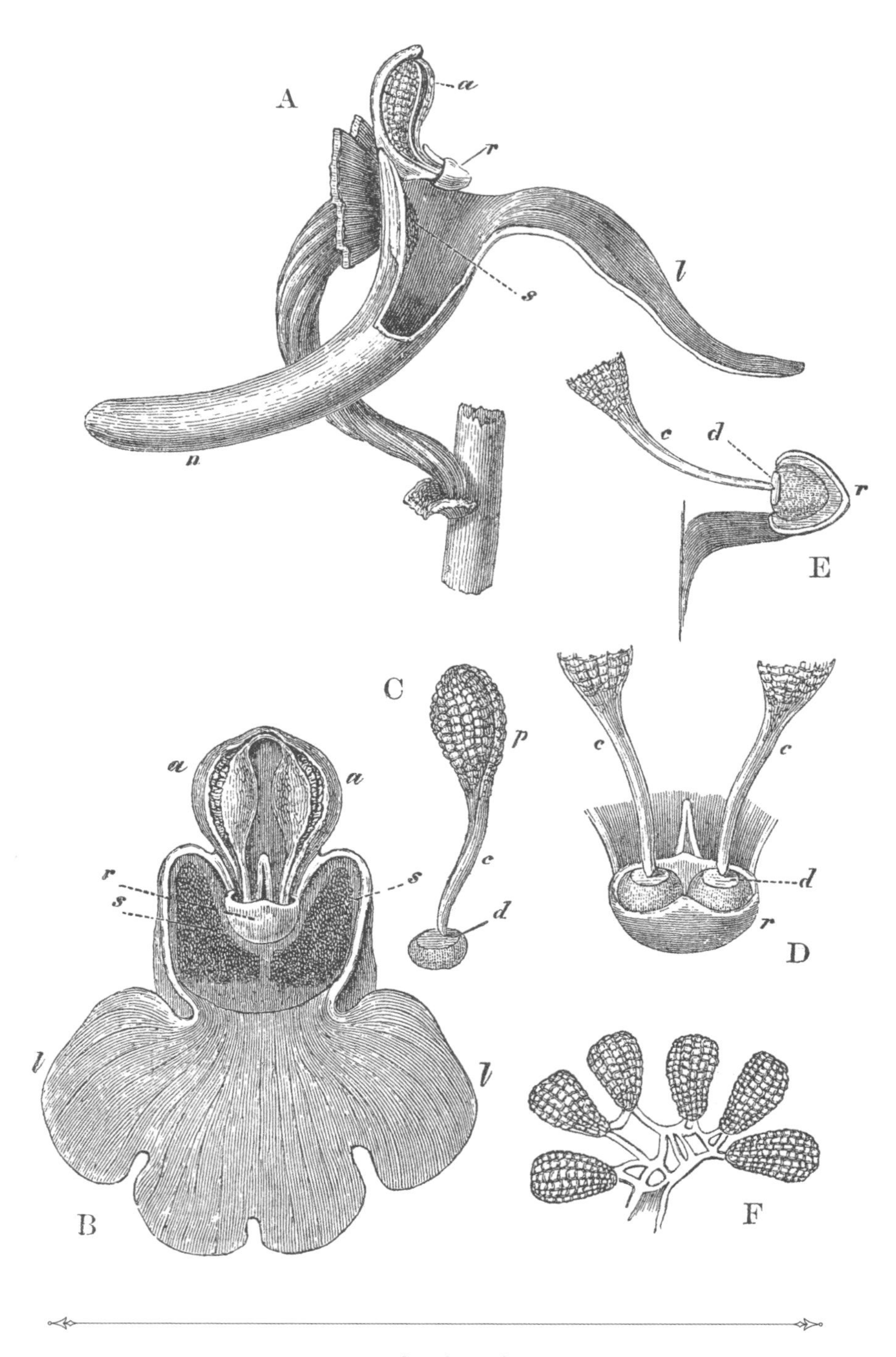

오르키스 마스쿨라.

a. 두 개의 화분실로 이루어진 꽃밥 *n.* 꿀샘 *r.* 소취 *p.* 꽃가루 덩어리 *s.* 암술머리
c. 꽃가루 덩어리의 꽃가루덩이자루 *l.* 순판 *d.* 꽃가루 덩어리의 끈끈한 원반

화분실로 구성돼 있으며 앞쪽이 세로로 열려 있다. 각 화분실에는 꽃가루 덩어리 또는 꽃가루가 들어 있다. 두 개의 화분실 중 하나에서 제거된 꽃가루를 그림 C에서 볼 수 있는데, 엄청나게 탄력 있고 가느다란 실로 결합된 쐐기 모양의 꽃가루 덩어리 여러 개로 이뤄져 있다(그림 F에서는 꽃가루 덩어리들이 강제로 분리됐다). 이 실은 각 꽃가루 덩어리의 아래 끝에서 합류해 곧고 탄력 있는 꽃가루덩이자루를 구성한다. 꽃가루덩이자루의 끝부분은 끈끈하나 원반(*d, C*)에 단단히 부착돼 있는데, 이 원반은 작은 타원형 막 조각으로 이뤄져 있으며 아래쪽은 끈끈한 물질이 있는 공 모양이다(그림 E의 주머니 모양 소취 부분에서 볼 수 있다). 각 꽃가루 덩어리는 분리된 원반을 갖고 있으며 점성 물질로 이뤄진 두 개의 공은 순판 안에 함께 놓여 있다(그림 D).

오르키스 마스쿨라에서 이 복잡한 메커니즘이 어떻게 작용하는지 살펴보자. 곤충이 착지 장소로 좋은 순판(*l*) 위에 내려앉아 꿀샘(*n*) 끝부분에 주둥이가 닿게 하기 위해 뒤쪽에 암술머리(*s*)가 있는 방(측면 그림 A 또는 정면 그림 B 참조) 안으로 머리를 들이민다고 가정해 보자. 또는 그 작용을 똑같이 대체해서 보여주기 위해 끝이 뾰족한 연필을 꿀샘 안에 부드럽게 밀어 넣는다. 주머니 모양의 소취가 돌출돼 꿀샘의 통로 안으로 들어가 있기에 어떤 물체도 소취를 건드리지 않고 꿀샘 안으로 들어가기란 불가능하다. 그리고 소취의 외부 막은 적절한 위치에서 찢어지고 순판이나 주머니가 쉽게 아래로 꺼진다. 이것이 실행되면 끈끈한 공 두 개 또는 둘 중 하나가 침입하는 곤충의 몸체에 틀림없이 닿을 것이다. 이 공들은 매우 끈끈해서 무엇을 건드리든 단단하게 붙는다. 더욱이 이 점성 물질은 시멘트처럼 몇 분 안에 단단하게 마르는 독특한 화학적 성질을 갖고 있다. 화분실의 앞부분이 열려 있기에 곤충이 머리를 빼거나 실험자가 연필을 빼낼 때 꽃가루 덩어리 하나 또는 둘 다가 빠져나와, 아래 그림 A에서처럼 뿔처럼 위로 돌출된 채로 물체에 단단하게 접착돼 있다. 이때 견고하게 접착되는 것은 아주 중요하다. 꽃가루 덩어리가 옆이나 뒤로 떨어져 나가면 절대로 꽃을 수정시킬 수 없기 때문이다. 화분실 안에 놓여 있던 꽃가루 덩어리 두 개가 어떤 물체에 부착되면 조금씩 갈라진다. 이제 꽃가루 덩어리를 부착한 채로 그 곤충이 다른 꽃으로 날아가거나, 꽃가루 덩어리를 묻힌 연필(그림 A)을 같은 꿀샘이나 다른 꿀샘에 넣는다고 가정해 보자. 그림을 보면 단단히 부착된 꽃가루 덩어리가 단순히 밀어 넣어져 이전 위치, 즉 화분실에 들어가게 될 것이 분명하다. 그러면 꽃은 어떻게 수정될 수 있을까? 아름다운 장치에 의해 수정이 이뤄진다. 원반 모양 막은 겉보기에는 미미하고 미세하지만 끈끈한 표면이 움직이

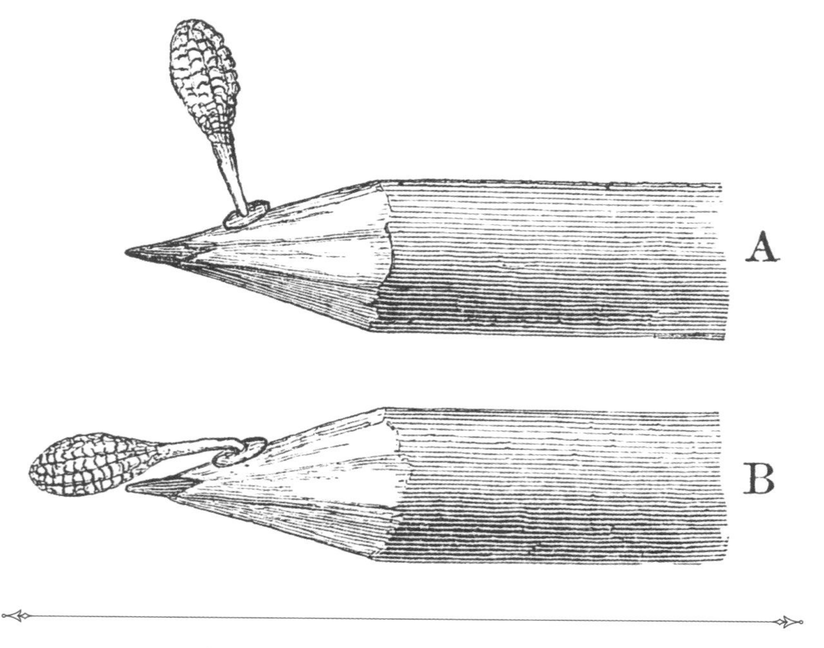

A. 오르키스 마스쿨라의 꽃가루 덩어리가 처음 연필에 부착된 모습.
B. 30초 후 꽃가루 덩어리가 90도로 기울어진 모습.

지 않고 고정될 수 있도록 놀라운 수축력을 갖고 있다. 이에 따라 꽃가루 덩어리가 항상 한 방향, 즉 주둥이나 연필 끝을 향해 평균 30초 동안 거의 90도로 휙 움직이게 된다. 이렇게 움직인 꽃가루 덩어리의 위치를 그림 B에서 볼 수 있다. 곤충이 다른 식물로 날아갈 수 있는 시간 간격을 두고 이 움직임이 완료된 후 연필을 꿀샘 안에 넣으면 그림에서 알 수 있듯이 꽃가루 덩어리의 뭉툭한 끝부분이 암술머리 표면에 정확히 닿게 된다.

지금까지 난초속에 속한 영국 종의 대부분과 몇몇 외래종 그리고 가까운 종의 구조에 대해 설명했다. 이 모든 종들은 수정을 위해 곤충의 도움을 받아야 한다. 꽃가루 덩어리가 화분실 안에 매우 가깝게 박혀 있고, 점성 물질의 공이 주머니 모양의 소취 안에 들어 있어서 거친 흔들림에도 움직이지 않는다는 점에서 명백한 사실이다. 또한 우리는 일정 시간이 경과할 때까지 꽃가루 덩어리가 암술머리 표면에 닿기에 적당한 자세를 취하지 않는다는 것을 확인했다. 이것은 이 종들이 자신의 꽃이 아니라 다른 개체의 꽃을 수정시키도록 적응했음을 보여준다. 꽃의 수정을 위해 곤충이 필요하다는 것을 증명하기 위해 나는 꽃가루 덩어리가 제거되기 전 오르키스 모리오종의 난초를 종 모양 유리로 덮었고, 인접한 식물 세 개는 덮지 않은 채로 뒀다. 나는 덮지 않은 식물들을 매일 아침 확인하며 꽃가루 덩어리가 조금씩 제거되는 것을 발견했다. 그러나 아래쪽 수상꽃차례에 있는 한 송이 꽃과 모든 수상꽃차례의 꼭대기에 있는 한두 송이 꽃에서는 꽃가루 덩어리가 제거되지 않았다. 수상꽃차례의 꼭대기에 매우 적은 수의 꽃만이 열려 있으면 눈에 잘 띄지 않는다. 결과적으로 곤충이 거의 찾아오지 않게 된다는 점에 주목해야 한다. 다음으로 나는 유리로 덮은 완벽하게 건강한 식물을 관찰했는데 이 식물의 꽃가루 덩어리는 당연히 화분실 안에 그대로 남아 있었다. 나는 오르키스 마스쿨라 표본으로 유사한 실험을 했고 같은 결과를 얻었다. 가려져 있던 수상꽃차례는 나중에 가림막을 제거했을 때 꽃가루 덩어리를 옮겨주는 곤충이 없었기에, 당연하게도 씨앗을 전혀 맺지 못했다. 반면 인접한 식물들은 씨앗을 많이 생산했다. 이 사실을 통해 각 종류의 난초마다 적당한 시기가 있으며 이 시기가 지나면 곤충이 더 이상 찾아오지 않는다는 것을 추론할 수 있다. (…)

나는 오르키스 퓌라미달리스의 수상꽃차례를 조사했고 활짝 핀 모든 꽃들의 꽃가루 덩어리가 제거되었음을 확인했다. 찰스 라이엘 경이 보내준 포크스톤의 수상꽃차례에서 아래쪽 49송이의 꽃은 양질의 씨앗주머니 48개를 생산했다. 세 개의 다른 수상꽃차례의 아래쪽 69송이 중 일곱 송이만 씨앗주머니 생산에 실패했다. 이것은 나방과 나비가 결혼 사제의 직무를 얼마나 잘 수행하는지 보여준다(수분 매개자로서 곤충의 역할을 신랑 신부를 결혼시키는 사제의 역할에 빗댄 표현-옮긴이).

지금까지 난초의 수정을 위한 장치가 얼마나 다양하고 아름다운지를 살펴봤다. 꽃가루 덩어리가 곤충의 머리나 주둥이에 붙었을 때 옆이나 뒤로 떨어지지 않도록 대칭적으로 고정되는 것이 가장 중요함을 알게 됐다. 또한 지금까지 설명한 종에서 원반의 점성 물질이 공기에 노출되면 몇 분 안에 굳으므로 곤충이 더 오랫동안 꿀을 빨아먹는다면 식물에게는 큰 이점이며, 그 시간 동안 원반이 움직이지 않게 부착될 수 있다는 사실도 알 수 있었다.

Orchis

옥살리스

속명 *Oxalis*

애기괭이밥

WOOD SORREL

괭이밥과

과명 OXALIDACEAE—WOOD SORREL FAMILY

꽃의 형태들, 식물의 운동

다윈은 애기괭이밥, 토끼풀과 전 세계에 분포한 괭이밥속의 다른 종들에 이끌려 다화주성에서 잎과 열매의 움직임에 이르기까지 식물의 여러 단계를 연구했다. 1860년대 초 일부 종의 꽃에서 암술과 수술의 길이가 다양한 형태들이 있다는 것을 알게 된 그는 식물학자 친구들에게 더 많은 사례가 있는지 물어봤다. 다윈은 서로 다른 형태가 별개의 종으로 잘못 해석됐다고 추측했는데, 영국의 유명한 식물학자 조지 벤담에게 수술과 암술 길이가 다양한 괭이밥종의 목록을 받고 나서 이를 확신하게 됐다. 그는 다른 사람들과 함께 이 중 다수가 각기 다른 종이 아니라 같은 종에서 변형된 형태라고 생각했다.[111]

옥살리스 아케토셀라.

영국 학교의 화가가 수채물감과 구아슈물감으로 모조피지에 그림. 〈정원 꽃 앨범〉에 수록.

결국 남아프리카의 자연학자 트리멘과 독일의 식물학자 힐데브란트의 도움을 받아 다윈은 전 세계의 괭이밥 13종에 대한 정보를 『꽃의 형태들』이라는 저작에 포함시킬 수 있었다. 그들의 연구는 세 개의 서로 다른 수술과 암술 길이의 형태를 만들어내는 삼형꽃들에 초점을 맞췄는데 '정칙적인' 수정과 '변칙적인' 수정을 시험하는 실험이 꼭 필요했다. 다윈은 또한 단일 형태의 꽃을 가진 유럽 애기괭이밥인 옥살리스 아케토셀라 같은 독특한 '동종형' 괭이밥 종들, 그리고 꽃이 피지 않는데도 풍부한 씨앗을 생산하는 특별한 폐화수정 꽃들에 대해서도 숙고하며 연구했다.

다윈의 노트

『같은 종에 속하는 꽃의 서로 다른 형태들』
(1877)

1863년 롤런드 트리멘 씨는 희망봉에서 세 가지 형태의 괭이밥종을 발견했다고 나에게 편지를 보내면서 그림과 건조된 표본을 동봉했다. 그는 한 종의 각각 다른 식물로부터 43송이의 꽃을 수집했고 그중 긴 형태가 10송이, 중간 형태가 12송이, 짧은 형태가 21송이였다. 또한 다른 종에서 그는 13송이의 꽃을 모았는데 긴 형태가 세 송이, 중간 형태가 일곱 송이, 짧은 형태가 세 송이였다. 1866년 힐데브란트 교수는 몇 가지 허브의 표본을 조사해 이 중 20종은 확실히 이형 및 삼형이며 다른 51종도 거의 그렇다는 사실을 증명했다. 또한 그는 살아 있는 종 가운데 세 가지 형태를 모두 소유하지 못했기에 한 가지 형태에만 속하는 살아 있는 식물에 대해 흥미로운 관찰을 했다. 1864년에서 1868년 사이에 나는 가끔 옥살리스 스페키오사에 대한 실험을 했지만 아직까지도 그 결과를 발표할 시간이 없었다. (…) 내가 지금까지 본 모든 종을 토대로 가정하면, 긴 형태의 꽃에서 곧게 뻗은 다섯 개의 암술머리는 중간과 짧은 형태에서 가장 긴 수술의 꽃밥과 같은 높이라고 할 수 있다. 중간 형태에서는 암술머리가 가장 긴 수술의 수술대 사이로 빠져나오고 아래쪽 꽃밥보다 위쪽 꽃밥에 더 가깝게 서 있다. 짧은 형태에서도 암술머리가 수술대 사이로 빠져나와 있으며 꽃받침의 끝부분과 거의 같은 높이에 있다. 이 후자의 형태와 중간 형태에서 꽃밥은 다른 두 형태의 암술머리와 같은 높이로 올라간다. (…)

옥살리스 스페키오사*. 분홍색 꽃이 피는 이 종은 희망봉으로부터 왔다. 다음 그림은 이 종의 세 가지 형태의 생식기관을 그린 것이다. 긴 형태의 암술머리(표면의 돌기 포함)는 짧은 형태의 암술머리보다 두 배로 크

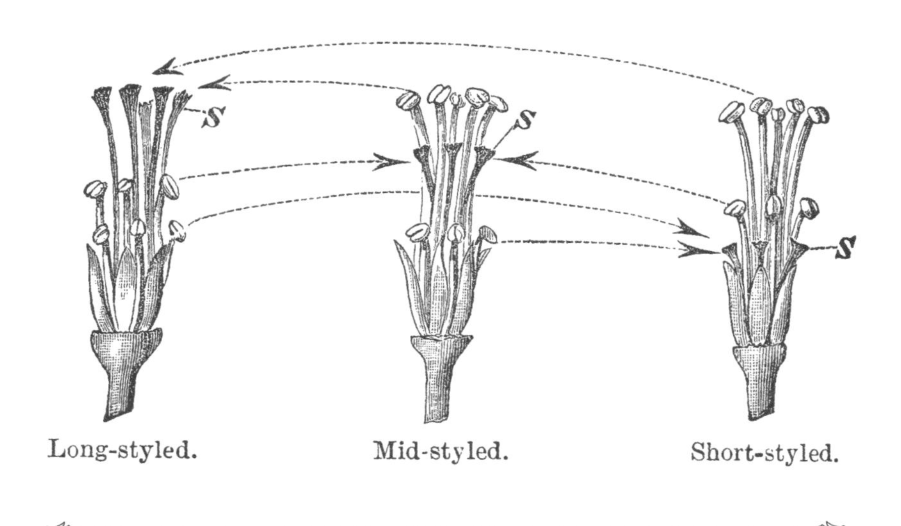

(좌) **긴 형태.** (중) **중간 형태.** (우) **짧은 형태.**
꽃잎이 제거된 상태의 옥살리스 스페키오사. S는 암술머리를 가리킨다.
점선 화살표는 정칙적인 수정을 위해 어떤 꽃가루가 암술머리에 옮겨져야 하는지 보여준다.

며, 중간 형태의 경우 중간 크기다. (…) 정칙적으로 수정된 세 가지 형태의 꽃 36송이는 30개의 씨앗주머니를 생산했고 한 주머니에 평균 58.36개의 씨앗이 들어 있었다. 반면 변칙적으로 수정된 꽃 95송이는 12개의 씨앗주머니를 생산했고 평균 28.58개의 씨앗이 들어 있었다. 따라서 6개의 정칙적인 결합과 12개의 변칙적인 결합의 생식력을 비교하면, 씨앗주머니를 생산한 꽃의 비율로 판단할 때 100 대 15, 주머니당 평균 씨앗 개수로 판단할 때 100 대 49였다.

아들 프랜시스와 함께한 다윈의 후기 연구에는 줄기·잎·꽃 그리고 삭과(열매 속이 여러 칸으로 나뉘어 각 칸 속에 많은 종자가 들어 있는 열매의 구조-옮긴이)의 다양한 움직임이 포함돼 있다. 예를 들어 밤에 잎을 접는 현상(다윈 부자는 이를 지칭하는 '야간굴성[혹은 취면운동]'이라는 용어를 만들었다)은 널리 알려져 있었지만 당시에는 이를 받아들인 설명이 없었다. 린네와 몇몇 연구자들은 이것을 보호 기능이라고 말했다. 하지만 다윈과 아들은 실험적으로 이 문제에 접근해 밤에 세 개의 잎을 우산처럼 접는 옥살리스 아케토셀라와 칠레의 옥살리스 카르노사 등 몇 가지 종을 시험했다.

일련의 실험에서 다윈 부자는 잎을 고정하거나 묶은 식물을 영하의 야외에 노출시켜 잎의 접힘이 복사열 손실이나 서리 피해로부터 식물을 지켜주는지를 관찰했고, 이는 사실로 판명됐다.

"식물의 수면은 복사작용으로 인한 잎의 손상을 줄이기 위한 것임을 우리가 증명했다고 생각합니다."

다윈은 큐 왕립식물원의 후커에게 이렇게 썼다.

"이것은 저에게 강한 흥미를 일으켰고 린네의 시대 이후로 풀리지 않는 숙제였던 만큼 우리에게 엄청난 노동력을 요구했습니다." 하지만 이 숙제를 해결하기 위해서는 지불해야 할 대가가 있었다. 다윈은 후커에게 이렇게 한탄했다.

"우리는 수많은 식물을 죽이거나 심하게 상하게 했습니다."[112]

잎과 줄기, 열매에 대한 다른 연구에서 다윈은 유리판 위에서 트레이싱지로 성장과 느린 회선운동, 원형 움직임의 패턴을 기록했고 시간 및 날짜 단위로 추적했다. 그리고 '배지성(중력과 반대방향으로 성장하는 성질)', '하편생장(잎과 줄기가 위쪽으로 구부러지는 낮은 표면을 따라 성장하는 현상)', '상편생장(잎의 윗면보다 아랫면의 성장이 두드러져 잎이 아래쪽으로 구부러지는 현상)'과 같은 움직임에 주목하고 이름을 붙였다.

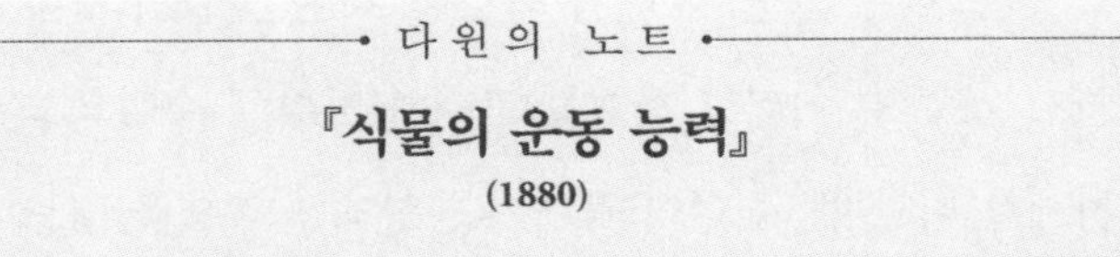

이제 우리가 시도했던 실험들을 자세히 설명하고자 한다. 일단 몇몇 종의 잎이 어느 정도의 추위를 견딜 수 있는지 예측할 수 있는 능력이 우리에게 없다는 것이 문제였다. 많은 식물의 잎이 모조리 죽었다. 수평 위치로 고정된 잎이나 잠을 자도록 허용된 잎, 즉 수직으로 올라가거나 내려간 잎들 모두 마찬가지였다. 잎이 죽지 않은 식물들의 경우 단 한 장의 잎도 상하지 않았지만, 이 식물들은 더 오랜 시간 또는 더 낮은 온도에 다시 노출되는 고생을 겪게 됐다.

옥살리스 아케토셀라. 큰 화분에서 300~400개의 잎으로 두껍게 뒤덮인 이 식물을 겨울 내내 온실 안에 뒀다. 그리고 이 식물의 잎 일곱 개를 수평으로 펴서 고정한 다음, 3월 16일에 2시간 동안 맑은 하늘에 노출시켰다. 주변 잔디의 온도는 영하 4도였다. 다음 날 아침 일곱 개의 잎이 완전히 죽어 있었고, 고정되지 않은 채 자유롭게 이미 잠들었던 잎들 중에서도 죽은 것이 많았다. 죽었거나 갈색으로 변하고 상한 잎들 100개가량이 떨어져 있었다. 일부 잎들은 다음 날 내내 펴지지 않은 덕분에 약간만 상했다가 회복됐다. 열린 채로 고정된 잎들은 모두 죽었지만 나머지 잎들 중에서는 겨우 3분의 1이나 4분의 1만이 죽거나 상했다. 그렇기에 수직으로 늘어지는 자세를 취하지 못하도록 막은 나뭇잎이 가장 큰 피해를 입었다는 약간의 증거가 됐다.

17일인 다음 날 밤은 맑고 똑같이 추웠으며(잔디의 온도가 -3도에서 -4도) 이번에는 화분을 30분 동안만 노출시켰다. 잎 여덟 개를 펼친 채 고정시켰더니 다음 날 아침 그중 두 개가 죽었다. 다른 식물의 경우 단 하나의 잎도 상하지 않았다. 이러한 사례를 고려하면 밤에 수직으로 늘어진 정상적인 자세를 취할 때, 윗면이 꼭대기를 향해 노출됐을 때보다 서리 피해가 훨씬 적다는 사실에는 의심의 여지가 없다.

펼쳐진 채로 고정된 어린잎과 잠든 어린잎 위에 내린 이슬의 양 차이는 대체로 현격했다. 후자가 때때로 완전히 말라 있었던 반면, 수평으로 열린 어린잎은 큰 이슬방울로 덮여 있었다. 이것은 밤 동안 위쪽이나 아래쪽을 향해 거의 수직으로 서 있던 어린잎보다 꼭대기 쪽으로 완전히 노출된 어린잎이 얼마나 더 차가워졌는지를 보여준다.

위의 몇 가지 사례로 볼 때 밤사이 잎의 자세는 열에너지 복사를 통해 어느 정도 온도에 영향을 미치며, 서리가 내리는 동안 맑은 하늘에 노출됐을 때는 생사를 가를 정도의 문제가 된다. 잎들이 밤에 취하는 자세가 복사열을 줄이는 데 잘 적응한 결과이기 때문에, 식물이 종종 복잡하게 수면운동을 하는 이유가 밤에 차가워지는 정도를 줄이기 위함일 공산이 크다고 높다고 인정할 수밖에 없다. 또한 위쪽 표면이 꼭대기를 향하지 않고 종종 반대쪽 잎이나 어린잎의 위쪽 표면과 가까이 접촉하기 때문에 이 위쪽 표면이 특별히 보호된다는 점을 명심해야 한다. (…)

이 큰 속에 속한 대부분의 종은 밤에 세 개의 어린잎이 수직으로 내려간다. 하지만 잎자루가 짧기 때문에 잎은 공간이 부족해 이 자세를 취할 수 없다. 잎이 접히는 정도에 따라 공간이 달라진다. (아래 그림 참조)

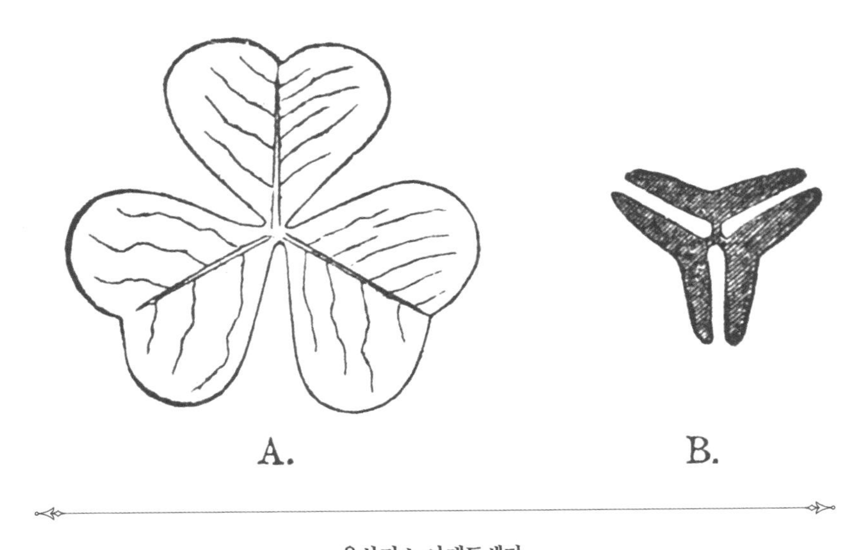

옥살리스 아케토셀라.

A. 위에서 내려다본 잎. **B.** 위에서 내려다본 잠든 잎의 모양.

P

Darwin and the Art of Botany

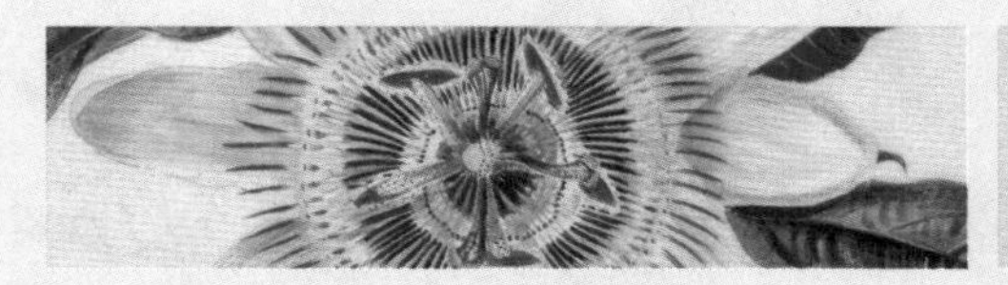

파시플로라

Passiflora

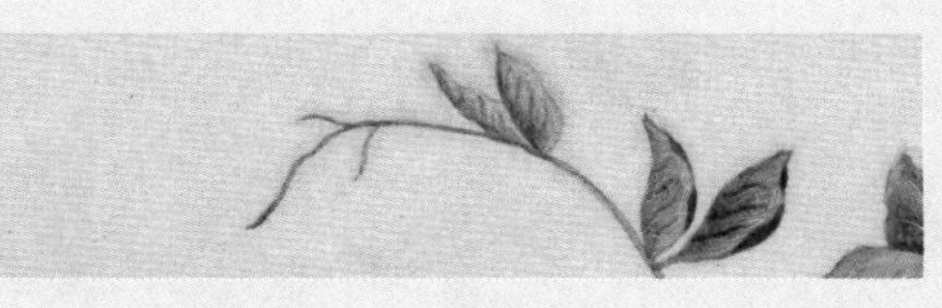

피숨

Pisum

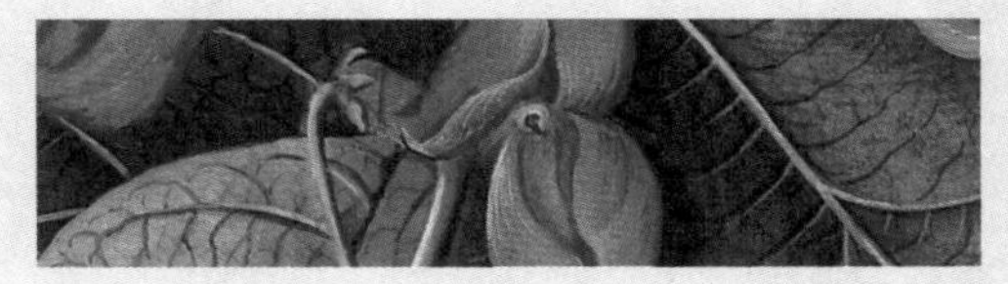

파세올루스

Phaseolus

프리물라

Primula

핑구이쿨라

Pinguicula

풀모나리아

Pulmonaria

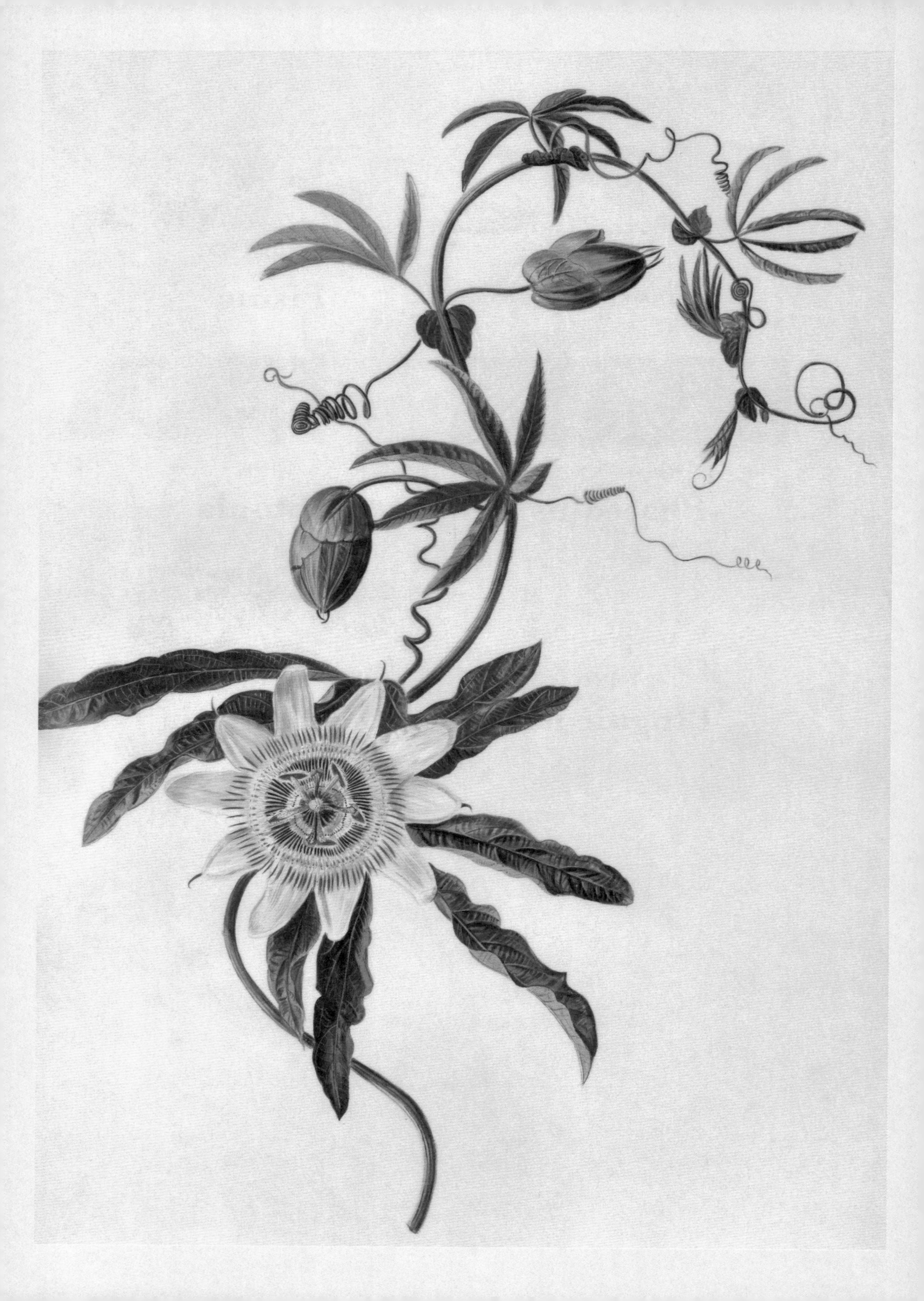

파시플로라
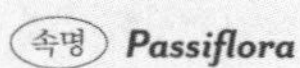
속명 *Passiflora*

시계초
PASSION FLOWER

시계초과
과명 PASSIFLORACEAE—PASSION FLOWER FAMILY

덩굴식물

16세기에 아메리카 대륙에서 유럽으로 유입돼 다윈 시대에 큰 인기를 누린 시계초는 식물원과 개인 온실에서 재배되면서 화려하고 복잡하며 다채로운 꽃들로 식물 애호가들을 사로잡았다. 이는 곧 수많은 품종의 재배로 이어졌다. 시계초속에 속하는 식물은 전 세계적으로 약 550종이 있는데, 주로 중남미에서 왔고 대부분 초본 덩굴식물이다. 이 그룹의 식물에 대한 다윈의 관심은 교배와 자가수분 불가능성(당시에는 미스터리였음)에서 시작했으며 곧 수분 매개자와 종자분산으로까지 확대됐다. 시간이 흐른 뒤 1860년대에 그는 시계초의 등반 능력에 주목하게 됐고 그 관심은 뜨거운 열정으로 발전했다.

다윈은 이 식물의 덩굴손에서 나타나는 특이한 발달 과정에 흥미

파시플로라 케루레아.

얀 비투스가 구아슈물감으로 모조피지에 그림. 〈네덜란드 화초 모음집〉에 수록.

를 가졌다. 서로 다른 덩굴식물 그룹의 덩굴손이 모두 기본적으로 동일한 조상 구조(예를 들면 잎)에서 파생됐다고 가정하는 것이 자연스러울지도 모른다. 하지만 다윈은 다른 부분이 다른 그룹에서 같은 방식으로 변형돼 덩굴손 형태로 수렴된다고 확신했다. 그의 추론은 큐 왕립식물원의 후커가 진행한 비교 연구에서 비롯됐다. 다윈은 후커에게 이렇게 썼다.

"저는 저의 덩굴손을 보면서 너무나 기뻐하고 있습니다. 발달이나 구조 혹은 자연적으로 자라는 장소 등 어떤 면으로든 주목할 만한 덩굴손을 가진 식물을 당신이 저에게 주거나 빌려줄 수 있는지, 아니면 제가 살 수 있는지에 대해 알려주시겠습니까? 과민성이 이렇게 다양하다는 것이 신기합니다."[113]

이 '다양화'가 핵심이었다. 놀라울 정도로 동일한 구조와 기능으로 수렴하도록 진화하는 다양한 구조들의 사례는 다윈에게 선택의 힘이 얼마나 대단한지 알려줬다.

다윈은 네 종의 시계초를 연구했다. 그는 아들 윌리엄에게 덩굴손의 발달을 현미경으로 자세히 관찰해 달라고 부탁했다. 그리고 아들의 스케치를 통해 이 그룹의 덩굴손은 꽃자루 또는 꽃줄기에서 파생됐다는 결론을 내렸다.[114] 다윈은 또한 일부 시계초 덩굴손의 원을 그리는 탐색 운동(회선운동)이 매우 빠르다는 점, 그리고 접촉에 매우 민감하다는 점에 놀랐다. 두 가지 항목에서 모두 챔피언 자리를 차지한 '파시플로라 그라킬리스'는 심지어 어린 새싹의 절간이 회전하기 때문에 더욱 흥미로웠다. 다윈은 그것이 과거에 이 식물의 새싹이 빙글빙글 돌면서 자랐다는 증거일지도 모른다고 생각했다. 또 그는 현재 살아 있는 시계초나 그 친척들 중에 회전하며 자라는 어린 줄기를 가진 식물이 있는지 궁금해했다. 하지만 아무것도 찾을 수 없었기에 다윈은 큐 왕립식물원의 식물표본실 관리자인 올리버에게 부탁해 동료 식물학자들에게 문의하도록 했다.

"식물학자들이 여럿 모이는 곳에 가시면, 또는 시계초목을 연구한 어떤 사람이라도 만나게 되시면 이 목에 속하는 식물 중에 나선형으로 꼬이는 덩굴손 없이 기어올라 가는 종이 있는지 물어봐 주실 수 있습니까? 저는 정말로 궁금합니다."[115]

이것은 다윈이 늘 하던 크라우드소싱 방식이었다. 그런 그의 열정과 호기심은 주변으로 전염됐다.

"드디어 파시플로라 프린켑스(현재의 파시플로라 라케모사)의 꽃을 얻었습니다."

관찰을 해달라는 부탁을 받은 또 다른 편지 친구 토머스 파러가 다윈에게 이런 편지를 썼다.

"항상 그렇듯이 당신이 맞았습니다. 우리는 파시플로라가 기어오르는 멋진 모습을 보고 깊은 흥미를 느꼈습니다. 이 식물은 마치 동물처럼 탐색하고 찾아내고 붙잡고 올라가더군요."[116]

분명히 다윈은 '그래, 바로 이거야!'라고 생각했을 것이다.

다윈의 노트

『덩굴식물의 운동과 습성』

(2판, 1875)

파시플로라 그라킬리스gracilis(시계초의 일종). 적절한 이름을 가진, 우아한 한해살이종인 이 식물은 내가 관찰한 그룹의 종들과는 다르다. 어린 절간이 회전하는 힘을 가지고 있기 때문이다. 이 식물은 움직임의 속도 면에서 내가 관찰한 모든 덩굴식물을 능가하며, 덩굴손의 민감성 역시 모든 덩굴손 식물을 능가한다. 위쪽의 활성 덩굴손을 옮겨주고 한두 개의 더 어린 미성숙 절간도 옮겨주는 절간은 태양을 따라 1회 평균 1시간 4분의 속도로 3회 회전했다. 그런 다음 날씨가 아주 뜨거워지자 1회 평균 57~58분의 속도로 3회 더 회전했다. 따라서 6회 회전의 1회당 평균 시간은 시간이었다. 덩굴손의 끝부분은 때로는 좁고 때로는 넓은 타원을 그리며, 긴 축은 약간 다른 방향으로 기울어져 있다. 식물은 덩굴손의 도움으로 가늘고 곧은 막대를 올라갈 수 있다. 하지만 줄기는 너무 뻣뻣해서 덩굴손이 길을 막지 않더라도 나선형으로 막대를 감을 수 없으며 초기에 분리된다.

줄기가 고정되면 덩굴손은 절간과 거의 같은 방식과 같은 속도로 회전하는 것처럼 보인다. 덩굴손은 약간 구부러진 끝부분을 제외하면 매우 가늘고 섬세하며 곧다. 길이는 17~22센티미터다. 반쯤 자란 덩굴손은 민감하지 않지만 거의 다 자라면 극도로 민감해진다. 끝부분의 오목한 표면을 한 번만 살짝 만져도 곧 구부러지며 2분 만에 열린 나선 모양이 만들어졌다. 곡물 한 알의 32분의 1 무게(2.02밀리그램)인 부드러운 실 고리를 매우 조심스럽게 덩굴손 끝부분에 올려놓으면 뚜렷하게 휘어졌다. 곡물 무게의 50분의 1에 불과한 가느다란 백금 철사를 구부려 올렸을 때도 똑같은 효과가 두 번 나타났다. 하지만 후자의 무게를 덩굴손에 매달아 놓으니 영구적으로 휘어지게 하기에는 충분하지 않았다. 이 실험을 한 식물에는 종 모양 유리가 씌워져 있었기 때문에 실 고리와 철사 고리가 바람에 흔들리는 일은 없었다. 접촉 후의 움직임은 매우 빨랐다. 나는 덩굴손 몇 개의 아랫부분을 잡고 오목한 끝부분을 가느다란 가지로 건드린 다음 렌즈를 통해 주의 깊게 관찰했다. 끝부분이 명백히 구부러지기 시작한 시각은 건드린 후로부터 31초·25초·32초·31초·28초·39초·31초·30초였다. 따라서 접촉 후 30초 이내에 대체로 움직임이 감지됐다. 그러나 한 번은 움직임이 25초 만에 뚜렷이 보였다. 31초 만에 구부러진 덩굴손 중 하나는 2시간 전에 접촉이 있었으며 나선형으로 꼬여 있었다. 그다음 31초 동안 이 덩굴손은 다시 곧게 펴졌고 민감성을 완전히 회복했다.

파시플로라 콰드랑굴라리스(큰열매시계초). 이것은 매우 독특한 종이다. 덩굴손이 두껍고 길고 뻣뻣하다. 그리고 말단부를 향한 오목한 표면의 접촉에만 민감하다. 막대기를 덩굴손의 중간 부분에 접촉했을 때는 휘어지지 않았다. 온실에서는 덩굴손이 2회 회전했는데, 1회 회전에 2시간 22분이 걸렸다. 시원한 방 안에서는 첫 번째 회전에 3시간, 두 번째에는 4시간이 걸렸다. 절간은 회전하지 않았고 잡종인 파시플로라 플로리분다의 절간도 마찬가지로 회전하지 않았다.

많은 식물의 덩굴손은 아무것도 잡지 못하면 며칠이나 몇 주에 걸쳐 소용돌이 모양으로 수축한다. 하지만 이런 경우에는 덩굴손이 회전력을 잃고 늘어진 후에 수축이 일어난다. 단, 이때는 민감성이 부분적으로 또는 완전히 사라진 후이기 때문에 움직임은 아무 쓸모가 없다. 어딘가에 달라붙은 덩굴손보다 달라붙지 않은 덩굴손이 나선형으로 수축하는 움직임이 훨씬 느리다. 지지대를 잡고 나선형으로 수축한 어린 덩굴손과 훨씬 오래되고 어딘가에 달라붙지 않았으며 수축하지 않은 덩굴손을 같은 줄기에서 연달아 볼 수 있다. (…) 파시플로라 콰드랑굴라리스의 다 자란 덩굴손은 막대를 잡은 후 8시간 안에 수축이 시작됐으며 24시간 안에 몇 개의 나선 모양을 만들었다. 3분의 2 정도 자란 더 어린 덩굴손은 막대를 잡은 후 이틀 만에 처음 수축한 흔적을 보였고, 이틀이 더 지나서 몇 개의 나선을 만들었다. 따라서 덩굴손이 온전한 길이로 거의 다 자랄 때까지 수축은 시작되지 않는 것으로 보인다. 마지막에 언급한 것과 나이와 길이가 거의 같은 또 다른 어린 덩굴손은 아무 물체도 잡지 않았으며 4일 후에 최대 길이로 자랐다. 6일이 더 지난 후 처음으로 구부러진 덩굴손은 이틀 후 완전한 나선 모양 하나를 만들었다. 첫 번째 나선은 기저부 끝에 형성됐고 수축은 끝부분을 향해 느리지만 꾸준히 진행됐다. 그러나 첫 번째 관찰로부터 21일이 경과할 때까지, 다시 말해 덩굴손이 최대 길이로 자란 후 17일이 지날 때까지 덩굴손 전체가 나선형으로 확실하게 감기지는 않았다.

덩굴손이 지지대를 잡은 후 이어지는 나선형 수축은 식물에 큰 도움이 된다. 따라서 이 현상은 매우 다른 목에 속하는 여러 종들에서 보편적으로 나타난다. 어린줄기가 기울어지고 덩굴손이 그 위의 물체를 잡으면 나선형 수축이 일어나 어린줄기를 끌어올린다. 어린줄기가 똑바로 서 있을 때 덩굴손이 위쪽의 어떤 물체를 잡으면 줄기의 성장이 느슨해진다. 줄기의 길이가 늘어남에 따라 줄기를 끌어올리는 나선형 수축이 일어나지 않기 때문이다. 이렇게 해서 성장을 낭비하는 일 없이 쭉 뻗은 줄기가 최단 경로로 올라가게 될 것이다.

The Scarlet-been.

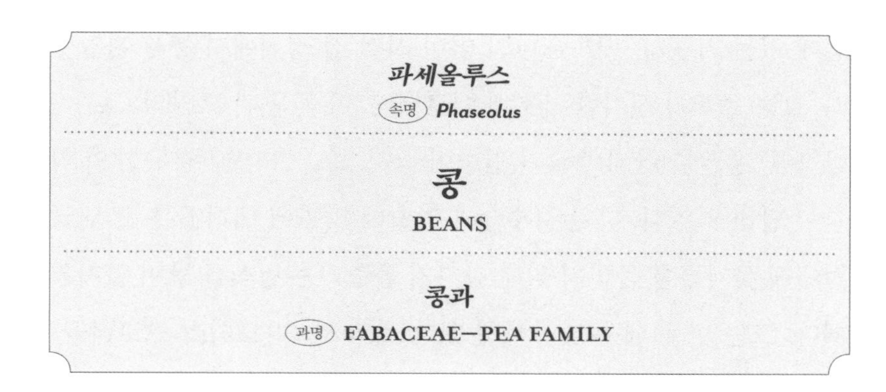

꽃의 형태들, 수분, 타가수정과 자가수정

그린빈, 블랙빈(검정콩), 핀토빈(멕시코 원산으로 장미목 콩과에 속하는 덩굴강낭콩의 한 종류-옮긴이), 스칼렛 러너 빈(붉은강낭콩)은 모두 강낭콩속에 속한다. 이 속에는 70개의 일년생 및 다년생종이 있으며 그중 다섯 종은 부시빈(덤불형 그린빈-옮긴이)과 폴빈(기둥형 그린빈-옮긴이) 재배용 품종으로 재배돼 그린빈과 마른 콩을 생산한다. 가장 흔하게 자라는 품종은 파세올루스 불가리스, 즉 일반적인 콩과 파세올루스 코키네우스, 즉 붉은강낭콩이다. 두 품종 모두 중앙아메리카가 원산지이며 수천 년 동안 재배돼 왔다.

다윈은 부엌 정원의 주요 작물인 콩을 분명히 많이 키우고 먹었을 것이다. 그는 1830년대 말과 1840년대 초의 '변이에 관한 노트'에서 수분과 관련해 콩을 처음 언급했고 각각 슈루즈베리와 인근 메어

파세올루스 코키네우스.

앤 해밀턴 부인이 수채물감과 구아슈물감으로 모조피지에 그림. 〈식물 그림〉에 수록.

홀에 있는 자신과 아내 에마의 어린 시절 집 정원에서 콩을 관찰했다. 그는 콩꽃의 신기한 구조에 매료됐다. 이 꽃은 관 모양의 (호른처럼 생긴) 용골판 안에 수술과 암술이 감겨 있고 그 아래에 두 개의 익판이 달려 있었다. 다윈은 수술과 암술이 익판에 내려앉은 큰 뒤영벌에게 꽃가루를 묻히기 위해 갑자기 돌출되는 방식을 보며 즐거워했다. 그는 벌을 매우 좋아하게 됐다. 그래서 《가드너스 크로니클》의 한 편지 친구가 잔뜩 화가 나서 벌이 꿀을 훔치기 위해 꽃 아래에 구멍을 뚫어 콩 작물을 망쳤다며 벌을 박멸하자고 촉구하자 벌을 지키기 위한 집회를 열기도 했다. 답장을 보낸 그는 벌의 유죄를 인정하면서 그 죄를 '자연이 의도한 방식대로' 꿀을 추출하지 않고 수분을 시키지 못함으로써 씨앗을 맺는 것을 간접적으로 방해한 죄라고 했다. 하지만 다윈은 너그러이 용서를 구했다.

"그런 사악한 벌들이 씨앗을 뿌리는 사람에게 해를 끼친다고 믿을 수도 있습니다. 하지만 이 근면하고 행복해 보이는 생명체가 그가 제안한 만큼의 가혹한 처벌을 받는다면 그것을 보는 사람들은 슬퍼할 것입니다."[117)]

다윈은 《가드너스 크로니클》에 또 다른 편지를 보내 벌의 행동과 콩의 수정에 대해 자세히 설명했다.[118)] 그는 콩의 수정을 위해 곤충에 의한 교배가 얼마나 중요한지에 대한 논쟁에 참여했고, 독자들에게 각자 자신의 정원에서 곤충의 역할을 관찰해 달라고 호소함으로써 크라우드소싱을 했다. 햄프셔의 정원사 헨리 코가 다윈을 위한 실험을 했다. 그는 씨앗의 색깔이 각각 다른 열두 그룹의 콩을 심고 거기서 생산된 각각의 콩을 주의 깊게 수집했다. 그가 보내준 표본을 분석하면서 다윈은 그 다양성에 감탄했다.

"순백색, 밝은 보라색, 노란색 등 새로운 색깔의 콩이 등장했으며 그 중에는 얼룩덜룩한 반점이 있는 것이 많았습니다. 12개의 그룹 중 어떤 그룹도 자신의 색깔을 자신이 생산한 모든 콩에 그대로 전달하지 않았습니다. 그럼에도 불구하고 어두운 콩 그룹은 분명히 어두운 콩을 더 많이 생산했고 밝은 콩 그룹은 분명히 밝은 콩을 더 많이 생산했습니다. 반점은 강하게 유전된 것으로 보이지만 항상 증가하는 패턴을 보였습니다."[119] 이것으로 다윈이 알게 된 내용은 명확했다. 콩은 자가수정을 꽤 잘하지만, 여러 가지를 섞는 역할을 하는 것은 곤충이라는 사실이다.

다윈의 노트

"꿀벌과 강낭콩의 수정"

《가드너스 크로니클과 애그리컬처럴 가제트》(1857년 10월 24일)

강낭콩꽃을 본 사람이라면 누구나, 꽃을 정면으로 봤을 때 관 모양의 용골 암술이 왼쪽으로 호른처럼 말려 있는 모양이 얼마나 기이한지 알아차렸을 것이다. 왼쪽에서 풍부한 꿀에 접근하는 일이 훨씬 더 쉽기 때문에 꿀벌은 변함없이 왼쪽 익판(날개꽃잎) 위에 내려앉는다. 꿀벌의 무게와 꿀을 빨아들이려는 노력 때문에 이 익판이 눌려서 용골 꽃잎에 부착되며 암술이 튀어나오게 된다. 암술머리 아래에 있는 암술에 미세한 털로 된 솔이 있는데, 암술이 앞뒤로 움직일 때 이 솔이 말려 있는 관모양의 용골 꽃잎에서 이미 떨어져 나온 꽃가루를 쓸어내 서서히 암술머리 위로 모이게 한다. 나는 최근에 핀 꽃의 날개꽃잎을 부드럽게 움직여 이것을 반복적으로 시도했다. 꿀벌에 의해 간접적으로 발생하는 암술의 움직임은 자신의 꽃가루로 꽃의 수정을 돕는 것처럼 보인다. 하지만 이 자가수정 외에도 강낭콩의 다른 꽃에서 나온 꽃가루가 이따금 꿀벌의 머리와 몸 오른쪽에 달라붙는다. 이 과정에서 다른 꽃가루가 습한 암술머리 위에 남겨지는데, 실패하는 경우가 거의 없다. 꿀벌은 변함없이 암술머리에 가깝게 왼쪽에서 주둥이를 삽입한다.

암술의 솔, 암술이 앞뒤로 말리는 움직임, 왼쪽으로 돌출하는 암술 그리고 항상 같은 쪽에 내려앉는 꿀벌은 우연한 일이 아니라 꽃의 수정과 관련이 있거나 아마도 필요한 조건들이라고 믿으며 개화 직전의 꽃을 살펴봤다. 꽃가루는 이미 떨어져 나갔지만 꽃가루가 암술머리 바로 아래에 있고 착 달라붙어 있는 모습을 볼 때, 날개꽃잎의 움직임 없이 꽃가루가 암술머리에 안착할 수 있을지 의심스러웠다. 더 나아가 바람이 꽃잎을 움직인다고 해도 과연 충분할지 알 수 없었다. 내가 여기서 설명한 모든 것은 라티루스 그란디플로러스에서는 덜한 정도로 발생한다는 사실을 덧붙여 언급하고 싶다.

꿀벌이 어떤 작용을 하는지 실험하기 위해 나는 세 번에 걸쳐 꽃 몇 송이를 병 안에 넣고 거즈로 덮었다. 그중 절반은 건드리지 않은 채 뒀고, 나머지 절반은 마치 꿀벌이 꿀을 빨아먹을 때 일어나는 현상처럼 매일 왼쪽 날개꽃잎을 움직여 줬다. 건드리지 않고 둔 꽃들은 꼬투리를 하나도 맺지 못한 반면, 꽃잎을 움직여 준 것 말고는 같은 조건을 유지한 꽃들 중 다수가(전부는 아님) 양질의 씨앗이 담긴 좋은 꼬투리를 맺었다. 이 작은 실험을 여러 번 반복했어야 함을 나는 잘 알고 있다. 내가 크게 착각했을 수도 있지만, 현재 나는 영국의 모든 꿀벌이 멸종한다면 강낭콩에서 다시는 꼬투리를 볼 수 없을 것이라고 믿는다. 이러한 사실로 인해 나는 스웨인 씨가 초기 강낭콩의 인공수정이 가져오는 장점에 대해 언급한 의미가 무엇인지 궁금해졌다. 강낭콩의 여러 품종이 서로 인접해 자랄 때 제대로 성장할 수 있다는 사실 또한 놀라웠다. 다른 품종의 꽃가루를 옮겨오는 벌들이 꽃들을 교배시킨다는 것을 예상하지 못했다. 그리고 나는 이 잡지의 편지 친구들이 전하는 벌들에 대한 모든 정보에 무한한 감사를 표한다.

벌에 대해 언급하면서 함께 밝힐 만한, 나를 놀라게 만든 작은 사실 하나가 있다. 어느 날 내가 여러 줄로 심어 키우는 큰 진홍색 강낭콩에 커다란 뒤영벌 몇 마리가 찾아온 것을 처음 봤다. 벌들은 꽃의 입구를 빠는 게 아니라 꽃받침에 구멍을 뚫어 꿀을 추출해 내고 있었다. 나는 이 장면을 주의 깊게 관찰했다. 여러 꽃에서 뒤영벌이 이미 만들어진 구멍을 통해 꿀을 빠는 것은 흔한 일이지만 실제로 구멍을 뚫고 있는 모습은 본 적이 없었기 때문이었다. 이 벌들이 거의 모든 꽃에 구멍을 뚫고 있는 것을 보니 내 강낭콩을 찾아온 첫날임이 틀림없었다. 나는 그전에 몇 주 동안 매일 그리고 하루에도 몇 번씩 꿀벌들을 본 적이 있었는데, 그것들은 항상 꽃의 입구를 빨고 있었다. 여기에 흥미로운 점이 있다. 뒤영벌이 구멍을 뚫은 바로 다음 날, 모든 꿀벌이 예외 없이 왼쪽 날개꽃잎에 내려앉지 않고 곧바로 꽃받침으로 날아가서 뚫린 구멍을 통해 꿀을 빨았다. 그 뒤로도 며칠에 걸쳐 같은 행동을 반복했다. 그렇다면 꿀벌들은 구멍이 만들어져 있다는 것을 어떻게 알았을까?

강낭콩은 외래종이기 때문에 꿀벌의 본능이라고 추측하는 것은 이 경우에 맞지 않는다. 어느 지점에서 봐도 그 구멍은 거의 보이지 않았다. 꿀벌이 지금까지 항상 내려앉았던 꽃의 입구에서도 구멍이 전혀 보이지 않았다. 뚫린 구멍으로 흘러나오는 강한 꿀 냄새에 이끌려 꿀벌이 구멍을 찾았을지도 모른다. 나는 꿀벌이 가장 좋아하는 작고 파란 로벨리아(남아프리카가 원산지인 쌍떡잎식물 초롱꽃목 숫잔대과의 한해살이풀-옮긴이)의 경우 아래쪽 줄무늬꽃잎을 자르면 꿀벌들이 속아 넘어간다는 것을 발견했다. 벌들은 잘린 꽃이 시들었다고 생각하는 듯했고 알아채지 못한 채 지나쳐 갔다. 따라서 나는 꿀벌들이 뒤영벌들이 일하는 모습을 봤고 자신이 어디에 있는지를 잘 이해했으며 꿀에 도달하는 지름길을 즉각 합리적으로 이용했다고 강하게 믿게 됐다.

콩은 다윈의 다른 여러 연구에 활용됐다. 그는 『타가수정과 자가수정』에서 타가수정과 자가수정 식물의 성장 실험에 대해 보고했고 『덩굴식물의 운동과 습성』에서 콩의 휘감는 능력을 논의했다. 『식물의 운동 능력』에서는 콩잎의 수면운동과 함께 위로 자라는 떡잎과 아래로 자라는 어린뿌리의 원형 회선운동을 기록했다. 이때 어린뿌리를 '두더지처럼 굴 파는 동물', 즉 돌을 피하기 위해 좌우로 움직이며 땅에 수직으로 침투하려고 하는 동물에 비유했다. 콩은 다윈의 주방에서 주요 품목이었던 만큼 연구에서도 주요 품목이었다.

PINGUICULA Gesneri. I,B.
G.D. Ehret. pinxit.
1757.

핑구이쿨라

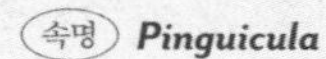

속명 *Pinguicula*

벌레잡이제비꽃

BUTTERWORT

통발과

과명 LENTIBULARIACEAE—BUTTERWORT FAMILY

식충식물

벌레잡이제비꽃은 다른 식충식물처럼 영양분이 부족하고 습한 환경에서 자란다. 잎이나 꽃잎 등이 장미 꽃부리 모양으로 배열된 로제트 모양(짧은 줄기에 많은 잎이 밀집해 장미 모양으로 동그랗게 배열된 것-옮긴이)의 밝은 녹색 잎은 달콤한 분비선과 함께 빛나며 '지방(핑구이스)'을 뜻하는 라틴어명(핑구이쿨라) 그리고 파리끈끈이처럼 곤충을 유혹하는 버터 같은 표면으로 인해 영문명 '버터워트 butterwort'에 영향을 주었다. 이 속에는 대략 90종의 식물이 있으며 몇몇 종은 유럽이 원산지다. 다윈은 그중 세 가지, 주로 북반구 주변에 흔한 종인 핑구이쿨라 불가리스(벌레잡이제비꽃)를 관찰하고 실험에 이용할 수 있었다.

벌레잡이제비꽃은 다윈의 식충식물 프로젝트에 뒤늦게 추가됐

핑구이쿨라 불가리스.

게오르크 디오니시우스 에레트가 수채물감과 구아슈물감으로 모조피지에 그림. 『꽃, 나방, 나비 그리고 조개껍질』에 수록.

다. 그는 1874년 봄이 돼서야 이 식물의 파리끈끈이 같은 특성을 가족들의 친구인 윌리엄 마셜을 통해 알게 됐다. 그는 곧바로 실험에 나섰지만 그렇게 하면 준비하고 있던 책 출간이 지연되리라는 것을 깨달았다. 다윈은 하버드대의 그레이에게 다음과 같은 편지를 썼다.

"저는 지금 드로세라와 기타 식물에 대한 제 책을 인쇄업자에게 넘기기 위해 애를 쓰고 있습니다. 하지만 관찰할 만한 새로운 지점들을 계속 찾고 있기 때문에 시간이 조금 걸릴 것입니다. (…) 그저께 저는 벌레잡이제비꽃이 동물성 물질을 소화하고 흡수한다는 것을 발견했습니다. 나는 이 물질이 알부민과 젤라틴, 곤충에 해당된다는 것을 알고 있지만 지금 한창 관찰 중입니다."[120]

다윈의 연구 이전에는 벌레잡이제비꽃 잎의 움직임을 알아채고 설명한 사례가 없었다. 다윈은 이 식물의 움직임을 관찰하며 동물 같은 움직임과 소화능력에 더욱 매혹됐다. 마셜과 그의 누이 테오도라는 다윈의 다른 지인과 친구, 가족(다윈의 며느리가 될 에이미 럭 포함)과 함께 다윈에게 기꺼이 곤충과 씨앗이 갇힌 벌레잡이제비꽃의 잎을 보내줬다. 다윈은 다음과 같이 선언했다.

"벌레잡이제비꽃은 곤충뿐 아니라 풀과 곡식도 먹습니다!"[121]

잎의 분비선은 소화효소와 함께 점액질을 분비한다. 분비선이 자극을 많이 받을수록 더 많은 점액질이 나온다. 다윈은 살아 있는 식물을 돌보면서 잎 가장자리가 안쪽으로 말리며 곤충을 분비선으로 이동시키고 더 많은 분비를 촉진하는 모습을 관찰했다. 잎이 말리는 행위는 소화효소를 오목한 부분에 모으는 효과도 있으며 효소가 가장자리에서 새어 나가거나 비에 씻겨나가는 것을 방지한다. 다윈은 잎이 파리·구운 고기·다양한 씨앗·꽃가루·알부민·기타 다른 간식들을 자신의 가장자리를 천천히 말아 감싸는 시간을 측정하며 잎의 반응을 직접 유인할 수 있다는 사실에 감탄했다. 또한 뿌리를 측정한 그는 미미한 크기를 보고 뿌리가 식물에 제공하는 영양이 거의 없다는 자신의 생각을 더 굳혔다.

"이에 따라 우리는 작은 뿌리를 가진 벌레잡이제비꽃이 습성적으로 포획하는 엄청나게 많은 수의 곤충에 크게 의존하고 있을 뿐 아니라 자신의 잎에 종종 달라붙는 다른 식물의 꽃가루와 잎, 씨앗에서도 영양분을 얻는다고 결론지을 수 있습니다. 따라서 이 식물은 동물뿐만 아니라 야채도 먹는다고 볼 수 있습니다."[122]

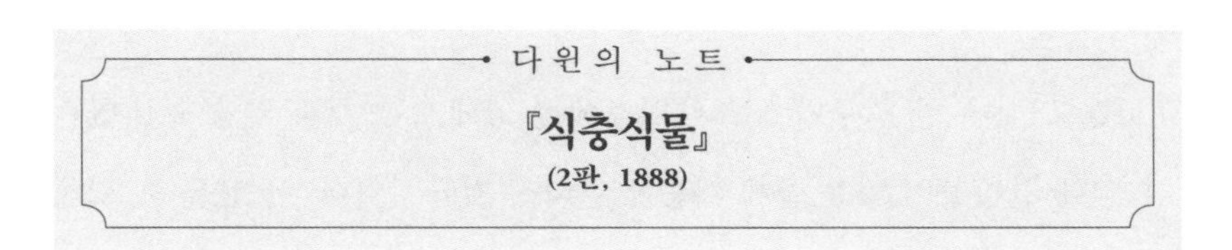

핑구이쿨라 불가리스(벌레잡이제비꽃). 이 식물은 습한 장소, 일반적으로 산에서 자란다. 평균 여덟 개의 다소 두껍고 길쭉한 밝은 녹색 잎이 있으며 꽃자루는 거의 없다. 다 자란 잎은 길이가 약 3.8센티미터, 너비가 약 1.9센티미터다. 가운데의 어린잎은 깊게 오목하고 위쪽으로 돌출돼 있다. 바깥쪽을 향한 늙은 잎은 평평하거나 볼록하고 땅에 가깝게 놓여서 지름 7~10센티미터의 로제트 모양을 형성한다. 잎의 가장자리는 안쪽으로 휘어져 있다. 잎의 윗면은 두 세트의 선모로 두껍게 덮여 있고 분비선의 크기와 작은꽃자루의 길이는 제각각이다. 더 큰 분비선은 위에서 볼 때 윤곽이 원형을 띠고 있으며 두께가 적당하다. 분비선은 16개의 방사형 칸막이로 나뉘는데, 그 안에는 밝은 녹색을 띤 동종의 액체가 들어 있다. 이를 받치고 있는 것은 미세한 돌출부에 있는 길쭉한 단세포 작은꽃자루(핵소체가 있는 핵을 포함)이다. 작은 분비선은 절반 정도 개수의 세포로 구성돼 있고 훨씬 연한 색 액체가 들어 있으며 더 짧은 작은꽃자루가 받치고 있다는 점만 다르다. 잎의 중앙맥 근처이자 기저부 쪽을 향한 작은꽃자루는 다세포이고 다른 곳보다 더 길며 더 작은 분비선을 갖고 있다. 모든 분비선은 무색의 액체를 분비한다. 그 액체에는 점성이 있어서 가느다란 실처럼 45센티미터까지 늘어난다는 사실을 알 수 있었다. 하지만 이 경우 액체는 자극을 받은 분비선에서 나온 것이다. 잎의 가장자리는 반투명하고 분비선이 없다. 그리고 중앙맥에서 뻗어 나오는 나선형 물관은 끈끈이주걱의 분비선 안과 비슷하게 나선형으로 표시된 세포에서 끝난다.

6월 23일에 한 친구가 노스웨일스에서 나에게 39개의 잎을 보내줬는데, 잎에 달라붙어 있는 물체 때문에 골라진 것들이었다. 이 잎들 중 32개에 142마리의 곤충이 잡혀 있었는데 미세한 곤충 조각을 제외하면 잎 하나에 평균 4.4마리였다. 곤충 외에도 네 가지 다른 식물에 속하는 작은 잎들이 붙어 있었으며 가장 흔한 것은 에리카 테트라릭스의 잎이었다. 그중 19개의 잎에는 바람에 날려 온 작은 묘목 조각 세 개가 붙어 있었다. 한 잎에는 에리카의 잎이 10개나 붙어 있었다. 이끼 조각과 다른 쓰레기뿐만 아니라 사초속과 골풀속의 씨앗 또는 열매가 39개의 잎 중 여섯 개에 붙어 있었다. 앞서 말한 같은 친구가 6월 27일, 74개의 잎이 달린 아홉 개의 식물을 수집했는데 어린잎 세 개를 제외한 모든 잎에 곤충이 잡혀 있었다. 한 잎에는 곤충 30마리, 두 번째 잎에는 18마리, 세 번째 잎에는 16마리 등이었다. (…)

이렇게 우리는 끈끈한 잎에 수많은 곤충과 온갖 물체가 걸리는 것을 볼 수 있다. 하지만 이 사실을 가지고서 이 습성이 이전에 제시된 미라빌리스나 마로니에의 경우보다 식물에 유익하다고 추론할 수는 없다. 그러나 죽은 곤충들과 다른 질소성 시체가 분비선을 자극해 분비액이 나오게 만들며, 그 분비액이 산성으로 변해 알부민이나 피프린 등의 동물성 물질을 소화시키는 능력을 갖는다는 건 알 수 있다. 게다가 용해된 질소 물질은 분비선에 흡수되는데 그 투명한 내용물이 천천히 움직이는 원형질의 과립 덩어리로 응집되는 모습도 볼 수 있다. 곤충이 자연적으로 포획될 때도 같은 결과가 나타난다. 그리고 이 식물은 척박한 토양에 살며 뿌리가 작기 때문에 수없이 포획하는 먹이의 물질을 소화시키고 흡수하는 힘으로 살아가는 습성이 있는 게 분명하다. 하지만 먼저 잎의 움직임을 설명하는 것이 편리할 것이다.

핑구이쿨라 불가리스의 잎처럼 두껍고 큰 잎이 자극을 받으면 안쪽으로 휘어지는 힘이 있다는 사실은 확실했다. 분비선에서 분비액을 자유롭게 분비하지만 많은 곤충을 잡지는 못하게 방지된 잎을 실험용으로 선택해야 한다. 적어도 자연 상태에서 자라는 늙은 잎은 가장자리가 안쪽으로 너무 많이 말려 있어서 움직일 힘이 거의 없거나 매우 천천히 움직이기 때문이다. (…)

우리는 이 실험을 통해 가용성 물질을 생산하지 않는 물체의 단순한 압력이나 이런 물질을 생산하는 물체 그리고 일주일 된 탄산암모늄 용액에 생고기를 넣은 혼합물 등으로 자극을 받으면 잎의 가장자리가 안쪽으로 말린다는 사실을 알 수 있다. 이 소금 두 알갱이를 28그램의 물에 섞어 더 강한 용액을 만들면 자극을 주는 풍부한 분비물이 나오긴 하지만 잎이 마비된다. 물방울이나 설탕, 껌 용액은 어떤 움직임도 일으키지 않았다. 몇 분 동안 잎의 표면을 긁어도 아무 효과가 없었다. 따라서 현재 우리가 알고 있는 바에 따르면 오직 두 가지 원인, 즉 약하지만 지속적인 압력과 질소 물질의 흡수만이 움직임을 자극한다. 구부러지는 것은 잎의 가장자리뿐이다. 꼭대기 부분은 기저부를 향해 구부러지지 않는다. 선모의 작은 꽃자루에는 움직이는 힘이 없다.

우리는 큰 고기 조각이나 육즙에 적신 스펀지를 잎 위에 올려놓으면 잎의 가장자리가 그것을 감싸지는 못하지만 안쪽으로 말리면서 바깥쪽으로부터 나뭇잎의 중앙을 향해 2.54밀리미터, 즉 가장자리와 중앙맥 사이 거리의 3분의 1에서 4분의 1 정도를 밀어넣는 모습을 보았다.

따라서 적당한 크기의 곤충 같은 물체도 훨씬 더 많은 수의 분비선과 천천히 접촉하게 되니 그렇지 않은 경우보다 훨씬 더 많은 분비와 흡수가 일어나게 될 것이다. 이것이 식물에 매우 유용할 것이라는 사실은 끈끈이주걱이 오직 포획한 곤충을 모든 분비선에 접촉시키는 것만을 위해 고도로 발달한 운동 능력을 획득했다는 점을 통해 추론할 수 있다. 파리지옥이 곤충을 잡은 후 두 개의 엽이 천천히 닫히는 것은 단지 양쪽의 분비선을 곤충과 접촉시키는 역할을 할 뿐이다. 이렇게 동물성 물질로 충전된 분비액은 모세관 인력에 의해 전체 표면에 퍼지게 된다. 핑구이쿨라의 경우 곤충이 중앙맥 쪽으로 약간 밀리면 즉시 다시 열려야 좋을 것이다. 가장자리가 펴질 때까지는 신선한 먹이를 잡을 수 없기 때문이다.

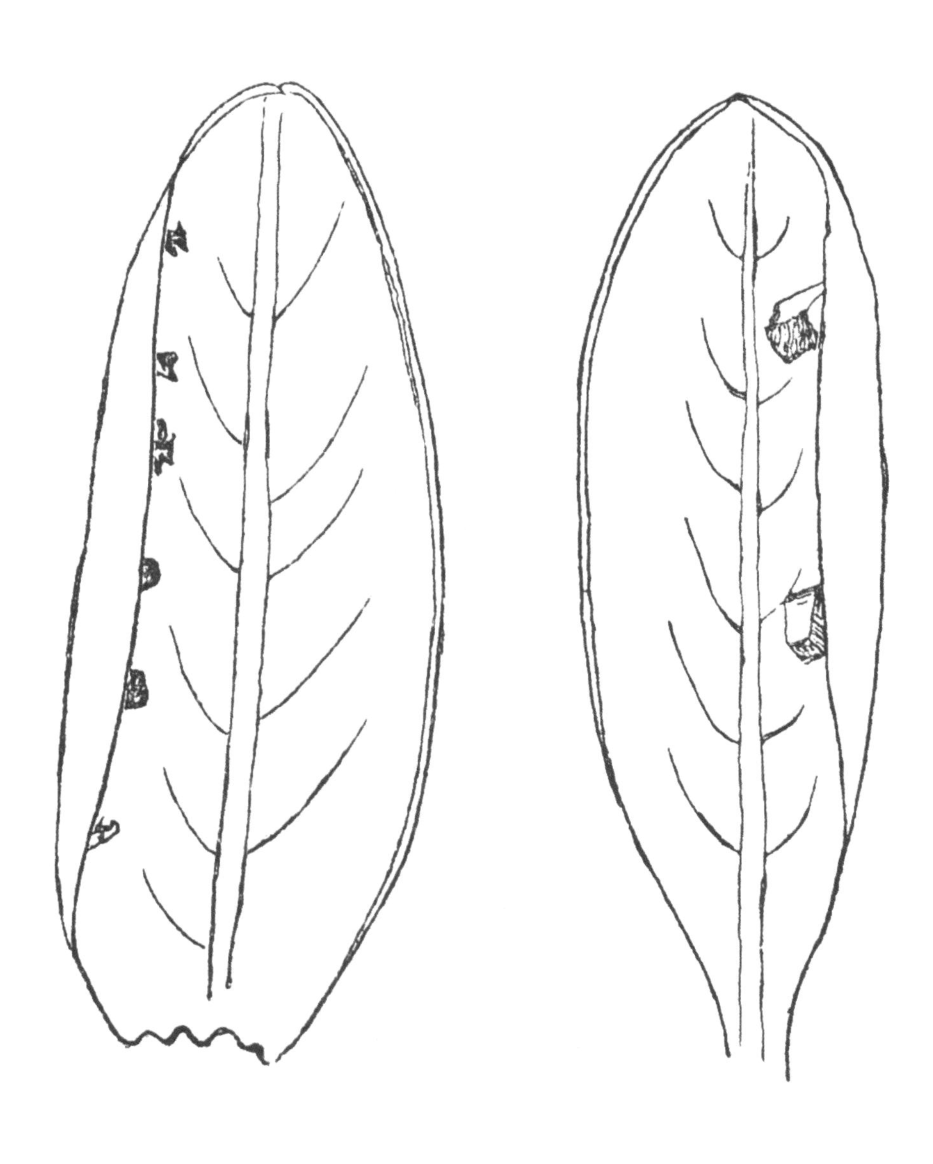

(좌) 한 줄로 잡힌 작은 파리 위로 잎 가장자리가 말린 모습.
(우) 두 개의 고기 조각 위로 잎 가장자리가 말린 모습.

Garden Pea.

변이, 타가수정과 자가수정

어떤 식물이 오랫동안 인간과 관련이 있었음을 보여주는 한 가지 증거는 그 속명이 고대 언어에서 그 식물의 이름을 뜻한다는 것이다. 정원 완두를 뜻하는 라틴어인 피숨pisum(완두속)도 그 한 예다. 매우 영양가 높은 꼬투리와 씨앗을 얻기 위해 재배되는 완두는 잎이 빽빽한 초본 한해살이풀이며 끝부분이 덩굴손이라 기어오르기에 적합하다. 주요 식량원, 특히 피숨 사티붐pisum sativum은 약 7000년 동안 말린 콩을 섭취해 온 지중해 주변 지역과 중동에서 유래한 것으로 추측된다. 빅토리아시대의 영국에서 구할 수 있는 많은 품종 중에서 다윈은 다운하우스에 있는 자신의 정원에서 41종을 키우며 관찰과 실험을 했다. 물론 먹기도 했다. 에마 다윈의 요리법 책에는 영양가가 풍부한 '콩 수프'가 있었다.[123]

피숨 사티붐.

엘리자베스 블랙웰의 수채화. 『기이한 약초』에 수록.

그녀의 남편 다윈은 1830년대 후반 변이 혹은 종 변화 문제에 대한 초기 조사를 시작으로 콩 관련 다양한 연구 주제를 다뤘으며, 이후 수년에 걸쳐 몇 권의 책과 논문으로 출간했다. 아버지의 정원사인 존 애벌리의 도움으로 다윈은 자신의 첫 번째 실험 대상 중 하나로 완두를 선택했다. 이 실험은 오랫동안 확립된 특정 식물 품종이 실제로 번식하는지 그리고 관련 품종과의 교배에 저항하는지를 알아보는 실험이었다. 이는 그런 품종들이 각각 다른 종의 특징을 갖고 있음을 의미하고 있었으며, 품종들이 단지 초기 종에 불과하다는 다윈의 커져가는 확신과도 일치했다.*[124] 한 실험에서 애벌리는 여러 가지 완두 품종을 심은 다음 그 결과로 각각 얻은 씨앗들을 심었다. 또 다른 실험에서 다윈은 개별 완두 개체를 다른 콩과 섞어서 심어달라고 부탁했다. 두 실험 결과는 모두 완두 품종이 실제로 번식한다는 개념을 뒷받침했다.*[125]

다윈의 노트

『사육에 따른 동식물의 변이』

(2판, 1875)

완두(피숨 사티붐). 일반적인 정원 완두의 품종은 매우 다양하며 서로 상당히 다르다. 비교를 위해 나는 41종의 영국 및 프랑스 품종을 심었다. 이 종들은 15~30센티미터에서 2미터 40센티미터까지 키부터 상당히 다르고, 성장하는 방식과 성숙하는 기간도 매우 달랐다. 일부는 키 차이가 5~7센티미터에 불과했지만 일반적인 측면에서도 달랐다. 완두의 줄기는 여러 가지로 갈라져 있다. 키가 큰 종은 작은 종보다 잎이 크지만 그 비율이 키와 정확히 비례하지는 않는다. '헤어스 드워프 몬머스Hair's Dwarf Monmouth'는 큰 잎을 갖고 있고 '드워프 피Pois nain hatif'와 적당히 키가 큰 '블루 프러시안Blue Prussian'의 잎은 가장 키가 큰 종류의 잎의 3분의 2 크기다. '데인크로프트Danecroft'에서 어린잎은 다소 작고 약간 뾰족하다. '퀸 오브 드워프스Queen of Dwarfs'의 어린잎은 둥글며 '퀸 오브 잉글랜드Queen of England'의 어린잎은 넓고 크다. 이 세 가지 완두콩에서는 잎 모양이 어느 정도 차이가 있고 색깔도 약간 다르다. 보라색 꽃을 피우는 '자이언트 스노우 피Pois géant sans parchemin'는 어린 식물의 어린잎 가장자리가 빨간색이다. 그리고 보라색 꽃이 피는 모든 완두에는 턱잎에 빨간색 표시가 있다. 여러 품종에서 작은 무리에 있는 한두 송이 혹은 여러 송이의 꽃은 같은 꽃자루에서 나온다. 이는 콩과의 일부 종에서도 특별한 가치가 있다고 여겨지는 차이점이다. 모든 품종에서 꽃은 색깔과 크기를 제외하면 서로 매우 닮았다. 일반적으로 흰색이고 가끔 보라색이지만 같은 품종에서도 색깔은 일정하지 않다. (…)

자연에서 이렇게 일정한 특성을 나타내는 꼬투리와 씨앗이지만, 재배되는 완두콩 품종은 서로 크게 다르다. 이 차이들은 가치 있으며 결과적으로 선택된 부분들이다. '스노우 피'는 껍질이 얇은 꼬투리가 특징이며 아직 어린 꼬투리일 때 요리해 통째로 먹는다. 이 그룹에서 가장 다른 것은 꼬투리다. '루이스의 검은 꼬투리 콩Lewis's Negro-podded pea'은 곧고 넓으며, 매끄럽고 어두운 보랏빛을 띤 꼬투리를 갖고 있다. 그리고 다른 종류만큼 꼬투리 껍질이 얇지 않다. 또 다른 품종의 꼬투리는 심하게 구부러져 있고 '자이언트 피Pois géant'의 꼬투리는 끝부분이 아주 뾰족하다. '큰 꼬투리 콩à grands cosses' 품종에서는 껍질 속의 콩이 아주 눈에 띄게 비쳐 보여서 꼬투리가 말라 있으면 언뜻 보기에 콩의 꼬투리인지 구분하기가 어려울 정도다.

일반 품종에서 꼬투리는 크기 면에서도 매우 다르다. 색깔의 경우 '우드퍼드의 초록 호박Woodford's Green Marrow'이 말라 있을 때 옅은 갈색이 아닌 밝은 초록색을 띤다. '보라색 꼬투리 완두콩'의 색깔은 이름으로 표현돼 있다. 매끄러움에 대해 말하자면 '데인크로프트'는 매우 광택이 흐르고 '느플뤼울트라Ne plus ultra'는 거칠거칠하다. 거의 원통형인 꼬투리도 있고 넓고 납작한 것도 있다. 꼬투리의 끝부분은 '서스톤의 신뢰Thurston's Reliance'처럼 뾰족하기도 하고 '아메리칸 드워프American Dwarf'처럼 잘려 있기도 하다. '오베르뉴 콩Auvergne pea'은 꼬투리의 끝부분 전체가 위로 구부러져 있다. '퀸 오브 드워프'와 '시미터(주로 중앙아시아에서 무기로 쓰던 초승달 모양의 칼과 비슷하다고 해서 지어진 이름이다-옮긴이) 피Scimitar pea'의 꼬투리는 타원 모양이다. 내가 재배한 식물에서 나온 가장 뚜렷한 네 가지 꼬투리의 모습은 다음 그림과 같다.

자연적으로 이종교배되지 않는다는 면에서 다른 콩과 식물과는 다른 종을 관찰한 결과, 곤충의 도움 없이도 완벽하게 번식할 수 있는 것으로 드러났다. 하지만 나는 꿀을 빨고 있는 뒤영벌이 용골판을 누르고 꽃가루가 몸에 두껍게 쌓여 이웃 꽃으로 날아갔을 때 암술머리에 꽃가루를 남기는 데 거의 실패하지 않는 것을 봤다. 그럼에도 불구하고 서로 가까이 자라는 별개의 품종은 교배되는 일이 드물다. 나는 이것이 영국에서 미리 같은 꽃의 꽃가루로 암술머리가 수정됐기 때문이라고 생각한다. 따라서 종자 완두콩을 재배하는 원예사는 나쁜 결과를 걱정하지 않는 일 없이 서로 다른 품종을 가까이에 심을 수 있다. 내가 발견한 바와 같이 이러한 상황에서는 적어도 몇 세대 동안 진짜 종자가 확실히 보존될 수 있는 것이다.

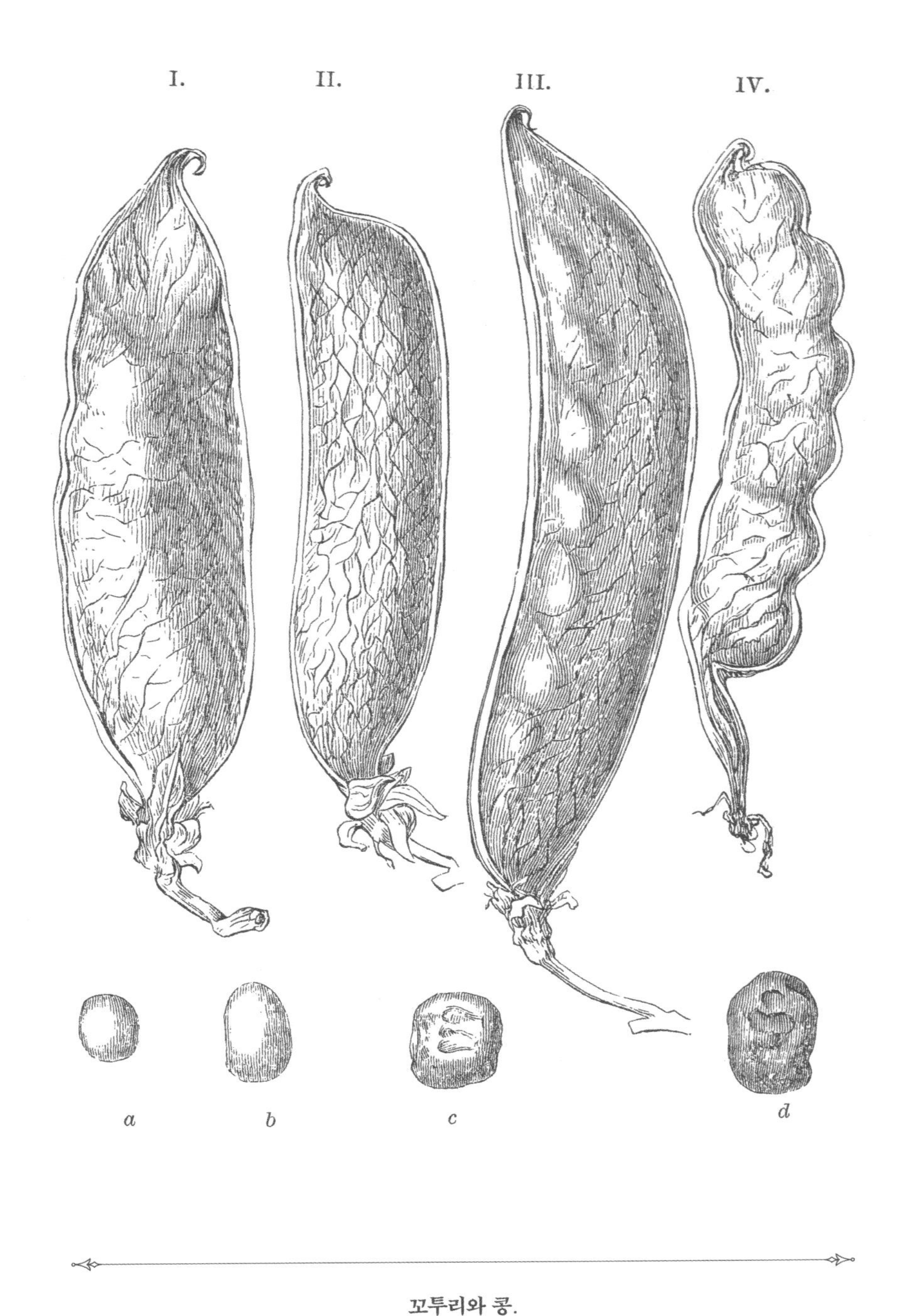

꼬투리와 콩.

I. 퀸 오브 드워프스 **II.** 아메리칸 드워프 **III.** 서스톤의 신뢰 **IV.** 스노우 피

a. 댄 오르크의 콩 ***b.*** 퀸 오브 드워프스의 콩 ***c.*** 기사의 크고 하얀 긴 호박 ***d.*** 루이스의 검은 꼬투리 콩

다윈의 노트

『식물계에서 타가수정과 자가수정의 효과』

(2판, 1878)

일반적인 완두는 곤충이 꽃에 방문하는 것을 막았을 때 완벽한 번식력을 지닌다. 나는 오글 박사가 다른 종으로 시도한 것처럼 두세 가지 다른 품종으로 이것을 확인했다. 그러나 꽃들은 타가수정에 적합하다. 파러 씨는 다음과 같은 점을 명확히 설명했다.

"활짝 핀 꽃은 곤충에게 가장 매력적이고 편리한 자세로 자신을 내보입니다. 눈에 잘 띄는 기판(旗瓣, 콩과 식물에서 나비 모양 꽃부리를 구성하는 꽃잎의 일종-옮긴이), 착지 장소를 형성하는 날개, 용골에 날개가 부착돼 있어 날개를 누르면 반드시 용골을 누르게 되는 구조, 꿀을 담고 있는 수술관, 꿀을 찾는 곤충에게 기저부 양쪽에 틈이 있는 자유로운 일부 수술을 통해 제공되는 열린 통로, 방문한 곤충에 의해 용골의 꼭대기에서 쓸려 나갈 바로 그 위치에 놓여 있는 촉촉하고 끈적한 꽃가루, 용골에 압력이 가해지면 용골 밖으로 밀려나도록 위쪽으로 배치된 뻣뻣한 탄성 암술대, 꽃가루를 위한 공간이 있는 쪽에만 있으며 꽃가루를 쓸어내는 방향으로 배치된 암술대의 털, 들어오는 곤충을 만날 수 있도록 배치된 암술머리. 이 꽃의 수정이 꽃가루를 한 꽃에서 다른 꽃으로 운반함으로써 이뤄진다고 가정하면 이 모든 것은 하나의 정교한 메커니즘에서 상호 연관된 부분입니다."

이렇게 명백하게 타가수정을 규정하고 있음에도 불구하고 연속적인 세대에 걸쳐 아주 가까이에서 재배된 품종들은 비록 동시에 꽃이 피더라도 순수한 상태로 유지된다. (…)

이 꽃이 꿀을 많이 분비하고 꽃가루를 많이 제공한다는 점을 고려하면, 영국이나 H. 뮐러가 언급한 독일 북부에서 곤충이 거의 찾아오지 않는다는 것은 놀라운 일이다. 나는 지난 30년 동안 꽃을 관찰해 오면서 적절한 종류의 벌이 이 꽃에서 일하고 있는 것을 단 세 번 보았다(그중 하나는 '봄부스 무스코룸'이었다). 이 벌들은 용골을 누를 만큼 충분히 강해서 몸의 아래쪽에 꽃가루를 많이 묻힐 수 있었다. 이 벌들은 몇몇 꽃을 방문했는데, 타가수정을 시키는 데 실패하는 일이 거의 없었다. 꿀벌과 다른 작은 종들은 가끔 오래되고 이미 수정된 꽃에서 꽃가루를 수집하지만 이는 아무 의미가 없다. 유능한 벌들이 이 이국적인 식물을 거의 찾지 않는다는 것이야말로 이 품종이 거의 교배되지 않는 주된 원인이다. 방금 언급한 것에서 예상할 수도 있지만 교배가 가끔 일어난다는 점은 한 품종의 꽃가루가 다른 품종의 종자껍질에 직접 작용한다고 기록된 사례를 보면 분명하다.

우리는 오늘날 애벌리의 실험 결과가 콩꽃이 대개 자가수분을 한다는 사실에서 비롯된 것임을 안다. 오스트리아의 수도사 그레고르 멘델이 보여줬듯이 손으로 수분시켰을 때 다양한 품종이 쉽게 교배된다. 다윈처럼 멘델도 쉽게 키울 수 있고 관심 있는 특성을 쉽게 관찰할 수 있는 완두콩을 실험용으로 선택했다. 그는 키 큰 품종과 키 작은 품종, 초록색과 노란색 콩, 보라색과 흰색 꽃, 주름진 콩과 매끄러운 콩 등을 교배시켰고 그 결과로 나온 자손들을 관찰했다. 이는 현대 유전학의 시초가 된 실험이었다. 일반적 믿음과는 반대로 다윈은 멘델의 완두콩 교배에 대한 논문을 알지 못했다. 설사 그것

을 읽었다 해도 그 중요성을 인식하지 못했을 것이다. 그러한 통찰력은 40년 후, 19세기 말에 생물학자들이 염색체와 감수분열이라는 발견을 한 이후 멘델을 이해하게 됐을 때에야 비로소 찾아왔다.

Pisum

Great Cowslip.

프리물라

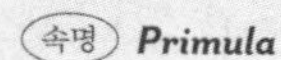

속명 *Primula*

앵초(프림로즈)

PRIMROSE

앵초과

과명 PRIMULACEAE–PRIMROSE FAMILY

꽃의 형태들, 수분

앵초속은 거의 500종에 달하는 수많은 품종이 포함되어 있는 큰 속이다. 모두 낮게 자라는 여러해살이 허브이며 로제트형으로 촘촘하게 나 있는 잎, 벌거벗은 줄기에 산형꽃차례(꽃대의 꼭대기 끝에 여러 개의 꽃이 방사형으로 둥글게 배열된 것-옮긴이) 형태로 배열된 화려한 꽃들이 특징이다. 다윈은 자신의 숲과 초원에서 세 가지 흔한 품종을 비롯한 몇 가지 종을 연구했다. 이 중 프리물라 베리스(카우슬립), 프리물라 불가리스(앵초)는 흔한 품종이었고 프리물라 엘라티오르(옥슬립)는 흔하지 않은 품종이었다. 프리물라 시넨시스를 포함해 중국에서 들여온 다섯 가지 품종도 있었다. 그가 실험에서 얻은 한 가지 중요한 통찰은 오랫동안 앵초와 카우슬립의 잡종 자손으로 여겨졌던 옥슬립과 관련이 있다. 이 식물에 대한 다윈의 초기 개

프리물라 베리스
(황화구륜초).

앤 해밀턴 부인이 수채물감과 구아슈물감으로 모조피지에 그림. 〈식물 그림〉에 수록.

념은 『종의 기원』 초판에 담겨 출판됐지만[126] 여러 교배 실험을 거친 끝에 그는 이 식물이 변종이 아니라 진짜 종이라는 것을 밝혀냈다. 식물학자들은 그를 더욱 더 존경하게 됐다. 다윈은 자신의 실수를 깨닫고 나서 『종의 기원』의 이후 판본에서 이 식물에 대한 부분을 삭제했다.

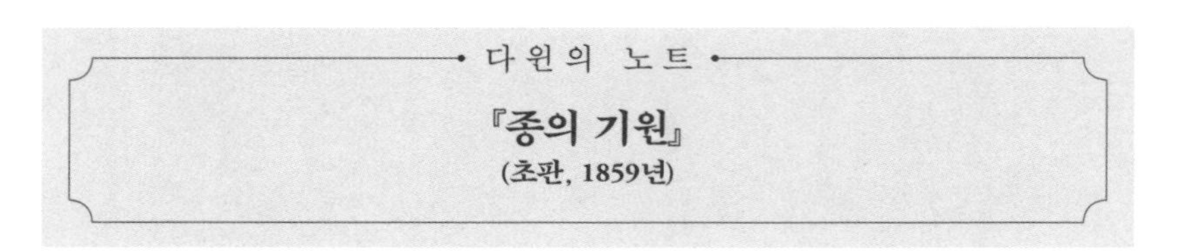

눈에 띄는 특징을 가진 변종이나 의심스러운 종 중에 몇 가지 흥미로운 논점을 고려해 볼 만한 사례들이 있다. 지리적 분포와 상사적 변이(발생 기원은 다르지만 기능이 유사한 변이-옮긴이), 잡종 등 이 종들을 분류하기 위한 여러 가지 기준들이 제시돼 왔다. 한 가지만 예를 들어보겠다. 앵초와 카우슬립, 그리고 옥슬립에 대한 유명한 예시다. 이 식물들은 일단 외관이 상당히 다르다. 이것들은 각기 다른 맛이 나고 다른 향을 풍긴다. 꽃을 피우는 시기도 조금씩 다르며 각기 다른 장소에서 자란다. 분포하는 산의 고도도 다르고 각기 다른 지리적 범위에 속해 있다. 마지막으로 매우 세심한 관찰자인 게르트너가 몇 년에 걸쳐 행한 수많은 실험에 따르면 이 종들을 교배시키기는 매우 어렵다. 그 두 형태를 구체적으로 구별하는 더 나은 증거를 찾기란 거의 불가능하다. 반면 이 두 종은 많은 중간 연결고리로 결합돼 있으며 이 연결고리들이 잡종인지는 매우 불확실하다. 내가 보기에 이 종들이 공통된 조상으로부터 나왔으며 결과적으로 변종으로 기록돼야 한다. 이를 뒷받침하는 압도적인 양의 실험 증거들이 있다.

1860년이 되자 다윈은 앵초에 속하는 두 가지 다른 꽃들에 대해 호기심을 갖게 됐다. 하나는 긴 암술과 짧은 수술을 가진 꽃(다윈이 암컷이라고 지칭한 '핀pin' 꽃)이고 다른 하나는 정반대로 짧은 암술과 긴 수술을 가진 꽃(다윈이 수컷이라고 지칭한 '스럼thrum' 꽃)이었다. 다윈은 식물학자들과 다른 관찰자들이 오늘날 '다화주성'이라고 정의되는 이 독특한 이형성을 인지하고 있으면서도 그 목적에 대해서는 누구도 생각해 보지 않았음을 알아차렸다. 처음에 그는 이 형태들이 각각 다른 성별로 진화 중이며, 두 가지 성별로 갈라지는 과정을 자신이 우연히 발견한 것이라고 생각했다. 『종의 기원』이 출간되고 얼마 후인 1860년에 그는 이종교배 실험을 시작했다. 첫 번째 작업은 자신의 아이들을 시켜 직접 각기 다른 형태들을 찾아오게 하는 것이었다. 아이들은 한 번에 수꽃 281송이와 암꽃 241송이를 모아 왔다. 다윈은 각 형태의 꽃가루를 관찰하고 측정해 서로의 꽃가루를 교배시키는 일련의 실험을 했다. 그리고 다른 형태의 수술에서 가져온 꽃가루를 암술머리에 수분시켜 씨앗을 생산해 내는 '정칙적 결혼'과, 같은 개체의 꽃가루를 자신의 암술머리에 수분시켜 열매를 맺지 않는 '변칙적 결혼'을 설정했다. 그는 이런 방식으로 몇 세대의 식물을 키우면서, 각 형태가 생산해 낸 씨앗을 세어본다면 수꽃이 점점 여성성을 잃어가 더 적은 씨앗을 생산하게 될 것이라는 가설을 세웠다.

하지만 그는 정반대의 결과를 발견했다. 수꽃은 오히려 더 많은 씨앗을 생산했던 것이다. 그래서 그는 친구 토머스 헨리 헉슬리가 '과학의 엄청난 비극'이라고 불렀던, 다시 말해 '추악한 진실에 의한 아름다운 가설의 살해'로 굴러 떨어지고 말았다.[127] 다윈은 결국 꽃 형태들이 각기 다른 성별로 진화하고 있다는 가설을 버리고 이 현상을 개체 간의 이종교배를 최대한 촉진하기 위해 적응하는 과정이라고 보게 됐다. 그가 관찰하고 실험한 결과는 1862년 '런던 린네 학회'에서 처음으로 소개됐고, 1877년 '폼스 오브 플라워스 학회Forms of Flowers'에서는 타가수정과 자가수정에 대한 더 많은 실험 결과와 함께 발표했다. 다윈은 앵초에 대한 연구를 계기로 다화주성을 가진 다른 과와 속에 속하는 식물들에 대해 큰 흥미를 갖게 됐다. 그는 자서전에 이렇게 쓰기도 했다. "다화주성 꽃들에 대해 알아내는 것보다 나에게 더 큰 즐거움을 준 발견은 없었다."[128]

다윈의 노트

〈앵초 종에서 두 가지 형태 혹은 이형 상태와 그들의 놀라운 성적 관계에 대하여〉

《런던 린네 학회(식물학) 회보》 6 (1862) : 77~96.

앵초 또는 카우슬립(프리물라 불가리스와 베리스)를 많이 모으면 두 가지 형태가 거의 같은 수만큼 섞여 있는데 각각의 형태는 암술과 수술의 길이가 명백히 다르다. 폴리안서스(앵초의 일종으로 프리물라 베리스와 프리물라 불가리스의 자연발생 교배종–옮긴이)와 오리쿨라(앵초의 일종으로 노란 꽃이 핀다–옮긴이)를 재배하는 플로리스트는 이 차이점을 잘 알고 있으며, 화관 입구에 공 모양의 암술머리가 보이는 것을 '핀pin 머리' 또는 '핀 눈'이라고 부르고 수술이 보이는 것을 '실밥thrum 눈'이라고 부른다(다윈은 암술이 긴 꽃은 암술머리가 핀의 머리처럼 둥글어서 '핀 눈'이라고 불렸고 수술이 긴 꽃은 꽃밥이 늘어진 모양이 실밥과 같다고 해 '실밥 눈'이라고 했다–옮긴이). 나는 두 가지 형태를 각각 장주화(암술이 긴 스타일)와 단주화(암술이 짧은 스타일)로 지정할 것이다. 이 주제에 대해 나와 대화를 나눴던 식물학자들은 이것을 단순한 다양성의 사례로 봤지만 이는 진실과 거리가 멀다.

장주화인 카우슬립에서 암술머리는 화관의 관 바로 위에 돌출돼 외부에서 잘 보인다. 관의 중간쯤 아래에 위치해 잘 보이지 않는 꽃밥 위에 암술머리가 높이 서 있다. 단주화에서는 꽃밥이 관의 입구에 붙어 있어 암술머리 위에 서 있다. 암술은 짧고 화관의 관에서 중간 지점 이상으로 올라가지 않는다. 화관 자체로는 두 가지 형태에서 모양이 다르며, 꽃밥이 붙어 있는 부분의 위쪽인 꽃 개구부나 확장된 부분은 단주화보다 장주화에서 훨씬 길다. 마을의 아이들은 장주화의 화관을 서로 엮을 때 꽃목걸이를 만들기가 가장 좋다는 경험을 통해 이 차이를 알고 있는 듯하다. 하지만 훨씬 중요한 차이점들이 있다. 장주화의 암술머리는 둥근 공 형태이고 단주화의 암술머리는 꼭대기 부분이 눌려 있어 가끔 전자의 세로축이 후자의 세로축보다 거의 두 배 길 때가 있다. 모양은 어느 정도 다양하지만 한 가지 차이점은 일관되는데, 장주화의 암술머리가 더 거칠다는 것이다. 주의 깊게 비교한 일부 표본을 보면 단주화보다 장주화에서 암술머리를 거칠게 만드는 돌기가 두세 배 더 길었다. 더 놀라운 차이점이 하나 더 있다. 바로 화분립(꽃가루 알갱이)의 크기다. 나는 다양한 상황에서 자라는 식물에서 채취한 건조한 표본과 촉촉한 표본을 마이크로미터 단위로 측정했는데, 항상 명백한 차이점을 발견했다. 모양에 있어서도 차이가 있다. 단주화의 화분립은 거의 둥근 모양이고 장주화에서는 모서리가 둥근 직사각형 모양이다. 화분립이 물에 젖어 팽창하면 모양의 차이가 사라진다. 마지막으로 곧 볼 수 있듯이 단주화가 장주화보다 더 많은 씨앗을 생산한다.

차이점을 요약해 보자. 장주화는 암술이 훨씬 길고 암술머리는 둥글고 더 거칠며 꽃밥 위에 높이 서 있다. 수술은 짧고 화분립은 작으며 직사각형 모양이다. 화관의 관 위쪽 절반은 좀 더 크게 확장돼 있다. 생산되는 씨앗의 수는 더 적다.

단주화는 암술이 짧아 화관의 관 길이의 절반쯤이며 매끄럽고 눌려 있는 암술머리가 꽃밥 아래쪽에 서 있다. 수술은 길고 화분립은 둥글고 크다. 화관의 관은 위쪽 끝까지 지름이 같다. 생산되는 씨앗의 수는 더 많다.

나는 수많은 꽃을 조사했는데 암술머리의 모양과 암술의 길이는 다양하지만 특히 단주화의 경우 두 형태의 과도기적 단계를 본 적이 한 번도 없다. 식물을 둘 중 어떤 형태로 분류할지에 대해서는 조금도 의심의 여지가 없다. 같은 식물에서 두 가지 형태를 본 적도 없다. 나는 많은 카우슬립과 앵초를 구분해 표시했는데 가을처럼 적절한 계절에 꽃을 피우는 내정원의 일부 식물들과 마찬가지로 다음 해에도 모두 같은 특성을 유지하고 있음을 발견했다. (…) 두 가지 형태가 영속적이라는 훌륭한 증거는 폴리안서스의 선별된 품종이 분열을 통해 번식되는 사육장에서 볼 수 있다. 나는 이곳에서 각각 하나의 형태로만 구성된 화단들을 발견했다. 두 형태는 야생 상태에서 수가 거의 동일하다. 나는 여러 다른 지점에서 식물을 수집해 각 지점에서 자라는 모든 식물을 수집했다. 총 522개의 산형꽃차례 중에 장주화가 241개였고 단주화가 281개였다. 두 개의 거대한 꽃 집단에서 색깔과 크기 차이는 감지되지 않았다.

나는 재배되는 카우슬립나 폴리안서스, 옥슬립을 조사했다. 두 가지

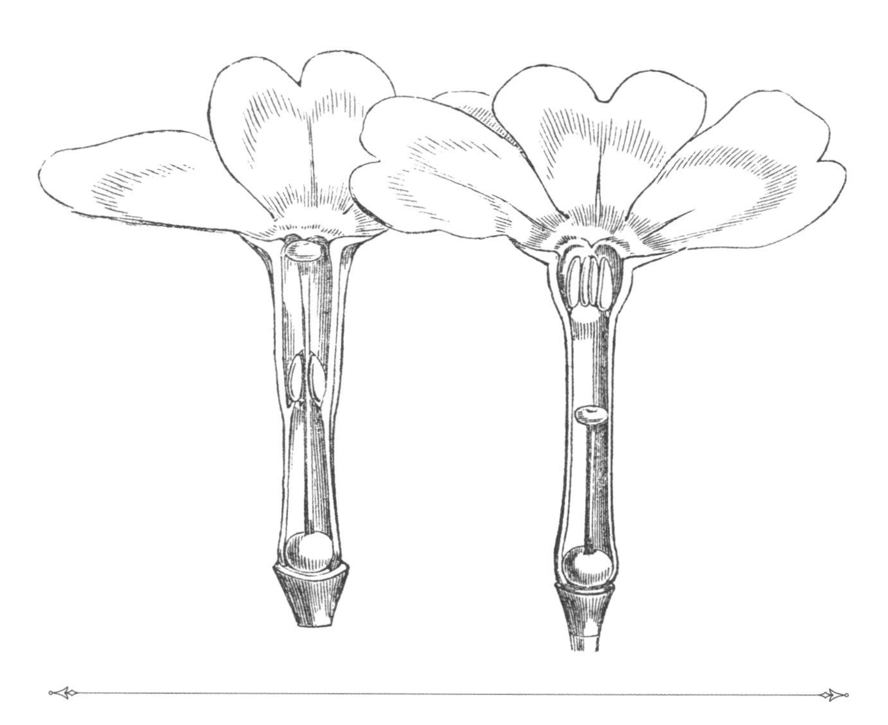

(좌) 장주화. (우) 단주화.

형태는 화분립 크기의 상대적 차이를 포함해 항상 같은 차이점을 보였다. 자연스럽게 이 종들이 암수딴그루 쪽으로 가는 경향이 있다는 생각이 들었다. 더 거친 암술머리를 가진 장주화는 실제로 여성에 가까웠고 씨앗을 더 많이 생산할 것이다. 반면 긴 수술과 큰 화분립을 가진 단주화는 남성에 가까웠다. 이에 따라 나는 1860년에 내 정원에서 자라는 두 가지 형태의 카우슬립과 열린 들판에서 자라는 것들과 그늘진 숲에서 자라는 것들을 표시하고 모아 씨앗의 무게를 재봤다. 내 예상과는 반대로 이 작은 각각의 구역에서 단주화가 가장 많은 씨앗을 생산했다. (…)

1861년 나는 더 완전하고 공정한 방식으로 다시 시험했다. 그전 해의 가을에 다수의 야생식물을 정원의 큰 화단에 옮겨 심은 뒤 모두 같은 방식으로 돌봤다.

그해는 그전 해보다 날씨가 훨씬 좋았다. 식물들은 그늘진 숲에서 자라거나 열린 들판에서 다른 식물과 경쟁할 필요 없이 좋은 토양에서 잘 자랐다. 결과적으로 실제 씨앗 생산량은 훨씬 더 많았다. 그럼에도 불구하고 상대적인 결과는 동일했다. 단주화는 장주화와 비교했을 때 3 대 2의 비율로 더 많은 씨앗을 생산했다. 명확한 설명을 위해 일반적인 결과를 다음 그림으로 나타냈다. 점선 화살표는 네 가지 결합에서 꽃가루가 어떻게 옮겨졌는지를 보여준다.

내가 아는 한, 이것은 동물과 식물계에서 새로운 사례다. 우리는 앵초종이 두 가지 세트나 몸체로 나뉘는 것을 관찰했는데, 둘 다 암수한그루(자웅동체)이기 때문에 각각 다른 성별이라고 할 수는 없다. 그럼에도 이 두 형태는 어느 정도 성적으로 구별된다. 완벽한 번식을 위해서는 상호간의 결합이 필요하기 때문이다. 이 식물을 하위 암수딴그루의 자웅동체라고 부를 수도 있겠다. 네 발 달린 동물이 서로 다른 성을 가진 거의 똑같은 두 가지 몸체로 나뉘듯이 이 식물에서도 성적 능력이 서로 다르며 남성과 여성처럼 관련 있는 두 가지 몸체가 거의 같은 숫자로 존재한다. 스스로 수정을 할 수 없고 다른 자웅동체 동물과 결합해야 하는 자웅동체 동물이 많다. 식물도 마찬가지다. 같은 꽃의 암술머리가 준비되기도 전에 꽃가루가 성숙해 떨어지거나 기계적으로 튀어나오기 때문이다. 그래서 이 자웅동체 꽃은 성적인 결합을 위해 또 다른 자웅동체의 존재를 절대적으로 요구한다. 하지만 앵초속에 속한 식물들에는 광범위한 차이점이 있다. 카우슬립 개체 하나를 예로 든다면, 이 식물이 기계적 도움을 얻어 불완전하게 스스로 수정할 수는 있겠지만 완전한 번식을 위해서는 또 다른 개체와 결합해야만 한다. 하지만 이 식물이 다른 개체와 결합하는 방식은

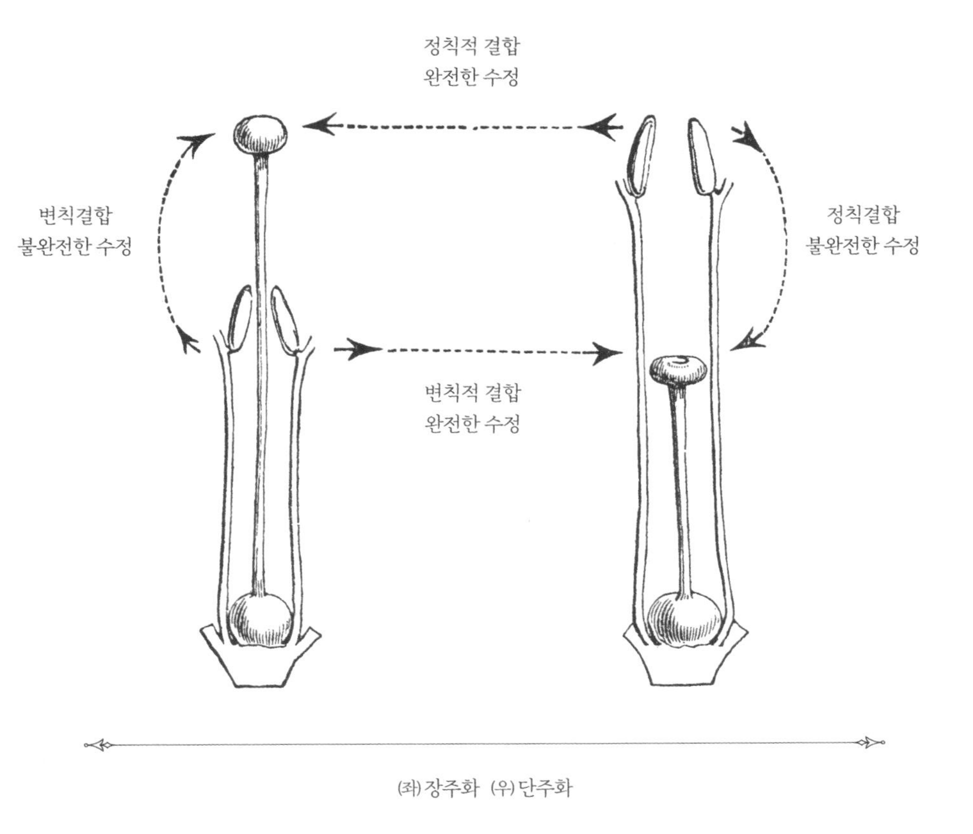

(좌) 장주화 (우) 단주화

자웅동체인 달팽이나 지렁이가 또 다른 개체와 결합하는 방식과는 다르다. 네 발 달린 짐승의 수컷이 오직 암컷과만 결합해야 하고 또 그럴 수 있는 것처럼 카우슬립의 한 형태도 완벽한 번식을 위해서는 다른 형태와 결합해야 한다.

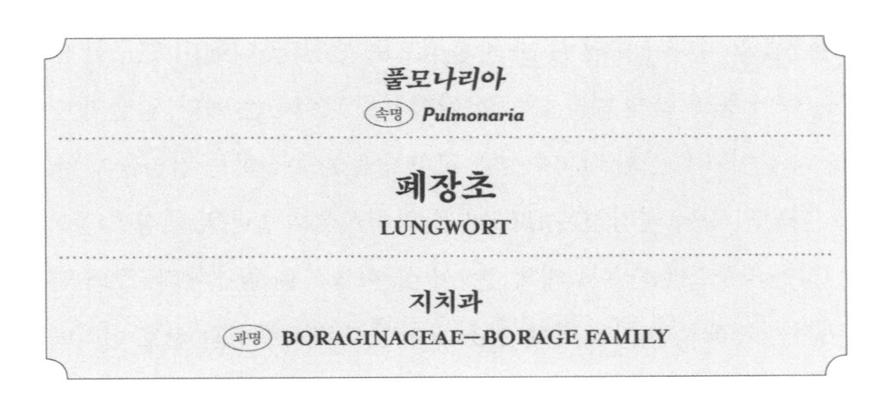

꽃의 형태, 수분

폐장초의 일반명인 렁워트lungwort뿐 아니라 라틴어명인 '풀모나리아Pulmonaria'는 신체 기관인 폐를 뜻한다. 이 식물의 점박이무늬 잎이 폐의 질병과 궤양을 치료해 준다고 믿었던 고대 약초학자들의 생각에서 유래한 것이다. 식물과 사람의 이러한 관계는 인체의 어떤 부분을 닮은 식물이나 식물의 특정 부분이 사람의 해당 부위를 치료하는 효과가 있다고 믿는 중세의 '약징주의Doctrine of Signatures'에 기반을 두고 있다. 약 15개 종이 있는 폐장초는 유럽과 그 인근 지역이 원산지이며 전 세계의 온대 지역 정원에서도 재배된다. 이 식물은 여러해살이 허브로, 기저부의 로제트형 잎과 나선형 또는 전갈형 배열을 가진 매력적인 총상꽃차례(여러 개의 꽃이 어긋나게 붙어서 밑에서부터 피기 시작하는 꽃차례-옮긴이)를 가지고 있다. 종종 꽃은 처음엔

풀모나리아 오피키날리스.

엘리자베스 와튼의 수채화. 『영국의 꽃들』에 수록.

파란색을 띠다가 수분 후에 분홍색으로 변한다. 다윈이 연구한 앵초, 아마 등과 함께 폐장초는 꽃 이형성을 보여주는 예다. 암술과 수술의 길이가 다양한 다화주성은 교차 수분을 촉진하는 기능을 한다.

다윈의 장남 윌리엄은 1863년 봄 와이트섬의 좁은잎 폐장초(풀모나리아 앙구스티폴리아) 개체군에서 꽃 이형성을 발견했다. 그의 아버지는 기뻐하며 이를 통해 앵초와 아마의 다화주성과 상호 번식에 대한 연구를 더 확장할 수 있기를 열망했다.[129] 윌리엄이 좁은잎 폐장초의 묘목과 일반적인 종인 푸른 폐장초(풀모나리아 오피시날리스)의 씨앗을 잘 모아둔 덕분에 다윈은 다음 해에 두 가지 식물로 실험을 할 수 있었다. 그는 연구를 시작했을 때 이 두 종이 너무나 유사해 일부 식물학자들이 같은 종의 '단순한 변종'으로 간주했다는 점을 지적했다. 그리고 교차 수분 실험을 통해 이 두 종이 정말로 별개의 종임을 밝혀냈다. 그는 꽃 형태가 자신이 연구한 다른 다화주성 식물과 일치하기 때문에 타가수정을 하고 자가불임일 것이라고 예상했다. 하지만 푸른 폐장초의 장주화는 자가불임인 반면, 단주화는 예상 외로 자가수정을 한다는 것을 발견하고 다윈은 깜짝 놀랐다. 그는 이에 대해 미국의 그레이에게 이렇게 말했다.

"제가 1~2년 전에 폐장초에 대한 기이한 사례가 있다고 말씀드린 적이 있었나요? 장주화는 자신의 꽃가루로는 완전히 불임인 데 반해 단주화는 자신의 꽃가루로 거의 완벽하게 수정할 수 있습니다." 다화주성 식물으로 자가수분 실험을 할 때 나타나는 전형적인 결과, 즉 불임 상태이고 종종 발육이 부진한 자손을 낳기도 하는 경향에서 벗어난 이 수수께끼 같은 일탈로 인해 다윈은 이렇게 선언하게 됐다.

"이것은 저에게 매우 신기한 사실로 보입니다."[130)]

• 다윈의 노트 •

『같은 종에 속하는 꽃의 서로 다른 형태들』
(1877)

풀모나리아 앙구스티폴리아. 와이트섬에서 야생으로 자라는 식물에서 나온 이 묘목의 이름은 후커 박사가 나를 위해 지어준 것이다. 이것은 앞서 언급한 마지막 종과 밀접한 관련이 있다. 잎의 모양과 점박이 무늬가 다르기 때문에 벤담과 같은 몇몇 저명한 식물학자들은 이 둘을 단순한 변종으로 간주해 왔다. 하지만 곧 여기에서 보게 될 것처럼, 이들이 별개의 종이라고 할 만한 훌륭한 증거가 있다. 의심스러운 생각이 들어서 나는 이 두 종이 서로 교배가 가능할지 시험해 봤다. 풀모나리아 앙구스티폴리아의 단주화 12송이를 풀모나리아 오피시날리스(방금 본 것처럼 중간 정도의 자가수정 능력이 있음)의 장주화에서 나온 꽃가루로 합법적 수정을 시켰는데, 단 하나의 열매도 맺지 못했다. 풀모나리아 앙구스티폴리아의 장주화 36송이를 두 계절 동안 풀모나리아 오피시날리스의 장주화 꽃가루로 변칙적인 수정을 시키기도 했지만 모든 꽃들이 수정되지 않은 채로 떨어졌다. 이 두 식물이 동일한 종의 단순한 변종이었다면, 풀모나리아 오피시날리스의 장주화를 변칙적으로 수정시키는 데 성공했던 사실로 미뤄보아 이 변칙적 교배로도 어느 정도의 씨앗을 생산했을 것이다. 또한 12번의 정칙적인 수정을 시켰을 때에도 열매를 맺지 못하는 게 아니라 상당한 양, 즉 아홉 개 정도의 열매가 열렸을 것이다. 따라서 풀모나리아 오피시날리스와 앙구스티폴리아는 바로 설명할 수 있는, 둘 사이의 중요한 기능적 차이점들을 보건대 훌륭한 별개의 종으로 보인다.

풀모나리아 앙구스티폴리아의 장주화와 단주화는 풀모나리아 오피시날리스와 거의 같은 방식으로 구조가 다르다. 하지만 이 책에 제시된 그림에서는 장주화의 꽃밥이 있는 자리에 있는 화관이 약간 더 크다는 사실이 간과됐다. 내 아들 윌리엄은 와이트섬에서 많은 야생식물을 조사한 결과, 화관의 크기가 다양하지만 일반적으로 단주화보다 장주화에서 더 크다는 것을 발견했다. 그리고 가장 큰 화관은 장주화에서, 가장 작은 화관은 단주화에서 발견됐다. 힐데브란트에 따르면 풀모나리아 오피시날리스에서는 정반대의 상황이 벌어진다. 풀모나리아 앙구스티폴리아의 암술과 수술은 모두 길이가 다양하기 때문에 한 형태의 암술머리 높이가 다른 형태의 꽃밥 높이와 같지 않다. 장주화의 암술은 때때로 단주화의 암술보다 세 배나 길기도 하다. 하지만 열 번의 측정을 하고 평균을 내보면 장주화와 단주화의 암술 길이는 평균 100 대 56이다. 암술머리는 다소 차이가 있지만 약간은 잎 모양을 하고 있다.

내 아들은 와이트섬에서 두 차례에 걸쳐 202개의 식물을 수집했다. 그중 장주화가 125개, 단주화가 77개였다. 장주화가 더 많았던 것이다. 반면 내가 씨앗부터 키운 18개의 식물 중에는 네 개만이 장주화였고 나머지 14개는 단주화였다. 내 아들은 단주화가 장주화보다 꽃을 훨씬 더 많이 피운다고 판단했다. 그리고 힐데브란트가 풀모나리아 오피시날리스에 대해 비슷한 주장을 담은 책을 출간하기 전에, 아들 윌리엄은 이러한 결론에 도달했다. 그는 두 가지 형태의 서로 다른 식물 10개에서 가지 10개를 모았다. 두 가지 형태의 꽃 중에 단주화와 장주화의 비율이 100 대 89로 단주화가 190개, 장주화가 169개였다. 힐데브란트에 따르면 풀모나리아 오피시날리스의 경우 그 차이가 훨씬 더 커서 단주화가

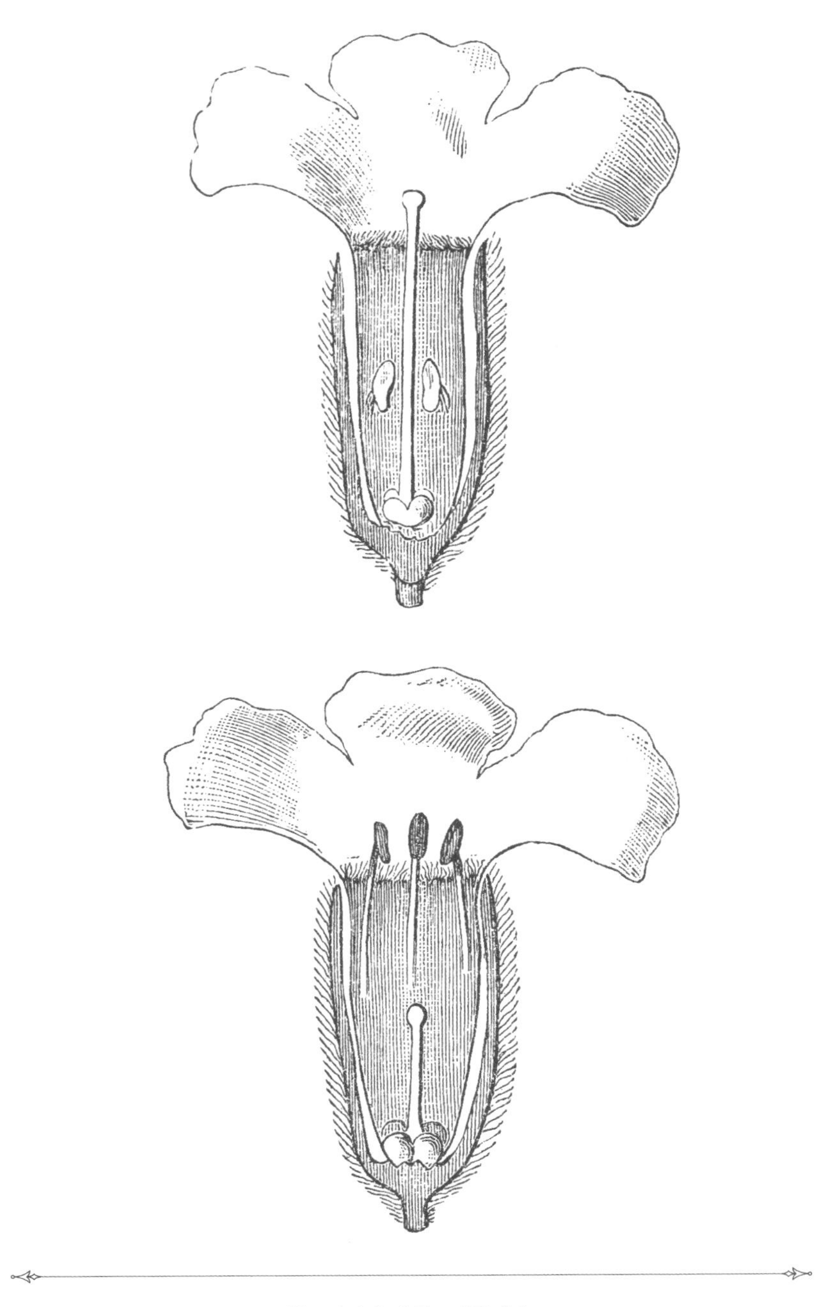

풀모나리아 앙구스티폴리아.

(상) 장주화. (하) 단주화.

100개일 때 장주화는 77개였다. (…)

열매를 맺은 꽃의 비율로 판단해 보면 두 개의 정칙적 결합의 번식력은 두 개의 변칙적 결합의 번식력과 비교했을 때 100 대 35다. 열매당 평균 씨앗의 수로 판단하면 100 대 32다. 그러나 첫 번째 줄에 있는 장주화 18송이가 적은 수의 열매를 맺은 건 아마 우연이었을 것이다. 그렇다면 실제로는 정칙적으로 수정된 꽃과 변칙적으로 수정된 꽃이 열매를 맺는 비율은 앞서 제시된 100 대 35보다 훨씬 차이가 클 것이다. 변칙적으로 수정된 장주화 18송이는 씨앗을 전혀 생산하지 않았고 흔적조차 없었다. 그물로 막은 장주화 식물 두 개는 인공적으로 수정한 것 이외에 138송이의 꽃을 피웠는데 이 중 어떤 꽃도 열매를 맺지 못했다. 다음 여름 동안 그물로 막았던 같은 형태의 식물들도 마찬가지였다. 다른 두 개의 장주화 식물은 그물로 막지 않은 채 뒀다(그 전에 막아둔 단주화 식물도 모두 열어놨다). 이마에 꽃가루를 묻힌 뒤영벌들이 끊임없이 꽃을 찾아왔으니 이에 따라 이 꽃들의 암술머리는 분명 꽃가루를 충분히 많이 받았을 것이다. 하지만 열매가 하나도 열리지 않았다. 따라서 우리는 장주화 식물은 다른 개체에서 가져온 꽃가루라도 자기와 동일한, 즉 장주화의 꽃가루로는 불임이라고 결론내릴 수 있다. 이런 점에서 이 식물은 내가 중간 정도의 자가수정 능력이 있음을 발견한 영국산 장주화 식물인 풀모나리아 오피시날리스와는 크게 다르다. 하지만 힐데브란트가 실험한 독일산 풀모나리아 오피시날리스와는 습성이 일치한다. (…)

내가 다화주성 식물에서 관찰한 바로는 변칙적으로 수정됐을 때 장주화와 단주화의 번식력이 이렇게 차이가 나는 것은 독특한 경우다. 이렇게 변칙적으로 수정되면 장주화는 완전히 불임인 반면, 단주화는 절반 정도가 씨앗주머니를 생산한다. 그리고 주머니 안에는 정칙적으로 수정돼 생산되는 씨앗 개수의 3분의 2 정도가 들어 있다. 변칙적으로 수정해 장주화의 불임은 악화된 꽃가루의 상태로 인해 아마 더 증가했을 것이다. 그럼에도 불구하고 이 꽃가루는 단주화의 암술머리에 붙었을 때 매우 효과적으로 영향을 끼쳤다.

S

Darwin
and
the
Art of
Botany

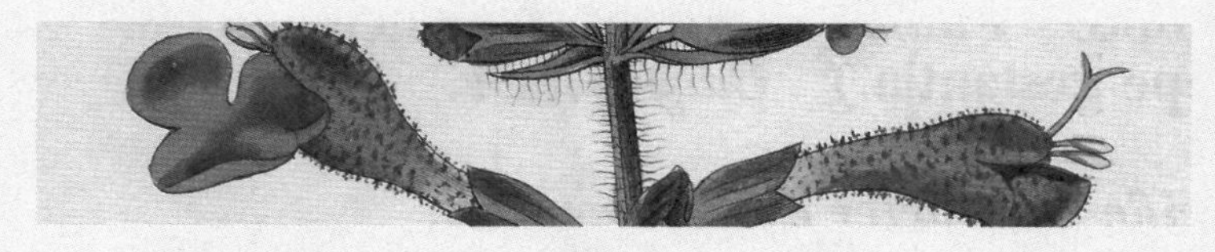

살비아

Salvia

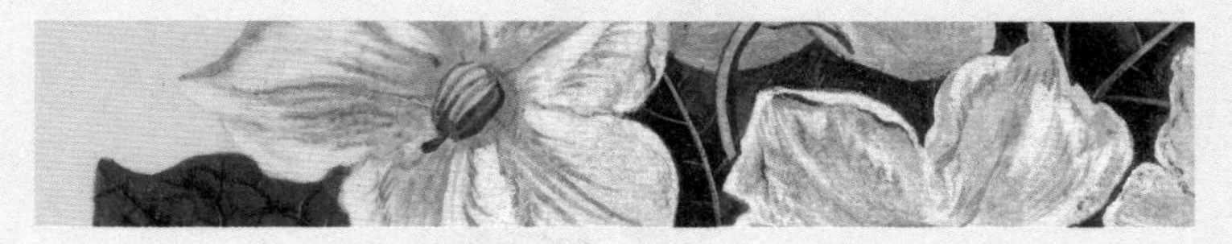

솔라눔

Solanum

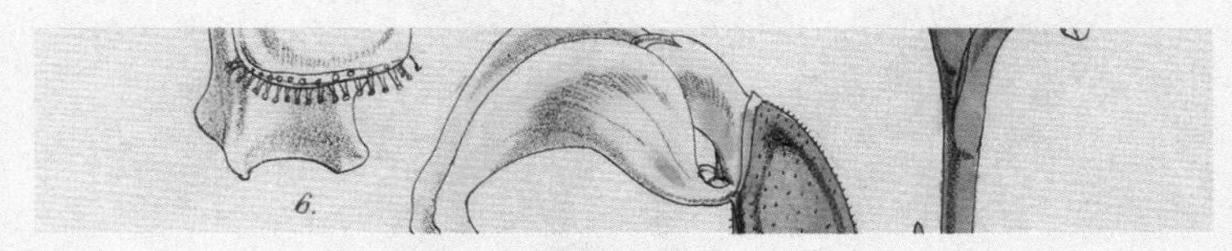

스피란테스

Spiranthes

2.
1.

꽃의 형태, 수분, 타가수정과 자가수정

700종 이상의 종과 수많은 재배종이 있는 살비아는 대담하고 다채로운 색깔의 꽃과 향기로운 잎으로 유명하다. 고대의 약초학자들은 또 다른 이유로 이 식물을 매력적이라고 생각했다. 이 식물의 라틴어명인 살비아는 '치유하다'라는 뜻의 '살바레salvare'와 '다치지 않은'이라는 뜻의 '살부스salvus'에서 유래했다. 이 식물의 의학적 용도, 즉 상처에 이 식물의 잎을 대고 붕대를 감아주는 등 고대의 여러 치료법과 관련해 나온 이름이다. 하지만 다윈이 관심을 가진 것은 '식물'의 상처였다. 그는 뒤영벌이 종종 살비아 꽃의 입구로 들어가는 대신 화관 안에 꿀이 숨겨진 부분과 가까운 꽃 아래쪽에 구멍을 뚫고 들어가는 것을 선호한다는 점에 주목했다. 이런 경우 벌은 수분에 도움이 되지 않는 꿀 도둑과 같은 존재다.

살비아 코키네아.

윌리엄 잭슨 후커가 손으로 채색한 판화. 《식물학 잡지》에 수록.

다윈의 노트

"겸손한 벌"

《가드너스 크로니클》(1841): 550.

일부 독자들은 꽃에 구멍을 뚫고 들어가서 꿀을 추출하는 뒤영벌(겸손한 벌)에 대해 더 자세히 듣고 싶을 것입니다. 이 작업은 동물원에서 대규모로 수행됐습니다. 식당 건물 근처에 스타퀴스 코키네아(꿀풀과의 관상용 식물-옮긴이)가 잘 자라는 화단이 있었는데 모든 꽃의 화관 윗면 가까이에 불규칙한 틈새나 구멍이 하나, 때로는 두 개씩 있었습니다. 나는 마블 오브 페루(분꽃)와 살비아 코키네아(진홍색 세이지)에서도 비슷한 위치에 구멍이 난 것을 발견했습니다. 살비아 그라하미(베이비 세이지)에도 예외 없이 꽃받침을 뚫고 구멍이 나 있었습니다.

식물이 선호하는 방식으로 꽃에 들어가는 벌들은 말하자면 신비한 수분 적응 사례를 만나게 된다. 융합된 두 개의 수술 중 하나가 손잡이처럼 다른 하나에서 돌출돼 있는데, 꿀을 얻으려고 지나가는 곤충이 이것을 누를 때 지렛대 역할을 한다. 곤충이 꽃가루가 잔뜩 묻은 수술을 아래로 기울여 자기 등에 꽃가루를 묻히는 것이다. 이 적응 방식을 보고 전율을 느낀 다윈은 융합된 수술이 '어떤 난초에서도 찾을 수 있는 완벽한 구조'라고 선언했다.[131]

이 메커니즘을 처음 설명한 것은 독일의 식물학자 힐데브란트였다. 그는 1864년 다윈에게 편지를 써서 살비아, 풀모나리아, 리눔 등의 수분 메커니즘을 연구할 때 『난초의 수정』에서 영감을 받았다고 말했다.[132](다윈이 1876년에 출간한 책 『타가수정과 자가수정』에서 폭넓게 인용한 힐데브란트는 '다화주성'이라는 용어를 처음 만들어낸 사람이다. 다윈은 이 꽃들을 설명하기 위해 자신이 만든 용어 '이형 및 삼형di-and trimorphic'보다 이것이 더 발전된 단어라고 생각했다) 바쁘게 움직이는 벌들은 살비아의 생물역학적 아름다움을 인식하지 못하는 것 같았지만 다윈은 그것을 완벽하게 알아차렸다. 그는 선명한 진홍색 세이지(살비아 코키네아)의 꽃 기저부 근처의 화관 윗면에 종종 한두 개의 틈새가 뚫려 있고 블랙커런트 또는 그레이엄의 세이지(지금은 '살비아 마이크로필라'라고 부름)의 꽃받침과 화관 모두 그가 '소매치기 벌'이라고 부른 벌들에 의해 구멍이 반드시 뚫려 있음을 발견했다.

그는 곤충이 꽃을 수분시키지 못했을 때 씨앗이 얼마나 만들어지는지 알아보기 위해 식물 주위에 그물을 친 다음, 일부는 인공적으로 자가수분을 해주고 나머지는 그대로 뒀다. 그 결과 살비아 코키네아는 씨앗을 맺기 위해 벌의 도움이 필요한 건 아니지만 인공적으로 수분을 시키면 더 잘되는 것으로 나타났다. 교배된 꽃이 맺는 씨앗과 비교하면 어떨까? 놀랍게도 어떻게 수분됐는지에 상관없이 씨앗이 많이 생산됐으며 그 씨앗을 키우면 타가수정된 식물은 현저히 크게 자랐고 자가수정된 식물보다 거의 두 배의 꽃을 피웠다. 교배의 장점을 보여주는 또 하나의 사례였다.

다윈의 노트

『식물계에서 타가수정과 자가수정의 효과』

(2판, 1878)

살비아 코키네아. 같은 속에 속하는 대부분의 종들과 달리 이 종은 곤충을 차단했을 때 좋은 씨앗을 많이 생산한다. 그물 아래에서 자연스럽게 자가수정된 꽃이 생산한 씨앗주머니 98개를 모았더니 평균 1.45개의 씨앗이 들어 있었다. 반면 자신의 꽃가루로 인공적으로 자가수정돼 암술머리에 꽃가루를 듬뿍 받은 꽃의 경우 씨앗주머니에 평균 3.3개, 많게는 두 배의 씨앗이 들어 있었다. 20송이의 꽃은 개체의 꽃가루로 교배했고 26송이는 자가수정시켰다. 이 두 가지 경우에 씨앗주머니를 생산한 꽃의 비율에는 큰 차이가 없었다. 그 안에 들어 있는 씨앗의 개수와 무게도 마찬가지였다.

두 종류의 씨앗을 화분 세 개의 양옆에 듬뿍 뿌렸다. 묘목의 키가 약 7.6센티미터일 때, 타가수정 식물이 자가수정 식물보다 약간의 우위를 보였다. 3분의 2 정도 자랐을 때 양쪽에서 가장 큰 식물을 두 개씩 골라 키를 재봤더니 타가수정 식물은 평균 41센티미터, 자가수정 식물은 평균 30센티미터로 100 대 71의 비율을 보였다. (…)

양쪽에서 가장 큰 식물 여섯 개의 키를 재봤더니 타가수정 식물이 자가수정 식물보다 컸다. 타가수정 식물은 평균 70센티미터, 자가수정 식물은 평균 53센티미터로 100 대 76의 비율이었다. 세 개의 화분에서 가장 먼저 꽃을 피운 것은 모두 타가수정 식물이었다. 타가수정 식물은 모두 합쳐 409송이의 꽃을 피운 데 반해 자가수정 식물은 232송이뿐이어서 100 대 57의 비율이 나왔다. 따라서 이런 면에서 볼 때 타가수정 식물은 자가수정 식물보다 훨씬 더 생산적이었다.

Pattatas
or Petadoes.

솔라눔

속명 *Solanum*

가지과 식물

NIGHTSHADES

가지과

과명 SOLANACEAE—NIGHTSHADE FAMILY

변이, 덩굴식물

가지속은 전 세계적으로 분포하며 남아메리카 열대 지역에서 종 다양성이 가장 높다. 린네는 1753년 이 종의 이름을 솔라눔 니그룸 Solanum Nigrum(까마중)이라고 지었다. 현재는 1400종 이상이 알려져 있으며 어떤 종은 나무와 관목 형태로 자라고 다른 종은 허브나 덩굴 형태로 자란다. 가지속과 같은 과에 속하는 식물들은 경제적으로 매우 중요한 가치를 지니며 감자·토마토·담배·가지와 같은 작물 그리고 관상용과 약용으로 재배하는 식물이 모두 포함한다.

솔라눔 투베로숨.

영국 학교의 화가가 수채물감과 구아슈물감으로 모조피지에 그림. 〈정원 꽃 앨범〉에 수록.

다윈은 초기의 진화론적 추측에서 가축화(길들임)를 통해 변이와 종의 형성에 대한 통찰력을 얻었는데 그 대표적인 예가 가지였다. 1835년 1월, 비글호를 타고 칠레 해안의 초노스 제도를 여행하던 중 그는 과이테카섬에서 풍부하게 자라는 희귀종의 야생 감자를 발견했다.

"가장 큰 식물은 키가 120센티미터다."

그는 나중에 자신의 연구 일지에 이렇게 썼다. "덩이줄기는 일반적으로 작았지만 지름이 5센티미터에 달하는 타원형도 발견했다. 이 감자는 영국산 감자와 모든 면에서 비슷했고 같은 냄새가 났지만 끓는 물에 삶으면 크게 쪼그라들었고 물기가 많으며 맛이 없었다."[133) 다윈의 감자는 지금은 '솔라눔 오초아눔Solanum ochoanum'으로 알려져 있다. 이는 페루의 저명한 감자 전문가 카를로스 오초아를 기리는 이름이다. 다윈은 그 감자를 발견하고 나서 몇 년 후, 자신이 발견했던 바로 그 장소에서 자라는 감자를 다시 발견했다.[134) 다윈은 『사육에 따른 동식물의 변이』라는 저서에서 영국산 감자의 놀라운 다양성을 설명할 때 이 야생종을 다시 떠올렸다.[135)

다윈은 자신의 정원에서 다양한 품종 재배하는 일을 계속했으며 과학 연구 대상이자 식탁 위의 음식으로 일거양득을 누렸다(센불에 기름으로 볶아 살짝 갈색이 돌도록 만드는 요리인 감자 리졸레는 그가 가장 좋아하는 메뉴였다).[136) 그는 변이종들을 비교하면서 다양한 특성과 그렇지 않은 특성에 주목했다. 변이종들 사이에서 줄기와 잎 그리고 대부분의 꽃이 상대적으로 유사했으나 덩이줄기는 다양했다. 당연하게도 다윈은 감자의 잎이나 꽃이 아니라 덩이줄기가 사람들에게 선택되었기 때문이라고 주장했다.

다윈의 노트

『사육에 따른 동식물의 변이』

(2판, 1875)

감자(솔라눔 투베로숨). 이 식물의 혈통에 대해서는 의심의 여지가 없다. 재배종은 야생종과 일반적으로 외관의 차이가 거의 없고, 만약 있다면 원산지에서 첫눈에 바로 띄기 때문이다. 영국에서 재배되는 품종은 다양해 로슨은 175종에 대해 설명하고 있다. 나는 18종의 감자를 나란히 심었다. 줄기와 잎은 거의 차이점이 없었다. 어떤 경우에는 같은 품종 안에서 개체 간의 차이가 다른 품종들 사이의 차이만큼 컸다. 꽃의 크기는 제각각이고 색깔도 흰색에서 보라색까지 다양했지만, 한 종류의 꽃받침이 다소 길었다는 점을 제외하면 대부분 비슷했다. 항상 두 종류의 꽃을 피우는 이상한 품종에 대해서도 설명했는데 첫 번째 꽃은 겹꽃이며 번식력이 없고, 두 번째 꽃은 홑꽃이며 번식력이 있다. 일반 열매나 베리류 열매 또한 차이가 있지만 아주 미세한 정도에 그친다. 여러 품종들은 콜로라도 감자 딱정벌레의 공격에 취약한 정도도 매우 다르다.

반면 덩이줄기는 놀라운 다양성을 보여준다. 이 사실은 모든 재배 작물은 가치 있고 선별된 부분에서 가장 많은 변형이 일어난다는 원칙에 부합한다. 덩이줄기는 공처럼 둥근 모양, 타원형, 납작한 모양, 신장 같은 모양, 원통형 등 크기와 모양이 매우 다양하다. 페루에서 온 한 품종은 매우 곧고 길이가 15센티미터 이상이지만 사람의 손가락보다 굵지는 않다고 묘사된다. 눈이나 새싹은 형태·위치·색깔 면에서 다양하다. 덩이줄기가 소위 뿌리나 뿌리줄기에 배열된 방식도 여러 가지다. 따라서 '구르켄 카르토펠른(오이감자)'의 덩이줄기는 꼭대기가 아래로 향하는 피라미

드 모양이지만, 또 다른 품종에서는 땅속 깊이 묻혀 있다. 뿌리 자체는 지표면 근처에서 뻗어가거나 땅속 깊이 들어간다. 또한 덩이줄기는 매끄러운 정도와 색깔이 다양하며 바깥쪽은 흰색, 빨간색, 보라색이거나 보통 검은색이고, 안쪽은 흰색, 노란색 또는 검은색이다. 맛과 성질도 매우 달라서 매끄럽거나 가루처럼 부스러진다. 숙성되는 기간과 오래 보존할 수 있는 가능성에서도 차이가 난다. 구근과 덩이줄기, 삽목(식물의 영양기관인 가지나 잎을 잘라낸 후 다시 심어서 식물을 얻어내는 재배 방식-옮긴이) 등의 수단으로 오랫동안 번식돼 동일한 개체가 다양한 환경에 장기간 노출된 다른 많은 식물과 마찬가지로 모종 감자 역시 일반적으로 작은 차이들을 수없이 보여준다. 몇몇 종은 덩이줄기로 번식되더라도 일정하지 않고 제각각 다르다. (…)

앤더슨 박사는 아일랜드 보라색 감자에서 씨앗을 얻었는데 이 식물은 어떤 다른 종류와도 멀리 떨어진 곳에서 자랐기 때문에 최소한 그 세대 안에서는 교배될 수가 없었다. 그런데도 이 씨앗에서 자란 묘목들은 가능한 거의 모든 면에서 제각각 달랐고 '완전히 똑같은 두 개체가 하나도 없었다'. 땅 위에서 서로 매우 닮은 일부 식물들은 너무나 다른 덩이줄기를 생산했다. 또한 겉으로 보았을 때 거의 구분되지 않는 어떤 덩이줄기들은 요리했을 때의 식감이 제각각이었다.

다윈은 정원과 온실에서 온대 및 열대 감자종에 대해 몇 가지 다른 연구를 더 수행하며 수분과 접목에서부터 떡잎의 움직임과 등반 습성까지 여러 주제를 다뤘다. 후자의 경우 그는 남아메리카에서 온 재배종으로, 기어오르는 성향이 강한 잎을 가진 솔라눔 자스미노이

데스(지금은 '솔라눔 락숨'이라고 부름)를 보고 특히 충격을 받았다. 앞다퉈 기어오르는 이 덩굴식물의 잎자루는 약간 덩굴손처럼 행동하며 지지대를 감싸는 과정에서 점점 두꺼워지고 단단해진다. 다윈은 이 튼튼한 잎자루의 단면을 연구하면서 이것이 중심 줄기보다 더 두꺼워질 수 있다는 사실에 감탄했다. 이것은 형태학적·생리학적으로 독특한 식물이었다.

다윈의 노트

『덩굴식물의 운동과 습성』
(2판, 1875)

솔라눔 자스미노이데스. 이 큰 속의 일부 종은 덩굴식물이지만, 여기 제시된 이 종은 진정한 나뭇잎 등반가다. 길고 거의 수직에 가까운 어린 줄기는 태양의 반대 방향으로 4회 회전했는데 평균 3시간 26분의 속도로 매우 규칙적으로 움직였다. 하지만 이 어린줄기는 가끔 가만히 서 있기도 했다. 이것은 그린하우스greenhouse(온실) 식물로 간주되지만 그 안에 뒀을 때 잎자루가 막대를 잡는 데까지 며칠이 걸렸다. 핫하우스hothouse(그린하우스가 태양열에 의해서만 내부를 덥힌다면 핫하우스는 인위적 방법을 함께 써서 내부를 덥게 한다-옮긴이)에서는 7시간 만에 막대를 잡았다. 그린하우스에서 잎자루는 곡식 낟알 2.5개만큼의 무게로 며칠 동안 매달려 있던 고리 모양 끈의 영향을 받지 않았다. 하지만 핫하우스의 잎자루는 1.64그램의 무게로 매달린 고리 모양 끈에 의해 휘어졌다가 이것을 제거하자 다시 곧게 펴졌다.

솔라눔 자스미노이데스의 잎자루가 지지대를 잡은 모습.

절반 또는 4분의 1만큼 자란 유연한 잎자루가 어떤 물체를 3~4일 동안 잡고 있으면 두께가 두꺼워지고 몇 주가 지나면 놀라울 정도로 딱딱하게 굳어져 지지대에서 거의 떼어낼 수 없게 된다. 이런 잎자루를 가로로 자른 다음 바로 밑에서 자라며 아무것도 잡지 않은 더 오래된 잎의 단면과 비교해 보면, 지름이 무려 두 배이며 구조도 크게 바뀐 것을 관찰할 수 있다. 또 다른 두 개의 잎자루를 비슷하게 비교해 봤는데 다음 페이지 그림에서 보이듯 지름은 그렇게 크게 증가하지 않았다. 일반적인 상태의 잎자루 단면(그림 A)을 보면 외부에서 봤을 때와는 모양이 약간 다른, 반달 모양의 세포 조직(목판화에서는 잘 보이지 않음) 안에 가까이 붙어 있는 세 개의 어두운 물관들을 관찰할 수 있다. 잎자루의 윗면 근처, 밖으로 튀어나

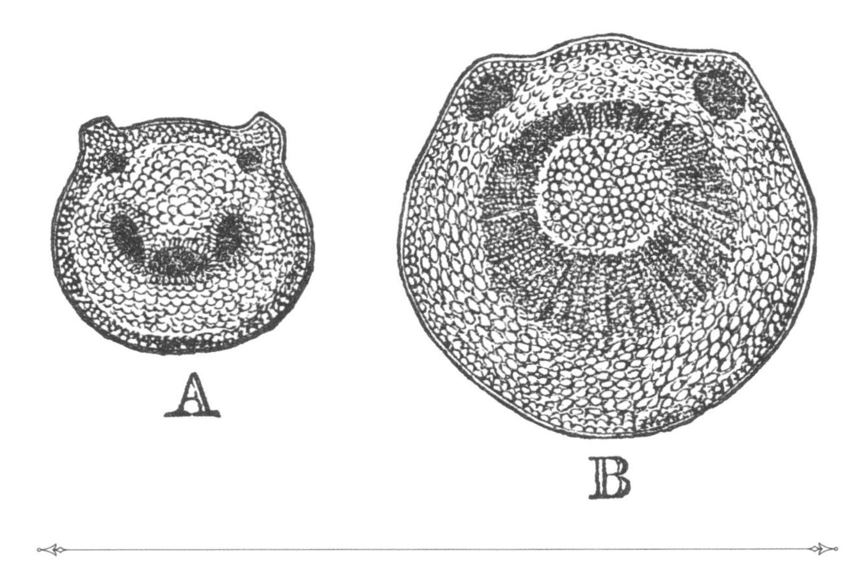

솔라눔 자스미노이데스.
A. 일반적인 상태의 잎자루 단면. **B.** 막대를 잡고 몇 주가 지난 후의 잎자루 단면.

온 두 개의 능선 밑에는 두 개의 작은 원형 물관들이 또 있다. 몇 주 동안 막대를 잡고 있던 잎자루의 단면(그림 B)을 보면 밖으로 튀어나온 두 개의 능선이 눈에 덜 띄게 된 대신 그 아래에 있는 나무 같은 물관의 지름이 훨씬 커졌다. 반달 모양의 세포 조직은 아주 단단하고 흰색이며 나무 같은 조직으로 된 완전한 고리 모양으로 바뀌었다. 중심에서부터 사방으로 퍼지는 선이 보인다. 이 잎자루는 막대를 잡은 후 자신이 뻗어 나온 원래 줄기보다 더 두꺼워진다. 이는 나무 조직의 고리가 두꺼워졌기 때문이다. (…) 따라서 잎자루가 중심축과 거의 똑같은 구조를 갖게 되는 것은 형태학적으로 매우 독특하다. 그리고 단지 지지대를 잡는 행위만으로 그렇게 큰 변화가 일어난다는 것은 생리학적으로도 더욱 특이한 사실이다.

5277.
1.
2.
3.
4.
5.
6.
7.
8.
9.
W. Fitch, del. et lith.
Vincent Brooks, Imp.

스피란테스

타래난초(레이디스 트레시스)

LADIES TRESSES

난초과

난초, 꽃의 형태들, 수분

타래난초는 전 세계에 걸쳐 약 40종이 분포하는 난초속이다. 특유의 매력적 외양을 묘사하는 '레이디스 트레시스(숙녀의 땋은 머리)'라는 일반명을 가지고 있으며 나방과 벌이 수정시키는 꽃의 나선형 수상꽃차례가 특징이다. 다윈은 와이트섬의 편지 친구 모어로부터 스피란테스 아우툼날리스Autumnalis(스피란테스 스피랄리스Spiralis)를 얻었고 토콰이에서 휴가를 보내던 중 이 식물을 발견하기도 했다. 다윈은 자신의 난초 책에서 꽃가루 덩어리 아래쪽에 붙어있는 길고 평평한 '보트 모양의' 구조물(점착제)에 대해 설명했다. 이 구조물에는 꽃가루매개자의 주둥이에 강한 접착력을 주는 끈끈한 액체가 들어 있었다(심지어 이것은 가짜 주둥이에도 효과가 있다. 다윈과 모어는 주둥이 대신 풀잎과 바늘로 꽃을 찔러서 꽃가루 덩어리의 움직

스피란테스 케르누아.

월터 후드 피치가
손으로 채색한 판화.
《식물학 잡지》에 수록.

임과 전달을 위한 '신기한 장치'를 작동시키는 실험을 했다). 다윈은 주둥이에 이런 '보트'를 다섯 개 붙인 채로 다른 꽃으로 나르며 수분을 시키는 벌을 관찰했다.

다윈은 타래난초의 정교한 수분 메커니즘에 대해 기쁨을 느끼며 경탄했다. 그의 마음은 곤충의 주둥이가 꽃에 꼭 맞는 것에서부터 수상꽃차례 위로 갈수록 꽃이 암꽃에서 수꽃으로 변하는 방식, 즉 오늘날 '웅예선숙'이라고 부르는 현상까지 꼼꼼히 설명하는 과정에 명백히 드러난다. 처음에 꽃은 기능적으로 수컷이며 꽃가루 덩어리를 보여주지만 암술머리에 접근하는 것을 허용하지 않는다. 꽃은 나이가 들수록 입구가 크게 열리므로 꽃차례 아래쪽에 있는 늙은 꽃이 먼저 수분된다. 다윈이 관찰한 바에 따르면 곤충들은 맨 아래쪽에 내려앉았다가 꽃차례를 향해 기어올라 가는 성향이 있기 때문이다. 곤충들은 마지막으로 방문한 꽃차례 꼭대기의 꽃에서 가져온 꽃가루를 옆 식물의 아래쪽에 내려놓은 다음, 위로 올라가서 다음 식물을 위한 신선한 공급품을 가져온다. 자신이 발견한 것이 얼마나 일반적인지 너무나 궁금해진 그는 식물학자 그레이에게 북아메리카 종인 스피란테스 케르누아Cernua와 스피란테스 그라킬리스Spiranthes gracilis를 조사해 달라고 부탁했다.

"스피란테스에 대해 간단히 정리한 내용을 동봉하니 그쪽 지역의 종을 관찰해 주신다면 정말로 감사하겠습니다."

그레이는 나중에 자신이 관찰한 것을 확인해 줬다.

"오래된 꽃과 방금 핀 꽃의 차이는 놀랍습니다. 후자는 원반을 내놓고 전자는 암술머리를 내놓습니다."[137]

다윈의 노트

『난초가 곤충에 의해 수정되는 데 관여하는 다양한 장치들』

(2판, 1877)

스피란테스 아우툼날리스. '숙녀의 땋은 머리'라는 예쁜 이름을 가진 이 난초는 몇 가지 흥미로운 특징을 보여준다. 길고 가늘고 납작한 돌출부가 소취인데 암술머리의 꼭대기까지 경사를 그리면서 연결돼 있다. 소취의 가운데에 좁고 수직인 갈색 물체(다음 페이지 그림 C)가 보이는데 둘레가 투명한 막으로 덮여 있다. 나는 이 갈색 물체를 '보트 모양의 원반'이라고 부른다. 이 물체는 소취의 뒤쪽 표면의 중간 부분을 형성하는 외부 막이 변형된 상태인 좁은 띠로 이뤄져 있다. 부착된 곳을 제거하면 이 물체의 꼭대기(그림 E)는 뾰족하고 아래쪽 끝은 둥글다. 약간 구부러져 있어 전체적으로 보트나 카누와 비슷한 모양이다.

암술머리는 소취 아래에 있으며 측면에서 본 그림 B처럼 경사진 모양으로 돌출해 있다. 아래쪽 가장자리는 둥글고 털이 나 있다. 양쪽의 막(그림 B의 *cl*)이 암술머리의 가장자리부터 꽃밥의 실까지 뻗어 있어 막으로 된 컵 또는 약상(난초과 식물에서 꽃술대 끝에 있는 움푹한 곳-옮긴이)을 형성하고, 그 안에서 꽃가루 덩어리의 하단이 안전하게 보호된다. (…)

관 모양의 꽃들은 꽃차례 주위에 나선형으로 우아하게 배열돼 있으며 그곳에서 수평으로 나와 있다(그림 A). 순판은 아래로 중간쯤 내려와 있는데, 뒤로 젖혀지고 가장자리가 갈라져 있어 벌들이 이곳에 내려앉는다. 순판의 아래쪽 내부 모서리는 두 개의 둥근 돌기를 형성해 풍부한 꿀을 분비한다. 꿀은 순판 아래쪽에 있는 작은 저장소에 수집된다(그림 B의 *n*). 암술머리의 아래쪽 가장자리와 두 개의 측면으로 굽은 꿀샘이 돌출된

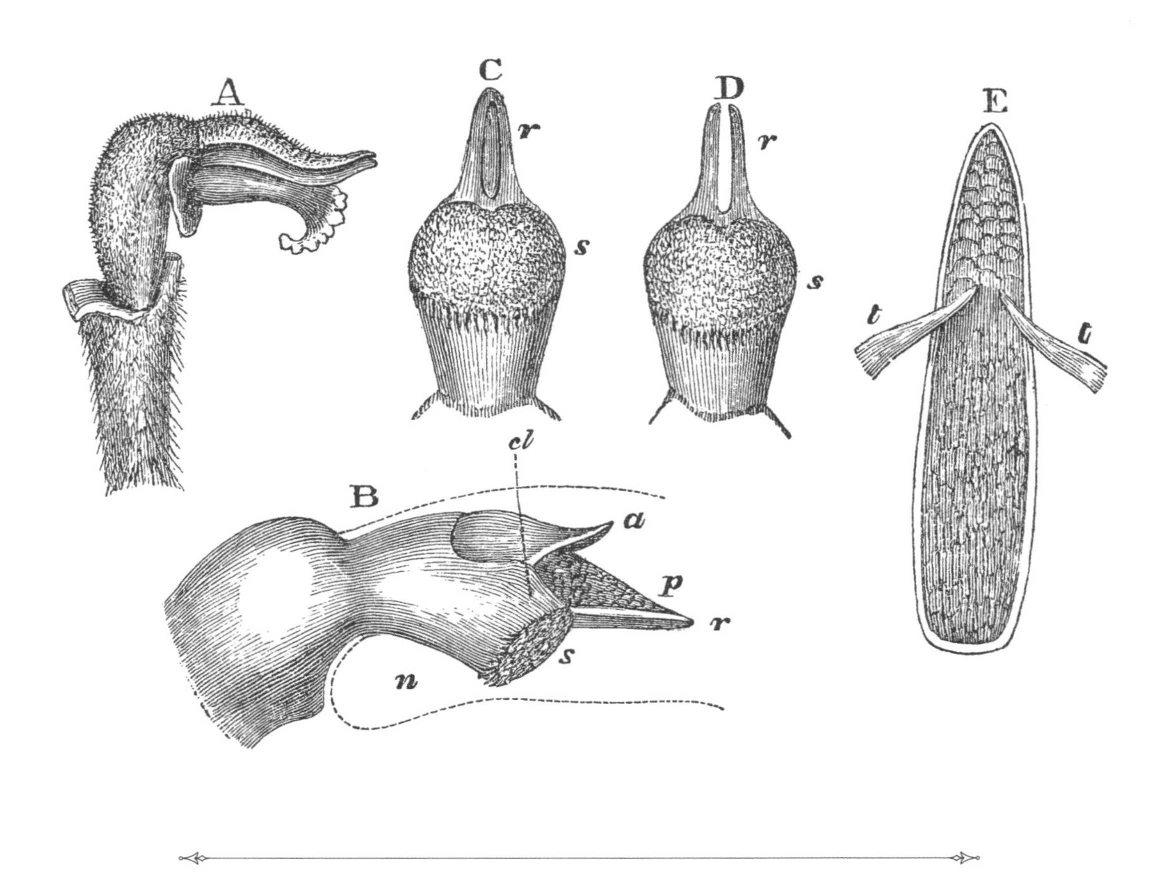

스피란테스 아우툼날리스.

A. 두 개의 낮은 꽃받침만 제거된, 자연 상태에서 꽃의 측면도.

가장자리가 갈라지고 뒤로 젖혀진 입술꽃잎으로 순판을 식별할 수 있다.

B. 모든 꽃받침과 꽃잎이 제거된 성숙한 꽃의 측면도. 순판(소취에서부터 이동함)과

위쪽 꽃받침의 위치는 점선으로 표시돼 있다.

C. 암술머리의 앞모습과 중앙 원반이 내장된 소취의 모습.

D. 끈끈한 원반이 제거된 후 암술머리와 소취의 앞모습.

E. 소취에서 제거한 끈끈한 원반을 크게 확대해 뒤쪽에서 본 모습.

꽃가루 덩어리의 탄력 있는 실이 부착돼 있다. 꽃가루 알갱이는 실에서 제거된 상태다.

a. 꽃밥 ***p.*** 꽃가루 덩어리 ***t.*** 꽃가루 덩어리의 실 ***cl.*** 약상의 가장자리 ***r.*** 소취 ***s.*** 암술머리 ***n.*** 꿀 저장소

탓에 꿀 저장소로 들어가는 구멍은 많이 좁아진다. 꽃이 처음 열리면 저장소에 꿀이 들어 있다. 이 기간에는 꿀이 약간 주름이 있는 소취의 앞쪽이 홈이 있는 순판 가까이에 놓여 있다. 이에 따른 통로가 있지만 너무 좁아서 미세한 털만 지나갈 수 있다. 하루나 이틀 안에 꽃술대는 순판에서 조금 더 멀리 이동하여 곤충이 암술머리 표면에 꽃가루를 놓을 수 있는 더 넓은 통로가 남는다. 꽃의 수정은 꽃술대의 이 작은 움직임에 전적으로 달려 있다.

따라서 우리는 꽃을 방문하는 곤충에 의해 꽃가루 덩어리가 제거되도록 모든 것이 얼마나 아름답게 고안됐는지 알 수 있다. 꽃가루 덩어리는 이미 실로 원반에 붙어 있다. 꽃가루주머니가 일찍 시들기 때문에 느슨하게 매달려 있지만 약상 안에서 보호를 받는다. 곤충의 주둥이가 닿으면 소취가 앞뒤로 갈라지고 점성이 매우 강한 물질이 채워져 있는 길고 좁은 배 모양의 원반이 빠져나와 주둥이에 세로로 달라붙는다. 벌이 날아가면 반드시 꽃가루 덩어리도 옮겨질 것이다. 꽃가루 덩어리는 원반에 평행하게 부착되므로 주둥이에도 평행하게 부착된다. 꽃의 입구가 처음 열려 꽃가루 제거에 가장 적합할 때, 순판이 소취에 너무 가까워서 주둥이에 부착된 꽃가루 덩어리는 통로로 비집고 들어가 암술머리에 닿을 수 없다. 아마 뒤집히거나 부서질 것이다. 하지만 우리는 2~3일 후에 꽃술대가 뒤로 더 젖혀지면서 순판에서 이동하는 것을 발견했다. 이렇게 되면 더 넓은 통로가 생긴다. 이런 상태에서 미세한 강모에 붙어 있는 꽃가루 덩어리를 꽃의 꿀 저장소에 넣었을 때(그림 B의 *n*) 끈끈한 암술머리에 꽃가루가 얼마나 확실히 붙는지 보는 것은 기분 좋은 일이었다.

따라서 스피란테스는 꽃가루 덩어리를 제거하기에 가장 좋은 상태인 최근에 핀 꽃을 수정할 수 없다. 성숙한 꽃은 곧 보게 될 것처럼 다른 식물에서 나오는 어린 꽃의 꽃가루로 수정될 것이다. 늙은 꽃의 암술머리 표면이 어린 꽃의 암술머리 표면보다 훨씬 더 끈끈하다는 것을 보면 부합하는 사실이다. 그럼에도 불구하고 초기에 곤충들이 찾아오지 않았던 꽃의 꽃가루가 나중에 더 활짝 핀 상태에서 반드시 낭비되진 않는다. 곤충들이 주둥이를 삽입하고 빼낼 때 주둥이를 앞쪽 또는 위쪽으로 숙이게 되고 이에 따라 소취의 고랑을 종종 치게 된다. 나는 강모를 가지고 곤충의 행동을 흉내 냈고 늙은 꽃에서 꽃가루 덩어리를 제거하는 데 종종 성공했다. 처음에는 조사를 위해 늙은 꽃에 이를 시도했다. 강모나 미세한 풀 줄기가 꿀샘으로 곧장 내려가면 꽃가루 덩어리는 제거되지 않았다. 하지만 이것들을 앞으로 숙이자 꽃가루는 성공적으로 제거됐다. 꽃가루 덩어리가 제거되지 않은 꽃은 꽃가루를 잃은 꽃처럼 쉽게 수정될 수 있다. 그리고 나는 꽃가루 덩어리가 아직 제자리에 있고 암술머리는 꽃가루로 덮여 있는 경우를 많이 관찰했다.

나는 토콰이에서 이 꽃들이 함께 자라는 것을 약 30분 동안 관찰했고 두 종류의 뒤영벌 세 마리가 꽃을 찾아오는 것을 봤다. (…) 다음 날 나는 같은 꽃들을 15분 동안 관찰하다가 일하고 있는 뒤영벌 한 마리를 또 포착했다. 완벽한 꽃가루 덩어리 하나와 보트 모양의 원반 네 개가 주둥이에 붙어 있었다. 하나 위에 다른 하나가 차례로 놓여 있는 것으로 보아 매번 소취의 같은 부분을 정확히 건드린다는 것을 알 수 있었다.

벌들은 항상 꽃차례의 바닥에 내려앉았고 나선형으로 기어오르면서 꽃 하나를 빤 후 다음 꽃으로 넘어갔다. 나는 이것이 뒤영벌에게 가장 편리한 방법이기에 그들이 꽃들로 빽빽한 꽃차례를 찾아올 때 일반적으로 이렇게 행동한다고 믿는다. 딱따구리가 곤충을 찾아 항상 나무를 올라가는 것도 같은 원리다. 이것은 큰 의미 없는 관찰처럼 보이지만 다음과 같은 결과를 얻는다. 이른 아침 벌이 순회하기 시작할 때 꽃차례의 꼭대기에 내려앉았다고 가정해 보자. 그 벌은 분명히 가장 꼭대기에 있는, 마지막에 핀 꽃에서 꽃가루 덩어리를 추출할 것이다. 하지만 꽃술대가 아직 순판에서 움직이지 않았다면(이것은 천천히 그리고 매우 점진적으로 진행되기 때문이다) 다음 꽃을 방문할 때 꽃가루 덩어리가 벌의 주둥이에서 떨어져 나가 낭비될 것이다.

하지만 자연은 그런 낭비를 겪지 않는다. 처음에 제일 아래쪽에 있는 꽃으로 간 벌은, 처음 방문한 꽃차례에는 아무 영향을 주지 않은 채 나선형으로 기어 올라 위쪽 꽃에 도달해 꽃가루 덩어리를 제거한다. 그 벌은 곧 다른 식물로 날아가 기둥이 더 크게 젖혀져 넓은 통로가 만들어져 있을 가장 아래쪽의 가장 늙은 꽃에 내려앉는다. 이때 돌출된 암술머리에 꽃가루 덩어리가 부딪히게 된다. 가장 낮은 꽃의 암술머리가 이미 완전히 수정됐다면 건조된 표면에는 꽃가루가 거의 또는 전혀 남지 않았을 것이다. 하지만 암술머리가 끈끈한 다음 꽃으로 넘어가면 꽃가루로 광범위하게 덮여 있게 된다. 그다음에 벌은 꽃차례의 꼭대기 근처에 도착하자마자 신선한 꽃가루 덩어리를 제거하고 다른 식물의 아래쪽 꽃으로 날아가 수정시킬 것이다. 따라서 벌은 이렇게 순회하며, 자신의 저장고에 꿀을 추가하고 지속적으로 신선한 꽃을 수정시키면서 미래 세대의 벌들에게 꿀을 공급해 줄 '가을의 스피란테스(스피란테스 아우툼날리스)'종을 영속시킨다.

T

Darwin and the Art of Botany

트리폴리움

Trifolium

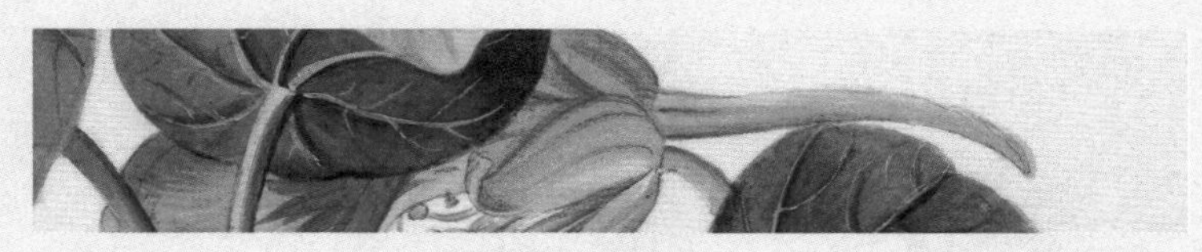

트로파이올룸

Tropaeolum

Trifolium pratense
Red Clover.
E.W. June 1801

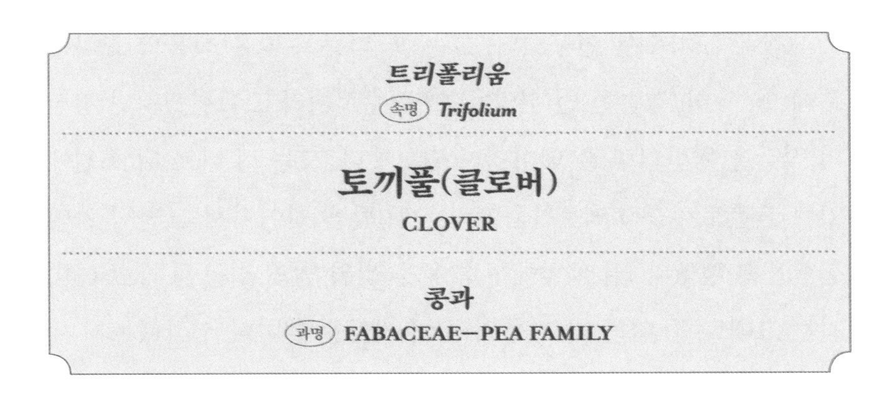

타가수정과 자가수정, 식물의 운동

전 세계의 토끼풀은 일반적으로 세 잎이며 작은 잎으로 이뤄진 복엽(複葉, 잎자루에 작은 잎이 여러 장 붙어 하나를 이루는 잎-옮긴이)과 빨간색과 보라색, 흰색 혹은 노란색의 작은 꽃들이 빽빽하게 모인 머리를 갖고 있다(그래서 토끼풀의 속명이 '세 잎'이라는 뜻의 라틴어 '트리폴리움trifolium'이다). 들판과 잔디에 흔하고 별다른 특징이 없어 보이는 토끼풀속의 300여 종 중 일부는 사료, 건초, 사일리지(가축의 겨울 먹이로 말리지 않은 채 저장하는 풀-옮긴이) 용도뿐만 아니라 질소 고정 작용을 돕는 뿌리 덕분에 목초지 개선을 위해 전 세계적으로 재배된다. 꿀이 풍부한 꽃으로 인해 양봉가들이 가장 좋아하는 식물이기도 하다. 다윈은 또 다른 이유로 자신의 초원과 정원에서 토끼풀을 많이 키웠다. 그는 토끼풀에서 진화의 드라마를 본 것이다.

트리폴리움 프라텐세(붉은 토끼풀).

엘리자베스 와튼의 수채화. 『영국의 꽃들』에 수록.

시작은 교차수분 연구였다. 그는 꽃 피는 수많은 식물의 교차수분에 벌, 특히 '겸손한 벌(뒤영벌)'이 필수적이라고 확신했지만 자신의 직감을 뒷받침해 줄 데이터가 필요했다. 그는 집 바로 뒤 초원에 있는 붉은토끼풀(트리폴리움 프라텐세) 밭을 찾아가서 고전적 차단 실험을 수행했다. 일부 밭에는 그물을 씌워 벌의 접근을 막고 나머지는 그대로 둔 다음 각 그룹의 꽃이 씨앗을 얼마나 생산했는지 세어보는 실험이었다. 다윈이 후커에게 흥분하며 보고한 것처럼 그 실험은 성공적이었다.

"벌의 접근을 막은 붉은토끼풀 머리 100개는 씨앗을 단 하나도 생산하지 못했습니다. 하지만 벌의 방문을 받은 100개는 거의 3000개의 씨앗을 생산했습니다!"[138]

따라서 그는 이렇게 생각하게 됐다. 한 지역에서 벌의 숫자가 감소한다면 꽃에는 무슨 일이 일어날까? 나아가 어떤 종들이 벌에게 영향을 미칠까? 그리고 어떤 종들이 벌에게 영향을 미치는 종에게 영향을 미칠까? 이런 질문들로 인해 이 장에 인용된 『종의 기원』의 고전적 단락이 탄생했다. 이는 생쥐와 뒤영벌이라는 중개자를 통해 한 지역의 고양이를 그곳의 꽃 개체군과 연결하는, 일련의 생태학적 상호연결성에 대한 첫 번째 설명일 것이다.[139]

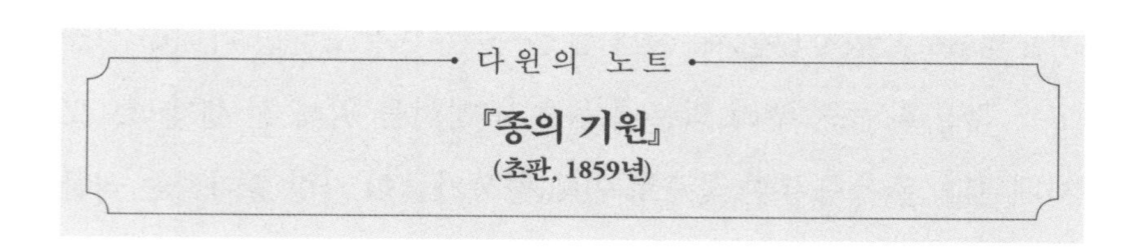

자연의 계층 구조 속에서 가장 멀리 떨어져 있어서 서로 관계가 없어

보이는 동물과 식물이 실제로는 복잡한 관계의 그물로 어떻게 연결돼 있는지를 보여주는 한 가지 사례를 언급하고자 한다. (…) 내가 수행했던 실험에서 나는 토끼풀의 수정을 위해 벌이 꼭 찾아와야 하는 것은 아니지만, 적어도 크게 도움이 된다는 것을 발견했다. 하지만 붉은토끼풀을 찾아오는 것은 뒤영벌이 유일한데, 다른 벌들은 꿀이 있는 위치에 도달하지 못하기 때문이다. 따라서 만약 영국에서 뒤영벌의 속 전체가 멸종하거나 매우 희귀해지면 삼색제비꽃과 붉은토끼풀도 매우 희귀해지거나 완전히 사라질 것이라는 데에 의심의 여지가 없다. 뒤영벌의 수는 어떤 지역이든 이들의 집과 둥지를 파괴하는 들쥐의 수에 따라 크게 달라진다. 오랫동안 뒤영벌의 습성을 연구해 온 존 헨리 뉴먼 씨는 "영국 전역에서 뒤영벌의 3분의 2 이상이 이런 식으로 죽었다"라고 믿는다. 그런데 모두가 알고 있듯이 생쥐의 수는 고양이의 수에 따라 크게 달라진다. 뉴먼 씨는 이렇게 말했다.

"어떤 곳보다도 마을이나 작은 도시 근처에 뒤영벌 둥지가 많은데, 그 이유는 이런 곳에 들쥐를 잡는 고양이의 수가 많기 때문이다."

따라서 한 지역의 고양잇과 동물의 수가 들쥐의 수, 이에 따른 벌의 수를 결정하고 결과적으로 그 지역의 특정한 꽃의 수에 영향을 준다는 것은 상당히 신빙성 있는 설명이다. (…)

이제 꿀을 먹는 곤충에 대한 상상의 사례로 돌아가서, 지속적 선택을 통해 꿀의 양이 서서히 증가하는 식물이 일반적이라고 가정해 보자. 또한 이 식물의 꿀을 주식으로 삼는 곤충들이 있다고 가정해 보자. 나는 벌들이 얼마나 시간을 절약하려고 애쓰는지를 보여주는 많은 사례를 제시할 수 있다. 예를 들어 어떤 벌은 꽃의 아래쪽에 구멍을 뚫어 꿀을 빨아먹는 습성이 있다. 사실 조금만 더 수고를 한다면 꽃의 입구로 들어갈 수도 있다. 이런 사실을 염두에 둔다면, 곤충의 신체 크기나 형태 또는 주둥이의 휘어진 정도나 길이의 우연한 변화가 우리가 알아차리기에는 미세할지라도 벌이나 곤충에게는 이득을 주어 먹이를 더 빨리 얻게 해주고 생존과 번식의 가능성을 높여준다는 사실을 알게 된다. 또한 그 후손들도 이렇게 구조가 살짝 변하는 경향을 물려받을 것이다. 붉은토끼풀과 진홍토끼풀의 화관에 연결된 관의 길이는 얼핏 보면 차이가 없어 보인다. 하지만 꿀벌은 진홍토끼풀의 꿀을 쉽게 빨 수 있지만 일반적인 붉은토끼풀의 꿀은 쉽게 얻지 못한다. 붉은토끼풀을 찾아오는 것은 뒤영벌뿐이다. 따라서 들판에 붉은토끼풀이 아무리 가득 덮여 있어도 꿀벌은 이곳에서 귀중한 꿀을 전혀 얻을 수 없다. 그렇기 때문에 꿀벌의 주둥이가 약간만 더 길거나 구조가 다르면 엄청나게 유리할 것이다. 한편 내 실험에 따르면 토끼풀의 번식은 화관을 찾아오고 이리저리 옮겨 다니며 꽃가루를 암술머리 표면에 가져다주는 뒤영벌에게 크게 의존한다. 따라서 어떤 지역에서 호박벌이 희귀해지는 경우, 붉은토끼풀은 꿀벌의 방문을 유도하도록 화관으로 통하는 관을 짧게 줄이거나 혹은 더 깊이 갈라지는 쪽으로 변화하는 것이 크게 유리하다. 이로써 나는 꽃과 벌이 조금이라도 서로에게 유리한 구조적 변이를 보여주는 개체를 계속 보존함으로써 어떻게 동시에, 또는 차례로 서로에게 완벽한 방식으로 서서히 적응하고 변화하는지를 이해할 수 있게 됐다.[140]

하지만 현실은 다윈이 깨달은 것보다 조금 더 복잡했다. 그는 꿀벌이 짧은 주둥이로 꿀에 도달하지 못하기 때문에 뒤영벌만이 붉은토끼풀을 수분시킬 수 있다고 믿었다.

· 다윈의 노트 ·

『식물계에서 타가수정과 자가수정의 효과』
(2판, 1878)

트리폴리움 레펜스(콩과). 몇 개에 그물을 쳐서 곤충의 접근을 막은 다음, 이 식물의 두상꽃차례(꽃이삭을 중심으로 해 여러 꽃이 모여서 그 모양이 머리 모양을 이뤄 한 송이처럼 보이는 것을 말한다-옮긴이) 10개에서 나온 씨앗과 그물 밖에 놓아둔(벌이 찾아오는 것을 목격함) 식물의 두상꽃차례 10개에서 나온 씨앗을 세어봤다. 후자의 식물에서 나온 씨앗 개수는 곤충의 접근을 막은 식물보다 거의 10배나 많았다. 다음 해에도 실험을 계속했다. 그물로 막은 식물 20개는 중도에 성장을 멈춘 씨앗 한 개만을 생산한 데 반해 그물 밖에 놓아둔 식물 20개는 씨앗 전체의 무게를 잰 후 곡식 낟알 두 개 무게를 기준으로 계산했을 때 2290개의 씨앗을 생산한 것으로 밝혀졌다.

트리폴리움 프라텐세. 이 식물의 두상꽃차례 100개에 그물을 씌우자 단 한 개의 씨앗도 나오지 않았다. 하지만 밖에서 키워 벌이 찾아온 꽃 100송이에서는 곡식 낟알 68개 무게만큼의 씨앗이 생산되었다. 80개의 씨앗이 낟알 두 개의 무게이므로 이 100송이에서는 씨앗 2720개가 나왔다고 볼 수 있다. 나는 이 식물을 여러 번 보았지만 뒤영벌이 뚫어놓은 구멍을 통해 꿀을 얻거나 꽃받침에서 분비하는 꿀을 찾아 깊이 들어간 경우를 제외하면 꿀벌이 이 꽃의 꿀을 빠는 것은 한 번도 보지 못했다. 적어도 뒤영벌이 일반적인 붉은토끼풀의 주된 수분 매개자인 것은 확실하다.

교구목사이자 다윈의 친구였던 찰스 하디는 붉은토끼풀이 핀 들판에 꿀벌이 가득했다는 증거를 언급하면서 이 점에 대한 다윈의 의견에 반박했다.[141](물론 그 토끼풀이 잔디를 깎은 뒤 두 번째로 자란 것이고 꽃도 더 작았다는 점은 인정했다.) 다윈은 『종의 기원』 3판에 하디가 관찰한 내용을 추가했지만 이로 인해 토끼굴(헤어나올 수 없는 어떤 함정에 빠지는 것을 이르는 표현-옮긴이)에 빠지기도 했다(모든 좋은 과학에는 토끼굴이 있다). 붉은토끼풀을 방문한 꿀벌을 관찰하면서 다윈은 그들 중 일부가 화관으로 통하는 아래쪽 구멍으로 꿀을 빨아먹는 꿀 도둑이며 나머지는 일반적인 방식대로 꿀을 얻기 위해 꽃 안으로 들어간다는 것을 알게 됐다. 그는 문득 꿀벌의 이 행동이 길거나 짧은 주둥이로 먹이를 찾는, 꿀벌의 각기 다른 계급을 보여준다고 생각했다. 그런데 그 당시 다윈은 마침 가족과 함께 사우스햄튼에서 휴가를 보내는 중이어서 이 아이디어를 시험할 만한 토끼풀밭을 찾을 수가 없었다. 그는 이웃인 존 러벅에게 급히 편지를 써서 그 지역에서 이런 방식으로 먹이를 찾는 꿀벌들을 찾아달라고 부탁했다.

"이런 두 가지 벌들을 보게 되면 부디 그것들을 잡아서 증류주에 따로 넣고 보관해 주세요."

하지만 다음 날 그는 관찰에 적당한 밭을 찾았고 자신의 생각이 틀렸다는 것을 알았다. 그래서 다음과 같이 편지를 썼다.

"정말 죄송합니다. 모든 게 꿀벌에 대한 제 (거의 용납 가능한) 환상이었습니다. 저의 어리석은 실수 때문에 시간을 낭비하지 않았길 바랍니다."

그는 농담조로 자신을 자책하며 이렇게 편지를 끝맺었다.

"저는 제 자신이 싫고 토끼풀이 싫고 꿀벌이 싫습니다."[142]

토끼풀에 대한 다윈의 관심은 잎의 야간굴성(수면) 운동 그리고 떡잎과 꽃줄기의 원형(회선) 운동에 대한 분석을 해나가면서 식물의 운동으로 확장됐다. 그에게 큰 인상을 준 것 중 하나는 땅속토끼풀(트리폴리움 수브테라네움)의 굴지성 운동이었다. 이 종은 토끼풀 중에서도 특이하게도 수정 후에 꽃을 땅에 묻는다. 이렇게 씨앗이 땅속에서 발달하는 현상을 '땅속 결실'이라고 한다. 다윈은 식물이 자신의 씨앗을 어떻게 묻는지 알아내려고 시도하던 중 아들 프랜시스에게 이렇게 말했다.

"모든 경우에 이상한 점이 있는 것 같다."[143]

결국 성공한 그는 땅속토끼풀 두상꽃차례가 땅에 닿은 후에도 꽃자루가 회선운동을 계속하여 자신의 씨앗을 천천히 심는 방식을 보고했다.

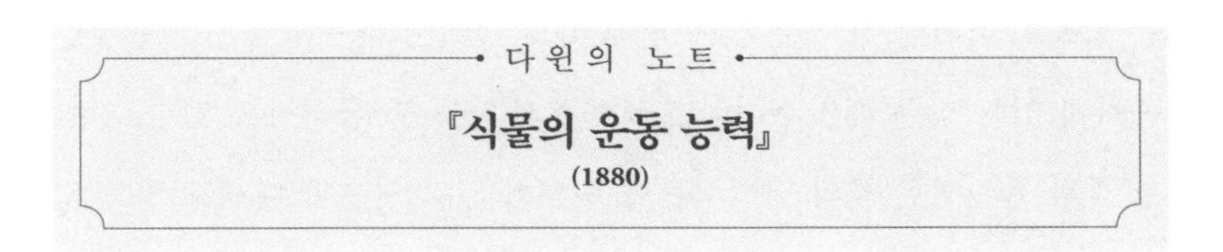

씨앗주머니의 매장: 땅속토끼풀. 이 식물의 두상꽃차례는 단 서너 송이의 완벽한 꽃만을 외부에 생산한다는 점에서 주목할 만하다. 다른 많은 꽃은 도중에 지고 중앙에 물관 다발이 지나가는 단단한 부분으로 변형된다. 시간이 지나면 꽃받침의 갈라짐을 보여주는 다섯 개의 길고 탄력 있는 발톱 모양의 돌출부가 꼭대기에 발달한다. 완벽한 꽃들은 시들자마자 곧게 섰던 꽃자루가 아래로 구부러지며 윗부분을 가까이 둘러싼

다. 트리폴리움 레펜스의 꽃과 마찬가지로 이 움직임은 상편생장 때문에 생긴다. 완벽하지 않은 가운데 꽃들도 결국 하나씩 같은 과정을 따른다. 완벽한 꽃이 아래로 휘어지는 동안 꽃자루 전체는 아래로 구부러지고 두상꽃차례가 바닥에 닿을 때까지 길이가 늘어난다. (…) 가지가 어떤 위치에 놓여 있든 꽃자루의 윗부분은 처음엔 굴광성으로 인해 위쪽 수직 방향으로 구부러지지만, 꽃이 시들기 시작하면 곧바로 꽃자루 전체가 아래로 휘어지기 시작한다. 후자의 움직임은 완전한 어둠 속에서 일어나기 때문에, 그리고 똑바로 선 가지와 종속된 가지에서 나온 꽃자루의 움직임이기 때문에 배광성이나 상편생장으로 인한 것이 아니라 굴지성으로 인한 것이 분명하다. 두상꽃차례가 스스로 땅에 묻힌 후, 시든 중앙부의 꽃들은 상당히 길어지고 단단해지며 색이 바랜다. 처음에 완벽한 꽃들이 했던 방식대로 이 꽃들은 차례로 위쪽 또는 꽃자루를 향해 점차 휘어진다. 이렇게 움직일 때 꼭대기의 긴 발톱에 흙이 묻는다. 따라서 충분한 시간 동안 땅에 묻혀 있게 된 두상꽃차례는 상당히 큰 공을 만들어낸다. 시든 꽃들로 이뤄진 이 공은 흙에 의해 따로 떨어져 있는데 꽃자루 윗부분 근처에 있는 작은 씨앗주머니(완벽한 꽃의 산물)를 둘러싸고 있다. 완벽한 꽃과 불완전한 꽃의 꽃받침은 흡수력이 있고 단순한 다세포 털로 덮여 있다. 이를 약한 탄산암모늄 용액(2~28그램의 물)에 넣으면 원형질 내용물은 즉시 응집되지만 그다음에는 평소의 느린 움직임을 보여준다. 이 토끼풀은 일반적으로 건조한 토양에서 자라지만 묻힌 두상꽃차례에 있는 털의 흡수력이 그들에게 중요한지 여부는 알 수 없다. 자리에서 움직여 땅에 닿을 수도, 스스로를 묻을 수도 없는 두상꽃차례의 극히 일부만이 씨앗을 생산하는 것과 달리, 우리가 관찰한 묻혀 있는 두상꽃차례는 완벽한 꽃이 있었던 만큼 것만큼 많은 씨앗을 생산하는 데 실패한 적이 없다.

이제 땅으로 구부러지는 동안 꽃자루가 어떻게 움직이는지 이야기해 보자. 우리는 똑바로 선 어린 두상꽃차례가 눈에 띄게 회선운동을 하는 것을 관찰했다. 이 움직임은 꽃자루가 아래로 휘어지기 시작한 후에도 계속됐다. 같은 꽃자루가 지평선 위로 19도 기울어졌을 때 볼 수 있었는데, 이것은 이틀 동안 회선운동을 했다. (…) 첫날 꽃자루는 네 번 아래로 세 번 위로 움직이며 분명히 회선운동을 했다. 그리고 다음 날이 되면 아래로 가라앉으면서 같은 움직임이 계속됐다. (…)

두상꽃차례가 스스로를 땅에 묻는 것을 관찰하는 사람이라면 누구나 꽃자루의 지속적 회선운동으로 인한 흔들림이 그 과정에서 중요한 역할을 한다는 사실을 확신할 것이다. 두상꽃차례가 매우 가볍다는 점 그리고 꽃자루는 길고 가늘고 유연하며 탄력 있는 가지에서 나왔다는 점을 고려하면, 이 두상꽃차례 중 하나처럼 뭉툭한 물체가 흔들림의 도움을 받지 않고 꽃자루의 성장하는 힘만으로 땅을 뚫고 들어간다는 것은 믿을 수 없는 일이다. 두상꽃차례가 땅속으로 얕게 뚫고 들어가면 또 다른 효율적인 기관이 활동을 시작한다. 도중에 시들어버린 중앙의 딱딱한 꽃들은 끄트머리에 각각 다섯 개의 발톱을 달고 꽃자루를 향해 휘어진다. 이 과정에서 자연스레 두상꽃차례를 더 깊은 곳으로 끌어내리게 된다. 이 활동은 두상꽃차례가 완전히 묻힌 후에도 계속되는 회선운동의 도움을 받는다. 도중에 시든 꽃은 마치 두더지의 손처럼 흙을 뒤로 밀고 몸을 앞으로 나아가게 하는 역할을 한다.

AGRIUIOLA maxima
odorata. Boerh.
Indian Creſs.

트로파이올룸
(속명) *Tropaeolum*

한련화(나스투르티움)
NASTURTIUM

한련과
(과명) TROPAEOLACEAE—NASTURTIUM FAMILY

덩굴식물, 운동

한련과는 80여 종이 중남미에 널리 퍼져 있지만 이뤄진 단 하나의 속, 즉 한련속만을 가지고 있다. 정원 한련(트로파이올룸 마이우스), 카나리아새덩굴(트로파이올룸 페레그리눔), 불꽃 한련(트로파이올룸 스페키오숨) 등은 전 세계의 정원사들에게 두 가지 이유로 큰 사랑을 받고 있다. 첫 번째 이유는 요리용으로 좋다는 것인데 겨자과의 물냉이처럼 후추 맛이 난다(겨자의 머스타드Mustard와 한련화의 나스투르티움Nasturtium의 발음이 비슷한 것은 우연이 아닌 듯하다). 두 번째 이유는 꽃의 색깔이 선명하다는 것이다. 이렇게 눈에 확 띄는 색깔로 인해 린네는 피비린내와 관련된 영감을 받았고 이 속에 '트로파이올룸'이라는 이름을 부여했다. 이는 트로피(전승기념물)를 뜻하는 그리스어 '트로파이온tropaion'에서 따온 것이다. 고대 로마에는 패

트로파이올룸 마이우스.

영국 학교의 화가가 수채물감과 구아슈물감으로 모조피지에 그림. 〈정원 꽃 앨범〉에 수록.

배한 적의 갑옷과 무기를 막대에 매달아 승리를 기념하는 관습이 있었는데 이 기념물을 트로파이온이라고 했다. 린네는 모식종(특정 속을 대표하는 종-옮긴이)인 트로파이올룸 마이우스의 둥근잎은 방패를 닮았고 꽃은 피 묻은 투구를 연상시키는 것을 참조해 속명을 지었다. 만약 린네가 이 이름을 짓지 않고 10년을 더 기다렸다면 열아홉 살인 딸 엘리사베트 크리스티나의 관찰로 인해 더 흥미로운 이름을 지을 수 있는 영감을 받았을 것이다. 어느 날 저녁 황혼이 짙어가는 가운데 그녀는 꽃들이 갑자기 번쩍이는 장면을 목격했다. 빛의 섬광이나 불꽃을 내뿜는 것으로 보일 정도였다. 그녀의 관찰은 곧 책으로 출판됐다.[144] '엘리사베트 린네 현상'으로 알려지게 된 이 장면은 강렬한 과학적 추측과 시적 영감을 일으켰다. 이래즈머스 다윈은 「식물의 사랑」에서 트로파이올룸에 대해 황혼 녘에 "희미한 영광이 떨린다"고 묘사했다. "전기 광채가 만들어내는 흠 없는 형태"라는 표현도 썼다. 그는 엘리사베트 크리스티나의 발견을 노트에 인용하기도 했다. 이후 많은 사람이 그녀가 발견한 것을 전기현상이라고 여겼다.[145]

낭만주의 시인들도 영감을 받았다. 예를 들어 새뮤얼 테일러 콜리지는 「식물의 사랑」을 보고 나서 다음과 같은 시구를 썼다.

"여름의 저녁 시간에 / 황금색 꽃을 번쩍이게 하는 / 아름다운 전기 불꽃."[146]

좀 더 최근의 연구에서는 독일의 박식한 학자 요한 볼프강 폰 괴테가 처음 제안했던 해석을 확인할 수 있다. 눈부신 빛은 식물의 전기라기보다 착시효과에 가까우며 낮은 조도에서 잎이 무성한 녹색을 배경으로 밝은 색의 꽃을 비스듬히 바라볼 때 생기는 현상이다.[147]

다윈은 동물의 신경계와 유사하지만 자극과 더 밀접하며 종류가 다른 '식물의 전기' 개념을 받아들였다. 그는 전기가 일부 식물의 촉각 민감성과 빠른 움직임을 유발한다고 생각했다. 다윈이 엘리사베트 크리스티나 린네와 기이하게 번쩍이는 트로파이올룸의 사례를 알았을까? 그가 이에 대해 언급한 적이 있는지, 한련화에 대한 그의 관심이 수분·유전·움직임의 영역 안에 정확하게 들어맞는지는 불명확하다. 『타가수정과 자가수정』에서 그는 한련화가 곤충에 의한 타가수정에 명백하게 적응했다고 언급하면서 이 꽃이 암술보다 수술이 먼저 발달하는 웅예선숙 꽃이라고, 곤충이 어린 꽃(수꽃)에서 늙은 꽃(암꽃)으로 꽃가루를 가져오는 것이 그 증거라고 했다. 그의 실험 결과 타가수정된 식물 집단은 243개의 씨앗을 생산했고 같은 숫자의 자가수정된 식물 집단은 155개의 씨앗만을 생산했다. 이는 교배의 이점에 대한 그의 포괄적 가설과 부합한다. 여러 종과 변종에 대한 추가 연구는 식물의 움직임과 관련이 있다. 그는 회전운동을 하는 어린 절간과 잎자루가 덩굴식물이 지지대를 오르는 것을 어떻게 가능하게 하는지(『덩굴식물의 운동과 습성』에서 설명)와 굴광성과 야간굴성 등과 관련하여 잎이 어떻게 움직이는지를 기록했다(『식물의 운동 능력』에서 설명).

다윈의 노트

『덩굴식물의 운동과 습성』

(2판, 1875)

트로파이올룸 트리콜로룸, 그란디플로룸 변이종(꽃층층이꽃). 이 식물들의 덩이줄기에서 처음 뻗어나온 유연한 어린줄기는 미세한 노끈만큼 가늘다. 그중 한 줄기는 태양 반대 방향으로 회전했는데, 3회 회전으로 계산했을 때 평균 1시간 23분의 속도였으며 회전운동의 방향은 다양했다. 식물이 크게 자라고 가지가 많이 뻗어 나오면 여러 측면 줄기가 모두 회전한다. 줄기는 어린줄기일 때 가느다란 수직 막대를 규칙적으로 휘감는데, 어떤 경우에는 같은 방향의 나선 모양으로 8회 회전하는 것도 보았다. 하지만 나이가 들면 줄기는 종종 빈 공간을 향해 똑바로 올라가다 꽉 쥐는 잎자루에게 붙잡혀 한두 번 반대 방향으로 나선형으로 회전한다. 첫 번째 싹이 땅 위로 나온 뒤 식물이 60~90센티미터의 높이로 자랄 때까지 한 달 정도가 걸리는데, 그때까지 제대로 된 잎은 하나도 자라지 않는다. 대신 그 자리에 줄기와 같은 색깔의 필라멘트(가는 실)가 만들어진다. 이 실의 끝부분은 뾰족하고 약간 납작하며 윗면에 홈이 파여 있다. 이것은 절대로 잎으로 발달하지 않는다. 식물의 키가 자라면서 끝부분이 약간 커진 새로운 실이 나온다. 그다음에는 확장된 중앙 양 끝부분에 잎의 기초적인 부분이 있는 실이 새로 나오고 곧 잎의 다른 부분들도 등장해 마침내 일곱 개의 부분을 갖춘 완벽한 잎이 형성된다. 그래서 우리는 같은 식물에서 덩굴손처럼 꽉 쥐는 실부터 꽉 쥐는 잎자루를 가진 완벽한 잎까지 모든 단계를 볼 수 있다. 식물의 키가 상당히 자라고 진짜 잎의 잎자루로 지지대에 고정된 뒤에는 줄기 아래쪽에 있는 움켜쥐는 실이 시들어 떨어진다. 실은 임시 작업만 수행하는 것이다.

이 실 또는 기초적인 잎은 완벽한 잎의 잎자루와 함께 어린 시기에는 모든 면에서 접촉에 극도로 민감하다. 살짝 문지르기만 해도 약 3분만에 그쪽을 향해 구부러진다. 그리고 6분 만에 고리 모양으로 구부러지고 그다음에는 똑바로 펴진다. 하지만 막대를 완전히 꽉 잡게 되면 이 막대를 제거해도 다시 펴지지 않는다.

이 속의 어떤 다른 종에서도 관찰하지 못한 놀라운 사실은, 어린잎의 실과 잎자루가 아무것도 잡지 못하면 며칠 동안 원래 위치에 그대로 서 있다가 자연스럽게 좌우로 약간 흔들리면서 줄기 쪽으로 이동해 그것을 잡는다는 것이다. 마찬가지로 이들은 시간이 지나면 어느 정도 나선형으로 수축되는 경우가 많다. 따라서 이들은 덩굴손이라고 불릴 자격이 충분하다. 기어오르는 역할을 하고 접촉에 민감하며 자발적으로 움직이고 불완전하더라도 결국 나선형으로 수축되기 때문이다. 이러한 특성이 어린 시기에만 국한되지 않았다면 이 종은 덩굴손을 가진 식물로 분류됐을 것이다. 성숙하는 동안 이 종은 진정한 나뭇잎 등반가다.

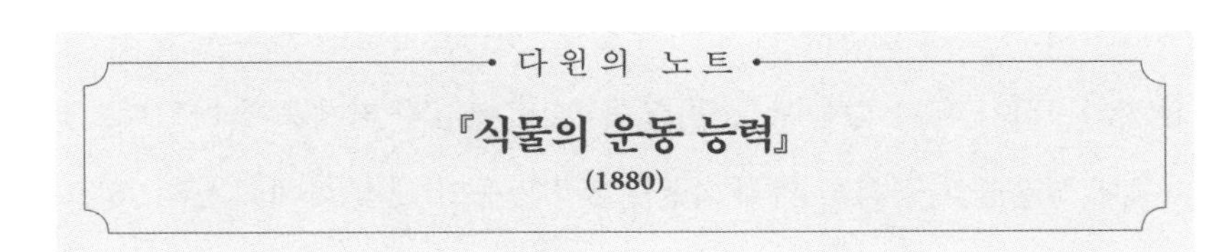

트로파이올룸 마이우스(재배 변이종). 몇 개의 식물을 화분에 심어 온실 안에 뒀더니 전면에 있는 빛을 바라보는 잎이 낮에는 크게 기울어져 있었고 밤에는 수직으로 서 있었다. 반면 화분의 뒤쪽에 있는 잎들은 당연히 지붕을 통해 들어온 빛만을 받았고 밤에 수직이 되지 않았다. 잎은 태양 빛을 따라가는 경향이 매우 강하다. 그래서 처음에 우리는 잎의 자세가 이렇게 달라진 데에는 어떤 식으로든 굴광성이 원인일 거라고 생각했다.

9월 3일 아침에 식물 몇 개를 심은 큰 화분을 온실 밖으로 가져와 북동쪽 창문 앞에 뒀다. 그리고 빛과 관련해 가능한 한 이전과 같은 위치를 유지했다. 식물의 앞면에 있는 24개의 잎에 실로 표시를 해뒀는데, 일부는 수평 상태였지만 많은 잎이 약 45도로 기울어져 있었다. 밤에는 모든 잎이 예외 없이 수직으로 섰다. 다음 날 이른 아침(4일), 잎들은 이전 자세로 돌아갔고 밤에는 다시 수직이 됐다. 5일 아침 6시 15분에 덧문을 열고 8시 18분까지 2시간 3분 동안 햇빛을 쬐어주니 잎들은 여느 때와 같은 자세로 변했다. 그다음에 어두운 찬장 안으로 화분을 옮기고 낮 동안 두 번, 저녁에 세 번 관찰했다. 마지막으로 관찰한 것이 밤 10시 30분이었는데 수직이 된 잎이 하나도 없었다. 다음 날 아침(6일) 잎들은 매일의 자세를 회복했다. 화분을 북동쪽 창문 앞에 놓았다. 밤이 되자 빛을 받았던 모든 잎의 잎자루가 구부러져 잎이 수직을 이뤘다. 반면 식물 뒤쪽의 잎들은 방에서 퍼져 나온 빛을 어느 정도 받았음에도 불구하고 수직을 이루지 않았다. 밤 동안에 화분을 이전과 같은 어두운 찬장에 뒀고 다음 날 아침(7일) 9시가 되자 잠들어 있던 모든 잎이 매일의 자세로 돌아왔다. 그다음에 식물을 자극하기 위해 화분을 3시간 동안 햇빛 아래에 뒀다. 정오에 북동쪽 창문 앞으로 자리를 옮겼다. 밤이 되자 잎들은 원래대로 잠들고 다음 날 아침에 깨어났다. 이날(8일) 북동쪽 창문 앞에서 5시간 45분 동안 햇빛을 받게 한 뒤(내내 하늘이 흐려서 밝은 빛은 아니었다) 정오에 화분을 어두운 찬장 안으로 옮겼다. 오후 3시가 되자 잎의 자세가 아주 약간 달라졌는데, 어둠에 즉각적으로 영향을 받는 것은 아니었다. 하지만 밤 10시 15분이 되자 5시간 45분 동안 빛을 받았던 모든 잎이 북동쪽 하늘을 바라보며 수직을 이뤘다. 반면 식물 뒷부분의 잎은 매일의 자세로 돌아갔다. 다음 날 아침(9일) 이전의 두 번과 마찬가지로 잎들은 어둠 속에서 깨어났고 하루 종일 어둠 속에 있었다. 밤이 되자 극소수의 잎만이 수직을 이뤘다. 이것은 이 식물이 적절한 시간에 잠을 자는 유전된 경향이나 습성을 보여준 유일한 사례였다. 다음 날 아침(10일) 이 잎들이 계속 어둠 속에 있는데도 매일의 자세로 돌아간 것을 보니 그것이 진짜 잠든 것이었다.

Darwin and the Art of Botany

비키아 파바

Vicia faba

빙카

Vinca

비올라

Viola

비티스 비니페라

Vitis vinifera

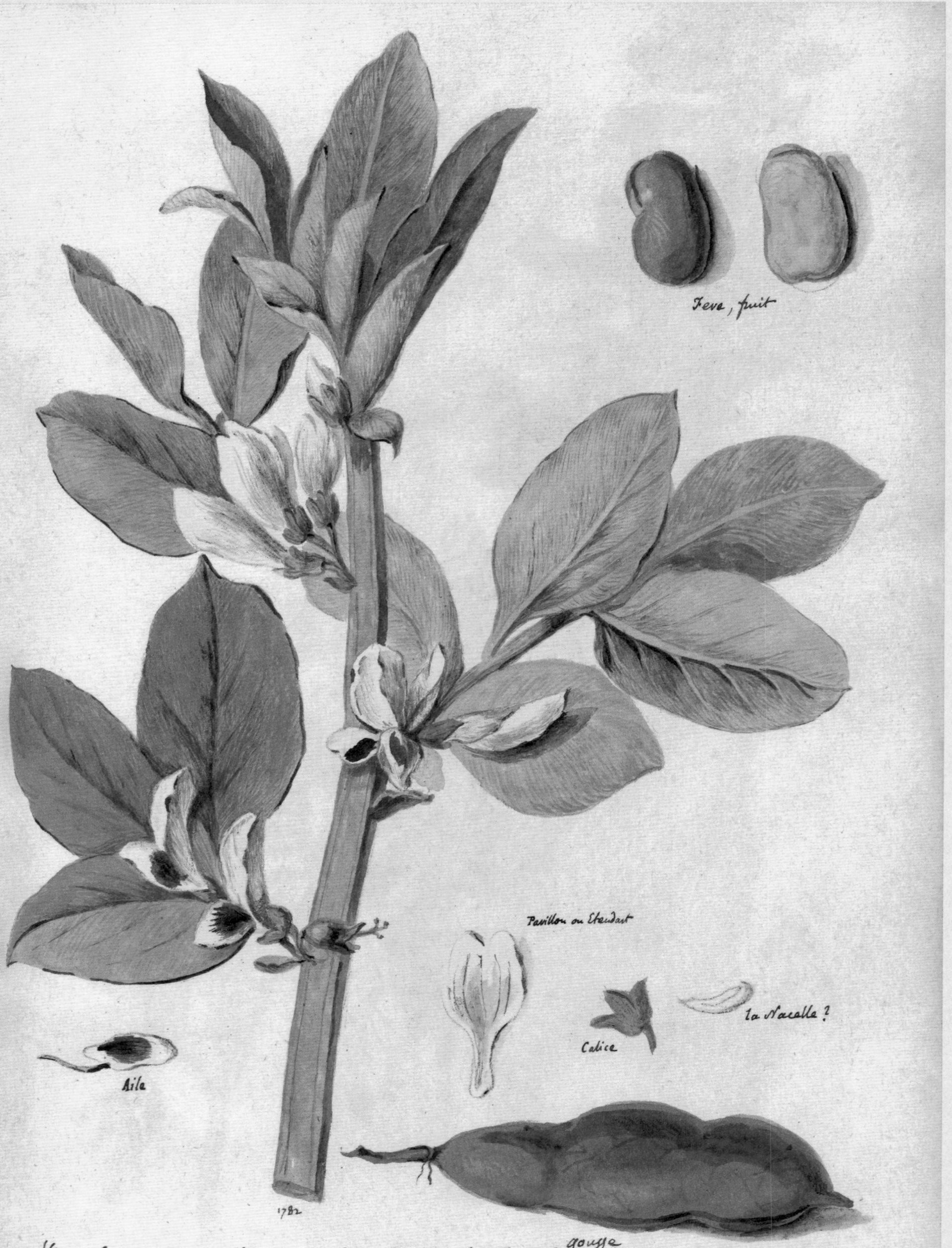
Feve, fruit
Pavillon ou Etendart
la Nacelle ?
Calice
Aile
1782
gousse
Vicia faba Lin. Féve cultivée. Papilionacées, Tournefort. Diadelphie Decandrie Linné.
Legumineuses, Jussieu. La féve est un légume très bon à manger. La farine de féve passe pour très résolutive.

비키아 파바

속명 *Vicia faba*

잠두 또는 누에콩(브로드빈 또는 파바빈)

BROAD or FAVA BEANS

콩과

과명 FABACEAE—PEA FAMILY

식물의 운동

고대부터 요리의 필수 재료였던 잠두 또는 누에콩은 식물학적으로 말하면 살갈퀴의 일종으로 거의 150종에 달하며 주로 일년생인 덩굴식물로 이루어진 살갈퀴속에 속한다. '파바세Fabaceae(콩과)'라는 과 이름에는 식물 역사의 흔적이 담겨 있다. 짧은 기간 동안 이 콩이 파바(라틴어로 콩이라는 뜻)속에 속하게 됐을 때 콩과 식물의 분류학적 대표자로 선정돼 '콩 중의 콩', 즉 대표자를 뜻하는 '파바 파바'가 됐고 이 속명이 곧 과 이름이 됐다. 속명인 '파바'는 오랫동안 계속되다가 '비키아'로 대체됐지만 더 높은 분류에는 남아 있다. 이것은 다윈이 진화 역사의 유사물로서 유익하다고 생각한 일종의 유물이다. 마치 철자법이나 묵음 문자의 기이함이 특정 단어의 기원이나 진화를 보여주는 것과 같다. 하지만 이러한 명명법의 사례는 다윈의 시

비키아 파바.

샤를 제르맹 드 생토뱅이 종이에 그린 수채화. 『루이 15세의 궁정화가 생토뱅의 식물화 모음집』에 수록.

대에는 존재하지 않았다. 그 대신 콩과 식물은 더 묘사적인 이름인 '리구미노세Leguminosae(콩의)'나 '파필리오나케아이Papilionaceae(나비 모양의)'로 다양하게 알려져 있었다. 이 식물에 대한 다윈의 관심은 수분과 운동, 생리학과 더 관련이 있었다.

다윈은 재배되는 콩의 번식을 조사하는 과정에서 잠두(파바빈)의 꽃이 적당한 씨앗을 생산하기 위해서는 곤충에 의해 교배돼야 함을 알게 됐다. 그는 이것을 증명하는 간단한 실험을 수행했다. 그는 정원에 있는 한 무리의 잠두에 그물을 쳐서 벌의 접근을 막고 나머지는 열어뒀다. 그 결과 공개적으로 수분된 식물 17개에서는 135개의 콩이 나왔고 그물로 막은 같은 수의 식물에서는 겨우 40개의 콩이 나왔다. 그러나 잠두의 수분에 대한 다윈의 연구는 원을 그리는 잎의 회선운동을 포함해 그가 수년간 집중해 왔던 이 종의 다양한 운동에 대한 연구에 비하면 미미한 수준이었다. 그는 잠두의 운동에 대해 연구하는 과정에서 잎 전체와 말단부의 어린 잎이 모두 저녁에는 올라가고 새벽에는 내려가는 식으로 뚜렷하고 주기적인 운동을 한다는 것을 발견했다. 더 정교한 것은 묘목에 대한 연구였다. 그는 상배축(묘목의 떡잎 위쪽에 있는 줄기 부분), 어린뿌리(배아뿌리), 하배축(떡잎과 어린뿌리 사이의 부분)의 회선운동을 실험했다. 잠두는 쉽게 구할 수 있고 발아하기 쉬워 이러한 연구를 하기에 적당했다.

다윈과 아들 프랜시스는 잠두의 어린뿌리가 자라면서 보이는 움직임을 주의 깊게 추적했다. 뿌리끝 근처의 여러 곳에 작은 직사각형 카드를 부착해 관찰한 결과, 어린뿌리가 접촉에 민감하다는 놀라운 발견을 했다. 이 뿌리는 접촉이 일어난 쪽에서 멀어지는 쪽으로 구부러지는 경향이 있는데 이것은 덩굴손에서 관찰한 사실과는 정반대였다. 이 실험과 빛과 중력에 대한 어린뿌리 끝의 반응 같은 다른 실험들을 통해 다윈 부자는 "기능에 관한 한 어린뿌리의 끝부분보다 식물에서 더 놀라운 구조는 없다"라고 선언했다. 하지만 이 구조의 끝부분에 있는 세포는 어떻게 길어지는 뿌리줄기 위쪽의 세포 성장에까지 영향을 줄 수 있을까? 그들은 끝부분이 뇌와 같은 작용을 한다는 사실에 놀랐다. 『식물의 운동 능력』의 맨 마지막 문장에서 다윈 부자는 다음과 같은 흥미로운 비유를 했다.

"민감성이 있고 인접한 부분의 움직임을 지시하는 능력이 있는 어린뿌리의 끝은 하등동물의 뇌와 같은 역할을 한다고 해도 과언이 아니다. 뇌는 몸의 앞쪽 끝부분에 위치하며 감각기관으로부터 자극을 받아 움직임을 지시한다는 점에서 뿌리끝과 유사하다."[148]

이 개념은 나중에 다윈의 '뿌리-뇌 가설'로 알려졌는데, 20세기에는 대체로 무시됐다가 최근 식물의 성장과 생리학 이해에 시사점을 주는 '식물 신경생물학적' 모델의 형태로 다시 등장했다.[149] 언젠가 따뜻한 잠두콩 요리를 먹게 된다면 식물생리학 분야의 발전에 주도적 역할을 했을 뿐 아니라 오늘날까지도 고등학교와 대학교의 식물학 수업에서 필수적인 참고자료로 계속 교훈을 주고 있는 이 소박한 콩을 향해 포크를 들기 바란다.

• 다윈의 노트 •

『식물의 운동 능력』
(1880)

묘목의 뿌리끝이 땅속에서 끊임없이 맞닥뜨리는 돌이나 뿌리, 기타 장애물을 어떻게 넘어가는지 알아보기 위해, 발아하고 있는 잠두의 뿌리끝이 거의 직각 또는 큰 각도로 아래쪽 유리판에 닿도록 배치했다. 다른 경우에는 뿌리끝이 자라는 동안 식물이 반대로 뒤집혀서 매끄럽고 평평하며 넓은 윗면에 거의 수직으로 내려갔다. 섬세한 뿌리골무는 처음으로 반대쪽 면에 직접 닿자 가로로 약간 누웠다. 누웠던 자세는 곧 비스듬해졌고 몇 시간 만에 대부분 사라졌으며 이제 끝부분은 이전 경로와 직각 또는 거의 직각 방향을 이루게 됐다. 그 후로 뿌리끝은 반대쪽 표면 위에서 새로운 방향으로 미끄러져 가면서 아주 약하게 표면을 누르는 것처럼 보였다. 경로의 이런 급격한 변화에 뿌리끝의 회선운동이 얼마나 도움을 주는지는 확실하지 않다. 한편 다소 가파르게 기울어진 유리판 위를 미끄러져 내려가는 뿌리에 얇은 나무조각을 직각으로 부착했다. 반대쪽 나무조각을 만나기 전 이 뿌리 중 자라나는 말단부의 일부는 직선을 그리고 있었는데, 끝부분이 나무조각과 접촉한 지 2시간 후에 그 선은 눈에 띄게 곡선이 됐다. 다소 천천히 자라는 뿌리끝의 경우 뿌리골무가 직각으로 거친 나무조각을 만나자 처음에는 가로 방향으로 살짝 누웠다. 2시간 30분이 지나자 누운 자세가 약간 비스듬해졌다. 3시간이 더 지나자 누운 자세는 완전히 사라지고 끝부분이 이전 경로를 직각으로 가리켰다. 그런 다음 나무조각을 따라 새로운 방향으로 계속 자라더니 끝에 도달하자 직각으로 구부러졌다. 얼마 지나지 않아 유리판가장자리에 다다른 뿌리골무는 큰 각도로 다시 한번 구부러졌고 축축한 모래에 수직으로 내려 갔다. (…)

가장 쉽게 비껴 가게 하는 물체는 어린뿌리의 방향을 바꾸게 만들 것이다. 따라서 우리가 본 것처럼 콩의 어린뿌리 끝은 부드러운 모래 위에 놓인 도로 얇은 은박지의 광택 나는 표면을 만나면 아무런 자국을 남기지 않고서 직각으로 방향을 바꿨다. 이를 통해 우리는 아주 작은 압력이라도 뿌리끝의 성장을 막을 수 있으며, 이 경우 성장은 한쪽으로만 계속되므로 어린뿌리가 직각 형태를 취하게 된다는 두 번째 깨달음도 얻었다. 하지만 이 관점은 위쪽의 휘어진 부분이 8~10밀리미터로 자라는 이유를 완전히 설명해 주진 못한다.

따라서 우리는 접촉에 민감한 뿌리끝이 자극을 어린뿌리의 윗부분으로 전달하고, 이렇게 자극을 받은 부분이 접촉한 물체의 반대 방향으로 구부러진다고 추측하게 됐다. 덩굴식물의 덩굴손이나 잎자루에 미세한 실로 고리를 만들어 걸어두면 그 부분이 휘어진다. 이와 마찬가지로 우리는 어떤 작고 단단한 물체가 축축한 공기 속에서 자유롭게 늘어나고 자라는 어린뿌리 끝에 부착됐을 경우 뿌리끝이 민감하다면 휘어지지만, 성장에는 물리적인 저항을 주지 않을 거라고 생각했다. 이 실험의 결과가 놀라웠기 때문에 그 내용을 자세히 공개하고자 한다. 어린뿌리의 끝부분이 접촉에 민감하다는 사실은 관찰로 드러나지 않았다. 하지만 이후에 우리가 보게 될 것처럼 율리우스 폰 작스는 끝부분의 살짝 위에 있는 어린뿌리가 덩굴손처럼 접촉한 물체를 향해 구부러진다는 사실을 발견했다. 하지만 끝부분의 한쪽이 어떤 물체의 압력을 받으면 자라는 부분은 그 물체의 반대 방향으로 구부러진다. 앞으로 보게 되겠지만 이것은 땅속의 장애물을 피하기 위해 그리고 저항이 가장 적은 경로를 따르기 위해 훌륭하게 적응한 사례로 보인다. 매자나무의 수술이나 파리지옥의 엽처럼 많은 기관은 접촉이 일어나면 정해진 한쪽 방향으로 구부러진다. 그리고 변형된 잎이든 꽃자루든 덩굴손과 같은 대부분의 기관과 일부 줄기는 접촉된 물체의 방향으로 구부러진다. 하지만 그 물체의 반대 방향으로 구부러진다고 알려진 기관은 없었다.

잠두 어린뿌리 끝의 민감성. (작스가 했던 방법대로) 일반적인 콩을 24시간 동안 물속에 담갔다가, 물이 반쯤 채워진 유리 용기의 코르크 뚜껑 안쪽에 배꼽을 아래쪽으로 향하도록 고정시켰다. 콩의 측면과 코르크는 촉촉하게 젖어 있었고 빛은 차단됐다. 콩에서 어린뿌리가 나오기 시작하자 일부에는 0.2센티미터 미만, 다른 일부에는 2.5센티미터 미만의 작은 사각형이나 직사각형 카드를 원뿔 모양 끝의 짧은 경사면에 부착했다. 사각형은 어린뿌리의 세로축을 중심으로 비스듬히 붙어 있었다. 이것은 필요한 예방조치다. 카드 조각이 우연히 옮겨지거나 끈끈한 물질에 의해 끌어당겨져 뿌리의 측면에 평행하게 부착된 경우, 원뿔 모양 꼭대기 위로 약간 올라갔음에도 불구하고 뿌리는 우리가 여기서 고려하는 특별한 방식으로 구부러지지 않았다. 약 1.5밀리미터의 사각형 혹은 거의 같은 크기의 직사각형 조각이 가장 편리하고 효과적인 것으로 나타났다. 우리는 처음에 명함처럼 평범하고 얇은 카드 혹은 얇은 유리 조각, 그 밖에 다양한 물체를 사용했다. 하지만 그다음에는 거의 카드만큼 빳빳한 데다 거친 표면으로 인해 부착이 잘되는 카드를 주로 사용했다. 또한 처음에는 대체로 아주 걸쭉한 고무 액을 사용했는데, 이것이 전혀 마르지 않는 상황도 있었다. 오히려 반대로 수증기를 흡수하는 것처럼 보였다. 이로 인해 카드 조각은 뿌리 끝부분에서 나온 액체층에 의해 분리됐다. 이러한 흡수가 일어나지 않고 카드가 옮겨지지 않았을 때는 고무 액이 제 역할을 해 뿌리가 반대쪽으로 구부러졌다. 걸쭉한 고무 액 자체는 아무 작용도 일으키지 않는다는 점을 강조하고 싶다. 대부분의 경우 카드 조각은 와인에 넣은 극소량의 셸락 용액에 닿았다. 이것은 걸쭉해질 때까지 증발하게 놓아둔 것이었으며 몇 초 만에 단단하게 굳어 카드 조각을 잘

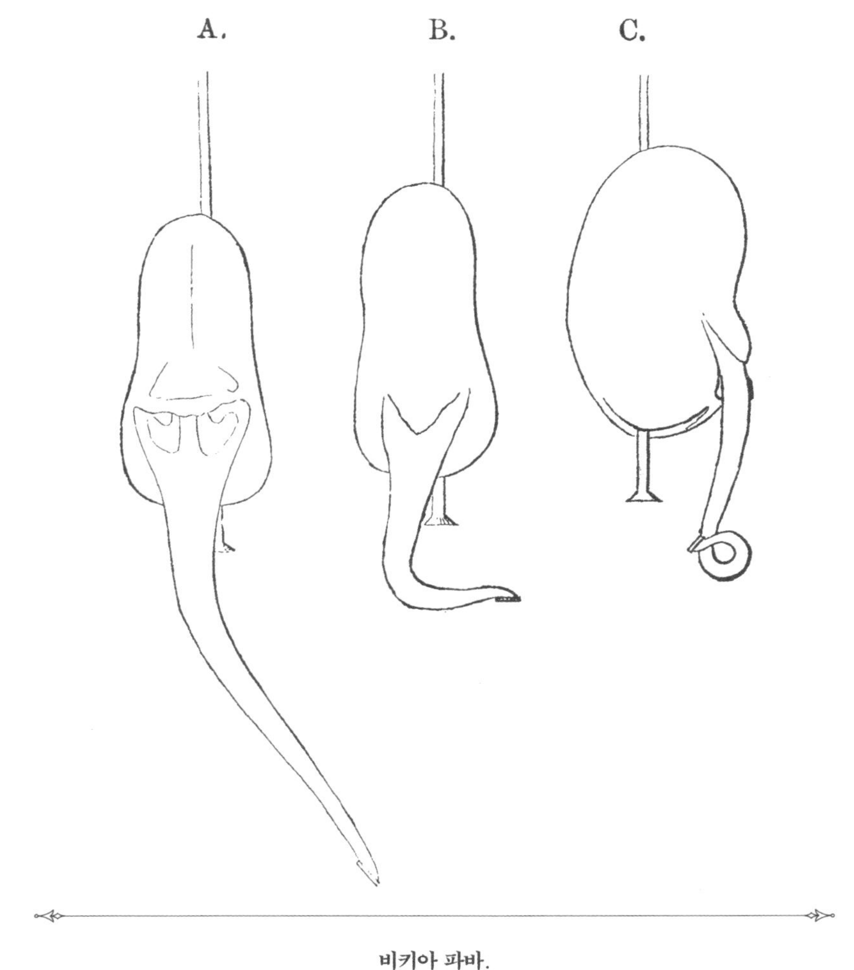

비키아 파바.

A. 작은 사각형 카드를 부착한 곳에서부터 휘기 시작하는 뿌리.

B. 직각 모양으로 휘어진 상태.

C. 굴지성으로 인해 끝부분이 아래로 휘어지며 원이나 고리 모양을 만든 상태.

고정시켰다. 카드 없이 셸락 용액을 뿌리 끝부분에 몇 방울 떨어뜨리면 굳어서 작은 구슬 모양이 된다. 이것이 다른 딱딱한 물체와 같은 작용을 해 뿌리를 반대쪽으로 구부러지게 한다. (…) 뿌리가 휘어진 주요 부분은 끝부분과 조금 떨어져 있고 말단부와 기저부는 거의 곧기 때문에 대략 몇 도 정도 휘어졌는지 추정하는 일이 가능하다. 뿌리가 수직 방향에서부터 몇 도든 휘어졌다고 할 때, 이는 끝부분이 자연스럽게 향했을 아래쪽에서부터 위쪽으로 상당히 회전했으며 카드가 부착된 곳의 반대쪽으로 방향을 돌렸음을 의미한다. 부착된 카드 조각으로 자극을 받아 일어난 움직임의 종류를 독자 여러분이 명확히 이해할 수 있도록, 몇 개의 표본 중 선택된 세 개의 발아하는 콩을 정확하게 스케치한 그림을 앞 페이지에 첨부했다. 이는 콩들이 휘어지는 정도의 단계적인 차이를 보여준다.

Vicia faba

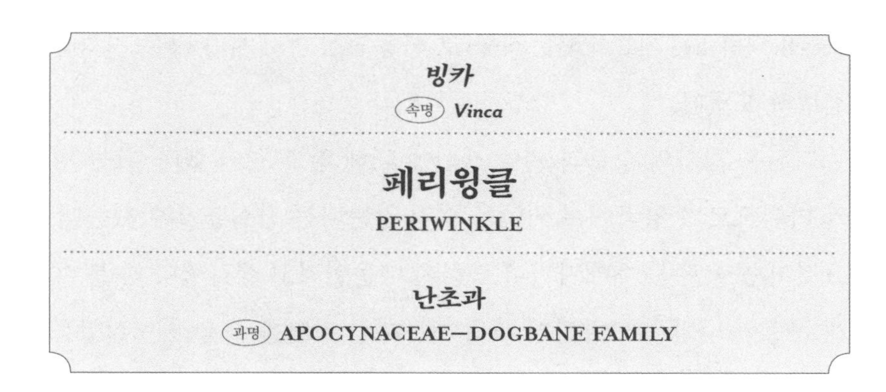

꽃의 형태, 수분

페리윙클은 이 과 안에서 두 개의 관련된 속에 속하는 식물의 일반명이다. 그 두 속은 서부 지중해 지역부터 서남아시아까지 분포하는 일곱 종의 작은 속인 빙카 그리고 여덟 종 중 일곱 종이 마다가스카르 고유종인 자매속 카사란수스다. 1767년 린네가 부여한 '빙카'라는 이름은 고대 로마의 작가 '대(大) 폴리니우스'가 지은 '빙카페리빙카'라는 이름에서 유래했다. 이 고대 이름은 지금도 이 식물의 이탈리아와 프랑스 이름인 '페르빈카pervinca'와 '페르뱅슈pervenche'에 반영돼 있다. 유럽 빙카종 중에서 '빙카 마요르'와 '빙카 미노르'는 오랫동안 원예학적으로 귀하게 여겨졌다. 둘 다 라벤더색의 바람개비 모양 꽃을 자랑하며 광택 있는 녹색의 상록수 덩굴이다. 이 식물은 낮게 자라고 빨리 퍼지기 때문에 종종 정원 조경의 지표 식물(환경

빙카 미노르.

프랑스 학교의 화가가 그린 수채화. 〈꽃 앨범〉에 수록.

조건을 나타내는 지표가 되는 식물)로 사용되었고 세계의 많은 지역을 점령하게 됐다.

다윈은 빙카의 수분과 씨앗 생산에 대해 알고 싶어 했다. 그는 빙카 마이오르가 영국에서 씨앗을 맺지 않는다는 사실을 알아챘는데, 그것이 곤충 수분 매개자가 부족하기 때문이라고 생각했다. 수분 매개 곤충인 나방을 모방하기 위해 가느다란 강모를 사용하는 실험을 한 그는 이 내용을 자세히 설명한 편지를 큐 왕립식물원의 식물표본관 책임자인 올리버에게 보냈다.

"저는 나방의 주둥이가 화관의 측면 가까이에 있는 꿀샘을 통과하는 것과 같은 방식으로, 꽃을 자르거나 건드리지 않고 가느다란 강모를 꽃밥 사이로 통과시켰습니다. 이렇게 하면 꽃가루가 강모에 달라붙고, 한 꽃의 꽃가루로 덮인 강모는 다른 꽃을 위해 쓰입니다. (…) 이렇게 양질의 씨앗주머니 네다섯 개가 생겼습니다."[150]

그는 이 결과를 《가드너스 크로니클》에 실으면서 여느 때처럼 마지막에 크라우드소싱을 원한다면서 독자들에게 각자 실험을 해서 결과를 보내달라고 간청했다.[151] 다윈의 호소에 언제나 기꺼이 도움을 주는 큐 왕립식물원의 보급자 찰스 크로커는 관련된 열대 페리윙클을 가지고 실험을 했다. 그의 실험 결과는 다윈의 것과 정확히 같았고 다음 달, 같은 저널에 게재됐다.

1~2주 전에 다윈 씨가 552쪽에서 했던 제안에 따라 저는 열대 종류의 빙카가 씨앗을 생산하도록 유도할 수 있다면 시도해 봐야겠다고 생각했습니다. 그대로 두면 절대로 씨앗이 나오지 않습니다. 저는 여덟 송

이의 꽃을 수정시켰고 며칠 동안 지켜보면서 그중 일곱 개의 암술이 잘 부풀어 오르는 것을 보고 만족했습니다. 똑바로 세워진 이중 골돌(여러 개의 씨방 안에 여러 개의 종자가 들어 있는 열매-옮긴이) 중에는 이제 2.5센티미터보다 더 길게 자란 것도 있습니다. 하나는 아직 익지 않았습니다. 제가 실험을 한 식물은 하얀 꽃이 피는 품종인 빙카 로세아 Vinca rosea(지금은 '일일초Catharanthus roseus'로 알려짐)입니다. 저는 이 식물이 씨앗으로 스스로 번식할 수 있는지 혹은 이 종의 보통 색깔로 되돌아갈지 알아보기 위해 같은 식물에서 나온 꽃가루를 사용했습니다. 저는 곤충이 꿀을 찾아 주둥이를 넣는 것처럼 이 꽃의 관에서 다음 꽃의 관으로 강모를 집어넣기만 했을 뿐입니다.[152)]

다윈의 예감은 옳았다. 땅에 붙어 자라는 이 식물은 토착 지역을 벗어나면 수정을 시켜줄 만큼 주둥이가 충분히 긴 수분 매개자를 유인하는 데 어려움을 겪는다. 씨앗 생산이 부족하기 때문에 이 식물들은 더 이상 급속히 퍼지지 않고 대부분 무성 생식으로 천천히 자란다.

• 다윈의 노트 •

《가드너스 크로니클과 애그리컬처럴 가제트》

(1861년 6월 15일, 552쪽)

빙카의 수정. 나는 이국적인 빙카의 씨앗이 있는지 혹은 정원사들이 그 씨앗을 뿌려 새로운 품종을 키우고 싶어 하는지 여부를 알지 못한다. 나는 대형 페리윙클이나 빙카 마요르가 씨앗을 생산하는 것을 본 적이 없고 독일에서도 이런 사례가 없다는 글을 읽은 후로 이 꽃을 조사하게 됐다. 식물학자들이 알고 있듯이 암술은 신기한 존재다. 위쪽으로 갈수록 두꺼워지고 꼭대기에는 수평 방향의 바퀴가 있으며 그 위에는 하얀 실로 만들어진 아름다운 솔이 얹어져 있다. 바퀴의 오목한 타이어 부분이 암술머리 표면인데, 꽃가루관이 관통하고 있어서 꽃가루가 그 위에 올려지면 명확히 보였다. 꽃가루는 곧 꽃밥에서 떨어져 나와 암술머리 위의 하얀 실로 된 솔 안쪽에 있는 작은 공간에 들어가게 된다. 따라서 곤충의 도움이 있어야만 꽃가루가 암술머리에 도달할 수 있다는 것이 명백하다. 내가 영국에서 관찰한 바에 따르면 곤충들은 이 꽃에 절대 찾아오지 않는다. 그래서 나는 나방의 주둥이와 비슷한 가느다란 강모를 가져와서 화관 측면에 가까운 꽃밥 틈으로 통과시켰다. 그리고 꽃가루가 강모에 달라붙어 끈적한 암술머리 표면으로 옮겨지는 것을 확인했다. 나는 한 꽃의 꽃밥 사이에 넣은 강모를 다음 꽃에도 넣는 추가 작업을 통해 이 꽃들을 교배시키고자 하여 매번 여러 개의 꽃밥 사이에 강모를 넣었다. 나는 화분에서 자라는 두 식물의 꽃 여섯 송이를 대상으로 실험했다. 그러자 이 꽃들의 씨방이 부풀었고 여섯 송이 중 네 송이에 양질의 꼬투리가 열렸다. 꼬투리는 길이가 3.8센티미터가 넘었으며 씨앗이 겉으로 드러나 보였다. 반면에 다른 많은 꽃의 꽃자루는 모두 떨어져 나갔다. 씨앗을 만들지 않는 습성이 있는 다른 어떤 종의 씨앗을 얻고 싶은 사람이라면 이 간단한 실험을 해보고 결과를 보고해 주길 부탁드린다. 나는 재미삼아 내 빙카 씨앗을 뿌릴 것이다. 드물게 씨앗을 맺는 식물은 아주 특이하고 행복한 경우를 마주할 때 나처럼 괴짜 같이 반응하는 사람들을 이길 수 없기 때문이다.

1.
3
2
4
5

비올라

(속명) *Viola*

제비꽃(바이올렛)

VIOLET

제비꽃과

(과명) VIOLACEAE–VIOLET FAMILY

꽃의 형태, 수분

팬지, 조니 점프업Johnny-jump-up 그리고 삼색제비꽃은 정원에서 널리 자라는 제비꽃의 일반적인 이름이다. 다윈은 자신의 저서 『사육에 따른 동식물의 변이』에서 제비꽃 재배의 역사가 1687년까지 거슬러 올라가며 1811년부터 양묘업자들이 새로운 품종들을 열정적으로 가꾸기 시작했다고 기록했다. 삼색제비꽃은 빅토리아시대 꽃 정원의 주요 품목이었고 대부분의 정원 팬지가 이것에서 발전된 종이다. 제비꽃이 일반 대중에게 익숙한 만큼 다윈이 『종의 기원』에서 인위적 선택의 명백한 징후의 예로 삼색제비꽃을 언급한 것도 놀랍지 않다. 그는 재배되는 수많은 삼색제비꽃 품종들이 매우 다양한 특성을 보여주지만 서로 큰 차이가 없다는 점을 지적했다.

비올라 오도라타.

엘리자베스 와튼의 수채화. 『영국의 꽃들』에 수록.

(자연)선택의 축적된 효과를 관찰하는 또 다른 방법이 있다. 꽃 정원에서 같은 종의 여러 품종에 속하는 다양한 꽃을 비교하는 것이다. 부엌 정원에 있는 다양한 잎과 꼬투리, 덩이줄기 등 중요하다고 생각하는 부분을 비교해도 된다. 양배추의 잎이 얼마나 다른지, 꽃은 얼마나 서로 비슷한지 그리고 삼색제비꽃의 꽃은 얼마나 다르고 잎은 얼마나 비슷한지 관찰해 보라.[153]

그는 『사육에 따른 동식물의 변이』에서 정원 품종의 삼색제비꽃이 발달한 단계를 추적하면서 이에 대해 더 깊이 탐구했다.

"첫 번째 큰 변화는 그 당시에는 한 번도 볼 수 없었던 꽃 중앙에 있는 어두운 선이, 지금은 최상급 꽃의 필수 요소 중 하나로 간주되는 어두운 눈(싹) 또는 중심부로 변화된 것이다."[154]

다윈은 몇몇 야생종의 후손 그리고 어느 정도 교배된 품종 등 사이에서 재배종의 혈통을 결정하는 데 혼란을 겪었음을 인정했다.

다윈은 1860년대 초부터 몇 년 동안 제비꽃을 이용해 타가수정과 자가수정 실험을 했다. 그리고 많은 제비꽃 종에서 발견되는 작고 자가수정이 가능한 '폐쇄화' 꽃들이 풍부한 종자 생산을 보장한다는 사실을 알게 됐다. 사실 제비꽃은 꽃 피우는 식물속 중에서 가장 많은 폐쇄화종을 가지고 있다. 다윈은 그중 여러 개를 해부해 조사했고 1862년 후커에게 다음과 같은 편지를 썼다.

"저는 작은 제비꽃을 보면서 흐뭇해하고 있습니다. (…) 얼마나 기이하고 작은 꽃인지 모르겠어요."[155]

다윈의 노트

『같은 종에 속하는 꽃들의 서로 다른 형태들』
(1877)

특정 식물이 두 종류의 꽃, 즉 평범한 열린 꽃과 소수의 닫힌 꽃을 생산한다는 사실은 린네 시대 이전에도 알려져 있었다. 이 사실은 예전에 식물의 성에 대한 뜨거운 논쟁을 불러일으켰다. 쿤 박사는 이 닫힌 꽃에 '폐쇄화'라는 적절한 이름을 부여했다. 이 꽃의 작은 크기와 절대 열리지 않는 놀라운 특성은 봉오리를 닮았다. 꽃잎은 발달하지 않거나 발달 도중에 멈춰버린다. 이 꽃의 수술은 종종 개수가 적고 꽃밥은 크기가 매우 작으며 꽃가루 덩어리가 거의 없다. 화분립은 놀라울 정도로 얇고 투명한 막으로 감싸여 있으며 대개 화분실 안에 있는 동안 관tube을 방출한다. 마지막으로 암술은 크기가 매우 작으며 어떤 경우에는 암술머리가 거의 발달하지 않는다. 이 꽃은 꿀을 분비하거나 냄새를 풍기지 않으며, 크기가 작고 화관이 발달하지 않기 때문에 전혀 눈에 띄지 않는다. 이에 따라 곤충들은 이 꽃을 방문하지 않는다. 만약 찾아왔다 하더라도 입구를 찾을 수가 없다. 그렇기 때문에 이 꽃은 어쩔 수 없이 자가수정을 한다. 그런데도 씨앗을 풍부하게 생산한다. 몇몇 경우 어린 씨앗주머니는 스스로를 땅속에 묻는데, 그곳에서 씨앗이 발육된다. 이 꽃들은 완벽한 꽃이 발달하기 전이나 후, 혹은 완벽한 꽃과 동시에 발달한다. 꽃의 발달은 주로 식물이 노출되는 조건에 의해 결정되는 것처럼 보인다. 특정 계절이나 특정 지역에서 폐쇄화만 혹은 완벽한 꽃들만 생산되기 때문이다.

비올라 카니나(들제비꽃). 폐쇄화의 꽃받침은 완벽한 꽃의 꽃받침과 다르지 않다. 꽃잎은 다섯 개의 미세한 포엽으로 줄어들어 있는데 아랫입술을 나타내는 아래쪽 잎은 다른 것들보다 상당히 크지만 꿀주머니(꽃받침의 일부가 길고 가늘게 뒤쪽으로 뻗어난 돌출부로서, 속이 비어 있거나 꿀샘이 들어 있다-옮긴이)와 같은 꿀샘의 흔적은 없다. 이 잎의 가장자리는 매끄러운 데 반해 나머지 네 개의 포엽 같은 꽃잎은 돌기가 많다. (…) 수술은 매우 작으며 아래쪽 두 개의 수술에만 꽃밥이 있어 완벽한 꽃에서처럼 한데 모여 있지 않다. 꽃밥도 아주 작아 두 개의 화분실 또는 씨방이 눈에 띄게 구분된다. 완벽한 꽃과 비교하면 꽃밥에 꽃가루가 거의 없다. 약대(두 개의 꽃가루주머니를 연결하는 조직-옮긴이)는 넓게 펼쳐지면서 꽃밥 화분실 위로 돌출되어 후드 모양의 막으로 이뤄진 방패가 된다. 아래쪽 두 개의 수술에는 완벽한 꽃에서 꿀을 분비하는 기이한 부속물의 흔적이 없다. 다른 세 개의 수술에는 꽃밥이 없고 더 넓은 수술대가 있으며 말단의 막이 확장되는 부분은 두 개의 꽃밥 수술처럼 납작하거나 후드 모양은 아니다. (…) 내가 아는 한 폐쇄화에서 화분립은 결코 자연적으로 화분실 밖으로 떨어져 나오지 않고 상단에 있는 구멍을 통해 관을 방출한다. 나는 이 관이 화분립에서 출발해 암술머리 아래쪽으로 향하는 것을 볼 수 있었다. 매우 짧고 암술대가 구부러진 암술은 약간 커졌거나 깔때기 모양이며 암술머리를 나타내는 말단부가 아래쪽을 향하고 있다. 또한 꽃밥 수술의 확장된 막 두 개로 덮여 있다. 커진 깔대기 모양의 말단부에서 씨방 내부까지 열린 통로가 있다는 사실은 놀랍다. 약간의 압력으로 인해 우연히 들어온 기포가 한쪽 끝에서 다른 쪽 끝으로 자유롭게 이동했기 때문에 이것은 확실하다. 미칼레는 비올라 알바(흰색제비꽃)에서 비슷한 통로를 발견했다. 따라서 폐쇄화의 암술은 완벽한 꽃의 암술과 상당히 다르다. 후자의 암술은 직각으로 구부러진 암술머리를 제외하면 훨씬 더 길고 곧으며 열린 통로가 이를 관통하지 않기 때문이다. (…)

폐쇄화와 완벽한 꽃이 생산하는 씨앗들은 모양이나 개수에서 차이가 없다. 두 번에 걸쳐 나는 다른 개체의 꽃가루로 여러 개의 완벽한 꽃을 수정시킨 후 같은 식물에 있는 몇 개의 폐쇄화에 표시를 했다. 그 결과 완벽한 꽃이 생산한 14개의 꼬투리에는 평균 9.85개의 씨앗이 들어 있었고, 폐쇄화가 생산한 17개의 꼬투리에는 평균 9.64개의 씨앗이 들어 있었다. 양의 차이는 거의 없었다. 다른 점이 있다면 폐쇄화의 꼬투리는 완벽한 꽃의 꼬투리보다 놀라울 정도로 빨리 발달한다는 것이다.

LXXV

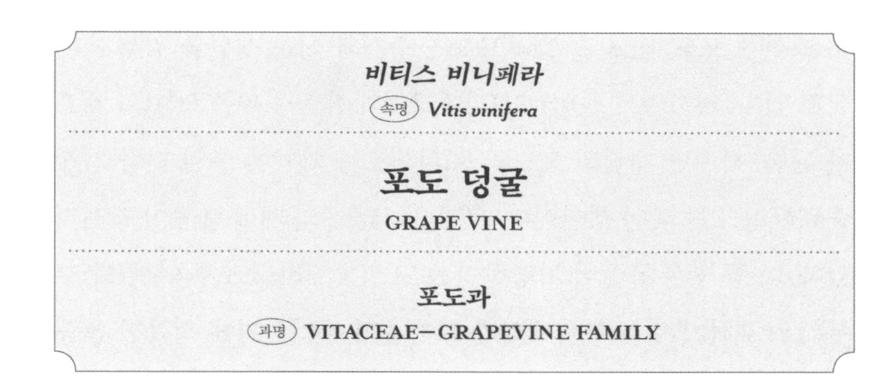

덩굴식물

포도는 덩굴식물과(목본성 덩굴)에 속하며 넓은 잎과 덩굴손, 꽃차례가 잎 맞은편에 있어 꽃이나 열매가 없어도 쉽게 알아볼 수 있다. '덩굴vine'이라는 단어는 원래 '포도vitis'만을 의미했으나 지금은 초본성 덩굴식물을 가리키는 용어로 간주된다. '덩굴liana'은 목본성 덩굴을 가리킨다. 포도속은 약 60종의 포도를 포함하며 그중 25종은 북아메리카에서 발견된다.

구세계 종인 '비티스 비니페라'는 잔을 들어 건배할 가치가 충분하다. 포도는 기원전 6000년경 가장 오래된 재배 전통을 가진 코카서스 횡단 지역에서 처음 재배됐다. 이후 기원전 1500년경에 서유럽에도 전해졌으며 지금은 뜨겁고 건조한 여름과 차갑고 습한 겨울을 가진 전 세계 지역에서 재배되고 있다. 비티스종들과 그 교배종

비티스 비니페라.

발다사레 카트라니의 수채화. 〈토착종과 외래종〉에 수록.

은 생식용 포도, 건포도, 그리고 포도주스와 식초 생산을 위해 재배되고 있다. 잎까지도 돌마(포도잎에 고기와 쌀 등을 넣은 요리)의 재료가 된다. 하지만 재배된 포도의 80퍼센트가 와인에 쓰일 만큼 가장 중요한 용도는 와인 생산이다. 현재 약 1만 종의 재배 품종이 알려져 있다. 이 중 많은 품종이 치명적인 포도 필록세라(포도뿌리혹벌레)로부터 보호하기 위해 북아메리카 토착종의 뿌리줄기에 접목한 품종들이다. 필록세라는 유럽의 포도나무들을 거의 전멸시킨 북아메리카 원산의 진딧물과 비슷한 곤충이다.

다윈은 가끔 와인과 포트와인을 즐겼던 것으로 알려져 있다. 대학에서 있었던 소동을 담은 한 학부생의 기록을 보면 다윈은 케임브리지대학교의 크라이스츠칼리지에 있는 오래된 휴게실의 천장 높이에 대한 내기에서 져서 포트와인 한 병을 사게 됐다(그의 학비를 대고 있던 것은 아버지였으므로 사실상 금전적 손해를 입은 것은 다윈이 아니라 아버지였겠지만).* 나중에 다윈은 포도를 연구 주제로 삼는 등 포도에 대해 더 진지해졌다. 그는 자신의 정원에서 포도나무를 키우고 덩굴손의 발달을 면밀하게 연구했다. 꽃자루에서 덩굴손까지 단계적으로 일련의 기록을 하면서 다윈은 덩굴손이 변형된 꽃차례 줄기, 즉 꽃자루를 나타낸다고 믿게 됐다. 이는 잎이나 줄기에서 뻗어 나오는 대다수의 덩굴손과는 다른 것이었다. 그는 또한 관련 속인 키수스Cissus와 개머루(지금은 '담쟁이덩굴'로 알려짐) 그리고 또 다른 두 과인 무환자나무과와 시계초과의 종들을 관찰했으며 이들 모두가 꽃자루에서 파생된 덩굴손을 갖고 있다고 결론지었다.

지금은 받아들여진 내용이지만 당시 동료 식물학자들을 설득하는 데에는 어려움을 겪었다. 각자가 적어도 특정 종의 덩굴손에 한

해서는 그 기원에 대해 다른 의견을 갖고 있었기 때문이다. 박과에 속하는 호리병박 등을 예로 들어보자. 그레이는 그 식물의 덩굴손이 가지가 변형된 것이라고 믿었고, 다윈의 오랜 스승인 케임브리지대학의 헨슬로는 턱잎이 변형된 것이라는 의견을 고수했다. 식물학자 토머스 톰슨은 잎이 변형된 것이라고 확신했다. 다윈은 몇 달 동안 서로 다른 그룹의 덩굴손 발달을 연구하면서 이들의 상동관계를 추적하기 위해 면밀히 비교했다. 어떤 시점에서 그는 모든 덩굴손이 잎에서 나왔다고 생각하게 되어 후커에게 반쯤 농담조로 이런 편지를 썼다.

"만약 식물학자들이 모든 덩굴손이 변형된 잎이라고 해준다면 저에게는 모든 것이 매우 순조로워질 것 같습니다."[156)]

그런데 그는 포도와 시계초 덩굴을 보며 생각을 바꾸었다. 그는 큐 왕립식물원의 식물학자 올리버의 도움을 받아 연구를 실행했고 올리버에게 이렇게 썼다.

"이 분석 결과에 따르면 덩굴손이 꽃자루가 있는 변형된 꽃일 가능성이 매우 높지 않습니까?"

다른 사람들처럼 올리버도 다윈의 의견에 완전히 동의하지 않았기에 대화는 계속됐다.[157)] 자신의 입장을 고수한 다윈은 그 결론을 저서 『덩굴식물의 운동과 습성』에 실었다. 즉, 모든 덩굴손은 같은 기능을 수행하지만 식물에 따라 잎·꽃자루·가지 및 턱잎을 포함해 각기 다른 기관에서 파생된다는 것이다.[158)] 오늘날 덩굴손의 진화를 연구하는 식물학자들은 서로 다른 약 17가지의 덩굴손이 있다는 데 대체로 동의한다.[159)]

다원의 노트

『덩굴식물의 운동과 습성』
(2판, 1875년)

포도나무의 덩굴손은 굵고 길이가 길다. 야외에서 자란 건강하지 않은 포도나무에서 나온 덩굴손 하나는 길이가 40센티미터였다. 이 덩굴손을 구성하는 꽃자루(A)에서는 두 개의 가지가 똑같이 갈라져 나왔다. 가지 중 하나(B)는 끝부분에 포엽이 있으며 내가 지켜본 바로는 항상 다른 하나보다 길고 종종 두 갈래로 갈라진다. 가지들은 문지르면 휘어졌다가 시간이 지나면 다시 곧게 펴진다. 덩굴손이 끝부분으로 어떤 물체를 잡으면 나선형으로 수축한다. 하지만 아무것도 잡지 않으면 이런 일이 발생하지 않는다. 덩굴손은 자연스럽게 좌우로 움직인다. 한번은 매우 더운 날, 평균 2시간 15분의 속도로 두 번의 타원형 회전을 했다. 이렇게 움직이는 동안 볼록한 표면을 따라 그려진 색깔 있는 선은 잠시 후 한쪽에 나타났고 그다음에는 오목한 쪽, 그다음에는 반대쪽, 마지막에는 볼록한 쪽에 다시 나타났다. 같은 덩굴손의 두 가지는 각자 따로 움직인다. 덩굴손은 한동안 자연스럽게 회전운동을 한 다음 빛에서 어둠을 향해 구부러진다. 이것은 내가 아니라 몰과 뒤트로셰의 주장을 근거로 한다. 몰은 벽 앞에서 자라는 포도나무의 덩굴손은 벽을 향하는 반면, 포도밭에서 자라는 포도나무의 덩굴손은 대개 북쪽을 향하는 경향이 있다고 말한다. 어린 절간은 자발적으로 회전하지만 움직임은 아주 미미하다. 어린 줄기가 창문을 향하고 있었기에 나는 완벽하게 고요하고 더운 이틀 동안 줄기의 이동 경로를 유리 위에서 추적했다. 그중 하루는 10시간에 걸쳐 나선 모양 회전을 했는데 타원 두 개 반의 경로가 그려졌다. 또한 온실 안에서 어린 머

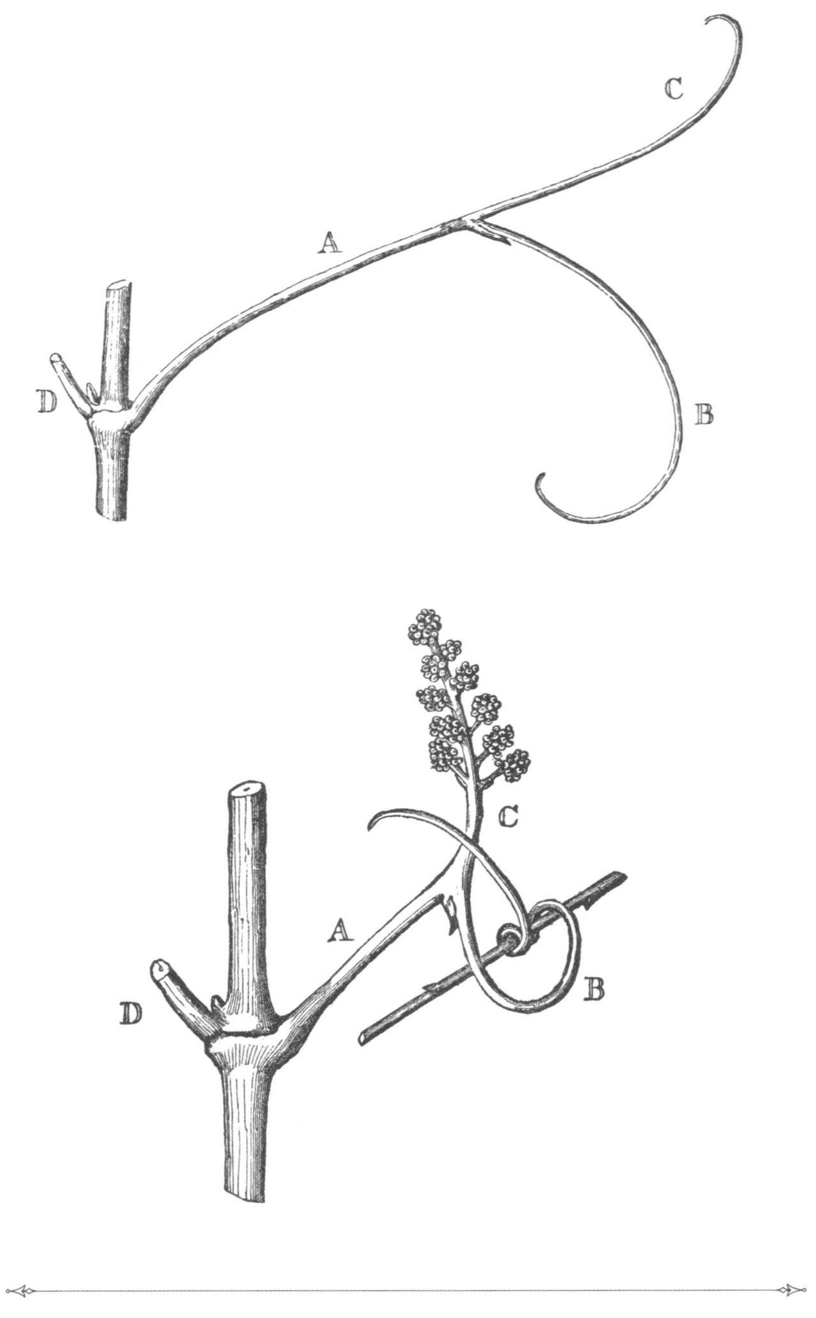

(상) 덩굴의 덩굴손. (하) 덩굴의 꽃줄기.

스캣 포도에 유리 종을 덮고 관찰했더니 작은 타원 모양으로 매일 3~4회 회전하는 것을 알 수 있었다. 어린 줄기의 움직임 범위는 좌우로 1.2센티미터 미만이었다. 하늘이 균일하게 흐린 동안 최소한 세 번의 회전이 일어나지 않았다면 아마도 이 약간의 움직임은 빛이 다양하게 작용한 결과라고 생각했을 것이다. 줄기 끝부분은 대개 아래쪽으로 구부러지지만 덩굴식물들의 일반적인 특성대로 구부러지는 방향이 뒤집히는 일은 없다.

많은 저자가 포도나무의 덩굴손은 꽃자루가 변형된 것이라 생각한다. 앞 페이지의 아래 그림은 어린 꽃줄기의 일반적인 상태를 그린 것이다. 이 꽃줄기는 '일반적인 꽃자루'(A)와 나뭇가지를 잡고 있는 모습으로 그려진 '꽃 덩굴손'(B) 그리고 꽃봉오리가 있는 '하위 꽃자루'(C)로 이뤄져 있다. 전체가 진짜 덩굴손처럼 자발적으로 움직이지만 정도는 덜하다. 하지만 하위 꽃자루(C)에 꽃봉오리가 많지 않으면 움직임이 더 커진다. 일반적인 꽃자루(A)는 지지대를 잡는 힘이 없으며 진짜 덩굴손에 해당하는 부분도 없다. 꽃 덩굴손(B)은 항상 하위 꽃자루(C)보다 길고 기저부에 포엽이 있다. 꽃 덩굴손은 이따금 두 갈래로 갈라지므로 진짜 덩굴손의 포엽이 있는 더 긴 가지(위의 B)와 모든 세부 사항이 일치한다. 하지만 하위 꽃자루(C)에서 뒤로 기울어지거나 직각으로 서 있어 향후 생기게 될 포도 다발을 지탱하는 데 도움을 준다. 문지르면 구부러진 다음에 곧게 펴진다. 그리고 그림에서 볼 수 있듯이 지지대를 단단히 붙잡을 수 있다. 나는 어린 덩굴 잎처럼 부드러운 물체가 꽃 덩굴손에 잡혀 있는 것을 본 적이 있다.

하위 꽃자루(C)의 아래쪽과 벗겨진 부분은 마찬가지로 문지르는 것에 살짝 민감하다. 나는 이 부분이 막대를 감싸며 구부러지는 것을 봤고 접촉한 잎의 일부를 감싼 것까지도 봤다. 하위 꽃자루가 일반적인 덩굴손의 가지와 같은 특성을 가지고 있다는 사실은 꽃이 몇 송이만 피어 있을 때 잘 드러난다. 이 경우에 가지가 덜 갈라지고 길이가 늘어나며 민감성과 자발적인 움직임의 힘이 모두 증가하기 때문이다. 나는 30~40개의 꽃봉오리가 있는 하위 꽃자루가 상당히 길어져 있으며 진짜 덩굴손처럼 막대기를 완전히 감고 있는 것을 두 번 봤다. (…)

아래 그림에서 볼 수 있듯이 꽃줄기의 일반적인 상태에서 진짜 덩굴손의 일반적인 상태로의 점진적 이행은 완전히 이루어진다. 우리는 하위 꽃자루(C)가 여전히 30~40개의 꽃봉오리를 가지고 있지만 때로는 약간 길어지고 부분적으로는 진짜 덩굴손의 가지에 해당하는 모든 특성을 취하는 모습을 봤다. 이 상태에서 우리는 하위 꽃자루에 해당하는 가지가 하나의 꽃봉오리를 갖춘 완전한 크기의 덩굴손에 도달할 때까지 거치는 모든 단계를 추적할 수 있다! 따라서 덩굴손은 의심의 여지 없이 꽃자루가 변형된 것이다.

P. Bessa.

오크 스프링 가든 재단의
레이철 램버트 멜런 도서관

시간의 흐름 속에서 정원사와 식물화가들의 관심은 서로 밀접하게 엮이게 됐다. 그리고 이 두 가지는 오크 스프링 가든 재단의 후원자인 레이철 램버트 멜런(1910~2014)의 삶에서 하나로 통합됐다. 태어날 때 토끼라는 별명을 얻은 레이철 램버트는 어린 시절 자기 침실 창가의 화분에서 야생화를 키웠고, 동화책에 나오는 삽화를 토대로 정원을 꾸몄다. 아버지 제러드 B. 램버트(1886~1967)의 지원으로 그녀는 뉴저지주 프린스턴에 있는 가족의 집 '앨버말Albemarle'에서 정원을 만들고 가꾸었다. 열 살의 나이에 그녀는 정원 가꾸기에 대한 희귀 도서들을 모으기 시작했다. 이것이 그녀가 평생 동안 만들어 온 컬렉션의 출발점이었다. 이 초기 소장품들은 멜런 여사가 90년이 넘는 기간 동안 수집된 다른 많은 훌륭한 책과 함께 오크 스프링 가든 재단에 남긴 도서관의 핵심이다.

옥살리스
베르시콜로르.

팡크라스 베사가 모조피지에 그린 수채화.
『애호가를 위한 식물도감』에 수록.

이것은 실용적인 도서관이었다. 확실히 멜런 여사는 수집가였지만 독자이기도 했으며 자신의 연구와 정원 가꾸기 작업 및 정원 디자인을 할 때 이 도서관을 활용했다. 그녀에게 처음으로 전문적 디자인 의뢰를 한 이는 1933년 뉴욕의 패션 디자이너 해티 카네기(1886~1956)였다. 이후에도 가족과 친구를 위해 정원 디자인을 해달라는 요청이 잇따랐지만 가장 의미가 컸던 것은 존 F. 케네디 대통령의 의뢰였다. 그는 1961년 멜런 여사에게 백악관 장미 정원을 디자인하고 꾸미는 것을 도와달라고 부탁했다. 그 뒤 그녀는 존 F. 케네디 대통령 도서관과 국립미술관의 정원 디자인도 맡게 됐다.

원예학과 식물학에 대한 흥미로 인해 멜런 여사는 옛 거장과 인상주의 화가, 후기인상주의 화가와 현대 화가들의 작품을 포함해 식물 및 자연사와 관련된 아름다운 그림과 스케치를 수집했다. 그녀는 로리 매큐언, 마거릿 스톤스, 소피 그랑발쥐스티스를 비롯한 20세기의 저명한 보태니컬 아트 화가들의 정교하고 아름다운 식물 초상화들을 입수했다. 자연 세계에 대한 멜런 여사의 열정은 그녀가 장 슐럼버제(프랑스 보석 디자이너)와 디에고 자코메티(스위스 조각가 겸 디자이너)를 포함한 유명 디자이너와 조각가들의 뛰어난 예술 작품뿐만 아니라 패션 아이콘인 크리스토발 발렌시아가, 위베르 드 지방시의 직물과 의상을 의뢰하는 데에도 영향을 줬다. 여러 해에 걸쳐 멜런 여사는 정원과 식물, 자연사와 관련된 14세기부터 20세기까지의 오브제 1만 6000점을 수집했다. 그녀가 입수한 희귀본과 현대의 책·필사본·그림·인쇄물 및 기타 장식용 오브제들은 14세기부터 20세기까지를 아우르고 있다. 그녀는 1976년, 남편 폴 멜런(1907~1999)의 도움으로 오크 스프링 가든 도서관을 건립했으며 1993년에는 오크 스프링 가든 재단을 설립했다.

또한 멜런 여사는 도서관 컬렉션의 다양한 분야를 요약한 네 개의 카탈로그를 출판했다. 오크 스프링 가든 재단의 웹사이트에서 〈오크 스프링 실바An Oak Spring Sylva〉(1989), 〈오크 스프링 포모나An Oak Spring Pomona〉(1990), 〈오크 스프링 플로라An Oak Spring Flora〉(1997·1998) 그리고 〈오크 스프링 헤르바리아An Oak Spring Herbaria〉(2009)를 볼 수 있다. 자신의 비범한 컬렉션을 공유하고자 하는 그녀의 헌신을 보여주는 네 개의 카탈로그는 전 세계의 정원사와 식물학자, 자연학자와 작가 및 예술가 등 많은 사람의 관심을 계속 끌고 있다. 자신의 귀한 소장품을 창의적으로 활용해 위대한 과학자와 훌륭한 보태니컬 아트를 연결한 이 아름다운 책을 멜런 여사가 본다면 분명히 기뻐할 것이다.

토니 윌리스

오크 스프링 가든 재단의 수석 사서

Phaseolus Brasilicus.

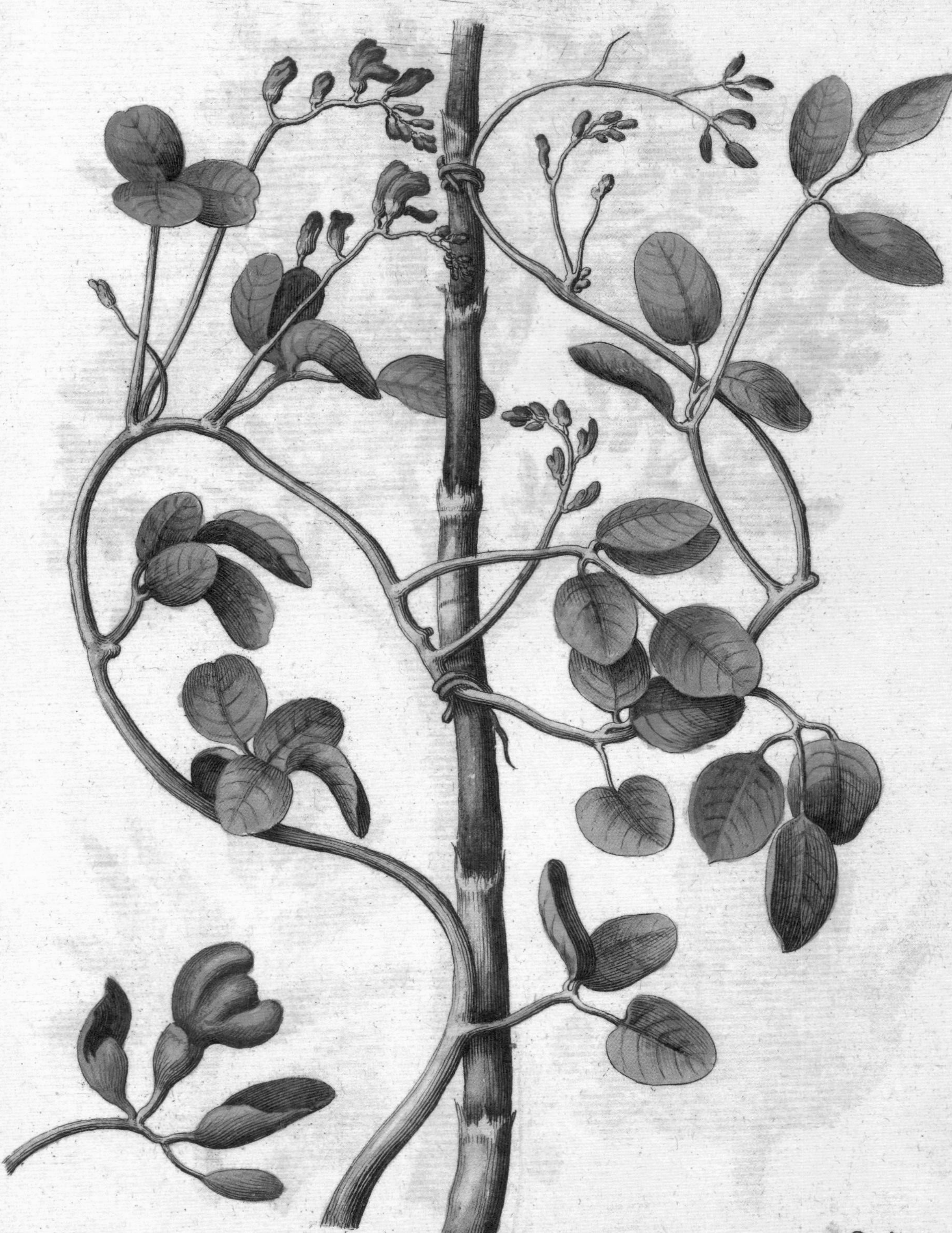

오크 스프링 가든 재단 도서관의 보태니컬 아트

오크 스프링 가든 재단 도서관의 희귀 서적, 필사본, 그림에 포함된 방대하고 다양한 이미지들 중 어떤 것을 골라도 다윈의 텍스트와 함께 배치할 수 있었지만, 우리는 아래 목록의 책 중에서 소수의 작품을 선택하는 과정을 즐겼다. 출판되지 않은 필사본과 삽화의 비공식적 제목은 〈 〉 안에 표시하고 '*미출판본'이라고 적었다. 또한 이 책에 들어가는 작품들의 식물 이름은 각 항목 뒤에 괄호로 표시했다.

파세올루스 브라실리쿠스.

요한 테오도어 데 브리가 새기고 손으로 채색한 판화. 『새롭게 발견된 화초 모음집』에 수록.

『멕시코와 과테말라의 난초과The Orchidaceae of Mexico and Guatemala』

19세기의 가장 유명한 난초학자 중 한 명인 제임스 베이트먼(1811~1897)은 1837년과 1843년 사이에 런던에서 이 책을 출간했다. 당시는 유럽에서 이국적인 난초를 수집하고 키우는 것이 유행처럼 번지던 시기다. 정교하고 고급스러운 이 책은 특별히 판형이 커서 30×20인치에 달한다. 손으로 채색한 석판화 40장이 들어 있으며, 구독자들을 위해 125부만 발행됐다. 가장 최근에 발견된 난초종을 그린 삽화는 난초가 활짝 피어 있는 모습을 실물 크기로 보여준다. 희귀한 난초 표본들이 차례로 꽃을 피우면서 이 책의 출간은 6년 동안 계속됐다. 난초를 그린 화가들은 세라 앤 드레이크(1803~1857), 제인 에드워즈(1842~1898), 새뮤얼 홀든(1845~1847 활동), 오거스타 이네스 위더스(1792~1877) 등이고 석판화는 막심 가우치(1774~1854)가 담당했다.

✣ **카타세툼 마쿨라툼**

『애호가를 위한 식물도감 Herbier Général de l'Amateur』

팡크라스 베사(1772~1846)는 당대의 가장 훌륭한 꽃 화가 중 한 명으로 파리 국립 자연사박물관과도 밀접한 관계가 있었다. 그는 오크 스프링 가든 재단을 대표하기도 하는 피에르조제프 르두테와 헤라르트 판 스판동크의 가르침과 영향을 받았다. 프랑스 국왕 샤를 10세의 의뢰로 식물학자 장 클로드 미셸 모르당 드 로네가 펴낸 이 여덟 권짜리 책을 위해 베사는 모조피지에 600여 점의 수채화를 그렸다. 이 그림들은 1947년에 열린 경매에서 뿔뿔이 흩어졌으며 오크 스프링 가든 재단은 그 원본들 중 89점을 소장하고 있다.

✣ **글로리오사 수페르바, 옥살리스 베르시콜로르**

『기이한 약초 A Curious Herbal』

엘리자베스 블랙웰(1700~1758)은 남편 알렉산더가 채무자로 감옥에 있는 동안 그를 재정적으로 지원하기 위해 런던의 첼시 피직 가든에서 약용 식물을 그리는 일을 했다. 그녀가 그린 500종의 식물 중 대부분은 미국에서 발견된 것이었다. 그녀는 그 삽화들을 구리에 새겼으며 남편과 함께 각 식물에 대한 설명과 약효 성분을 기록했다. 블랙웰은 삽화들을 모아 1737년부터 1739년까지 매주 네 개의 판으로 출간했으며 블랙웰은 일부를 손으로 직접 채색했다. 그녀는 18세기에 예술가이자 출판인으로 인정받은 소수의 여성 중 한 명이었다. 그녀의 책은 큰 성공을 거뒀고 얼마 후 독일의 식물학자 크리스토프 야코프 트레브(1695~1769)에 의해 더 큰 두 권짜리 버전으로 재출간됐다. 블랙웰의 그림을 구입한 사람 중 하나는 열렬한 수집가로 알려진 존 스튜어트로, 그는 제3대 뷰트 백작이자 대영제국 총리였으며 오거스타 공주의 친한 친구였다. 공주의 식물원은 큐 왕립식물원으로 발전했다. 오크 스프링 가든 재단은 블랙웰의 수채화 원본 72점, 『기이한 약초』의 영국판 두 권과 트레브의 개정판을 소장하고 있다.

✣ 프라가리아 베스카, 오르키스 마스쿨라, 피숨 사티붐

『새롭게 발견된 화초 모음집 Florilegium renovatum et Auctum』

독일의 판화가이자 출판업자인 요한 테오도어 데 브리(1561~1623)는 1641년 자신의 사위이자 예술가 마리아 지빌라 메리안의 아버지인 마테우스 메리안이 출간한 이 책을 위해 손으로 채색한 82점의 판화를 제작했다. 데 브리의 판화 중 다수는 다른 장인들의 판화를 복제한 것이 었는데 그중에는 조반니 바티스타 페라리(1584~1655)가 그린 파세올루스 브라실리쿠스 그림도 있었다.

✣ 파세올루스 브라실리쿠스

『식물 도감Stirpium Imagines』,

『외래종 및 토착종Exoticarum Atque Indigenarum Plantarum』

피에르조제프 르두테와 동시대인인 발다사레 카트라니(1776~1820 활동 추정)는 조세핀 황후의 의뢰로 훌륭한 구아슈(수용성의 아라비아고무를 섞은 중후한 느낌의 불투명 수채물감-옮긴이) 그림 컬렉션을 만들었다. 나중에 고향으로 돌아온 카트라니는 유럽에서 가장 오래된 식물원인 이탈리아 파도바의 식물원에서 토착종과 이국적인 꽃들을 그렸다. 오크 스프링 가든 재단은 『식물 도감』(Padua, 1776)이라는 책으로 묶인 75점의 원본 그림과 『외래종 및 토착종』을 위해 그려졌으나 제본되지 않은 63점의 그림 그리고 1799년경 모조피지에 그린 일곱 점의 수채화 세트를 소장하고 있다.

✣ 비티스 비니페라

『런던 식물상Flora Londinensis』

윌리엄 커티스(1746~1799)는 약제 회사에서 식물학 연구자로 일하다가 식물학에 대한 열정을 따르기 위해 약제상 및 약사 견습생활을 그만뒀다. 그는 10년이 넘는 시간 동안 『런던 식물상』을 펴내는 일에 몰두했다. 이것은 런던 주변에서 자라는 식물을 포괄적으로 설명하고 그린 최초의 책이었다. 이 시리즈는 1777년부터 1796년까지 손으로 채색한 판화 306점이 담긴 세 권의 책으로 출간됐다. 우아한 원본 그림을 그린 사람은 제임스 소워비(1757~1822), 시드넘 티크 에드워즈(1768~1819), 프랜시스 샌섬(1780~1810) 그리고 윌리엄 킬번(1745~1818)이었다. 동료 자연학자들은 이 책을 걸작으로 인정했지만 커티스는 경제적 보상을 얻지는 못했다. 이국적인 식물에 대한 삽화와 글이 대중 독자들에게 더 인기가 많을 것이라는 판단하에 그는《식물학 잡지》를 이어서 출간했다.

✣ 리나리아 불가리스, 프리물라 아카울리스

《식물학 잡지 The Botanical Magazine》

윌리엄 커티스는 1793년《식물학 잡지》를 창간했고『런던 식물상』으로 발생한 경제적 손실을 성공적으로 만회했다. 식물학에 대한 영국 최초의 주요 잡지인《식물학 잡지》는 지금까지도 계속 출간되고 있으며 1995년 이후부터《커티스의 식물학 잡지》라는 제호로 바뀌었다. 이 잡지는 처음부터 정원과 온실에서 재배되는 토착종과 외래종 관상 식물들을 다뤘다. 다윈의 시대에는 큐 왕립식물원 원장이었던 윌리엄 잭슨 후커 경과 아들 조지프 돌턴 후커가 이 잡지의 편집자로 활동했다. 처음에는 손으로 채색한 동판화로 발행됐다가 컬러 석판 인쇄를 거쳐 현대적인 컬러 인쇄 방식으로 발전했다. 초기의 원본 그림은 제임스 소워비, 시드넘 에드워즈, 월터 후드 피치(1817~1892) 그리고 윌리엄 잭슨 후커(1785~1865)가 그렸다.

✣ 카르디오스페르뭄 할리카카붐, 마우란디아 스칸덴스, 살비아 코키네아, 스피란테스 케르누아

『식물의 역사에 대한 회고록 Mémoires pour Servir à l'Histoire des Plante』

드니 도다르(1634~1707)는 프랑스의 식물학자이자 의사로서, 식물생리학 및 중력이 식물에 미치는 영향을 포함해 식물학에 대한 많은 연구를 했다. 1675년에 쓴 이 책에는 39개 판의 삽화가 들어 있다. 대부분 실물을 직접 보고 그린 것이며 프랑스 화가 니콜라 로베

르(1616~1685)가 동판에 새겼다. 로베르는 베르사유의 왕실 정원에서 일했으며 꽃을 그린 그의 판화는 17세기 초에 나온 최고의 예술 작품 중 하나로 평가받는다.

✣ 비그노니아 카프레올라타

『꽃, 나방, 나비 그리고 조개껍질 Flowers, Moths, Butterflies and Shells』, 『희귀종 식물과 나비 Plantae et Papiliones rariores』

게오르크 디오니시우스 에레트(1708~1770)는 자신의 재능과 지식으로 예술과 과학을 통합한 가장 위대한 식물화가 중 한 명으로 인정받고 있다. 그는 과학자와 감정가들이 의뢰한 수많은 식물화와 판화를 작업했다. 또한 젊은 시절 유럽 전역을 여행하면서 정원사 겸 설계사로 일했다. 스웨덴의 식물학자 칼 린네와의 협업을 계기로 평생 이어간 우정은 에레트의 명성에 도움이 됐다. 에레트는 1736년 영국에 정착해 화가이자 교사로서 자리를 잡았다. 오크 스프링 가든 재단이 소장한 아름다운 컬렉션『꽃, 나방, 나비 그리고 조개껍질』은 1756년부터 1769년 사이에 수채물감과 구아슈물감으로 모조피지에 그린 37점의 그림을 모은 것이다. 이 중 일부 그림은 그가 런던에서 만든『희귀종 식물과 나비』를 위해 그려졌다. 그의 벌레잡이제비꽃(핑구이쿨라 게스네리, 지금은 핑구이쿨라 불가리스와 동의어로 여겨짐) 그림은 잎의 묘사에 바탕을 두고 속명을 지은 린네를 위해 그린 것일 가능성이 높다.

✣ 퀴클라멘 유로파에움, 디안투스 카뤼오퓔루스, 핑구이쿨라 불가리스

〈파리지옥 필사본 The Venus Flytrap Manuscript〉 *미출판본

영국의 리넨 상인이자 식물학자, 동물학자, 작가였던 존 엘리스(1705~1776)는 린네의 편지 친구이자 가까운 친구였다. 린네는 그를 '자연사의 밝은 별'이라고 칭했다. 1769년 엘리스는 런던으로 운송돼 온 살아 있는 파리지옥을 펜과 잉크로 그린 삽화, 그리고 이 식물에 대한 설명을 함께 적어 린네에게 보냈다. 엘리스의 편지는 서양의 과학계에 식충식물이 공식적으로 소개됐음을 공표했다. 대양을 횡단해 운송되는 식물을 주제로 1770년 발행된 소책자에 파리지옥에 대한 설명이 컬러 그림과 함께 추가됐다. 이 소책자의 제목은 『동인도와 다른 먼 나라로부터 식생 상태의 씨앗과 식물을 가져오는 방법: 미국 식민지에서 의학·농업·상업의 목적으로 권장할 만한 가치가 있는 외국 식물들의 카탈로그 첨부』다. 여기에 디오네이아 무스키풀라 혹은 파리지옥이라고 부르는 새롭고 민감한 식물에 대한 식물학적 설명과 그림이 추가된 것이다. 파리지옥 그림의 원본과 이 식물에 대해 엘리스가 린네에게 설명하는 편지는 오크 스프링 가든 재단이 소장하고 있다.

✣ 디오네이아 무스키풀라

〈영국 학교의 정원 꽃 앨범 Album of Garden Flowers, English School〉 *미출판본

영국 학교에 있는 정원 꽃들을 담은 이 18세기 앨범에는 모조피지에 그린 151점의 수채화 및 구아슈 그림이 들어 있다. 또한 봄부터 가을까지 계절에 따라 영국에서 자라는 정원 식물이 활짝 꽃을 피운 아름다운 그림이 가득하다. 식물의 라틴어명과 일반명이 같이 쓰여 있는 그림이 많은 것으로 보아, 이 그림들을 그린 고도로 숙련된 예술가는 상당한 식물학적 지식을 갖추고 있었음이 분명하다.

(라튀루스 오도라투스, 루피누스 필로수스, 오프뤼스 아피페라, 옥살리스 베르시콜로르, 솔라눔 투베로숨, 트로파이올룸 마이우스)

〈프랑스 학교의 꽃 앨범An Album of Flowers, French School〉 *미출판본

18세기 후반에 제작된 이 모음집은 아마도 정원사 혹은 화초 재배가가 만든 카탈로그의 일부였을 것으로 추정되며 55점의 수채화가 수록돼 있다.

✣ **빙카 미노르**

〈식물 그림 162점162 Drawings of Plants〉 *미출판본

앤 해밀턴 부인Dame Ann Hamilton은 1752년부터 1766년 사이에 아름답고도 놀랍도록 정확한 식물화를 수채물감과 구아슈물감으로 모조피지에 그렸다. 영국 국회의원의 딸이었던 그녀는 베일에 싸인 예술가로, 삶에 대해 알려진 것이 거의 없다. 매우 뛰어난 그녀의 그림 스타일은 에레트를 연상시킨다. 에레트는 많은 젊은 여성에게 '좋은 가족'에 대해 교육했는데, 아마도 그녀에게 꽃 그림을 가르쳐줬을 것이다. 그림에는 식물의 일반명과 함께 종종 학명도 표기돼 있다. 오크 스프링 가든 재단은 해밀턴의 그림 162점을 보유하고 있다.

✣ **클레마티스 레펜스, 이포모에아 푸르푸레아, 리눔 페렌, 미모사 푸디카, 파세올루스 코키네우스, 프리물라 베리스**

『자연에 있는 그대로 그린 영국 식물 카탈로그A Catalogue of English Plants Drawn after Nature』

프랜시스 하워드 여사는 1762년부터 1766년 사이에 이 필사본으로 묶인 모조피지에 수채화를 그렸다. 삶에 대해서는 알려진 것이 거의 없지만 그녀는 에레트의 사랑받는 제자였으며 작업물이 훌륭하고 여운을 준다는 점에서 에레트와 비슷한 기술을 갖고 있었다. 꽃 그림에 선명한 디테일과 생생한 색상을 입힌 그녀는 많은 시간을 작업에 쏟은 것이 분명하다. 또한 자신의 식물화에 일반명과 라틴어명을 색인으로 넣었는데, 이는 그녀가 예술적인 작업뿐 아니라 식물의 과학적이고 지리학적인 측면에도 관심이 많았음을 보여준다. 오크 스프링 가든 재단이 보유한 이 앨범에는 모조피지에 그린 94점의 수채화와 청사진용 감광지에 그린 네 점의 실험 그림이 들어 있다.

✣ 디기탈리스 푸르푸레아, 드로세라 로툰디폴리아

『린데니아: 난초의 도상학Lindenia: Iconography of Orchids』

1891년부터 1897년 사이에 13권으로 출간된 이 책은 벨기에의 식물학자 장 쥘 린덴이 썼으며 304점의 다색석판화가 포함돼 있다. A. 고센스가 삽화를 그렸고 페테르 데 파네마커르가 인쇄했다. 린덴은 유럽의 원예학 발전을 위해 브라질과 신열대 지방의 다른 나라들을 여행하면서 브로멜리아드(파인애플과 식물의 총칭-옮긴이)와 다른 식물, 특히 난초를 수집했다. 이 식물들이 서식하는 원산지의 조건에 대해 자세히 연구한 그는 벨기에로 돌아와서 이 식물들을 재배하기 위해 다양한 조건을 갖춘 온실을 만들기도 했다.

✣ 카타세툼 사카툼

『모든 국가의 식물을 짧은 설명과 함께 컬러 그림으로 묘사한 식물 캐비닛The Botanical Cabinet Consisting of Coloured Delineations of Plants from All Countries with a Short Account of Each』

콘래드 로디지스(1821~1865)는 조지 쿡(1781~1834)의 판화가 들어 있는 이 책을 20부로 나누어 1817년부터 1833년 사이에 출간했다. 이 책은 런던 해크니에 있는 로디지스 사육장에서 키우던 전 세계의 식물을 다루었으며 많은 삽화를 로디지스 가족 구성원들이 그렸다.

✣ 미트켈라 레펜스

『루이 15세의 궁정화가 생토뱅의 식물화 모음집Recueil de plantes copiées d'après nature par de Saint Aubin dessinateur du roy Louis XV』

샤를 제르맹 드 생토뱅(1721~1786)은 1736년부터 1785년까지 거의 50년에 걸쳐 수채물감, 구아슈물감, 파스텔, 잉크 등을 사용한 250점 이상의 그림이 담긴 이 컬렉션을 만들었다. 매우 광범위한 관심사를 가진 그는 끊임없이 새로운 스타일과 기술을 실험했다. 대부분의 그림은 꽃이 피는 식물에 대한 정교한 연구였고 나머지는 솜씨 있게 구성한 꽃다발이나 트롱프뢰유(실제의 것으로 착각할 정도로 세밀하게 묘사한 그림-옮긴이) 그림들, 풍경화 그리고 나비, 조개, 원숭이 및 기타 주제를 묘사한 것이다.

✣ 비키아 파바

『레이켄바키아: F. 샌더가 그리고 묘사한 난초들Reichenbachia: Orchids Illustrated and Described by F. Sander』

프레데릭 샌더(1847~1920)는 독일에서 태어났고 양묘업자 일자리를 찾기 위해 영국으로 이민을 갔다. 스물한 살에 처음 난초를 접한 그는 그것을 연구하는 데 온 생애를 바쳤다. 빅토리아 여왕을 위한 난초 재배자로서 그는 여러 새로운 품종을 소개했고 약 200종의 난초에 그를 기리기 위한 이름이 붙여졌다. 『레이켄바키아』는 샌더와 영국의 풍경화가 헨리 조지 문(1857~1905)의 공동 작품이다. 문은 약 4년의 기간 동안 이 책에 수록된 대부분의 삽화를 그렸다. 첫 번째 책이 1888년 출간된 이후 2년 간격으로 세 권이 더 나왔다. 문이 목판에 새긴 그림은 다색석판술로 인쇄됐으며 아주 가끔 손으로 채색되기도 했다. 문 이외에도 프로젝트에 참여한 다른 삽화가로는 W. H. 피치, 앨리스 H. 로크, 조지 핸슨, 찰스 스토러, J. 와튼, 제임스 레이드 맥팔레인이 있다.

✣ 안그라이이쿰 세스퀴페달레

『265점의 식물 그림이 담긴 식물 필사본Botanical Manuscript with 265 Drawings of Plants』 *미출판본

독일의 식물학자 마르틴 피에트 슈미츠의 아내인 엘리자베트 피에트 슈미츠는 17세기 후반에 활동했으며 265점의 수채화와 구아슈 그림을 그렸다. 첫 번째 2절판의 그림에 쓰인 대로 "모두 자연에 있는 그대로 그렸다." 그림은 59장의 2절판 종이에 그려졌고 1787년경 필사본으로 묶였으며 지금은 오크 스프링 가든 재단에 보관돼 있다.

✣ 퀴클라멘 유로파에움

『뉴욕주의 식물상 A Flora of the State of New York』

존 토리(1796~1873)는 미국 전역에서 식물 표본을 수집하고 설명하고 분류했다. 그의 제자 중 한 명이 나중에 하버드대학교 교수이자 미국에서 찰스 다윈의 가장 중요한 지지자가 된 에이사 그레이다. 토리는 1843년에 나온 『뉴욕 자연사』 시리즈 중 일부로 이 책을 출간했다. 두 권의 책에 165점의 석판화가 있으며 대부분 직접 손으로 채색했다. 서문에서 토리는 그림을 그려준 화가들에게 다음과 같이 감사를 표했다.

"초기 그림 중 상당수는 애그니스 미첼 씨의 작품이고, 스윈턴 씨의 작품 몇 점을 제외하면 나머지는 엘리자베스 풀리 씨가 그려줬습니다. 그들은 모두 존경받는 화가들이지만 식물을 해부하는 데는 익숙하지 않았습니다. 석판화는 조지 엔디콧 씨의 사무실에서 작업했습니다."

✣ 에키노퀴스티스 로바타

『가장 희귀한 식물 Plantae rariores Quas Maximam Partem』,
『선택된 식물 Plantae Selectae』

크리스토프 야코프 트레브는 뉘른베르크의 의사이자 도서 애호가, 식물학자였으며 식물화가들을 지원하면서 함께 생산적으로 일했다. 그는 식물학자이자 식물화가였던 에레트의 평생 친구였고 에레트가 식물을 과학적으로 그리고 예술적으로 연구하는 데 영향을 줬다. 『가장 희귀한 식물』은 1750년에서 1773년 사이에 트레브가 출판한 『선택된 식물』에 대한 보충 자료로서 1784년에서 1795년 사이에 스위스의 알트도르프와 독일의 뉘른베르크에서 인쇄됐다. 두 간행물 모두 베네딕트 크리스티안 포겔(1745~1825), 마그누스 멜치

안 파이어라인(1716~1751)을 포함한 몇몇 화가의 아름다운 삽화가 실려 있으며 그중 하나는 에레트의 작품이다. 판화 제작은 크리스토퍼 켈러(1638~1707)와 아담 루트비히 비르징(1734~1797)이 맡았다.

✣ 아라키스 히포가이아

『난초 앨범The Orchid Album』

로버트 워너(1814~1896)는 발행인이자 공동 저자인 벤저민 새뮤얼 윌리엄스(1824~1890)와 함께 1882년부터 1897년까지 11권으로 구성된 『난초 앨범』을 구독 형식으로 출간했다. 각 권에는 48점의 석판화가 들어가 있어 모두 합치면 528점이었다. 모든 석판화는 다작의 식물화가 월터 후드 피치의 조카인 존 뉴전트 피치(1840~1927)가 제작했다. 컬러로 인쇄하고 손으로 채색한 석판화는 당시 유럽과 영국을 사로잡았던 화려한 난초종과 변종들을 묘사하고 있다. 다윈이 종종 논문을 발표했던 《가드너스 크로니클》은 『난초 앨범』을 다음과 같이 소개했다.

"최고의 걸작이다. 이 시리즈는 난초를 묘사한 삽화에 대한 수요를 충족시키기 위해 기획됐으며, 난초에 대한 식물학적 설명과 함께 난초 재배를 위한 조언이 들어 있다. (…) 이 시리즈가 등장했을 때 전 세계의 원예계는 큰 만족감과 함께 환영의 뜻을 밝혔다."

✣ 코뤼안테스 마쿨라타

『영국의 꽃들British Flowers』

자매인 엘리자베스와 마거릿 훠턴은 토착종 야생화를 그린 수채화와 연필 드로잉 320점의 필사본을 두 권의 책으로 묶었다. 그림에는 식물의 위치에 대한 메모와 함께 1793년부터 1811년까지의 날짜가 표시돼 있다. 자신의 간략한 전기에서 엘리자베스는 식물화의 세부 묘사에 반영된 식물학적 기술에 대한 찬사를 받았다. 그림을 두 자매가 어떻게 나누어 작업했는지는 확실하지 않지만 일부 작품은 함께 그린 것으로 보인다. 대부분을 엘리자베스가 그리고 마거릿은 간간이 도움을 준 것으로 추측된다. 자매는 1792년부터 1827년 사이에 두 권의 책을 더 제작했는데 하나는 풀을, 다른 하나는 해초를 다루고 있다.

✣ 퀴프리페디움 칼케올루스, 에피팍테스 라티폴리아, 후물루스 루풀루스, 풀모나리아 오피시날리스, 트리폴리움 프라텐세, 비올라 오도라타

『남자를 위한 식물도감Herbarius Ad Virum Delineatus』

얀 비투스(1648~1685년경)는 1670년경에 〈네덜란드 화초 모음집〉을 만들었는데, 모조피지에 그린 263점의 꽃 그림을 세 권으로 묶어 출간했다. 유명한 화가 마티아스 비투스(1627~1703)의 아들인 얀은 생애 대부분을 네덜란드에서 보냈으며 자연의 세계에 대해 깊게 이해하고 있었다. 그는 토착종 꽃뿐만 아니라 세계 각지에서 네덜란드로 들어온 새로운 식물에 대한 인기를 반영하며 역사적으로도 중요한 재배종 꽃을 아름다운 그림으로 그렸다. 비투스의 그림을 애서가인 파울로 판 위헬렌이 구입해 모조피지로 제본했다. 이것은 암스테르담의 제본업자 알버르트 마그누스가 담당했을 확률이 높다.

✣ 이포모에아, 파시플로라 케루레아

감사의 글

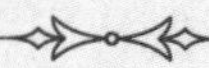

이 책의 저자들은 뉴욕식물원 그리고 지금은 은퇴한 루에스터 T. 머츠 도서관 관장인 수전 프레이저에게 특히 감사를 표합니다. 그녀는 두 저자를 연결시켜 줬을 뿐 아니라 이 책의 씨앗이 된 두 개의 전시회, 〈다윈의 정원: 진화의 모험〉(2008)과 〈르두테부터 워홀까지: 버니 멜런의 보태니컬 아트〉(2016)를 보여줌으로써 바비에게 큰 영향을 줬습니다. 또한 바비에게 열렬한 지원과 열정을 보여준 오크 스프링 가든 재단의 대표 피터 크레인, 수석 사서 토니 윌리스, 오크 스프링 가든 재단의 사진가 짐 모리스에게 깊은 감사를 드립니다(바비가 자세히 정독할 수 있도록 여러 책과 필사본을 보여주며 특별한 도움을 준 토니에게 특히 감사합니다). 이들은 바비가 식물화 작품들을 조사하고 선별할 수 있게 환대해 줬고, 예술 작품들의 고품질 이미지를 친절하게 제공했으며 훌륭한 서문과 버니 멜런 컬렉션과 우리의 식물화 선별작들을 안내하는 부분의 원고를 쓰는 데 도움을 줬습니다.

우리는 편집자 톰 피셔와 앤드루 베크만을 비롯해 팀버 프레스 출판사와 처음부터 끝까지 좋은 관계를 유지했습니다. 이들의 열정적 지원과 조언에 깊은 감사를 드립니다. 또한 세심하고 철저한 편집 작업과 도움으로 책 제작 전반을 안내하는 역할을 해준 프로젝트 편집자 자코바 로슨, 책의 외양과 분위기를 만드는 데 섬세한 노력을 기울인 팀버 프레스의 디자이너들에게도 많이 감사합니다. 이보다 더 훌륭한 팀을 찾을 수는 없을 것입니다!

마지막으로 이 프로젝트는 수많은 친구와 동료의 지원과 비판적인 조언으로 엄청나게 많은 것을 얻었습니다. 구스타보 로메로(하버드대학 그레이 식물표본실)와 수전 프레이저, 재클린 칼룬키, 로빈 모란, 원고에 대한 귀중한 의견을 주신 뉴욕식물원의 로버트 나치, 다윈의 목판화 스캔본을 친절하게 제공해 주신 머츠 도서관의 서맨사 다쿤토, 수스크스마 디타카비 그리고 올가 마르타에게 감사드립니다. 마지막으로 전체 원고를 읽고 유용한 조언과 수정 사항을 셀 수 없을 만큼 많이 준 레슬리 코스타와 맷 칸데이아스(『식물의 방어』 저자)에게 매우 특별한 감사를 표합니다. 남아 있는 오류가 있다면 말할 것도 없이 전적으로 우리의 책임입니다.

주

들어가며: 식물학자 다윈을 만나다

1) Lankester 1896, 2: 4391–4392.
2) A. Gray to C. R. Darwin, 1 September 1863, DCP-LETT-4288; Correspondence 11: 614.
3) Litchfi eld 1915, 1: 51.
4) J. M. Rodwell to F. Darwin, 8 July 1882 (DAR 112: 94v); Correspondence 1: 125, n2.
5) C. R. Darwin to R. W. Darwin, 31 August 1831, DCP-LETT-110; Correspondence 1: 132.
6) C. R. Darwin, Galapagos Notebook, p. 30b; Chancellor and van Wyhe 2009, p. 418.
7) C. R. Darwin, 1845 (Journal of researches), p. 392.
8) C. R. Darwin to J. D. Hooker, 12 December 1843, DCP-LETT-722; Correspondence 2: 419; J. D. Hooker to C. R. Darwin, [12 December 1843–11 January 1844], DCP-LETT-723; Correspondence 2: 421.
9) C. R. Darwin to J. D. Hooker, 5 June 1855, DCP-LETT-1693; Correspondence 5: 343.
10) Darwin 1862 [Orchids], pp. 1-2.
11) C. R. Darwin to J. D. Hooker, 19 June 1860, DCP-LETT-3290; Correspondence 13: 427.
12) C. R. Darwin to A. Gray, 23–24 July 1862, DCP-LETT-3662; Correspondence 10: 330.
13) L. Darwin 1929, p. 118.
14) M. S. Wedgwood to C. R. Darwin, [before 4 August 1862], DCP-LETT-3681; Correspondence 10: 351; C. R. Darwin to K. E. S. Wedgwood, L.C. Wedgwood, and M. S. Wedgwood, 4 August 1862, DCP-LETT-4373; Correspondence 10: 355. See also Wedgwood 1868.
15) C. R. Darwin to A. Gray, 28 October 1876, DCP-LETT-10656; Correspondence 24: 325.
16) Edens-Meir and Bernhardt 2014 for the authoritative treatment of

Darwin's orchid research and orchid biology.

17) Nora Barlow (ed.). 1958. The Autobiography of Charles Darwin 1809-1882. London: Collins, p. 134.

18) C. R. Darwin to J. D. Hooker, 14 July 1863, DCP-LETT-4241, Correspondence 11: 533; C. R. Darwin to D. Oliver, 18 July 1863, DCP-LETT-4244, Correspondence 11: 543; C. R. Darwin to A. Gray, 4 August 1863, DCP-LETT-4262, Correspondence 11: 581.

19) Isnard and Silk 2009 give a concise overview of research on climbers from Darwin to the present day.

20) Darwin 1875 [Insectivorous Plants], p. 286.

21) Darwin 1880 [Movement], pp. 572, 573.

* 얼마나 유익했는지 궁금하다면, 그리고 다윈의 실험 일부를 직접 해보고 싶다면 〈코스타Costa 2017〉를 참조할 것.

** 일부 작가들은 다윈이 이론에 대한 우선권을 확보하기 위해 그의 미출간 원고와 월리스의 논문을 찰스 라이엘과 조지프 후커가 같이 발표하는 것을 허용했다는 점에서 다윈이 월리스에게 잘못을 저질렀다고 설명한다. 이 과정에서 다윈이 월리스의 아이디어를 훔쳐 자신의 이론을 완성하는 데 이용했다는 더 심한 의혹도 있다. 전자의 주장에 대해 논쟁하는 것은 타당하지만 후자를 뒷받침하는 증거는 전혀 없다. 이에 관련한 증거의 분석과 토론은 〈코스타 2014〉를 참조할 것.

A. 안그라이쿰 ANGRAECUM

22) C. R. Darwin to J. D. Hooker, 25 [and 26] January 1862, DCP-LETT-3411; Correspondence 10: 47–49.

23) Wallace 1867, p. 488. This paper includes an illustration of the predicted moth pollinating A. sesquipedale. See also Arditti et al. 2012 and Kritsky 1991 for interesting treatments of the comet orchid pollinator story.

A. 아라키스 ARACHIS

24) C. R. Darwin to J. D. Hooker, 25 March 1878, DCP-LETT-11443; Correspondence 26: 138–139.

B. 비그노니아 BIGNONIA

25) Darwin 1875 [Climbing Plants] pp. 98–99.

26) C. R. Darwin to A. Gray, 28 May 1864, DCP-LETT-4511; Correspondence 12: 211–214.

* 다윈이 연구한 능소화과 식물들은 그 당시 대부분 '비그노니아'속에 속했지만 그 이후 분류학적으로 많은 변화가 있었다.

C. 카르디오스페르뭄 CARDIOSPERMUM

27) For accounts of Soapberry bug biology and research, see entomologist Scott Carroll's informative website on Soapberry Bugs of the World (soapberrybug.org) and Caroll and Loye 2012.

28) C. R. Darwin to J. D. Hooker, 31 May 1864, DCP-LETT-4516; Correspondence 12: 224–225.

* 가장 연구가 잘 이뤄진 예는 붉은어깨벌레Jadera haematoloma이며 이 벌레의 토착 숙주 식물은 풍선덩굴Cardiospermum corindum이다. 이 벌레와 식물 모두 플로리다의 수림지대에 서식하지만, 벌레는 아시아에서 유입돼 현재 플로리다에서 널리 발견되는 새로운 비토착 숙주인 황금비나무Koelreuteria elegans를 활용하기 위해 빠르게 진화했다.

C. 카타세툼 CATASETUM

29) See Romero-Gonzalez 2018 for an in-depth account of Darwin's interest in these orchids.

30) Hooker 1825, p. 91.

31) C. R. Darwin to J. D. Hooker, 11 October 1861, DCP-LETT-328; Correspondence 9: 301.

32) Darwin 1877 [Orchids] p. 178.

33) Schomburgk 1837, Darwin 1862a.

34) Cruger 1864, p. 127.

35) C. R. Darwin to W. E. Darwin, 12 October 1861, DCP-LETT-3284; Correspondence 9: 302–304.

C. 클레마티스 CLEMATIS

36) C. R. Darwin to J. D. Hooker, 8 February 1864, DCP-LETT-4403; Correspondence 12: 41–42.

37) C. R. Darwin to J. D. Hooker, 5 April 1864, DCP-LETT-4450; Correspondence 12: 119–121.

C. 코바이아 스칸덴스 COBAEA SCANDENS

38) J. D. Hooker to C. R. Darwin, 21 July 1863, DCP-LETT-4225; Correspondence 11: 554–555.
39) DAR 157.2 (Climbing Plants, Experimental notes, 1863–1864), p. 5.

C. 코뤼안테스 CORYANTHES

40) See Ramirez 2009.
41) C. R. Darwin to A. Gray, 25 February 1864, DCP-LETT-4415; Correspondence 12: 60–61.
42) H. Cruger to C. R. Darwin, 21 January 1864, DCP-LETT-4394; Correspondence 12: 23–27; Cruger 1864.
43) Darwin 1866 [Origin] p. 229.

C. 퀴클라멘 CYCLAMEN

* 박식한 의사이자 발명가, 시인이었던 이래즈머스 다윈은 1791년 『식물원』이라는 시집 중 2부에 해당하는 시 「식물의 사랑」에서 영웅시체(대구를 이루는 2행시 형식-옮긴이)와 고전적인 신화 알레고리를 이용해 그 시대의 식물을 기발하게 해석하고 의인화했다. 이 시의 '칸토Canto 3'에서 시클라멘이 씨앗 주머니를 땅에 묻는 행동은 죽은 아기를 땅에 묻고 다시 태어나게 하는 것에 비유됐다.

촉촉한 눈매를 지닌 부드러운 시클라멘
그녀의 생명 없는 아기에게 이별의 숨을 불어 넣습니다.
그리고 경건한 손으로 땅바닥에 몸을 굽히자
그녀의 사랑하는 사람이 모래 속으로 떠났습니다.
"사랑스러운 아기야! 너의 다정한 시간에 시들고"
"오 자거라," 그녀는 외칩니다. "그리고 더 아름다운 꽃을 피워라."

C. 퀴프리페디움 CYPRIPEDIUM

44) C. R. Darwin to A. Gray, 5 June 1861, DCP-LETT-3176; Correspondence

9: 162–164.

45) A. Gray to C. R. Darwin, 9 December 1862, DCP-LETT-3850; Correspondence 10: 591–592.

46) C. R. Darwin to R. Trimen, 27 August 1863, DCP-LETT-4279; Correspondence 11: 605–607.

47) C. R. Darwin to A. Rawson, 2 April 1863, DCP-LETT-4072F; Correspondence 24: 458–459.

48) C. R. Darwin to A. Rawson, 6 June 1863, DCP-LETT-5563; Correspondence 18: 395.

D. 디안투스 DIANTHUS

49) Focke 1913, Leapman 2001.

50) E. Darwin, The Loves of the Plants, notes to "Canto IV" (see Darwin 1806, p. 217).

51) Darwin 1876 [Cross and Self Fertilisation] p. 9.

D. 디기탈리스 DIGITALIS

52) Littler 2019.

53) See Costa 2017, chapter 6 for an account of this and other experiments in cross-pollination by Darwin.

D. 디오네이아 무슨카풀라 DIONAEA MUSCIPULA

54) T. Slaughter, ed., Bartram: Travels and Other Writings (New York: Library of America, 1996), p. 17. The quotation is found on pp. xx–xxi in the original 1791 edition of Bartram's Travels. An electronic transcription of the 1791 text can be found in the Documenting the American South collection of the University of North Carolina-Chapel Hill Libraries (docsouth.unc.edu).

55) C. R. Darwin to D. Oliver, 29 September 1860, DCP-LETT-2941; Correspondence 8: 398.

56) Insectivorous Plants (1875), p. 286. See chapter 8 in Darwin's Backyard (Costa 2017) for more on Darwin's adventures with Venus's fly-trap and other carnivorous plants, and Forterre et al. 2005 for an innovative study

of trap closure using high-speed video and microscopy.

* 현대의 진화생물학자들은 식물과 동물, 사실상 모든 종이 오랜 시간에 걸쳐 조상을 공유하고 있다는 데는 동의하지만, 이 식물들의 동물적 특성에 대한 다윈의 가정에는 동의하지 않을 것이다. 예를 들어 이 식물들의 운동과 촉각 민감성은 신경계에 기반을 둔 것이 아니다.

D. 드로세라 로툰디폴리아 DROSERA ROTUNDIFOLIA

57) C. R. Darwin to J. D. Hooker, 11 September 1862, DCP-LETT-3721; Correspondence 10: 401–404.
58) Litchfield 1915, 2: 177.
59) C. R. Darwin to A. Gray, 26 September 1860, DCP-LETT-2930; Correspondence 8: 388–391.
60) C. R. Darwin to D. Oliver, 15 September 1860, DCP-LETT-2917; Correspondence 8: 357–358.
61) C. R. Darwin to A. Gray, 4 August 1863, DCP-LETT-4262; Correspondence 11: 581–584.

E. 에키노퀴스티스 ECHINOCYSTIS

62) Gray 1858, p. 98.
63) A. Gray to C. R. Darwin, 24 November 1862, DCP-LETT-3823; Correspondence 10: 553–555.
64) C. R. Darwin to J. D. Hooker, 25 June 1863, DCP-LETT-4221; Correspondence 11: 506–507.
65) C. R. Darwin to J. D. Hooker, 25 June 1863, DCP-LETT-4221; Correspondence 11: 506–507.
66) Darwin 1862 [Climbing Plants] p. 133.

* 그레이는 독일의 식물학자 후고 폰 몰이 덩굴손의 민감성에 대해 보고한 자료를 조사 중이었다.(몰 1827)

E. 에피팍티스 EPIPACTIS

67) C. R. Darwin to A. G. More, 9 August 1860, DCP-LETT-2894; Correspondence 8: 316–317.
68) Darwin 1862 [Orchids] p. 39.

69) Darwin 1863a (van Wyhe 2009, p. 338).

70) Darwin 1877 [Orchids] pp. 101–102.

71) Jakubska et al. 2005.

F. 프라가리아 FRAGARIA

72) Darwin 1862b (van Wyhe 2009, pp. 322–323); see also Correspondence 10: 559.

73) For more on Darwin's experimental technique tracing movement see David Kohn's article in Darwin's Garden: An Evolutionary Adventure (Kohn 2008), and Mea Allen's Darwin and His Flowers(Allen 1977), p. 279.

G. 글로리오사 GLORIOSA

74) See Janet Browne's "Botany for gentlemen" (1989) for an interesting analysis.

75) Darwin 1877 [Forms of Flowers] pp. 146–147.

76) C. R. Darwin to J. D. Hooker, 14 July 1863, DCP-LETT 4241; Correspondence 11: 533–535.

77) DAR 157.1: 121.

78) Darwin 1882 [Climbing Plants] p. 194.

* 「식물의 사랑」 중 '칸토 1'에서 이래즈머스 다윈은 글로리오사를 다음과 같이 설명했다. "여섯 명의 남자와 한 명의 여자. 수술 세 개를 가진 이 아름다운 꽃의 꽃잎은 처음 성숙했을 때 명백히 무질서하게 서 있다. 이윽고 암술머리를 그 사이에 넣기 위해 암술이 거의 직각으로 구부러진다. 며칠 후 이와 같이 또 다른 수술 세 개가 휘어져 암술에 접근한다."
그는 이것을 아래와 같이 시적으로 표현했다.

그녀의 헝클어진 머릿속에 어린 시간들이 있을 때
신선한 장미 꽃봉오리와 백합 애인을 엮어서
자랑스러운 글로리오사는 선택된 세 명의 구혼자를 이끌었네.
그녀의 처녀 사슬에 묶여 얼굴을 붉힌 포로들.
시간의 무례한 손에 주름살이 펴질 때
그녀의 약한 팔다리를 감싸고 그녀의 머리를 은빛으로 감싸고 그녀의 성숙한 나이에 또 다른 세 명의 젊은이가 약혼하네.
그녀의 교활한 나이에 아첨하는 희생자들,

「식물의 사랑」은 식물의 성에 대한 린네의 관점을 문화적 주류로 가져오는 데 중요한 역할을 했다. 하지만 동시에 사회 안에서의 성역할과 관계에 대한 18세기의 시각을 보여주는 매혹적인 기록이기도 하다.

H. 후물루스 HUMULUS

79) See Almaguer et al. 2014 for an overview of brewing with hops.

I. 이포모에아 IPOMOEA

80) See The Effects of Cross and Self Fertilisation in the Vegetable Kingdom (1878), pp. 15–18; C. R. Darwin to F. Galton, 13 January 1876, DCP-LETT-10357; Correspondence 24: 14–16.
81) Darwin 1878 [Cross and Self Fertilisation] p. 439.

L. 라튀루스 LATHYRUS

82) F. Darwin to C. R. Darwin, 14 August 1873, DCP-LETT-9009F; Correspondence 21: 329–330; C. R. Darwin to F. Darwin, 15 August 1873, DCP-LETT-9014; Correspondence 21: 334–336; F. Darwin to C. R. Darwin, 25 August 1873, DCP-LETT-9016; Correspondence 21: 348–349.
83) Hooker 1844, 1: 260–261.
84) C. R. Darwin to F. Delpino, 1 May 1873, DCP-LETT-8892; Correspondence 21: 198–199; F. Delpino to C. R. Darwin, 18 June 1873, DCP-LETT-8945; Correspondence 21: 258–260; C. R. Darwin to F. Delpino, 25 June 1873, DCP-LETT-8951; Correspondence 21: 264.

L. 리나리아 LINARIA

85) Jachuła et al. 2018.
86) Darwin 1841 (van Wyhe 2009, pp. 134–137).
87) Leonard et al. 2013.

L. 리눔 LINUM

88) Darwin 1863b.

89) Darwin 1877 [Forms of Flowers] p. 90.

* '자가불화합성 유전체계self-incompatibility'은 꽃이 피는 식물과 몇몇 다른 그룹에서 자가수정을 방지하고 타가수정을 촉진하는 몇 가지의 유전적 메커니즘을 가리키는 일반적인 용어다.

L. 루피누스 LUPINUS

90) Darwin's lupine pollination observations are found in the "Torn-apart notebook," entries T103, 104, and 111; see Barrett et al. 1987, p. 457.

91) C. R. Darwin to J. D. Hooker, 22 August 1862, DCP-LETT-3696; Correspondence 10: 376–378.

92) Darwin 1880 [Power of Movement] p. 343.

M. 마우란디아 MAURANDYA

93) Darwin 1875 [Climbing Plants] p. 198.

94) A. Gray to C. R. Darwin, 28 December 1875, DCP-LETT-10329; Correspondence 23: 515–516; C. R. Darwin to A. Gray, 28 January 1876, DCP-LETT-10370; Correspondence 24: 31–32.

M. 미모사 MIMOSA

95) E. Darwin 1791 (The Loves of the Plants, "Canto I," lines 301–02).

96) C. R. Darwin to J. D. Hooker, 12 September 1873, DCP-LETT-9052; Correspondence 21: 378–379.

97) Darwin 1880 [Power of Movement] p. 395.

98) Bell 1997, pp. 138-148.

99) A. Gray to C. R. Darwin, 11 October 1861, DCP-LETT-3282; Correspondence 9: 298–301.

100) C. R. Darwin to A. Gray, 2 January 1863, DCP-LETT-3897; Correspondence 11: 1–4.

101) Meehan 1868.

102) Darwin 1877 [Forms of Flowers] pp. 285, 287.

103) Hicks et al. 1985.

O. 오프뤼스 OPHRYS

104) Ayasse 2009, Schiestl 2005.

105) C. R. Darwin to J. T. Moggridge, 13 October 1865, DCP-LETT-4914; Correspondence 13: 269–270.

106) C. R. Darwin to A. G. More, 17 July1861, DCP-LETT-3211; Correspondence 9: 206–207.

O. 오르키스 ORCHIS

107) Darwin 1877 [Orchids] p. 284.

108) C. R. Darwin to A. Gray, 23–24 July 1862, DCP-LETT-3662; Correspondence 10: 330–334.

109) C. R. Darwin to J. D. Hooker, 5 June 1860, DCP-LETT-2821; Correspondence 8: 237–240.

110) C. R. Darwin to A. G. More, 5 September 1860, DCP-LETT-2906; Correspondence 8: 343–345.

O. 옥살리스 OXALIS

111) G. Bentham to C. R. Darwin, 29 November 1861, DCP-LETT-3332; Correspondence 9: 353–354.

112) C. R. Darwin to J. D. Hooker, 25 March 1878, DCP-LETT-11443; Correspondence 26: 138–139.

* 지금은 '옥살리스 바리아빌리스(사랑초)'라고 부르는 남아프리카종.

P. 파시플로라 PASSIFLORA

113) C. R. Darwin to J. D. Hooker, 14 July 1863, DCP-LETT 4241; Correspondence 11: 533–535.

114) C. R. Darwin to D. Oliver, 11 March 1864, DCP-LETT-4424; Correspondence 12: 68–70.

115) C. R. Darwin to D. Oliver, 4 May 1864, DCP-LETT-4481; Correspondence 12: 165–166.

116) T. H. Farrer to C. R. Darwin, 29 June 1870, DCP-LETT-7254; Correspondence 18: 188–189.

P. 파세올루스 PHASEOLUS

117) Darwin 1841 (van Wyhe 2009, p. 136).

118) Darwin 1857, 1858 (van Wyhe 2009, pp. 267–268, 272–277).

119) Darwin 1858 (van Wyhe 2009, pp. 272–277).

P. 핑구이쿨라 PINGUICULA

120) C. R. Darwin to A. Gray, 3 June 1874, DCP-LETT-9480; Correspondence 22: 275–276.

121) C. R. Darwin to W. T. Thiselton-Dyer, 23 June 1874, DCP-LETT-9508; Correspondence 22: 308–309.

122) Darwin 1888 [Insectivorous Plants] p. 315.

P. 피숨 PISUM

123) Bateson and Janeway 2008, pp. 94–95.

124) See "Questions for William Herbert," 1 April 1839, DCP-LETT-502; Correspondence 2: 179–182; and Herbert's reply: W. Herbert to J. S. Henslow, 5 April 1839, DCP-LETT-503; Correspondence 2: 182–185.

125) See Barrett et al. 1987, Q&E 11 and T151 (pp. 501, 469). See also Abberley & R. Darwin to C. R. Darwin, 18 October 1841, DCP-LETT-610; Correspondence 2: 306.

* 이 질문에 대한 다윈의 관심은 유명한 식물 육종가이자 목사 윌리엄 허버트의 논문을 읽을 때 자극받은 것이다. 이를 계기로 다윈은 허버트에게 식물 육종에 대한 질문을 써서 보냈으며 자신만의 실험을 수행하게 됐다.

** 다윈의 '질문과 실험' 노트에는 "애벌리에게 단일 완두콩, 강낭콩, 콩을 섞어서 심도록 할 것. 그가 이 주제에 대해 관찰한 것을 참조하여."라고 써 있다.

P. 프리물라 PRIMULA

126) Origin, pp. 49–50; see also Costa 2009 for additional explanatory notes on this passage.

127) Huxley 1870, p. 402.

128) Autobiography (Barlow 1958), p. 134.

P. 풀모나리아 PULMONARIA

129) Darwin 1862c, 1863b.

130) C. R. Darwin to A. Gray, 19 Oct 1865, DCP-LETT-4919; Correspondence 13: 274–277.

S. 살비아 SALVIA

131) Darwin 1876 [Cross and Self Fertilisation] p. 5.

132) F. Hildebrand to C. R. Darwin, 21 June 1864, DCP-LETT-4542; Correspondence 12: 254–255; C. R. Darwin to F. Hildebrand, 25 June 1864, DCP-LETT-4545; Correspondence 12: 256–257. Hildebrand published the results of this research in volume 4 of the Jahrbucher fur wissenschaftliche Botanik (Hildebrand 1866).

S. 솔라눔 SOLANUM

133) Darwin 1845, p. 285.

134) See Global Plants biography of Carlos Ochoa (plants.jstor.org/stable/10.5555/ al.ap.person.bm000025683).

135) Darwin 1875 [Variation] 1: 350.

136) Bateson and Janeway 2008, pp. 96–97.

S. 스피란테스 SPIRANTHES

137) C. R. Darwin to A. Gray, 31 October 1860, DCP-LETT-2969; Correspondence 8: 451–454; A. Gray to C. R. Darwin, 5 September 1862, DCP-LETT-3712; Correspondence 10: 394–395.

T. 트리폴리움 TRIFOLIUM

138) C. R. Darwin to J. D. Hooker, 11 September 1859, DCP-LETT-2490; Correspondence 7: 332. The results of this experiment are also given in Darwin's Experimental notebook (DAR 157a), pp. 46–47.

139) Carreck et al. 2009.

140) For additional explanatory notes onthese passages, see Costa 2009.

141) C. Hardy to C. R. Darwin, 23 July 1860, DCP-LETT-2877; Correspondence 8: 300–301; C. R. Darwin to C. Hardy, 27 July 1860,

DCP-LETT-2879; Correspondence 8: 301.

142) C. R. Darwin to J. Lubbock, 2 September 1862, DCP-LETT-3708; Correspondence 10: 387–388 and 3 September 1862, DCP-LETT-3705; Correspondence 10: 392.

143) C. R. Darwin to F. Darwin, 25 July 1878, DCP-LETT- 11631; Correspondence 26: 320–322.

T. 트로파이올룸 TROPAEOLUM

144) Elisabet Christina Linnaea's paper "Om Indianska Krassens Blickande" ("On the twinkling of Indian Cress") was published in volume 23 of Kongl. Vetenskaps Academiens Handlingar (Acts of the Royal Swedish Academy of Sciences), 1763, 23: 284–286, along with commentary by physicist Johan Carl Wilcke on electrical phenomena (1763, 23: 286–287).

145) E. Darwin: The Loves of the Plants, "Canto IV," lines 43–1 (see E. Darwin 1806, pp. 191–192).

146) S. T. Coleridge, "Lines Written At Shurton Bars, Near Bridgewater, September, 1795, In Answer To A Letter From Bristol," published in Poems on Various Subjects (Coleridge 1796).

147) See Blick 2017 and references therein.

V. 비키아 파바 VICIA FABA

148) Darwin 1888 [Power of Movement] p. 573.

149) Brenner et al. 2006, Baluš ka et al. 2009.

V. 빙카 VINCA

150) C. R. Darwin to D. Oliver, 27 May 1861, DCP-LETT-3161; Correspondence 9: 145–146.

151) Darwin 1861 (van Wyhe 2009, pp. 311–312).

152) Crocker 1861, p. 699.

V. 비올라 VIOLA

153) Darwin 1859 [Origin] p. 33; see also Costa 2009.

154) Darwin 1868 [Variation] 1: 368.

155) C. R. Darwin to J. D. Hooker, 30 May 1862, DCP-LETT-3575; Correspondence 10: 226–227.

V. 비티스 비니페라 VITIS VINIFER

156) C. R. Darwin to J. D. Hooker, 27 January 1864, DCP-LETT-4398; Correspondence 12: 31–33.

157) C. R. Darwin to D. Oliver, 11 March 1864, DCP-LETT-4424; Correspondence 12: 68–70; D. Oliver to C. R. Darwin, 12 March 1864, DCP-LETT-4425; Correspondence 12: 71–73.

158) Darwin 1877 [Climbing Plants] pp. 110–111.

159) Sousa-Baena et al. 2018.

* 다윈의 아들 프랜시스가 이 내기에 대한 일화를『찰스 다윈의 인생과 편지』(프랜시스 다윈, 1887)에 소개했다.

> "아버지의 케임브리지 생활이 담겨 있는 소소한 기록이 크라이스츠 칼리지의 휴게실에 있는 어떤 책에서 발견됐다. 그 책에는 학생들의 벌금과 내기가 기록돼 있었는데, 앞선 기록들은 저녁식사 후 학생들의 마음가짐에 대해 기이한 인상을 준다. 내기에 지면 돈을 내는 것이 아니라 벌금과 마찬가지로 와인값을 내는 것이었다. 아버지가 참가하고 졌던 내기는 이렇게 기록돼 있다. 1837년 2월 23일. 다윈과 베인스가 휴게실의 천장에서 바닥까지의 길이를 가지고 내기를 했고, 진 사람이 그날 와인 한 병을 샀다. 다윈은 휴게실에서 자신이 원하는 부분을 어디든 측정할 수 있었다."

디지털 자료

Darwin Correspondence Project (darwinproject.ac.uk)

캠브리지대학교 디지털 아카이브의 하나로, 약 1만 5000통으로 이루어진 다윈의 서간 모음집. DCP 사이트에는 관련된 인물의 전기, 역사적 문서와 함께 가족, 종교, 연구 활동 등 다양한 주제에 걸친 다윈에 관한 설명도 실려 있다.

Darwin Online (darwin-online.org.uk)

싱가포르 국립대학의 존 반 와이가 감독하는 다윈의 출판물에 관한 포괄적인 디지털 컬렉션으로 모든 판본의 책, 기사, 편지, 출판 원고가 올라가 있다. 이 사이트는 또한 케임브리지 대학 도서관에서 제공하는 "DAR" 번호로 식별되는 다윈의 미발표 원고 및 개인 서신의 가장 방대한 컬렉션을 제공한다.

Oak Spring Garden Foundation Library (osgf.org/library)

버니 멜런의 컬렉션에는 14세기로 거슬러 올라가는 희귀 서적과 원고 및 미술 작품을 포함하여 1만 9000개 이상의 수집품이 있다. 이 컬렉션은 주로 원예·조경 디자인·식물학·자연사 및 탐험 여정을 주제로 하며 건축과 장식 예술 및 고전문학과 관련된 부분도 있다.

도서 및 간행물

- Allen, M. 1977. *Darwin and his Flowers: The Key to Natural Selection.* London: Faber and Faber.
- Almaguer, C., C. Schonberger, M. Gastl, E. K. Arendt, and T. Becker. 2014. "*Humulus lupulus*—a story that begs to be told. A review." *Journal of the Institute of Brewing* 120(4): 289–314.
- Arditti, J., J. Elliott, I. J. Kitching, and L. T. Wasserthal. 2012. "'Good Heavens what insect can suck it'— Charles Darwin, *Angraecum sesquipedale and Xanthopan morganii praedicta*." *Botanical Journal of the Linnean Society* 169:

403–432.

- Ayasse, M. 2009. "Chemical mimicry in sexually deceptive orchids of the genus *Ophrys.*" *Phyton* 46(2): 221–223. Baluš ka, F., S. Mancuso, D. Volkmann, and P. W. Barlow. 2009. "The 'root-brain' hypothesis of Charles and Francis Darwin: Revival after more than 125 years." *Plant Signaling & Behavior* 4(12): 1121–1127.
- Barlow, N. (ed.). 1958. *The Autobiography of Charles Darwin 1809–1882. With the Original Omissions restored. Edited and with Appendix and Notes by his Grand-daughter Nora Barlow.* London: Collins.
- Barrett, P. H., P. J. Gautrey, S. Herbert, D. Kohn, and S. Smith (eds.). 1987. *Charles Darwin's Notebooks, 1836–844.* Ithaca, NY: Cornell University Press. Bateman, J. 1837–1843. *Orchidaceae of Mexico and Guatemala.* London: J. Ridgway & Sons.
- Bateman, J. 1837–1843. *Orchidaceae of Mexico and Guatemala.* London: J. Ridgway & Sons.
- Bateson, D. and W. Janeway. 2008. Mrs. *Charles Darwin's Recipe Book.* New York: Glitterati Inc.
- Bell, W. J. 1997. "Patriot-Improvers: Biographical Sketches of Members of the American Philosophical Society. Volume 1. 1743–1768." *Memoirs of the American Philosophical Society v.* 226. Philadelphia: American Philosophical Society.
- Blick, F. 2017. "Flashing flowers and Wordsworth's 'Daffodils.'" *Wordsworth Circle* 48(2): 110–115.
- Brenner, E. D., R. Stahlberg, S. Mancuso, J. Vivanco, F. Baluška, and E. Van Volkenburgh. 2006. "Plant neurobiology: An integrated view of plant signaling." *Trends in Plant Science* 11(8): 413–419.
- Browne, J. 1989. "Botany for gentlemen: Erasmus Darwin and 'The Loves of the Plants.'" *Isis* 80(4): 593–621.
- Burkhardt, F., J. Secord, et al. (eds.), 1985. *The Correspondence of Charles Darwin.* 30 vols. Cambridge, UK: Cambridge University Press.
- Carreck, N., T. Beasley, and R. Keynes. 2009. "Charles Darwin, cats, mice, bumblebees and clover." *Bee Craft.* (February 2009): 4–6.
- Carroll, S. P. and A. E. Loye. 2012. "Soapberry bug (Hemiptera: Rhopalidae: Serinethinae) native and introduced host plants: Biogeographic background

of anthropogenic evolution." *Annals of the Entomological Society of America* 105(5): 671–684.

- Chancellor, G. and J. van Wyhe (eds.). 2009. *Charles Darwin's Notebooks from the Voyage of the* Beagle. Cambridge, UK: Cambridge University Press.(『찰스 다윈의 비글호 항해기』, 리젬, 2013)
- Coleridge, S. T. 1796. "Lines Written At Shurton Bars, Near Bridgewater, September, 1795 In Answer To A Letter From Bristol." *Poems on Various Subjects.* London: G. G. and J. Robinson, and Bristol: J. Cottle.
- Correspondence. *The Correspondence of Charles Darwin* (F. Burkhardt et al., eds.) Volumes 1–30. Cambridge, UK: Cambridge University Press.
- Costa, J. T. 2009. *The Annotated Origin: A Facsimile of the First Edition of On the Origin of Species.* Cambridge, MA: Belknap Press of Harvard University Press Costa, J. T. 2014. *Wallace, Darwin, and the Origin of Species.* Cambridge, MA: Harvard University Press.
- Costa, J. T. 2014. *Wallace, Darwin, and the Origin of Species*. Cambridge, MA: Harvard University Press.
- Costa, J. T. 2017. *Darwin's Backyard: How Small Experiments Led to a Big Theory.* New York: W. W. Norton.
- Crocker, C. W. 1861. "Fertilisation of *Vinca rosea." Gardeners' Chronicle and Agricultural Gazette,* 27 July: p. 699. Cruger, H. 1864. "A few notes on the fecundation of orchids and their morphology." Read 3 March. *Journal of the Proceedings of the Linnean Society of London,* Botany, 8: 127–135, pl. 9.
- Darwin, C. R. 1841. "Humble-bees." *Gardeners' Chronicle and Agricultural Gazette*, no. 34; 21 August: 550.
- Darwin, C. R. 1845. *Journal of Researches into the Natural History and Geology of the Countries Visited During the Voyage of H.M.S. Beagle Round the World* (2nd ed.). London: John Murray.
- Darwin, C. R. 1857. "Bees and the fertilisation of kidney beans." *Gardeners' Chronicle and Agricultural Gazette* no. 43; 24 October: 725.
- Darwin, C. R. 1858. "On the agency of bees in the fertilisation of papilionaceous flowers, and on the crossing of kidney beans." *Gardeners' Chronicle and Agricultural Gazette* no. 46; 13 November: 828–829.
- Darwin, C. R. 1859. *On the Origin of Species by Means of Natural Selection, or*

the Preservation of Favoured Races in the Struggle for Life. 1st ed. London: John Murray.(『종의 기원』, 사이언스북스, 2019)

- Darwin, C. R. 1860. "Fertilisation of British orchids by insect agency." *Gardeners' Chronicle and Agricultural Gazette* no. 23; 9 June: 528.
- Darwin, C. R. 1861. "Fertilisation of Vincas." *Gardeners' Chronicle and Agricultural Gazette* no. 24; 15 June: 552.
- Darwin, C. R. 1862a. *The Various Contrivances by which Orchids are Fertilised by Insects.* London: John Murray.
- Darwin, C. R. 1862b. "On the three remarkable sexual forms of Catasetum tridentatum, an orchid in the possession of the Linnean Society." Read 3 April. *Journal of the Proceedings of the Linnean Society of London,* Botany, 6: 151–157.
- Darwin, C. R. 1862c. "Cross-breeds of strawberries." (Letter). *Journal of Horticulture, Cottage Gardener, and Country* Gentleman 3 n.s.; 25 November: 672.
- Darwin, C. R. 1862d. "On the two forms, or dimorphic condition, in the species of Primula, and on their remarkable sexual relations." Read 21 November. *Journal of the Proceedings of the Linnean Society of London*, Botany, 6: 77–96. Darwin, C. R. 1863a. "Appearance of a plant in a singular place." *Gardeners' Chronicle and Agricultural Gazette* no. 33; 15 August: 773.
- Darwin, C. R. 1863b. "On the existence of two forms, and on their reciprocal sexual relation, in several species of the genus Linum." *Journal of the Proceedings of the Linnean Society of London*, Botany, 7: 69–83.
- Darwin, C. R. 1865. "On the movements and habits of climbing plants." *Journal of the Linnean Society,* Botany, 9: 1–118. Darwin, C. R. 1866. *On the Origin of Species by Means of Natural Selection, or the Preservation of Favoured Races in the Struggle for Life.* 4th ed. London: John Murray.
- Darwin, C. R. 1868. *The Variation of Animals and Plants Under Domestication.* 2 vols. 1st ed. London: John Murray.
- Darwin, C. R. 1875a. *Insectivorous Plants.* 1st ed. London: John Murray.
- Darwin, C. R. 1875b. *The Movements and Habits of Climbing Plants.* 2nd ed. London: John Murray.
- Darwin, C. R. 1875c. *The Variation of Animals and Plants Under Domestication.* 2 vols. 2nd ed. London: John Murray.
- Darwin, C. R. 1876. *The Effects of Cross and Self Fertilisation in the Vegetable*

Kingdom. 1st ed. London: John Murray.

- Darwin, C. R. 1877a. *The Different Forms of Flowers on Plants of the Same Species.* 1st ed. London: John Murray.
- Darwin, C. R. 1877b. *The Various Contrivances by which Orchids are Fertilised by Insects.* 2nd ed. London: John Murray.
- Darwin, C. R. 1878. *The Effects of Cross and Self Fertilisation in the Vegetable Kingdom.* 2nd ed. London: John Murray.
- Darwin, C. R. 1880. *The Power of Movement in Plants.* 1st ed. London: John Murray.
- Darwin, C. R. 1888. *Insectivorous Plants.* (Revised by Francis Darwin). 2nd ed. London: John Murray.
- Darwin, E. 1806. *The Poetical Works of Erasmus Darwin* vol. 2: London: J. Johnson. Darwin, F. 1880. "Experiments on the nutrition of *Drosera rotundifolia.*" *Journal of the Linnean Society of London*, Botany, 17: 17–32.
- Darwin, F. (ed.) 1887. *The Life and Letters of Charles Darwin, Including an Autobiographical Chapter* Volume 1. London: John Murray.
- Darwin, L. 1929. "Memories of Down House." *The Nineteenth Century* 106: 118–123.
- Edens-Meir, R. and P. Bernhardt (eds.). 2014. *Darwin's Orchids, Then and Now.* Chicago and London: University of Chicago Press.
- Focke, W. O. 1913. "History of plant hybrids." *Monist* 23(3): 396–416. Forterre, Y., J. M. Skotheim, J. Dumais, and L. Mahadevan. 2005. "How the Venus flytrap snaps." *Nature* 433: 421–425.
- Gray, A. 1858. "Note on the coiling of tendrils." *Proceedings of the American Academy of Arts and Sciences* 4 (May 1857–May 1860): 98–99.
- Hicks, D. J., R. Wyatt, and T. R. Meagher. 1985. "Reproductive biology of distylous Partridgeberry, *Mitchella repens.*" *American Journal of Botany* 72(10): 1503–1514.
- Hildebrand, F. 1866. "Uber die Befruchtung der Salviaarten mit Hulfe von Insekten." *Jahrbucher fur wissenschaftliche Botanik*, Band 4 (1865–1866), 451–478.
- Hooker, J. D. 1844. *The Botany of the Antarctic Voyage of H.M. Discovery Ships Erebus and Terror in the Years 1839–1843, Under the Command of Captain Sir*

James Clark Ross Volume 1. London: Reeve Brothers.

- Hooker, W. J. 1825. *Exotic Flora, Containing Figures and Descriptions of New, Rare, or Otherwise Interesting Exotic Plants.* Volume 2. Edinburgh: William Blackwood.
- Huxley, T. H. 1870. (Address of Thomas Henry Huxley, LL.D., F.R.S., President) *Nature* 2: 400–406.
- Isnard, S. and W. K. Silk. 2009. "Moving with climbing plants from Charles Darwin's time into the 21st century." *American Journal of Botany* 96(7): 1205–1221.
- Jachuła, J., A. Konarska, and B. Denisow. 2018. "Micromorphological and histochemical attributes of flowers and floral reward in *Linaria vulgaris* (Plantaginaceae)." *Protoplasma* 255: 1763–1776.
- Jakubska, A., D. Przado, M. Steininger, J. Aniol-Kwiatkowska, and M. Kadej. 2005. "Why do pollinators become 'sluggish'? Nectar chemical constituents from *Epipactis helleborine* (L.) Crantz (Orchidaceae)." *Applied Ecology and Environmental Research* 3(2): 29–38.
- Kohn, D. 2008. *Darwin's Garden: An Evolutionary Adventure.* (Exhibition Catalog) New York Botanical Garden.
- Kritsky, G. 1991. "Darwin's Madagascan hawk moth prediction." *American Entomologist* 37: 206–209.
- Lankester, E. R. 1896. "Charles Robert Darwin." In *Library of the World's Best Literature Ancient and Modern,* edited by C. D. Warner. Volume 2: 4391–4392. New York: R. S. Peale & J. A. Hill.
- Leapman, M. 2001. *The Ingenious Mr. Fairchild: The Forgotten Father of the Flower Garden.* New York: St. Martin's Press.
- Leonard, A. S., J. Brent, D. R. Papaj, and A. Dornhaus. 2013. "Floral nectar guide patterns discourage nectar robbing by bumble bees." *PLoS One* 8: e55914.
- Linnaea, E. C. 1763. "Om Indianska Krassens Blickande. ['On the twinkling of Indian Cress']" *Kongl. Vetenskaps Academiens Handlingar For Ar.* 1762. 23: 284–286.
- Litchfield, H. E. (ed.). 1915. *Emma Darwin: A Century of Family Letters,* 1792–1896 2 Volumes. London: John Murray.

ㄱ

ㄴ

ㄷ

ㅇ

ㅈ

옮긴이 이 경

이화여자대학교 외국어학부를 졸업하고 기업 홍보팀 사보기자, 기내잡지 편집자를 거쳐 영어 전문 번역가로 일하고 있다. 읽는 것이 가장 큰 즐거움이다. 옮긴 책으로는 『킬러 프레젠테이션』, 『여행 능력자를 위한 거의 모든 상식』, 『안녕한 하루하루』, 『세계 최고의 스트리트 푸드』 등이 있으며 현재 출판번역 에이전시 글로하나에서 다양한 분야의 영미서를 리뷰하면서 『영혼이 이끄는 삶』, 『잘못된 장소 잘못된 시간』을 번역했다.

다윈이 사랑한 식물

정원에서 발견한 진화론의 비밀

초판 1쇄 인쇄 2024년 4월 30일
초판 1쇄 발행 2024년 5월 16일

지은이 제임스 코스타·바비 앙겔
옮긴이 이경
감수 최재천
펴낸이 김선식

부사장 김은영
콘텐츠사업2본부장 박현미
책임편집 노현지 **책임마케터** 오서영
콘텐츠사업9팀장 차혜린 **콘텐츠사업9팀** 강지유, 최유진, 노현지
마케팅본부장 권장규 **마케팅1팀** 최혜령, 오서영, 문서희 **채널1팀** 박태준
미디어홍보본부장 정명찬 **브랜드관리팀** 안지혜, 오수미, 김은지, 이소영
뉴미디어팀 김민정, 이지은, 홍수경, 서가을, 문윤정, 이예주
크리에이티브팀 임유나, 박지수, 변승주, 김화정, 장세진, 박장미, 박주현
지식교양팀 이수인, 염아라, 석찬미, 김혜원, 백지은
편집관리팀 조세현, 김호주, 백설희 **저작권팀** 한승빈, 이슬, 윤제희
재무관리팀 하미선, 윤이경, 김재경, 이보람, 임혜정
인사총무팀 강미숙, 지석배, 김혜진, 황종원
제작관리팀 이소현, 김소영, 김진경, 최완규, 이지우, 박예찬
물류관리팀 김형기, 김선민, 주정훈, 김선진, 한유현, 전태연, 양문현, 이민운
외부스태프 교정 김승규 **디자인** 어나더페이퍼

펴낸곳 다산북스 **출판등록** 2005년 12월 23일 제313-2005-00277호
주소 경기도 파주시 회동길 490 다산북스 파주사옥
대표전화 02-704-1724 **팩스** 02-703-2219 **이메일** dasanbooks@dasanbooks.com
홈페이지 www.dasan.group **블로그** blog.naver.com/dasan_books
종이 스마일몬스터피앤엠 **인쇄** 상지사피앤비 **코팅·후가공** 평창피앤지 **제본** 상지사피앤비

ISBN 979-11-306-5251-1 (03480)